兽医学综合实验技术

Integrated Laboratory Techniques in Veterinary Medicine

孟庆玲　乔　军　主编

中国农业出版社
北　京

内容简介

为了适应高等农业院校兽医学相关专业学生教学与科研的需要，结合兽医学国内外研究进展，我们编写了《兽医学综合实验技术》。本书按照实验技术专题的方式进行编写，共分10章，主要包括兽医学实验室常用仪器及操作技术、兽医病理组织学检测技术、兽医免疫学检测技术、兽医细菌学检测技术、兽医病毒学检测技术、兽医寄生虫学检测技术、兽医分子生物学检测技术、兽医影像学检测技术、兽医生物制品制备与检验技术和兽医微生物菌（毒、虫）种保藏技术。此外，本书最后设置了附录的二维码，扫码可获得中华人民共和国动物防疫法、我国动物疫病病种名录、三类动物疫病防治规范、国家动物疫情测报体系管理规范、我国重要动物传染病诊断及防控方法现行标准名录、病死畜禽和病害畜禽产品无害化处理管理办法、动物病原微生物菌（毒）种保藏管理办法等。

本书可用作兽医学专业本科生和研究生的实验课教学用书，也可供兽医实验室工作者、动物检验检疫等相关专业人员参考。

编审人员名单

主　编　孟庆玲　乔　军

参　编（按姓氏笔画排序）

马　玉　马忠梅　王　勇　王　震　王为升
王立霞　王国超　王俊伟　王艳萍　王熙凤
田振中　田路路　宁程程　伍晔晖　刘良波
刘昱成　孙耀强　李亚玲　李志远　李彦芳
连科迅　肖陈城　张　辉　张石磊　张再超
张国武　张星星　陈　英　陈双庆　陈金龙
邵永斌　易继海　季春辉　赵春光　黄晓星
盛金良　商云霞　彭叶龙　蔡扩军　魏立翔

主　审　夏咸柱　才学鹏

前　言

兽医学是研究预防和治疗动物疾病的科学。家畜、伴侣动物（如犬、猫等）、野生动物、实验动物、观赏动物、经济昆虫（如蜜蜂、蚕等）和鱼类的保健和疾病防治工作均属兽医学范畴。随着学科的发展，兽医学的范畴现已扩大到人畜共患病、公共卫生、环境保护、人病模型、食品生产、医药工业等领域，并形成了诸多新的边缘学科，在农业生产以及生物学和人类医学的发展中发挥了重要的作用。

近年来，随着全球自然生态环境和畜禽养殖模式的改变，动物疫病日益频发，其防控难度也不断增加。当前，一些跨境传播的新疫病在我国不断出现，为了有效防控动物疫病，许多新的诊断与防控技术也不断涌现。因此，兽医工作人员、动物检验检疫等专业人员应学习更多相关的实验理论和知识，以提高实验室诊断、检疫与净化等方面的技能。

本书根据兽医学实验室常用的实验技术，结合兽医学专业人才培养目标和学科发展现状，参考国内外最新研究成果编写而成。在编写过程中，得到了国内兽医学领域中许多专家、学者的指导和帮助，在此表示衷心感谢！同时，本书的出版得到了石河子大学学科建设经费的资助，在此深表感谢！

随着生命科学和技术的迅猛发展，兽医学新技术和新方法不断涌现。本书涉及内容广泛，篇幅庞大，因编者水平所限，在新理论和新技术上挂一漏万，错误之处在所难免，恳请广大读者批评指正。

编　者

2023年5月

目　录

前言

第一章　兽医学实验室常用仪器及操作技术

随着生物技术的迅速发展，新的检测方法和仪器也陆续出现在研究机构和大学的实验室。实验技术的不断进步与科学仪器的使用密不可分，门类繁多的各种仪器设备，其操作使用各有特点。

》第一节　光学显微镜技术《

显微镜（microscope）是研究有机体微细结构、细胞内物质分布及有关细胞功能活动的仪器。光学显微镜有普通光学显微镜（简称光镜）、荧光显微镜、倒置显微镜、相差显微镜、暗视野显微镜、偏光显微镜、激光扫描共聚焦显微镜和近场光学显微镜等。电子显微镜（electron microscope）简称电镜，具有与光学显微镜相似的基本结构特征，但普通光学显微镜的分辨率是 0.2μm，而电子显微镜的分辨率约为 0.2nm，是光镜分辨率的1 000倍。

一、荧光显微镜

荧光显微镜（fluorescence microscope）是利用一定波长的紫外线光照射标本（或经荧光素处理的样本）激发而产生荧光，然后再通过物镜与目镜观察标本荧光图像的显微镜。荧光是指当分子吸收入射光能量后，其电子从基态跃迁到激发态，再从激发态回到基态而发出的可见光。一般采用弧光灯或高压汞灯作为紫外线发生的光源。

荧光显微镜可用于研究荧光物质、能被荧光染料染色的物质或能与荧光标记物结合的物质在组织和细胞内的分布。生物样品中，某些细胞内的天然物质如叶绿素，经紫外线照射后能发出可见光线，即荧光。这种由细胞本身存在的物质经紫外线照射后发出的荧光称自发荧光。另一些细胞内成分经紫外线照射后不发荧光，但若用荧光染料进行活体染色或对固定后的切片进行染色，则在荧光显微镜下也能观察到荧光，这种荧光称诱发荧光。如吖啶橙能对细胞 DNA 和 RNA 同时染色，显示不同颜色的荧光：DNA 呈绿色荧光，RNA 呈红色荧光。同样原理，荧光染料和抗体能共价结合，被标记的抗体和相应的抗原结合形成抗原抗体复合物，经激发后发射荧光，因此可观察了解抗原在细胞内的分布。

1. 特点

（1）以紫外线或蓝色光激发标本的荧光　因紫外线是不可见光，故由标本发出的荧光与背景反差很大。荧光显微镜通常是在黑暗的背景上观察彩色图像，而普通光镜是在亮的背景上观察较暗的样品。荧光显微镜的对比度是普通光镜的 100 倍，由此可观察到普通光镜看不到的微观结构和细节，显著提高了物镜的分辨力。

(2) 用荧光显微镜观察标本　标本会发出染色色素特有的荧光，呈现出标本的彩色图像，易于鉴别，并可减轻眼睛的疲劳。

(3) 用于染色的荧光素只要很低的浓度　一般对活体无毒，故有利于活体观察。

(4) 有助于分析物质的化学成分　鉴定该物质的存在及定位。

2. 成像原理　荧光显微镜装置由发出强紫外线的光源（超高压汞灯）、提供一定波长范围激发光的激发滤光片、适合于观察荧光图像的显微镜和提供相应波长范围荧光的截止滤光片四个部分组成。光学系统分为透射型和落射型两类，目前，新型的荧光显微镜均为落射型。

荧光显微镜是利用一个高发光效率的点光源，经过滤色系统发出一定波长的光作为激发光、激发标本内的荧光物质发射出各种不同颜色的荧光后，再通过物镜和目镜的放大进行观察。在强烈的对称背景下，即使荧光很微弱，但易辨认、敏感性高，主要用于细胞结构和功能以及化学成分等的研究。在光源和反光镜之间放一滤光装置，目的在于吸收紫外线以外的可见光，只让紫外线通过。另外在目镜前放置另一滤光片，只允许荧光及可见光通过，而阻挡紫外线，避免观察者的眼睛受紫外线照射，见图 1-1。

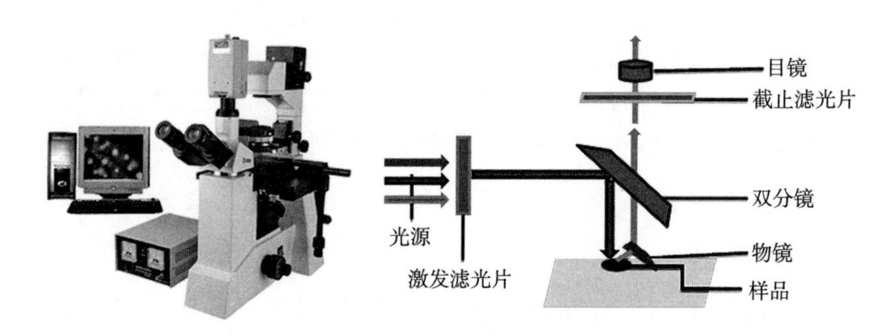

图 1-1　荧光显微镜及其成像原理

3. 标本制作要求

(1) 载玻片　载玻片厚度为 0.8～1.2mm，太厚的玻片，一方面光吸收多，另一方面不能使激发光在标本上聚集。载玻片必须光洁，厚度均匀，无明显自发荧光。有时需用石英玻璃载玻片。

(2) 盖玻片　盖玻片厚度为 0.17mm 左右。为了加强激发光，也可用干涉盖玻片，这是一种特制的表面镀有若干层对不同波长的光起到不同干涉作用的盖玻片，可以使荧光顺利通过，反射激发光，这种反射的激发光可激发标本。

(3) 标本　组织切片或其他标本不能太厚，若太厚激发光大部分消耗在标本下部，而物镜直接观察到的上部激发不充分。

(4) 封裱剂　封裱剂常用甘油，必须无自发荧光，无色透明，在 pH 为 8.5～9.5 时荧光较亮，不易很快褪去。

(5) 镜油　一般暗视野荧光显微镜和用油镜观察标本时，必须使用镜油，最好使用特制的无荧光镜油，也可用甘油代替，液状石蜡也可用，只是折射率较低，对图像质量略有影响。

4. 使用方法

(1) 打开灯源，超高压汞灯要预热 15min 才能达到最大亮点。

(2) 落射式荧光显微镜需在光路的插槽中插入所要求的激发滤光片、双分镜、压制滤片等。透射式荧光显微镜需在光源与暗视野聚光器之间装上所要求的激发滤光片，在物镜的后面装上相应的压制滤片。

(3) 用低倍镜观察，根据不同型号荧光显微镜的调节装置，调整光源中心，使其位于整个照明光斑的中央。

(4) 放置标本片，调焦后即可观察。如在荧光显微镜下用蓝紫光滤光片，观察到经0.01%吖啶橙荧光染料染色的细胞，细胞核和细胞质被激发分别产生暗绿色和橙红色荧光。

5. 注意事项

(1) 新型超高压汞灯在使用初期不需高电压即可引燃，使用一些时间后，则需要高压启动（约为 15 000V），启动后，维持工作电压一般为 50～60V，工作电流约 4A。200W 超高压汞灯的平均寿命，在每次使用 2h 的情况下约为 200h，开动一次工作时间愈短，则寿命愈短，如开一次只工作 20min，则寿命降低 50%。因此，使用时尽量减少启动次数。灯泡在使用过程中，其光效是逐渐降低的。灯熄灭后要等待冷却才能重新启动。点燃灯泡后不可立即关闭，以免水银蒸发不完全而损坏电极，一般需要等 15min。由于超高压汞灯压力很高，紫外线强烈，因此灯泡必须置灯室中方可点燃，以免伤害眼睛和发生爆炸。

(2) 未装滤光片不要用眼直接观察，以免引起眼的损伤。为了防止紫外线对眼睛的损害，在调整光源时应戴上防护眼镜。

(3) 用油镜观察标本时，必须用无荧光的特殊镜油。

(4) 应在暗室中进行检查。进入暗室后，接上电源，点燃超高压汞灯 5～15min，待光源发出强光稳定后，眼睛完全适应暗室，再开始观察标本。

(5) 检查时间每次以 1～2h 为宜，超过 90min，超高压汞灯发光强度逐渐下降，荧光减弱；标本受紫外线照射 3～5min 后，荧光也明显减弱；因此，不得超过 2～3h。

(6) 标本染色后立即观察，因为时间久了荧光会逐渐减弱。若将标本放在聚乙烯塑料袋中 4℃保存，可延缓荧光减弱时间，防止封裱剂蒸发。长时间的激发光照射标本，会使荧光衰减或消失，故应尽可能缩短照射时间。暂时不观察时可用挡光板遮盖激发光。

二、倒置显微镜

倒置显微镜（inverted microscope）是把光源和聚光器安装在载物台的上方，物镜放置在载物台的下方，由光源发出的光线经反光镜反射，进入聚光器，再垂直落射到标本的上方，被检物经载物台下方的物镜成像，再经棱镜分光，进行显微摄影。倒置显微镜装配有各种附件，如相差长焦距聚光器和物镜、暗视野聚光器、荧光显微镜光源和滤片以及摄像机等，可进行多种实验观察。

倒置显微镜有几个特点不同于普通生物显微镜：①透射光倒置显微镜的光源和聚光器位于载物台的上方，照明光源自上向下照射；②物镜安装在载物台的下方，向上对焦；③物镜、聚光镜以及其他光学系统均适用于长焦距观察；④在医学、生物学领域中适合于观察培养瓶中贴壁生长的细胞或浮游于培养液中的细胞。因此，倒置显微镜是医学、生物学细胞培养室的必备观察仪器。其光路原理见图 1－2。

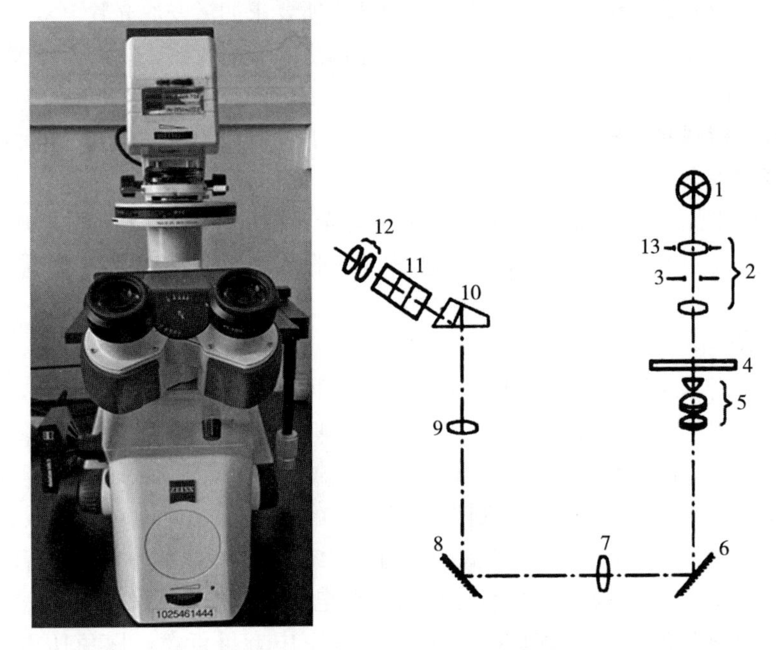

图 1－2 倒置显微镜及其成像原理

1. 光源 2. 聚光镜 3. 孔径光阑 4. 标本 5. 物镜 6～11. 转像系统 12. 目镜 13. 视场光阑

如图 1－2 所示，采用克勒照明系统的光源 1 发出的光线经聚光镜 2 后照亮标本（物体）4。标本经物镜 5、转像系统 6、7、8、9、10、11 后成像在目镜 12 的物方焦平面上，人眼通过目镜进行观测。

倒置显微镜的最大优点是载物台上可以放置培养皿或培养瓶，可以安装有机玻璃保温罩和自动恒温调节器，直接观察体外培养的细胞，还可以对活细胞进行各种实验的连续观察和拍摄。倒置显微镜还可装配显微操作器。倒置显微镜与显微操作器组合应用，在从事细胞生理学、细胞药理学、胚胎学以及遗传工程学等研究中，可进行细胞内注射、吸引细胞内液、细胞切割及细胞核移植等操作。

三、相差显微镜

相差显微镜（phase contrast microscope）是一种将光线通过透明标本时所产生的光程差（即相位差）转化为光强差的特种显微镜。主要用于观察活细胞和未染色的生物标本。

1. 原理 光波有波长（颜色）、振幅（亮度）及相位（指在某一时间光的波动所能达到的位置）的不同。当光线通过活细胞或未经染色的生物标本时，光的波长和振幅不发生变化，仅有相位变化，这种微小的变化，在普通显微镜下难以观察到。但由于细胞各部分的折射率和厚度不同，光线通过时，直射光和衍射光的光程就会有差别，而相差显微镜通过其特殊的装置，能够改变直射光和衍射光栅的相位，并利用光的衍射和干涉现象，将光的相位差转变为振幅差（明暗差），从而使原来透明的生物体表现出明暗差异。因此，相差显微镜可以观察活细胞和未染色的生物标本。与普通光学显微镜相比，相差显微镜是在物镜里面增加一个相板，并在聚光镜上增加一个环形光栅，利用光衍射及干涉的特性，将通过标本不同区域的光波的相位差转变为振幅差，使活细胞或未经染色的标本内各种结构出现清晰的反差而被观察到，见图 1－3。观察培养细胞结构常用的倒置相差显微镜（inverted phase contrast microscope）实际上是倒置显微镜和相差显微镜这两种显微镜结合的产物，其光源和聚光镜装在载物台的上方，相差物镜在载物台的下方。利用这种装置可以清楚地观察到贴附在培养瓶底壁上的活细胞。

2. 基本装置 相差显微镜的基本装置包括环状光阑、相位板、望远镜和滤光片等。

（1）环状光阑 装于聚光器的前焦点平面上，是环形开孔的亮圈。亮圈直径的大小与物镜的放大倍数相对应，与聚光器一起组成转盘聚光器，外面标有 10×、20×、40×、100×等字样，使用时只要把与所用物镜倍数相对应的亮圈转到光路即可。

（2）相位板 装在物镜的后焦平面处，分为两部分，一是通过直射光的部分，为半透明的环状，称共轭面；二是通过衍射光栅的部分，称补偿面。有相位板的物镜称相差物镜，外壳上常有“P”或“PL”字样。

（3）望远镜 这是一种工作距离较长、特制的低倍（4～5 倍）望远镜，用于调整光路中心，使环状光阑的亮圈与相位板的暗圈完全重叠在一起，才能实现对直射光和衍射光栅的特殊处理。否则，该吸收的直射光被漏掉，不该吸收的衍射光反被吸收，该推迟的相位不能被推迟，这样就达不到相差显微镜的效果。调节方法是取下一侧目镜，插入望远镜，能看到一明一暗两个圆环。如果两个圆环没有完全吻合，旋转聚光器上两只斜置的螺旋杆，直到两环完全重叠为止。如果亮环过大或过小，可升降聚光器高度使两圈大小一致。有的相差显微镜不用望远镜调节，而是在镜筒内加补偿目镜。

（4）滤光片 为获得良好的相差效果，一般常用绿色（波长 546nm）的滤光片来调整光源的波长。

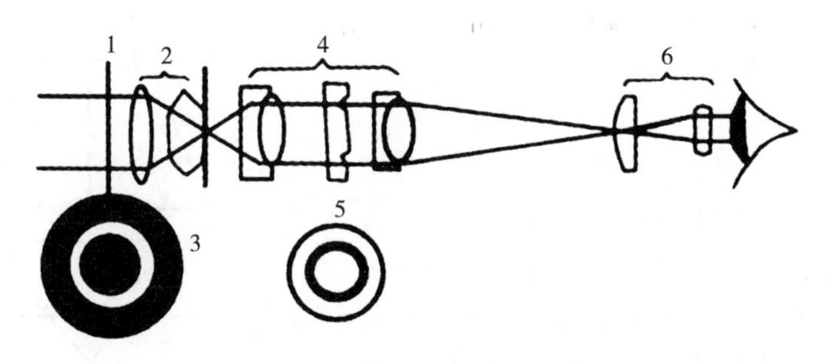

图 1－3 相差显微镜成像原理

1. 环状光阑 2. 聚光镜 3. 标本 4. 物镜 5. 相位板 6. 目镜

3. 使用方法 选用 1.2mm 厚的载玻片和 0.2mm 厚的盖玻片。在载玻片上滴一滴细胞悬液，盖上盖玻片。注意细胞悬液不能滴得太多（以不从盖玻片边缘溢出为限），细胞不能成团，不能有气泡，为防止干燥最好在盖玻片四周封上蜡。如果要观察细胞活动情况则需保温，可用中性红等做活体染色；死细胞或切片可用苏木素、美蓝等淡染。根据观察标本的性质，选择物镜；且选择与所用物镜相对应的环状光阑。视场光阑和孔径光阑要全部打开，而且光线要强。将标本放到载物台上，用普通光对焦，使物镜处于观察高度，然后移开标本。调整光路中心，使明暗两圈完全重叠。在使用过程中如要更换物镜，则应重新进行调整。放上绿色滤光片，即可进行观察。

四、激光扫描共聚焦显微镜

激光扫描共聚焦显微镜（laser scanning confocal microscopy，LSCM）是 20 世纪 80 年代研制成功的一种高光敏度、高分辨率的新型生物学仪器。LSCM 应用现代科学的先进技术，把激光、显微镜和计算机结合在一起，利用激光扫描进行“光学切片”，利用显微镜进行微观检测，利用计算机对资料高速储存和分析。LSCM 不仅用于荧光定性、定量测量，还可用于活细胞动态荧光监测、组织细胞断层扫描、三维图像重建、共聚焦图像分析、荧光漂白恢复、激光显微切割手术等。由于 LSCM 具有高灵敏度和能观察空间结构的独特优点，即可立体、断层扫描、动态及全面的观察，从而使其在生命科学的研究中得到迅速而广泛的应用。

1. 组成 LSCM 主要由激光光源系统、共聚焦成像扫描系统、电子光学系统、显微镜系统和计算机图像分析系统五部分组成。此外，还附有外接探测器（由计算机进行遥控或图像传送）、高分辨率的彩色显示器、图像打印机和 35mm 照相装置等。同时，物镜的转换、反射光和投射光之间的转换、多种激光管的转换、激光强度的调节滤片和共焦滤器的插入等，均采用自动化控制。

2. 工作原理 LSCM 以激光为光源，通常应用的激光管为氦氖激光管、氦镉激光管和氧离子激光管。激光束通过扫描器和柱状透镜到达物镜，激光束被聚焦成束斑落在样品平面上。束斑的大小取决于激光的波长和物镜的镜口率，最小的束斑为 0.2μm，可增大 1～10 倍。通过机械性方式移动对样品进行扫描，经样品反射的激光束，由原来的入射光路直接反射回到光束分散器，然后通过透镜聚焦。在探测器的前面、焦点的水平面位置有一针孔空间滤波器，样品反射光的焦点与探测器孔径焦点共焦。这样，在样品的任何一个焦点平面上，反射光形成的图像都可被准确地接收到探测器内，再通过光电效应产生电信号，传递到高分辨率的彩色显示器上，同时可连接计算机图像分析系统，对图像进行二维或三维分析处理等。由于扫描动作是通过计算机控制的，其速度很快，因此可以对活细胞进行动态分析和检测。见图 1-4。

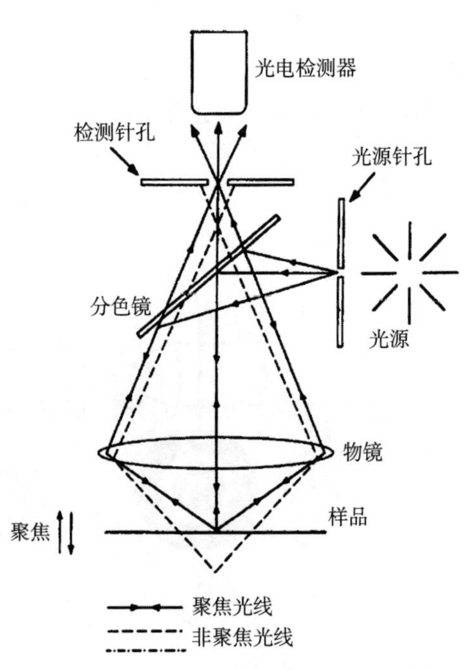

图 1-4 激光扫描共聚焦显微镜成像原理

3. 特点

（1）分辨率高 LSCM 以激光作为光源，激光发散角小，光束能被准确地聚焦；激光光敏度高，可检测出样品内微弱的荧光物质；此外，激光可以投射生物学组织（厚度 0.5～1mm）而不损坏样品。因此，在厚切片的光学样品上能观察到完整的细胞或组织内部结构。在共聚焦成像系统中，由于应用了针孔空间滤波器，使样品图像的反差性质得到了根本的改观。由样品反射激光经过针孔空间滤波器受到限制而发生衍射，这样就形成了非共聚焦平面的暗视野，而聚焦平面上样品的图像明亮，因此共聚焦图像异常清晰，反差明显。

（2）灵敏度高　LSCM 采用的是共聚焦成像系统和电子光学系统，共聚焦图像经探测器检测后，还可以通过电子光学系统，利用电子光学方法对图像的反差进行进一步的调节，使其分辨率比普通光镜提高 2.5～3 倍。此外，共聚焦成像系统通过改变聚焦平面，可直接进入切片标本的不同深度，在不同平面上进行扫描和聚焦，得到一系列不同层次的清晰图像，最薄的平面间隔 600～800nm。利用计算机图像合成也可以将多层次图像叠加，得到一张全聚焦图像，能清楚地显示样品凹凸不平的细节。同时，也可以从连续变化的多层次共聚焦图像中，重建细胞的三维结构，这样可进行体视学的定量分析和研究。

（3）扫描范围大　LSCM 的扫描是通过扫描台系统以机械的方式进行，从而减少了图像内阴影的作用，提高了图像的反差，并且可以对样品进行多种方式的扫描，包括明视野、荧光、偏光、微分干涉、光束感应电流和共焦扫描等，可用于理化、医学、金属材料、聚酯和半导体等领域的研究和检测。在细胞生物学领域，LSCM 可对细胞的多种结构和功能进行全自动、快速、高效的微量定性和定量测定，如细胞的膜电位变化、受体移动、酶活性和物质转运的测定，细胞内 Ca^{2+}、pH 等的动态分析测定，细胞内各种荧光标记物的微量分析测定，并能以激光对细胞及其染色体进行切割、分离、筛选和克隆等。

4. 应用

（1）定量荧光测定　LSCM 可进行光子计数、活细胞定量分析和重复性极佳的荧光定量分析，从而能对单细胞或细胞群的各种细胞器、结构性蛋白、DNA、RNA、酶和受体分子等细胞特异性结构的含量组分及分布进行定量分析，同时还可测定膜电位、氧化-还原状态和配体结合等的变化程度。LSCM 可用于细胞骨架装配、细胞黏附行为、细胞凋亡机制、离子通道的装配等多个方面的研究。利用两种或多种荧光探针进行蛋白共定位研究，也是目前蛋白质相互作用研究中的一个热点。

（2）定量共聚焦图像分析　根据获得的细胞光学切片，可以测定其物理、生物化学特性的变化，如 DNA 含量、RNA 含量、分子扩散、胞内离子等。

（3）三维重组分析生物结构　由于 LSCM 具有三维结构重组功能，结合荧光原位杂交技术，可以实现染色体三维结构的重建。LSCM 通过薄层光学切片功能，可获得标本真正意义上的三维数据，经计算机图像处理及三维重建软件，沿 X、Y 和 Z 轴或其他任意角度来观察标本的外形及剖面，能灵活、直观地进行形态学观察，并揭示亚细胞结构的空间关系。

（4）动态观察生物结构　活体组织成像要比经固定的组织成像困难得多，成功的活细胞成像必须使细胞在成像过程中始终保持健康的生长状态，采用最小的激光照射量以减轻激光扫描所累积的光损伤。利用合适的荧光探针，LSCM 可对单个细胞内 Ca^{2+}、Mg^{2+}、K^{+}、Na^{+} 和 pH 等的比例及动态变化做毫秒级实时定量分析，还可完成活细胞生理信号如膜电位等的动态监测。LSCM 在发育生物学及胚胎学研究中也有广泛的应用。可对卵子的活化和卵裂过程中的形态变化（立体结构）、动物发育和胚胎形成的生理和形态学等进行研究。

（5）荧光漂白恢复（FRAP）技术　借助高强度脉冲式激光照射细胞的某一区域，造成该区域荧光分子的光淬灭，该区域周围的非淬灭分子以一定速率向受照区域扩散，可通过低强度激光扫描对此扩散速率进行检测，由此揭示细胞结构和各种变化的机制，因而可用于研究细胞骨架构成、核膜结构和大分子组装等。在细胞生物学领域可用于生物膜脂质分子的侧向扩散、细胞间通讯的研究，胞质及细胞器内小分子物质转移性的观测等。

（6）荧光共振能量转移（FRET）技术　FRET是一个无辐射、量子级能量转移现象，指的是当一个荧光分子（供体）受到激发时，能量向邻近的另一荧光基团（受体）转移的过程。两个荧光基团的距离可以通过FRET的效率来计算。目前主要应用在生物大分子结构和功能研究、免疫分析、核酸杂交分析等方面，随着绿色荧光蛋白（GFP）的广泛使用，利用GFP及其衍生物，结合FRET技术研究蛋白质间相互作用受到越来越多的关注。

5. 注意事项　获得理想的高分辨的图像，与样品制备中的每一个环节密切相关，首先制备出理想的样品，然后再选择合适的各种参数进行采集，才能得到真实反映生物结构信息的图像，以此进行各种分析，可得到预期的结果。

（1）样品厚度　组织切片的厚度应为1～100μm，细胞厚度应小于30μm。具体的要求取决于实验目的，一般来说，二维成像在50～100μm，三维成像在10～30μm。进行三维成像时，如果样品过厚，则在系列切片中表现为亮度不均一，上部组织切片较亮，而下部组织切片较暗。细胞则应为贴壁细胞，以保证观察过程中焦点的稳定。若样品为悬浮细胞，则应进行贴壁化处理，将细胞培养在涂布了胶原蛋白、多聚赖氨酸等物质的玻片或培养皿上，促使其贴壁。也可以使用共聚焦专用的液压装置将细胞固定。

（2）生物结构的保存　组织需要及时固定，小的组织可直接浸入固定液，大的组织需经血管灌注法，常用固定液有乙醇、戊二醛、甲醛等。选择固定液与所进行的实验密切相关，比如观察组织中细胞内微管、微丝时，选择乙醇固定较为理想。固定后，需要进行细胞通透性处理，使染料能够进入细胞内。固定和通透性处理不恰当，极易产生人为结构，干扰最终结果。

（3）染色过程　与普通荧光显微镜的染色过程相同，可以直接染色，也可以采取免疫荧光的方法，有时可以在染色之后再固定一次，以增加样品的稳定性。

（4）提高信噪比　在样品制备阶段能有效提高信噪比的关键是选择合适的玻片和培养器皿。塑料制品一般不适用于制备荧光样品，应选择无自发荧光的玻璃制品或共聚焦显微镜专用培养皿，这样能大大降低背景信号。

（5）抗光漂白能力　常用封片剂为甘油，其他的封片剂可能产生自发荧光。利用激光扫描样品时，会造成扫描区域荧光分子的光淬灭，影响成像质量及观测时间，可以在封片剂中添加抗漂白试剂，延缓荧光分子淬灭的速率。常用的抗漂白封片剂有P-苯二胺、N-丙基没食子酸盐等。

与传统的荧光显微镜相比，LSCM分辨率有了进一步提高，最重要的是清晰度大为提高，可用于细胞内部结构的观测，并可对活细胞进行实时动态监测。激光扫描共聚焦显微镜是对电子显微镜的补充，在生物学尤其是细胞生物学领域有着广阔的应用前景。

》第二节　电子显微镜技术《

随着科学技术的不断进步和社会生产力的飞速发展，人们对探索微观世界的要求越来越迫切，但是人眼不能看清楚小于0.1mm的物体细微结构。光学显微镜提高了分辨率，可以达到200nm水平，使人们能够看到了细菌和细胞。但是由于光具有波动性，衍射现象限制了光学显微镜的分辨能力。1924年，人们从物质领域内找到了波长更短的媒质：电子，从而发明了电子显微镜（electron microscope，EM），简称电镜，进一步提高了分辨率，达到了0.1nm水平，光学显微镜与电子显微镜的区别见表1-1。电镜的种类除了透射电镜和扫描电镜，还有分析电镜、扫描隧道电镜、原子力显微镜、低温电子显微镜等。与此同时，与电镜应用相关的技术有超薄切片技术、负染技术、喷涂技术、投影技术、复型技术、标识技术以及冷冻蚀刻技术等。常用的电镜主要有2种，即透射电镜和扫描电镜。前者是利用磁透镜对穿透样品（包括材料样品和生物样品）的电子进行放大成像。后者是利用扫描电子束打到样品上，以所产生的二次电子、放射电子、吸收电子以及透射电子等作为信息并经过电子线路放大，而后通过控制阴极射线管的灰度来显示成像。如果把以上两种类型的电镜合成一个仪器，则称为透射扫描式电子显微镜。

表1-1 光学显微镜、扫描电子显微镜、透射电子显微镜的对比

项目	光学显微镜	扫描电子显微镜	透射电子显微镜
光源	可见光	电子束（散射）	电子束（透射）
波长大小	400～800nm	0.005 3～0.003 7nm	0.005nm（60KV）
放大倍数	10～2 000倍	可达5万～200万倍	可达100万～1 000万倍
分辨率	约200nm	可达0.5nm	可达0.1～0.2nm
光路介质	大气	真空	真空
透镜种类	光学透镜	电磁透镜	电磁透镜
染色剂	有机染料	重金属盐	重金属盐
染色效果	不同颜色的影像	明暗程度不同的黑白影像	明暗程度不同的黑白影像
防护装置	无	有	有

一、透射电子显微镜技术

透射电子显微镜（transmission electron microscope，TEM）简称透射电镜，是收集直接透过样品的电子并使其成像的一类电子显微镜，主要观察物质形态、细胞内部及断裂面复型膜的平面超微结构，结合负染技术、蚀刻技术和复型技术，可以观察样品的三维结构，并能观察细胞内各种细胞器和内含物等的超微结构。与TEM使用有关的技术主要包括负染色技术、超薄切片技术。通常，生物标本主要由碳、氢、氧、氮等元素组成，密度不大，散射能力很小，需使用重金属盐对样本进行负染或正染色以提高其密度，或通过缩小物镜光阑等方法提高病毒标本的反差。固体样本（如组织、培养细胞等）主要通过超薄切片技术进行电镜检测；液态样本（如细胞培养上清、疱疹液、血液、尿液、粪便标本等）主要通过负染色技术进行检测。

（一）透射电子显微镜工作原理

由三大系统组成：晶体系统、真空系统和电子线路系统，见图1-5。它是以电子束穿透样品，经聚合放大后，显像于荧光屏上进行观察和摄片的。当电子束的电子碰到样品的原子核时，电子轨道的角度偏斜，这种相互作用的过程称为弹性散射。弹性散射的强度与样品元素的原子序数成正比，原子序数越高，对入射电子的散射能力就越大，这样就被“标上”了样品的信息。在电镜的物镜后焦面上装有一个接地光阑，散射角度大的电子被光阑截获并被除去，仅让透射电子和散射角度小的电子通过光阑参与成像，从而形成一定的反差。光阑的孔越小（通常为 20～30μm），被截的散射电子越多，图像的反差就越大。

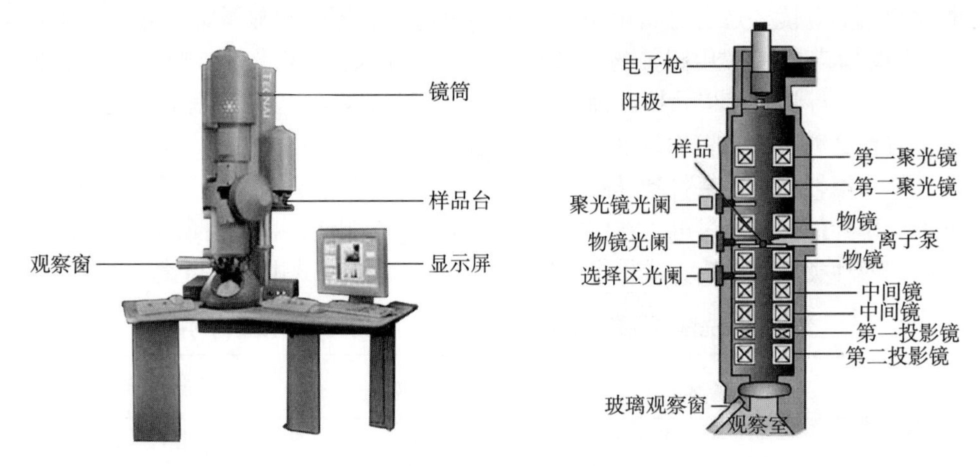

图 1-5　透射电子显微镜及其工作原理

透射电镜的电子枪加速电压一般为 40～100kV，电子束的穿透能力较弱，要求样品的厚度在 100nm 以下。电子枪的加速电压在 500kV 以上时，称为超高压电镜，其电子束的穿透能力很强，因而可以观察 0.5～10μm 的厚切片，可用于观察和研究细胞内部的立体超微结构。

生物组织样品主要由原子序数很低的碳、氢、氧、氮等元素组成，在电镜中形成的反差极小，因而不能成像。为了获得生物样品的反差，必须对样品的超薄切片（厚 50～80nm）进行电子染色，即在样品制作过程中用铅、铀等重金属盐进行电子染色，使组织中的某些结构与之结合，增加这些结构对电子的散射能力，以获得物象的反差，从而显示出清晰的结构。被重金属盐染色的部位，荧光屏上的影像暗，图像较黑，称为电子密度高；反之，则称为电子密度低。在荧光屏上显示的样品放大图像，可由照相装置进行摄影，制成永久性电镜照片。

（二）超薄切片技术

在电镜下观察的标本称超薄切片，制备电镜标本的技术又称超薄切片技术。由于电镜的放大倍数和分辨率比光镜大得多，因此，电镜标本的制备较光镜的更严格。制备超薄切片的程序与制备石蜡切片基本相仿，但由于观察工具与观察目的不同，其制备过程更为复杂和精细，所用的试剂品种多且质量要求高。

1. 取材　材料新鲜，使组织尽量保持或接近生活状态，从而避免细胞因缺血、缺氧所产生的异常变化。这种变化在光镜下或许不明显，在电镜下则暴露无遗。

切取材料要用锐利的刀剪，务必使组织少受损伤以保持结构完整；同时要避免血液对组织的污染。取材前用戊巴比妥钠水溶液腹腔注射将动物麻醉。若欲取得器官易于分离，也可采用断头或脱颈椎处死方法。动物处死后，在数分钟内迅速取出大小适宜的组织块，立即投入冷固定液中初固定。然后用保安刀片将组织切成 1mm 宽的长条，再横切成 1mm

见方的小块，用镊子轻轻夹入盛有2～3mL冷固定液的青霉素瓶中继续进行固定。对有极性的器官组织（如胃黏膜）可切成一定形态的小块（如梯形），以便包埋和切片时判断方向。脑和胚胎等柔软易碎的组织先切成略大的组织块，固定10～15min后切为小块。对脑，最好进行灌流固定。

2. 固定剂和固定步骤 新鲜组织浸泡于固定液中进行固定的方式称为浸透固定，常用的固定剂是戊二醛和锇酸。

（1）固定剂

①戊二醛是蛋白质交联剂，通过固定蛋白质而保存细胞结构，对糖原也有良好的固定效果，对脂类则无明显作用，故须与锇酸配合使用。市售的戊二醛为25%或50%的水溶液，该溶液长时间保存后，由于氧化形成戊二酸而pH下降，影响其使用效果。若pH降至3.5以下则不能使用。此时可在该液中加入10%活性炭以吸附戊二酸，用其滤过液。戊二醛对组织的渗透力较强。使用时按所需固定材料的疏密度不同而配制1%～6%的各种浓度的固定液，其中2.5%的浓度适用于绝大部分器官，4%～6%的多用于皮肤、骨骼肌等致密组织。经戊二醛固定的组织应在含有蔗糖的缓冲液中充分冲洗，否则在锇酸固定时会在细胞内形成沉淀并影响反差。

2.5%戊二醛磷酸缓冲液固定液的配制：0.2mol/L磷酸缓冲液40mL，25%戊二醛水溶液10mL，加双蒸水至100mL。

0.2mol/L磷酸缓冲液：A液：磷酸二氢钠（$NaH_2PO_4 \cdot 2H_2O$）3.12g，双蒸水加至100mL；B液：磷酸氢二钠（$Na_2HPO_4 \cdot 12H_2O$）7.16g，双蒸水加至100mL；取A液19mL加B液81mL即可。

②锇酸即四氧化锇，主要与脂类起反应而对细胞的各种膜相结构及脂滴具有良好的保存作用，对蛋白质的保存作用差，故与戊二醛配合使用。金属锇与被固定的细胞结构相结合，于电镜观察时能散射较多电子，从而起到电子染色作用。锇酸分子大而渗透速度慢，宜用于组织的后固定。由于组织已经被戊二醛初固定，后固定液的渗透压变化不会再对其产生明显影响，因此，目前大部分都在使用锇酸水溶液。市售的锇酸为淡黄色结晶，0.5g或1g包装。锇酸是强氧化剂，挥发性极强，其气体对人的眼、口及鼻腔黏膜均可造成一定损伤，操作时一定要谨慎。

锇酸固定液的配制：0.12mol/L磷酸缓冲液50mL，锇酸0.5g。

0.12mol/L磷酸缓冲液：A液：2.26%磷酸二氢钠水溶液；B液：2.52%氢氧化钠水溶液；C液：5.4%葡萄糖水溶液；取A液41.5mL加B液8.5mL，调至pH 7.3；加C液5mL即成缓冲液。

（2）固定步骤

①初固定 用2.5%戊二醛（用缓冲液配制，pH 7.2～7.4），或者用2%多聚甲醛与2.5%戊二醛4℃固定1～1.5h。

②冲洗 戊二醛固定后必须充分洗去组织内残留的醛，冲洗液常用配制戊二醛的缓冲液，用与初固定液相同的缓冲液4℃下冲洗至少3h，其间换液2次，亦可在换液后置冰箱内过夜。

③固定 用1%锇酸（用缓冲液配制，pH 7.2～7.4）4℃下固定1h。

④冲洗 用双蒸水冲洗5min（室温，换液一次）后进入脱水程序。

也可以通过血液循环的途径将醛类固定液灌流到所需固定的组织中，待组织硬化后，切取所需组织。该方法迅速而均匀，尤其适用于取材困难的柔软组织或死后变化快的组织和器官。灌流固定液采用戊二醛或多聚甲醛与戊二醛混合液，一般经醛类固定液灌流的组织，取材后亦再用锇酸进行固定。

3. 脱水 由于常用的包埋介质是环氧树脂类，它们大多与水不能互溶，因此必须用脱水剂将组织内游离的水分除去，包埋介质才能均匀地渗透到组织内部。若脱水不充分，可造成组织内树脂不聚合，或聚合体形成白色浑浊物，切片困难，切片上显现大量小孔等人工假象，电镜观察时电子束照射可引起树脂升华，形成污染。又由于含水样品在电镜高真空状态下观察反差极低，因此样品必须干燥。常用的脱水剂是乙醇或丙酮，均为有机溶剂，可抽提组织中已固定或未固定的脂类。脱水在室温下进行即可，采用递增浓度的脱水剂多次脱水，使包埋剂能够进入组织中。其脱水步骤为：50%乙醇或丙酮水溶液脱水10min；70%乙醇或丙酮水溶液脱水 10min；95%乙醇或丙酮水溶液脱水 10min；100%乙醇或丙酮水溶液脱水 15min，换液后继续脱水 15min。

由于纯乙醇与丙酮具吸水性，为确保其纯度以避免脱水不全，应在其内加入无水硫酸钠，用前 1h 充分振荡，不用时最好保存于盛有吸湿剂的密封罐中。

树脂可溶于丙酮，但不溶于乙醇。故用后者脱水完毕，还要用兼容乙醇与树脂的氧化丙烯（或其他溶剂）来置换乙醇，氧化丙烯亦具吸水性，其保存处理与乙醇的保存处理相同。

4. 浸透 常使用易浸入组织内并易硬化成固态又能切成 50nm 左右切片的环氧树脂包埋剂浸透。

5. 包埋 目前国际上广泛应用的环氧树脂 812 包埋混合液与国产环氧树脂 618 包埋混合液均已达到上述要求。这些包埋混合液中除含树脂外，还有硬化调节剂［如甲基内次甲基四氢邻苯二甲酸酐（MNA）与顺丁烯二酸酐可增加包埋块硬度，十二碳烯琥珀酸酐（DDSA）可减小包埋块硬度］、加速剂二甲氨基甲基苯酚（DMP30）、增塑剂苯二甲酸二丁酯（DBP）等。

（1）常用的包埋剂配方

①环氧树脂 812 包埋混合液配方　母液可分别密封于 4℃下保存约 8 周。

母液 A 液：62mL 环氧树脂 812，100mL DDSA。

母液 B 液：100mL 环氧树脂 812，89mL MNA。

包埋混合液（使用前混合）：12mL 母液 A，8mL 母液 B，0.3mL DMP30。

②环氧树脂 618 包埋混合液配方　6mL 环氧树脂 618，4mL DDSA，0.3～0.8mL DBP，0.1～0.2mL DMP30。

使用的包埋液均需密封，以防吸潮。若包埋液含有气泡或因室温偏低而比较黏稠，不易吸出，则可放置 35℃温箱使其变稀，待气泡溢出。

（2）常用的包埋步骤

①入氧化丙烯包埋液（1∶1），1h。

②入包埋液，2h 以上或过夜，其间换一次液体。

③将组织块移入包埋器，内填新鲜包埋液。

④在烤箱中聚合 48h，35℃、45℃和 60℃各 12h。

包埋的目的是将包埋剂完全浸透到组织内部。包埋剂经加温逐渐聚合成坚硬的固体，成为细胞的支架，以承受切片时各种力的作用，有利于超薄切片的制作。常用的包埋剂是环氧树脂及低黏度包埋剂 Spurr 等。电镜标本包埋剂应具有的性能：①在聚合前可溶于某种脱水剂或置换剂；②黏度小，易浸透组织；③聚合后收缩小，表里一致，不造成组织变形；④聚合后有一定硬度，易切为 80nm 左右的超薄切片；⑤切片能耐受电镜中约 200℃高温与电子束照射。

6. 硬化 利用高温把胶囊内包埋剂及浸入组织内的包埋剂一同聚合，硬化到一定程度利于切片。

7. 修块与切片 聚合硬化好的标本包埋块最好置于室温干燥器内数日，以增进树脂的切割性。超薄切片前一般要先做厚 1～2μm 的半薄切片以确定标本中最需要观察的部位。要在电镜下获得高分辨率图像的关键是超薄切片。由超薄切片机制作切片。把修好的包埋块置于超薄切片机上，用玻璃刀切成 50～80nm 的超薄切片，然后把切片放在有支持膜的铜网上。

8. 染色 为了充分显示细胞或组织的超微结构，在电镜观察前，切片必须经过染色。在电镜下样品的反差是由电子束经过标本后电子散射程度不同而产生的，散射的电子数越多，图像越暗；反之，则越亮。超薄切片的染色是利用重金属与不同的组织细胞成分结合或附着，从而在电子束照射下形成不同的散射能力，以提高图像的反差，即电子染色。常用的染色液有醋酸铀和柠檬酸铅。

醋酸铀染液的配制：醋酸铀溶于乙醇与水。前者溶解性更佳，但容易被光照分解，故必须新鲜配制。溶液 pH 为 4.2 左右，浓度为 0.5%～2.0%。配后用 1 号滤纸过滤，置于用黑纸遮蔽的容器中。优质的醋酸铀染液具有黄绿色荧光，若变色即不宜使用。

柠檬酸铅染液的配制：由于柠檬酸铅在强碱性溶液中才具有较大可溶性与稳定性，此液 pH 为 11～12，柠檬酸铅极易与空气中的 CO_2 结合生成碳酸铅沉淀而污染切片，因此，配液所用双蒸水需新鲜，配好的液体无论是在保存过程中还是在染色过程中均需尽可能减少与空气的接触。将 0.02g 柠檬酸铅溶于 10mL 双蒸水中充分振荡，成为乳白色浑浊液；加 10mol/L 氢氧化钠 0.1mL，继续振荡至柠檬酸铅完全溶解呈透明状。根据不同要求，切片可以单染，也可以双重染色。通用的双重染色步骤：①铀染 10～15min（避光）。②双蒸水冲洗 15～20s；或在 4 个装有双蒸水的小烧杯中顺序蘸洗各 3～4 次，总时间不超过 20s。③铅染 5～10min。④在 0.02mol/L 氢氧化钠溶液中蘸洗 15～20 次，约 20s，双蒸水冲洗 20s，滤纸吸干。

9. 结果观察 经醋酸铀和柠檬酸铅等重金属电子染色后，置于电镜下观察，标本在荧光屏上呈黑白反差的结构影像。被重金属浸染成黑色的结构，电子密度高；反之，未被染的部分电子密度低，这种染色称正染色。若被染结构着色浅淡，而其周围部分染成黑色，则称为负染色。

（三）负染色技术

负染色技术（negative staining）又称负性染色技术或阴性反差染色技术。负染色的原理是用电子散射力强的重金属衬出电子散射力弱的物体的像。经这种方法染色的生物样品，在电镜下是暗背景下的亮物像，与通常的染色性质相反。染色后，染液在样品的疏松处或空隙处滞留，因而在电镜下背景呈黑色，样品本身因电子散射力弱而较透明。负染色实际上并没有对待检样品进行任何染色，染色剂与样品之间不产生任何反应，而是利用重金属盐类溶液与样品混合，使样品呈现出良好的反差，反衬度提高。

负染色技术的主要特点是反差强，分辨力高，因此，可以看到样品如病毒的亚单位结构。本技术操作简便，不需其他特殊设备，且可在较短时间内得出结果。

1. 样品处理 对染色样品（任何组织、细胞或粪便等）在染色前需要进行一定的处理。

（1）病毒感染的细胞培养物，需要对细胞反复冻融3次以上，或用其他方法使细胞裂解，释放出病毒粒子，再以3 000r/min离心沉淀30min，除去细胞碎片，用上清液制片。

（2）粪便或组织，需先加入适量缓冲液，制成匀浆，再以3 000r/min离心沉淀30min，取上清液制片。

（3）样品为水疱液、尿液、气管洗液、脑脊液等的，3 000r/min离心30min，取上清液直接制片。

2. 制片 负染技术的制片方法有2种，即悬滴法和喷雾法。由于喷雾法易引起病毒扩散，要求条件较高，故一般采用悬滴法。即采用毛细管吸取少量病毒悬液，直接滴在有支持膜的网上，悬滴在网上呈半球形。数分钟后，用一片干净的滤纸从网边吸去液体，稍干后用另一毛细管吸一滴染液滴在网上，染色数十秒至1min，用滤纸片吸去染液，直接进行电镜观察，见图1-6。

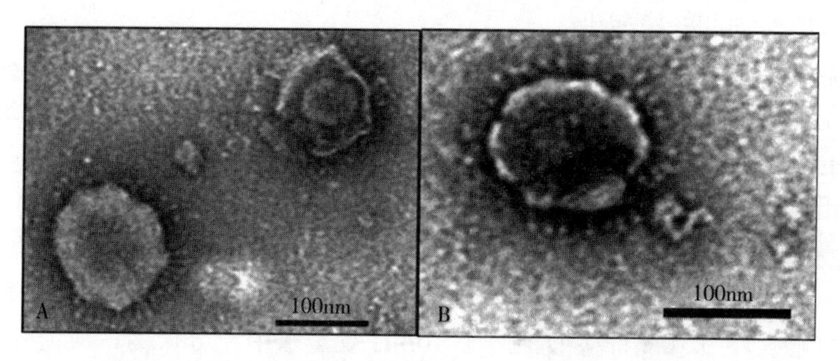

图1-6 病毒颗粒的TEM观察（磷钨酸负染色）

A. 嵌合传染性支气管炎-新城疫病毒样颗粒 B. 传染性支气管炎病毒颗粒

（Wu Xuan，2019）

3. 染色液 负染色技术使用的染色液有磷钨酸、磷钼酸、硅钨酸和醋酸铀等。其中以pH6.8、2%的磷钨酸溶液在病毒诊断中最常用，配制方法是：用蒸馏水配成2%的磷钨酸溶液，以1mol/L的氢氧化钠调整pH为6.8，过滤后4℃密闭贮藏，可长期使用。在负染检测时，可同时使用不同种类的两种染色剂，以增加负染检测的成功率，有利于病毒形态观察。常用染色剂见表1-2。

表1-2 负染技术常用的染色剂

染色剂种类	特点	浓度	pH
磷钨酸、磷钨酸盐	颗粒细腻，杂质少，反差好，图像背景干净，稳定性较好；能穿透病毒包膜显示内部结构，适于大多数样品，可长期保存；但细节显示较差，对某些病毒易产生破坏作用	1%～5%	6.4～7.4

（续）

染色剂种类	特点	浓度	pH
硅钨酸 钼酸铵	可显示病毒外部形态和内部结构；染色效果反差弱，但性能稳定，适用于膜结合结构的染色	0.5%～2% 0.5%～5%	6.8 7.0～7.4
醋酸双氧铀	对样品破坏小，图像分辨率较好，反差强，较磷钨酸染色更清晰；但颗粒性杂质多，易形成颗粒状结构，易与病毒颗粒混淆，当 pH>6.0 产生沉淀而失效，与磷酸盐反应形成沉淀；见光分解，需现配现用，避光保存	0.2%～4%	4.0～5.2

注：不同样品对 pH 的要求不同。因此，在实际应用中应做必要的摸索，确定最佳 pH。

此外，应用电镜观察细胞化学染色标本，称电镜细胞化学技术；观察免疫细胞化学染色标本，称免疫电镜技术；电镜与放射自显影结合的方法，称电镜放射自显影技术。

二、扫描电子显微镜技术

扫描电子显微镜（scanning electron microscope，SEM）：把样品表面反射出来的电子收集起来并使它们成像的一类电子显微镜，简称扫描电镜。以电子束为照明源，将聚集得很细的电子束（电子探针）以光栅状扫描的方式照射在样品上，激发样品产生相关信息，通过收集和处理，以类似电视摄影显像的方式，获得样品表面的微观形态。扫描电镜在生物学领域主要用于观察样品的表面形态及细胞断面上的结构。扫描电镜的操作比较简单，识别键盘上的有关功能键后就能操作。但要熟练地运用扫描电镜，熟悉其性能界限，并能从研究样品中得到详细信息，仍须掌握一定要领。扫描电镜与透射电镜有许多相似之处，见表 1-3。

表 1-3　扫描电镜与透射电镜结构的比较

	显微镜的结构	电子光学系统
扫描电镜	电子光学系统，真空系统，电源和控制系统，信号检测处理系统	电子探针系统（电子枪、三级聚光镜、扫描线圈），样品室（样品托、样品台、样品移动装置）
透射电镜	电子光学系统，真空系统，电源和控制系统	照明系统（电子枪、聚光镜），成像系统（物镜、中间镜、投影镜），记录系统（荧光屏、照相装置、计算机数据处理系统）

1. 工作原理　扫描电镜由电子枪内阴极加热后产生电子束流，经过栅极和阳极得到加速和会聚，再经过几组电磁透镜将电子束缩小为约 10nm 的电子探针并冲击样品表面，激发出次级电子，即二次电子。二次电子的信号被收集、转换和放大后送至阴极射线管，在某一点上成像。在电子束行进的途中有一组电子偏转系统，可使电子探针在样品表面按一定顺序扫描，这一扫描过程与阴极射线管的电子束在荧光屏上的移动是同步的，因此，当电子探针沿着标本表面一点挨着一点移动时，标本表面各点发射的二次电子所带的信息量加在阴极射线管的电子束上，在荧光屏上就扫描出一幅反映样品表面形态的图像，通过照相装置可把图像记录下来，见图 1-7。

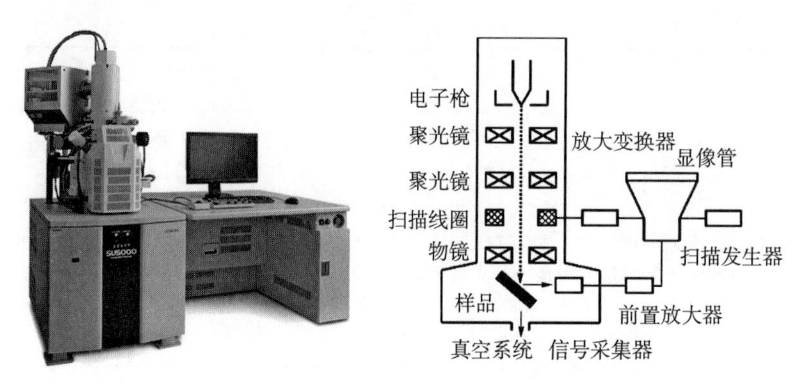

图 1-7　扫描电子显微镜及其工作原理

2. 扫描电镜样品的制备　扫描电镜主要用于观察组织和细胞表面的立体结构。因此，放入扫描电镜的标本不是切片而是组织块，其制备步骤包括取材、固定、脱水、干燥及喷镀等过程。保持样品表面不皱缩、不塌陷是标本样品制作的关键，具体操作步骤如下：

（1）取材　取材除组织要求新鲜外还必须注意以下 4 个问题。

①组织块的大小取决于所用电镜标本台的大小，一般为 2～3mm 见方。

②操作轻柔，避免损伤组织表面。

③凡是管腔等有游离面的器官组织，需用生理盐水或缓冲液冲洗去游离面的黏液等非组织成分。

④切割组织时要防止和去除血液污染。

（2）固定　戊二醛、多聚甲醛与锇酸都是常用的固定剂，配制方法与超薄切片技术相同，但必须用较高浓度。固定常在 4℃下进行，初固定不得短于 4h，一般均在 10h 以上，根据组织块的大小与密度确定时间的长短。长时间固定可增加组织的硬度，使之在其后的标本制备过程中不易受损。锇酸后固定主要作用于组织块表面的细胞以增强图像的反差。

（3）脱水和干燥　其目的是去除固定后组织块中的水分。可用空气干燥法直接去除。但目前主张用乙醚或丙酮等脱水剂先置换组织中的水，然后用干燥法去除脱水剂，这样可降低组织变形。组织块的脱水方式和超薄切片技术基本相同，但时间必须要长。组织块经固定后，置于真空镀膜仪内干燥。

（4）喷镀金属薄膜　喷镀是在组织表面施敷一薄层（约 10nm）导电物质，以使脱水、干燥后导电、导热性能差的生物组织表面具有较好的导电性和导热性。最常用的导电物质有金、银、铂等。常用方法有二次法和一次法。前者为先喷一层碳，再镀上一层金属；后者仅镀一层金属。喷碳的目的主要是为了加固标本。喷镀后待观察的标本应置于干燥器中保存。

（5）结果观察　在扫描电镜下进行观察。扫描电镜的景深长，样品表面的金属膜可提高其导电性和图像反差，在荧光屏上扫描成像，呈现富有立体感的表面图像，如纤毛、微绒毛、分泌颗粒等。

三、冷冻电子显微镜技术

冷冻电子显微镜技术（cryogenic electron microscope，Cryo-EM），简称冷冻电镜技

术，是在低温下使用透射电子显微镜观测保存在－180℃的生物大分子结构的显微技术，是一种重要的结构生物学研究方法。低温电镜技术结合了计算机断层图像分析技术，可从三维角度观察单一病毒颗粒、生物大分子的结构。低温电镜技术可直接观察液体、半液体及对电子束敏感的样品（如生物、高分子材料等），克服了因化学固定、染色、金属镀膜等过程对样品构象的影响，更加接近样品的真实状态，见图1－8。常规透射电镜生物样品制备，要经过化学试剂固定、脱水、包埋、高温聚合和切片等步骤，经过这些处理的样品会改变细胞内蛋白质分子的抗原性及空间构象，同时也丧失了生物活性；细胞内水溶性成分和各种元素丢失、移位和重组；细胞发生皱缩或肿胀等改变。使用冷冻电镜技术可以避免上述问题的发生。

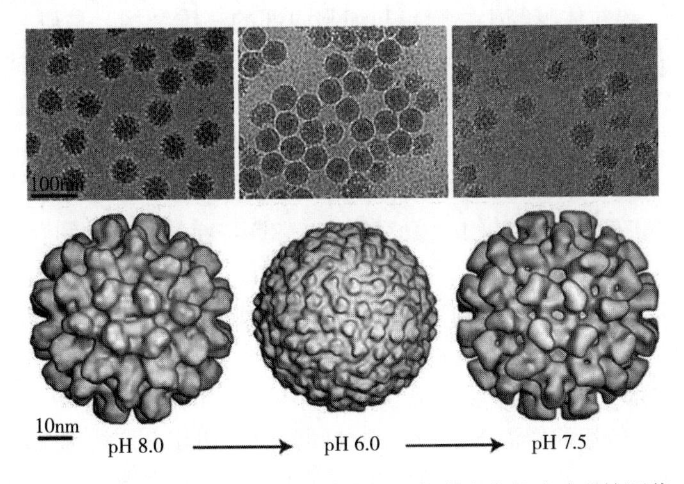

图1－8　不同pH诱导登革热病毒可逆构象变化的冷冻电镜图像
（Yu I M，2008）

冷冻电镜技术优点有8个方面：①冷冻电镜的分辨率较高，可达到原子水平；②可解析病毒亚单位在病毒颗粒中的作用；③低温电镜技术制样，样品能最大程度地保持自然状态；④样品高速冷冻，来不及结成冰晶，不会损伤样品；⑤低温在一定程度上克服辐射损伤；⑥可显示病毒在自然条件下的三维立体构象；⑦可显示病毒的结构及动态变化，能从结构上阐明病毒组成部分的功能；⑧低剂量曝光模式成像，可对冷冻电镜图像除噪，提高信噪比，进一步提高分辨率。冷冻电镜技术与常规透射电镜主要区别见表1－4。

表1－4　冷冻电镜技术与常规透射电镜主要区别

项目	冷冻电镜技术	常规透射电镜技术
样品固定速度	快，是化学固定的1 000倍	慢
固定方式	物理固定	化学固定
固定后样品形态	基本不改变	收缩
细胞大分子破坏程度	小，可以保持生物大分子的活性	大，生物大分子的活性受到影响
细胞内化学成分	不改变，可进行细胞内微量元素半定量	改变，会丢失、移位和重组

电镜冷冻技术包括：快速冷冻固定、冷冻超薄切片、冷冻蚀刻和冷冻置换技术。

1. 快速冷冻固定技术 采用物理方法对新鲜的组织细胞瞬间骤然的快速冷冻，以达到对样品固定的目的。当冷冻速率达到 10^6℃/s 时，样品内无冰晶形成。

2. 冷冻超薄切片技术 用快速冷冻固定取代化学固定，省略了有机溶剂脱水、树脂浸透和包埋等步骤，在低温下进行冷冻超薄切片的技术。

3. 冷冻蚀刻技术 基本原理是生物样品经过快速冷冻固定后，在真空下样品断裂（断裂实际是沿着结构脆弱部位劈裂，如细胞膜、核膜、细胞器膜的膜内脂质双分子层的疏水区进行），经蚀刻使结构表面冰升华，暴露出膜内部和细胞内部的三维结构像，经过喷镀碳-铂，制成复型膜在 TEM 下观察。该技术具有样品制备周期短、分辨力高、立体感强、图像清晰、复型膜能耐受电子束轰击和便于长期保存的优点。该技术能得到膜内部（如细胞膜、核膜、线粒体膜等生物膜）和细胞内部的三维结构，是研究生物膜大分子结构、细胞连接装置和细胞骨架等结构的重要方法。该技术与免疫金标记技术结合成为冷冻断裂标记技术，能显示出细胞膜表面大分子物质（如受体、抗体）的分布情况。

制备方法：①样品切成 1mm×1mm×3mm；②用 2%～3%戊二醛固定 2h，4℃；③用 0.075mol/L PBS 洗涤；④冷冻保护：30%甘油-生理盐水浸泡 12h，4℃；⑤样品放入液氮中冷冻固定；⑥在真空喷镀仪中，真空度 10^{-6}kPa，样品温度升到－110～－100℃后进行断裂；⑦样品继续升温到－100～－90℃，组织表面冰升华，即蚀刻；⑧碳-铂复型膜：45°角喷铂 1 次；90°角喷碳 3～5 次；⑨次氯酸钠溶液腐蚀样品；⑩蒸馏水清洗两次复型膜并捞膜到 400 目铜网上，TEM 观察。

4. 冷冻置换技术 原理是生物样品快速冷冻后，在低温下用有机溶剂将样品中的固态水缓慢地替换掉，低温或常温下包埋、聚合和常温下切片。该技术既可以保存细胞生活状态时的良好超微结构，又可满足免疫电镜细胞化学和细胞内微量元素分析的要求。

制备方法：①取材：1mm×1mm×1mm；②使用快速冷冻仪，温度在－165～－160℃快速冷冻固定；③使用冷冻置换仪和合适的置换液，设置好置换温度和时间；④按常规超薄切片技术进行包埋和切片，或使用低温包埋剂包埋和切片。

》第三节 流式细胞术《

流式细胞术（flow cytometry，FCM）是一项集激光技术、电子物理技术、光电测量技术、计算机技术以及细胞荧光化学技术、单克隆抗体技术为一体的新型高科技仪器。流式细胞术是对在高速流动的鞘液包裹下的细胞、粒子进行分析和分选的技术，这种细胞或粒子是经过特异荧光标记的。其特点一是测量速度快，每秒钟能测数千个乃至上万个细胞，且可进行多参数测量；二是分选技术，即在分析的同时可把具有指定特征的细胞分离出来。

一、工作原理

流式细胞仪的工作原理可分成两个部分，即分析和分选。流式细胞仪分析的基本原理是前向散射（FSC）的大小与细胞的直径成正相关，即细胞越大，其前向散射越大；反之则越小。侧向散射（SSC）的强度几乎与细胞内颗粒结构的质量成正相关，即细胞内颗粒结构越复杂，质量越大，其 SSC 越大；反之则越小。流式细胞仪分选的基本原理是待测细胞被制成单个细胞的悬液，经特异性荧光染料染色后放入样品管中，在特定压力下进入流动室，流动室内充满鞘液，使细胞排成单列一个跟随一个在鞘液包裹下由流动室下面的喷嘴中心喷出，形成细胞液柱，液柱与入射的激光束相交，使细胞上的荧光染料被激发而产生特异性荧光；在与入射激光和液柱都垂直的方向设置有荧光测量系统，将细胞的荧光信号变成电信号输出到计算机，进行分析。

二、结构

流式细胞仪主要结构由流动室与液流系统、激光源与光学系统、光电管与检测系统、计算机与分析系统四部分组成，见图 1-9。

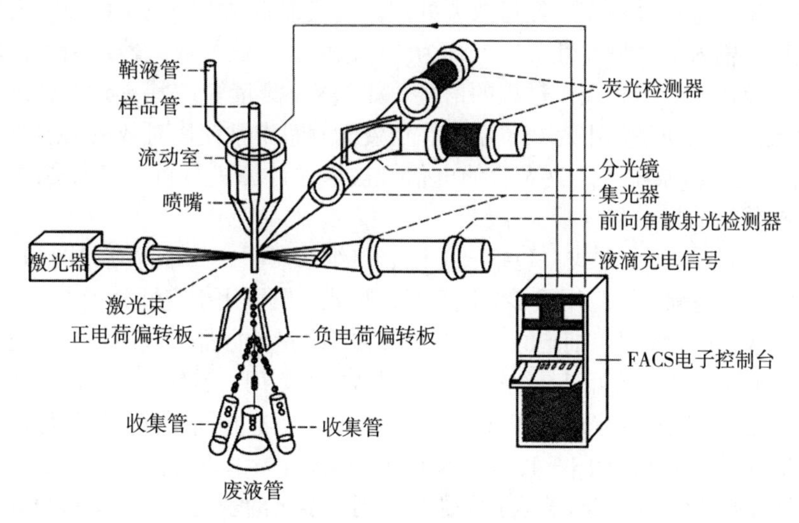

图 1-9 流式细胞仪的结构与工作原理

1. 流动室与液流系统 流动室由样品管、鞘液管和喷嘴等组成，常用光学玻璃、石英等透明、稳定的材料制作，是液流系统的心脏。样品管储放样品，单个细胞悬液在液流压力作用下从样品管射出；鞘液从鞘液管流向喷孔，包围在样品外周后从喷嘴射出。为了保证液流是稳态液，一般限制液流速度<10m/s。由于鞘液的作用，待检测细胞被限制在液流的轴线上。

2. 激光源与光学系统 经特异荧光染色的细胞需要合适的光源照射激发才能发出荧光供收集检测。常用的光源有弧光灯和激光；激光器又以氩离子激光器使用最普遍。主要根据被激发物质的激发光谱来选择光源。最常用汞灯，其发射光谱大部分集中于 300～400nm，很适合需要用紫外线激发的场合。氩离子激光器的发射光谱中，绿光 514nm 和蓝光 488nm 的谱线最强，约占总光强的 80%；氪离子激光器光谱多集中在可见光部分，以 647nm 较强。免疫学上使用的一些荧光染料激发光波长在 550nm 以上，可使用染料激光器。例如，用氩离子激光器的绿光泵浦含有 Rhodamine 6G 水溶液的染料激光器，可得到 550～650nm 连续可调的激光，尤其在 590nm 处转换效率最高，约占到一半。为使细胞得到均匀照射，并提高分辨率，照射到细胞上的激光光斑直径应和细胞直径相近。因此，需将激光光束经透镜汇聚。新型流式细胞仪可以同时使用 3 根或 3 根以上的激光器，实现 10 色以上的多色分析。

3. 光电管与检测系统 经荧光染色的细胞受合适的光激发后所产生的荧光是通过光

电转换器转变成电信号而进行测量的。光电转换器是将光信号转换成电信号的一种装置。流式细胞仪常用的光电转换器为硅晶光电二极管和光电倍增管。光电倍增管在光线较弱时有很好的稳定性，而光线强时，光电二极管比光电倍增管稳定，因此流式细胞仪在检测前向散射光时通常使用光电二极管；在检测荧光与侧向散射光时，由于信号弱，多采用光电倍增管，以增加检测器灵敏度。

光电倍增管上加有一定的电压，以控制产生足够数量的电子信号。改变光电倍增管的电压，可以控制由光信号产生适量的电信号，而产生的电信号与光电倍增管接受的光信号呈比例关系，因此既可以收集高强度的信号，也可以收集低强度的信号。但光电二极管或光电倍增管输出的电信号均需要经过放大处理。流式细胞仪中一般有两类放大器。一类是输出信号幅度与输入信号呈线性关系，称为线性放大器。线性放大器适用于在较小范围内变化的信号以及代表生物学线性过程的信号，如 DNA 测量等。另一类是对数放大器，输出信号和输入信号之间呈常用对数关系。在免疫学测量中常使用对数放大器。

4. 计算机与分析系统 经放大后的电信号被送往计算机分析器进行数据处理。数据处理主要包括数据的显示和分析。

(1) FCM 的数据显示方式 包括直方图、二维散点图、二维等高线图和假三维图等。

①直方图 是一维数据应用最多的图形显示形式，既可用于定性分析，又可用于定量分析，形同一般 $X-Y$ 平面图，细胞的每一个单参数的测量数据都可以用直方图显示。根据选择放大器类型不同，横坐标可以是线性标度或对数标度，用“道数”来表示，实质上是所测的荧光或散射光的强度；纵坐标代表该通道内所出现的具有相同光信号特征细胞的频度，一般表示的是细胞的相对数。图 1-10 是横坐标为 DNA 含量的直方图。单参数分析只能表达具有同一特征细胞的数量及其荧光表达的强度，对于复杂的表型分析，单参数分析结果的准确性会受到较多因素的干扰，因此只能显示一个参数与细胞之间的关系是直方图的局限。

②二维散点图 二维散点图的横轴和纵轴分别代表细胞的两个测量参数，可以确定细胞在双参数散点图中的位置，平面上每个点表示同时具有相应坐标值的细胞存在。能够显示两个独立参数与细胞相对数之间的关系，见图 1-11。若检测的是细胞物理参数，通常使用线性信号；若检测的是荧光参数，通常使用对数信号。可以由二维散点图得到两个一维直方图，但是由于兼并现象存在，二维散点图的信息量要大于两个一维直方图的信息量。

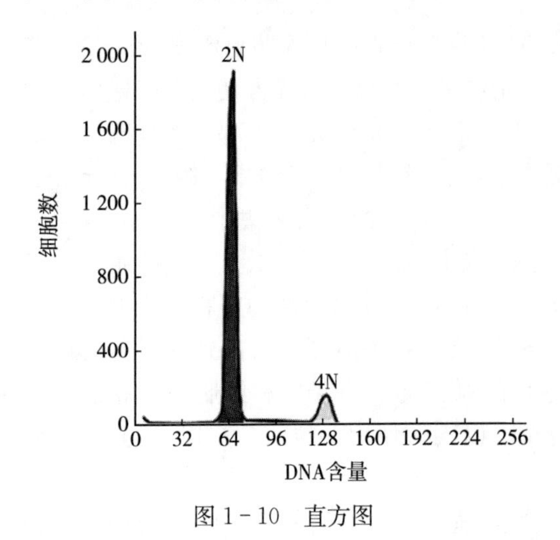

图 1-10 直方图

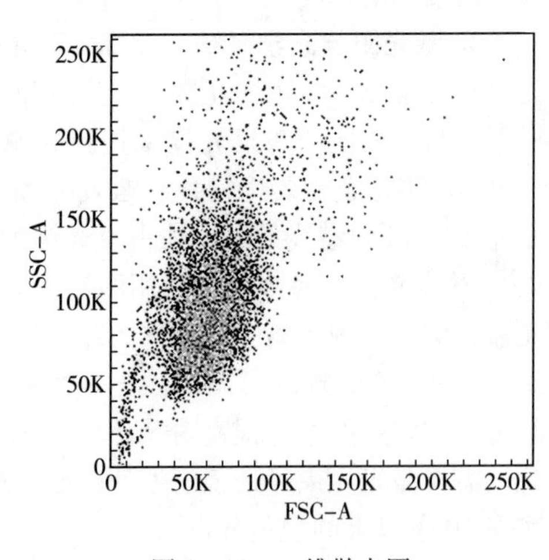

图 1-11 二维散点图

③二维等高线图　二维等高线类似于地理地图的等高线，是一种可以同时表达检测参数和细胞频度的二维图，克服了二维散点图的不足。等高线图的每一连续曲线上具有相同的细胞相对或绝对数，即“等高”。图1-12所示曲线层次越高，所代表的细胞数越多；等高线密集的地方代表细胞数目变化较快的地方。不同等高线之间的距离可以是等间距的，也可以是对数间距。前者适用于细胞数目变化不大的情况，有利于观察细节；后者适用于细胞数目变化较大的情况，便于掌握整体。

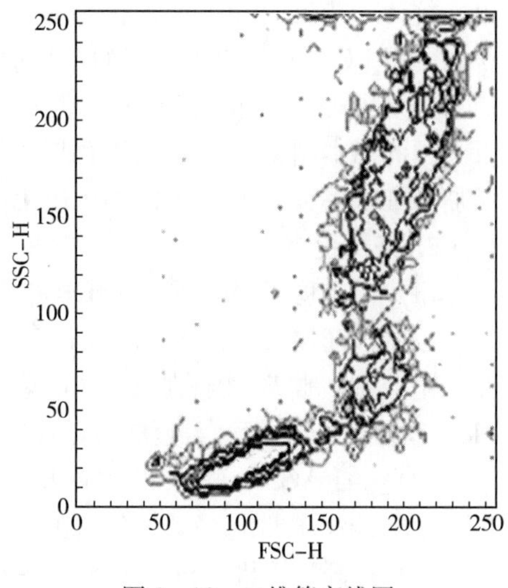

图1-12　二维等高线图

④假三维图　假三维图是利用计算机技术对二维等高线图的一种视觉直观的表现方法。把原二维图中的细胞数作为Z轴同时显现。在三维空间中，每一群细胞各处于独立的空间位置。三维图对复杂的细胞亚群分析更为直观、准确。

（2）数据分析　FCM的数据分析方法可分为参数法和非参数法两大类。当被检测的生物学系统可以用某种数学模型时则多使用参数法，数学模型可以是一个方程或方程组。非参数法对测量得到的分布形状不需要做任何假设，即采用无设定参数分析法。

三、操作方法

1. 细胞样品的制备

（1）制备活性高的细胞悬液（如培养细胞系、外周血有核细胞、胸腺细胞、脾细胞等）。

（2）用10% FCS R/MINI1640调整细胞浓度为（0.5～1）$\times10^7$个/mL。

（3）取40μL细胞悬液加入预先有特异性McAb（5～50μL）的小玻璃管或塑料离心管，再加50μL 1∶20（用DPBS稀释）灭活的正常兔血清，置4℃ 30min。

（4）用洗涤液洗涤2次，每次加洗涤液2mL左右，离心1 000r/min 5min。

（5）弃上清，加入50μL工作浓度的二抗荧光标记物，充分振摇，置4℃ 30min。

（6）用洗涤液洗涤2次，每次加洗涤液2mL左右，离心1 000r/min 5min。

（7）加适量固定液。

（8）FCM检测或制片后于荧光显微镜下观察。

2. 细胞的荧光标记方法

（1）直接免疫荧光标记法　取一定量的细胞悬液（约1×10^6个/mL），在每一管中分别加入50μL的HAB，并充分混匀，在室温中静置1min以上，再加入连接有荧光素的抗体进行免疫标记反应。孵育20～60min后，用PBS（pH7.2～7.4）洗1～2次，加入缓冲液重悬，上机检测。本方法操作简便，结果准确，易于分析，适用于同一细胞群多参数的同时测定。虽然指标抗体试剂成本较高，但减少了间接标记法中较强的非特异荧光的干扰，因此更适用于临床标本的检测。

（2）间接免疫荧光标记法　取一定量的细胞悬液（约1×10^6个/mL），先加入特异的第一抗体，待反应完全后洗去未结合的抗体再加入荧光标记的第二抗体，生成抗原抗体复合物，以 FCM 检测其上标记的荧光素被激发后发出的荧光。本方法费用较低，二抗应用广泛，多用于科研标本的检测。但特异性较差，非特异性荧光背景较强，易影响实验结果。因此标本制备时应加入阴性或阳性对照。另外，由于间接免疫荧光标记法步骤较多，增加了细胞丢失的概率，不适用于测定细胞数较少的标本。

3. 开机程序

（1）检查稳压器电源，打开电源，稳定 5min。

（2）打开储液箱，倒掉废液，并在废液桶中加入 400mL 漂白水原液。打开压力阀，取出鞘液桶，将鞘液桶加至 4/5 满（一般可用三蒸水，做分选必须用 PBS 或 FACS Flow），合上压力阀。盖紧桶盖，检查所有管路是否妥善安置。

（3）将 FACS Calibur 开关打开，此时仪器功能控制钮的显示应是“STANDBY”，预热 5～10min，排除过滤器内的气泡。

（4）打开计算机，执行仪器“PRIME”功能，以排除 Flow Cell 中的气泡。

（5）分析样品时，先用 FACS Flow 或 PBS 进行“High Run”约 2min。

（6）做过分选后，每次开机后需冲洗管道，在分选装置上装上两个 50mL 离心管，不接通浓缩系统，按下右下角的白色按钮，开始冲洗。待自动停止后接通浓缩装置，同上法冲洗一次。

4. 预设获取模式文件

（1）从苹果标志中选择“CELL Quest”命令，打开一个新视窗，可利用此视窗编辑一个获取模式文件。

（2）选取屏幕左列绘图工具中的“Dot Plot”图标，绘出一个或多个 Dot Plots（点图）。从“Dot Plot”对话框中选取“Acquisition”选项作为图形资料的来源，并确定适当的 x 轴和 y 轴参数。

（3）选取屏幕左列绘图工具中的“Histogram”图标，同步法绘出 Histogram（直方图）。

（4）将此视窗命名后保存于“FAC Station G3BD Applications CELL Quest Folder EXP”文件夹中。下次进行相同实验时可直接调用。

（5）计算机中已设定两个模式文件 ACQ 和 EXP，保存于“FAC Station G3BD Applications CELL Quest Folder EXP”文件夹中。ACQ 用于细胞 DNA 的检测，EXP 用于细胞表面的标志分析。

5. 用“CELL Quest”进行仪器的设定和调整

（1）从苹果标志中选择“CELL Quest”命令。进入“CELL Quest”后在“File”指令栏中打开合适的获取模式文件。

（2）从屏幕上方“Acquire”指令栏中，选择“Connect to Cytometer”（快捷键：+B）命令进行计算机和仪器的联机，将出现的“Acquisition Control”对话框移至合适的位置。

（3）从“Cytometer”指令栏中，开启“Detectors/Amps”“Threshold”“Compensation”“Status”这 4 个对话框，并将它们移至屏幕的右方，以便获取数据时随时调整获取条件。也可以用+1、2、3、4 获得此 4 个对话框。

（4）在“Detectors/Amps”对话框中，首先为每个参数选择适当的倍增模式（Amplifier Mode)：线性模式 Lin 或对数模式 Log。一般进行细胞表面抗原分析，如分析外周血的淋巴细胞亚群时，FSC 和 SSC 多以线性模式 Lin 测量，且 DDM Param 选择“FL2”，而 FL1 与 FL3 则以对数模式 Log 测量；分析细胞 DNA 含量时，FSC、SSC、FL1、FL2、FL3 皆以 Lin 进行测量，且 DDM Param 选择“FL2”；分析血小板表型时，FSC、SSC、FL1、FL2、FL3 等均以 Log 进行测量。

(5) 放上待检测的样品，将流式细胞仪设定于“RUN”，流速可在“HIGH”或“LOW”上。

(6) 在“Acquisition Control”对话框中，选择“Acquire”，开始获取细胞。在以下的仪器调整过程中随时选择“Pause”“Restart”以观察调整效果。未完全调整好之前不要去掉“Set Up”前的“3”。

(7) 在“Detectors/Amps”对话框中，调整“FSC”和“SSC”探测器中的信号倍增度“PMT Voltages”(粗调)与“Amp Gains”(细调)，使样品信号出现在 FSC-SSC 点图内，且三群细胞合理分布。

(8) 在“Threshold”对话框中选择适当的参数，并调整“Threshold”的高低，以减少噪声信号(细胞碎片)。一般做细胞表型时用 FSC-H，而做 DNA 时用 FL2-H。“Threshold”并不影响检测器对信号的获取，但可改善画面的质量。

(9) 从屏幕左列绘图工具中选择“Region”(区域)，并在靶细胞周围设定区域线，即通常所说的门。圈定合适的细胞群可使仪器调整更为容易。

(10) 在“Detectors/Amps”对话框中，调整荧光检测器(FL1、FL2、FL3、FL4等)的倍增程度。根据所用的荧光阴性对照样品调整细胞群，使之分布在正确的区域内。

(11) 在“Compensation”对话框中，根据所用的调补偿用标准荧光样品调整双色(或多色)荧光染色所需的荧光补偿。

(12) 在“Status”对话框中可见下列数值：Laser Power：Run/Ready(正常值)为 14.7mW；Standby(正常值)为 5mW。Laser Current：正常值为 6A 左右。

(13) 调整好的仪器设定可在“Instrument Settings”对话框中储存，下次进行相同实验时可调出使用。

6. 通过预设的获取模式文件进行样品分析

(1) 从苹果标志中选择“CELL Quest”，新视窗出现后从“File”指令栏中选择“Open”选项，打开预设的获取模式文件。

(2) 从屏幕上方的“Acquire”指令栏中，选择“Connect to Cytometer”进行计算机和仪器的联机，将出现的“Acquisition Control”对话框移至合适的位置。

(3) 从“Cytometer”指令栏中选择“Instrument Settings”选项，在其对话框中选择“Open”选项以调出以前存储的相同实验的仪器设定，单击“Set”按钮确定。

(4) 在“Acquire”指令栏中，选择“Acquisition & Storage”选项确定储存的细胞数、参数、信号道数。其中“Resolution”在做细胞表面标志时选择“256”，做 DNA 时选择“1024”。“Parameter Saved”则根据不同的检测对象选择不同的参数。

(5) 在“Acquire”指令栏中，选择“Parameter Description”选项，以确定文件存储位置(folder)、文件名称(file)、样品代号以及各种参数的标记(Panel)。

（6）在“Cytometer”指令栏中，选择“Counters”选项，将此对话框移至合适的位置，以便于随时观察“Events”计数。

（7）将样品试管放置检测区，在“Acquire Control”对话框中选择“Acquire”选项，以启动样品分析测定。

（8）微调仪器设定，待细胞群分布合适后选择“Acquire Control”对话框中的“Pause”“Abort”选项，去除“Set Up”前的“3”，开始正式获取信号，存储数据。

（9）当一定数目的细胞被测定后，获取会自动停止，并会自动存储数据。重复步骤7，继续分析下一个样品，直到所有的样品数据分析完毕。

（10）当所有样品分析完毕，即换上三蒸水，并将流式细胞仪置于“Stand By”状态，以保护激光管。

7. 关机程序

（1）从“File”列表中选择“Quit”命令，退出软件，单击“Don't Save”按钮至苹果屏幕。

（2）用4mL 1∶10稀释的漂白水作样品，将样品置于旁位（Vacuum is on）；用外管吸去约2mL，再将样品架置于中位（Vacuum is off），接着“High Run”5min（内管吸去2mL）。

（3）改用三蒸水4mL作样品，同步处理。

（4）单击“Prime”按钮3次。

（5）此时仪器自动转为“Stand By”状态，换2mL三蒸水。必须在仪器处于“Stand By”状态10min后再依次关掉计算机、主机、稳压电源，以延长激光管寿命，并确保应用软件的正常运行。

四、应用

1. 细胞生物学 定量分析细胞周期并分选不同细胞周期时相的细胞；分析生物大分子（如DNA、RNA、抗原、癌基因表达产物等）物质与细胞增殖周期的关系，进行染色体核型分析，并可纯化X或Y染色体。

2. 肿瘤学 DNA倍体含量测定是鉴别良、恶性肿瘤的特异指标。近年来，已应用DNA倍体测定技术，对白血病、淋巴瘤及肺癌、膀胱癌、前列腺癌等多种实体瘤细胞进行探测，并用单克隆抗体技术清除血液中的肿瘤细胞。

3. 免疫学 流式细胞仪用于研究细胞周期或DNA倍体与细胞表面受体及抗原表达的关系；用于进行免疫活性细胞的分型与纯化；用于分析淋巴细胞亚群与疾病的关系；用于免疫缺陷病（如艾滋病）的诊断；用于器官移植后的免疫学检测等。

4. 血液学 流式细胞仪用于血液细胞的分类、分型，造血细胞分化的研究，血细胞中各种酶的定量分析，如过氧化物酶、非特异性酯酶等；用NBT及DNA双染色法可研究白血病细胞分化成熟与细胞增殖周期变化的关系，检测母体血液中Rh（+）或抗D抗原阳性细胞，以了解胎儿是否可能因Rh血型不合而发生严重溶血；检测血液中循环免疫复合物可以诊断自身免疫性疾病，如红斑狼疮等。

5. 药物学 检测药物在细胞中的分布，研究药物的作用机制，亦可用于筛选新药，如研究化疗药物对肿瘤的凋亡机制，可检测DNA凋亡峰、Bcl-2凋亡调节蛋白等。

》第四节 兽医学实验室其他仪器《

一、超声波细胞破碎仪

超声波细胞破碎仪主要用于多种动、植物组织细胞破碎，同时可用来乳化、分离、匀浆、提取、消泡、清洗及加速化学反应等。

1. 工作原理 将电能通过换能器转换为声能，这种能量通过液体介质而变成一个个密集的小气泡，这些小气泡迅速炸裂，产生像小炸弹一样的能量，从而起到破碎细胞等物质的作用。

2. 使用方法

（1）用专用的电源线连接发生器背面的电源输入接口，把换能器组件的信号输入接头与发生器的信号输出换能器接口连接，即完成了本仪器的安装。发生器正面右下的功率调节旋钮用来调节本仪器的输出功率大小，输出功率由功率表显示。间隙时间、超声时间由脉冲调节旋钮来调节，总工作时间由指数拨码开关来设置。设置好后，按工作复位键进入超声工作。

（2）按样品量选择适当的容器，固定或安放好后，调节振动系统位置，使变幅杆末端插入样品液面10～15mm并使其在容器的中心位置，不得让变幅杆与容器相接触。变幅杆末端离容器一般应大于30mm。量少时且功率开得较小的情况下可小于30mm。

（3）将功率调节旋钮向逆时针方向转至最小位置，工作时间、超声时间、间隙时间调至所需的合适时间（一般工作时间不宜开得过长，且间隙时间应大于工作时间）。上述准备就绪即可按电源开关开机，开机后电源指示灯亮，再按一次保护复位按钮及工作复位按钮，待设定的间隙时间过后，即进入振荡状态，显示屏开始显示工作时间，将功率调节旋钮慢慢向顺时针方向转动，调至所需的功率位置上，以达到理想的工作效果。待设定的工作时间过后，时间显示窗显示所设定的总时间。仪器处于停振状态，如需重复上述实验，可再按工作复位键，如不需要重复，应关机切断电源。

（4）如在工作时保护指示灯亮（在保护复位键上），说明仪器的功率开得太大而进入保护状态。减少功率，按一次保护复位键及工作复位键即开始工作。

（5）调换探头时，按探头的规格，相应调节变幅杆选择开关（在机箱背面）。

3. 注意事项

（1）严禁在变幅杆未插入液体内（空载）时开机，否则会损坏换能器或超声波发生器。

（2）换能器在支架上要固定牢靠，防止从立柱上突然下滑，变幅杆末端切勿碰撞，防止变形或损伤。

（3）对各种细胞量多少、时间长短、功率大小，有待用户根据各种不同介质摸索确定，选取最佳值。

（4）使用一段时间后变幅杆末端会被腐蚀而发毛，可用油石或细什锦锉刀锉平，否则会影响工作效果。

（5）功率表显示的数值与电压、变幅杆插入液面深度及负载（被破碎样品的浓度、稠度）有关，电源电压低于220V，变幅杆插入液面深，负载浓度太浓，显示数值稍低，反之稍高。此数据为模拟参数，其大小不影响超声波发射的实际功率。

（6）不需预热，使用时应有良好的接地装置。

（7）在超声破碎时，由于超声波在液体中起空化效应，使液体温度很快升高，用户对各种细胞的温度要多加注意。建议采用短时间（每次不超过 5s）的多次破碎，同时可外加冰浴冷却。

（8）短时间的多次工作比连续长时间工作的效果要好。为防止液体发热，可设定较长的间隙时间。另外，不间断长时间工作容易形成空载，缩短仪器的使用寿命。

二、酶联免疫检测仪

酶联免疫检测仪简称酶标仪，是酶标法检测的专用仪器。

1. 酶标法的基本原理 酶标法即酶联免疫吸附试验，基本原理是将抗原或抗体与酶用胶联剂结合为酶标抗原或酶标抗体，此酶标抗原或酶标抗体可以与固相载体上或组织内相应抗体或抗原发生特异反应，并牢固地结合形成仍保持活性的免疫复合物。当加入相应底物时，底物被酶催化而呈现出相应的反应颜色，颜色强度与相应抗原或抗体的含量呈正比。可以用酶标仪器进行定量测定。

2. 酶标仪的基本结构 酶标仪实际上就是专用的光电比色计或分光光度计。其主要结构与分光光度计相同。

（1）酶标仪与分光光度计的主要区别 表现在两个方面：一是比色所用的容器不同，分光光度计所用的容器是比色皿，酶标仪所用的容器是微孔板。微孔板通常用透明的聚乙烯材料制成，对抗原、抗体有较强的吸附作用，一般作为固相载体。二是入射光线不同，测试时，分光光度计的入射光束是横向垂直通过待测溶液和比色皿；酶标仪盛装比色溶液的微孔板是多排多孔，因此，酶标仪的光束都是纵向垂直通过待测溶液和微孔板，光束既可从下向上通过比色溶液，也可从上向下通过比色溶液。

（2）酶标仪的光路系统 酶标仪所用的单色光既可通过干涉滤光片获得，也可用分光光度计相同的单色器来获得。入射光通过微孔板底部进入比色液，利用板的移动更换比色对象。为能取得标准的测读结果，入射光必须对准孔的中央，板的移动应保持准确，移动后，复位时测读结果应具有重复性。

3. 酶标仪的基本工作原理 光源灯所发出的光波经过滤光片或单色器后，变成一束单色光，进入塑料微孔板的待测标本中。该单色光一部分被标本吸收，其余部分则透过标本照射到光电检测器上，光电检测器将这一随待测标本不同而强弱不同的光信号转换成相应的电信号，电信号经前置放大、对数放大、模数转换等信号处理后送入微处理器进行数据处理和计算，最后由显示器和打印机显示结果。

4. 酶标仪的分类 按照功能不同，酶标仪可分为光吸收酶标仪、荧光酶标仪、化学发光酶标仪和多功能酶标仪。

（1）光吸收酶标仪 用来进行可见光与紫外线吸光度的检测。特定波长的光通过微孔板中的样品后，光能量被吸收，而被吸收的光能量与样品的浓度呈一定的比例关系，由此可以用来进行定性和定量检测。

（2）荧光酶标仪 用来进行荧光的检测。当通过激发光栅分光后的特定波长的光照射到被荧光物质标定的样品上后，会发出波长更长的发射光，发射光通过光栅后到达检测器。荧光的强度与样品的浓度呈一定的比例。

（3）化学发光酶标仪　用来检测来自生物化学反应中的自发光，可分为辉光型和闪光型两种类型。辉光型发光持久、稳定，能持续一段时间；闪光型发光时间短、变化快，稳定性不强，需要应用自动加样器才可以进行。来自化学反应中发出的光子数与样品量呈一定的比例。化学发光酶标仪灵敏度非常高，动力学范围广。

（4）多功能酶标仪　可以同时进行光吸收、荧光和化学发光的检测。

5. 多功能酶标仪的使用

（1）接通电源，开启酶标仪 SpectraMAX 250 及计算机开关。

（2）待计算机自检后，单击菜单上的键进入“SoftMAX”软件。根据所处理样品的类别（活性，EGF、TNF、bFGF、IFN、G－CSF、GM－CSF）进入相应的文件夹。

（3）选择一个已存在的文件进入后，按“Template”键和“Set Up”键检查模板设定与测定波长是否与待测样品板相符。如不符，单击“设定波长”键，出现相应的设定菜单。

①单击“Clear”键，消除原模板。

②单击“Group”键，选择“Stander”“Sample”或“Unknow”编组。

③单击“Series”键，设定读数顺序和标准或样品组的起始浓度；选择“Step By”选项确定梯度模式；完成后单击“确认”键。

（4）放入待测样品板后，按“Read”键，当屏幕上出现“Replace”的菜单后，按“Replace”键覆盖原数据（原数据并未丢失）。

（5）读数结束后立即在“File”对话框内选择“Save as”项保存现有数据并命名。

（6）保存后在“Stand Curve”栏选择相应的曲线拟合方程，在“File”对话框中选择“Print”选项打印数据。打印前检查打印机纸张。

（7）打印结束后，关闭当前文档，根据需要取舍对现有数据的修改。

（8）退出文件夹，按“酶标仪”键，使酶标板载框收入机内，关闭酶标仪电源。

6. 酶标仪的使用注意事项　酶标仪是用来读取酶联免疫试剂盒的反应结果的，因此要得到准确结果，试剂盒的使用必须规范。在使用酶标仪后如果不能及时纠正操作习惯，会造成较大的误差。在酶标仪的操作中应注意以下事项：

（1）使用加液器加液，加液头不能混用。

（2）洗板要洗干净，如果条件允许，使用洗板机洗板，避免交叉污染。

（3）严格按照试剂盒的说明书操作，以保证反应时间准确。

（4）在测量过程中，请勿碰酶标板，以防酶标板传送时挤伤操作人员的手。

（5）请勿将样品或试剂洒到仪器表面或内部，操作完成后要洗手。

（6）如果使用的样品或试剂具有污染性、毒性和生物学危害，请严格按照试剂盒的操作说明，以防对操作人员造成损害。如果仪器接触过污染性或传染性物品，要进行清洗和消毒。

（7）出现技术故障时应及时与厂家联系，切勿擅自拆卸酶标仪。

三、凝胶成像仪

凝胶成像仪主要用于对 DNA、RNA 琼脂糖凝胶电泳结果和蛋白质 SDS－PAGE 电泳结果进行分析，包括图像拍照、分子质量计算、密度扫描和密度定量等，是分子生物学实验中重要的基础实验设备。

1. 工作原理 利用数码相机或高分辨率CCD摄影将摄取的图像直接输入计算机系统；在暗箱中的光源灯照射下，通过调节变焦光圈、变焦倍数及焦距使图像清晰及大小合适；图像获得后，通过软件中的图像处理菜单进行高级调整和图像优化，以降低图像本底噪声。一般经过这样处理后即能得到清晰的凝胶图片。凝胶成像系统可以对样品进行定量和定性分析。

（1）定量分析 凝胶成像分析系统定量分析的原理是：光源发出的光照射样品，不同的样品对光源吸收的量有差异；光密度与样品浓度或者质量呈线性关系，将未知样品的光密度与已知浓度的样品条带的光密度进行比较，可以得到未知样品的浓度或者质量，并在此基础上做定量分析。

（2）定性分析 凝胶成像分析系统定性分析的原理是：由于样品在电泳凝胶或者其他载体上的迁移率不一样，用肉眼将未知样品在图谱中的位置与标准品在图谱中的位置进行比较，可以确定未知样品的成分和性质（如大致的分子质量、大致属于哪种物质），从而做到定性分析。

2. 组成 以Bio-Rad公司生产的型号为Quantity One凝胶成像仪为例，其外观组成包括镜头及滤光片、透射紫外平台、控制面板等重要区域，见图1-13。其中，控制面板含有电源指示灯、“透射紫外”按钮、“侧面白光”按钮、“锁定”按钮、拍照指示灯、制备型紫外灯、“透射白光”按钮等部件。

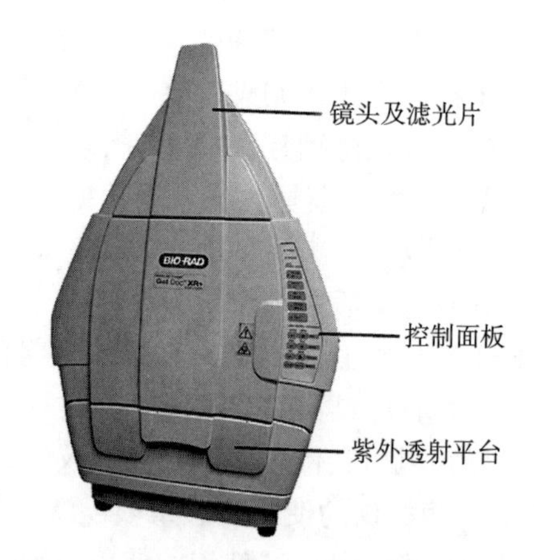

图1-13 凝胶成像仪的外观和控制面板

3. 使用

（1）打开电源，电源指示灯亮。

（2）双击计算机桌面上的图标，打开“Quantity One”软件。

（3）从“File”下拉菜单中选择“ChemiDox XRS”命令，打开“图像采集”界面。

（4）从“Select Application”下拉列表中选择相关的应用。

①UV Transillumination（透射UV）：针对DNA EB胶或其他荧光。

②White Transillumination（透射白光）：针对透光样品如蛋白凝胶或X光片。

③White Epillumination（侧面白光）：针对不透光样品或蛋白凝胶。

④Chemiluminescnece（化学发光）：不打开任何光源。

（5）单击“Live/Focus”按钮，激活实时调节功能，此功能有3个上下键按钮：IRIS（光圈）、ZOOM（缩放）、FOCUS（聚焦），可在软件上直接调节或在仪器面板上手工调节，调节步骤为：①调节IRIS至适合大小；②点击ZOOM将胶适当放大；③调节FOCUS至图像最清晰状态。

（6）如是DNA EB胶或其他荧光，单击“Auto Expose”按钮，系统将自动选择曝光时间成像，若不满意，单击“Manual Expose”按钮，并输入曝光时间（s），图像满意后再保存。如是蛋白凝胶，接第 5 步直接将清晰的图像保存即可。

如是化学发光样品，将滤光片位置换到“Chemi”位，将光圈开到最大，输入“Manual Expose”时间，可对化学发光的弱信号进行长时间累积如 30min，或单击“Live Acquire”进行多帧图像实时采集，在采集的多帧图像中选取满意的图像保存。

4. 使用注意事项

（1）不要戴被 EB 污染的手套触摸计算机鼠标、键盘、舱门和电源开关等，防止污染。

（2）请勿将潮湿样品长期放在暗箱内，以防腐蚀滤光片；更不要将液体溅到暗箱底板上，以免烧坏主板。

（3）注意开机顺序，应先开凝胶成像仪，再开软件。

（4）使用过程中，禁止打开紫外透射平台的舱门，以免紫外泄漏。

（5）成像结束后，及时将凝胶取出，擦拭干净，然后关闭软件。

（6）每天晚上请关闭系统电源，并关闭计算机。

四、全自动高压蒸汽灭菌器

1. 使用操作

（1）首先检查调节水箱中的水线，该水位线应该位于水箱的高水位。

（2）检查灭菌器底部的水位，该水位线应该刚刚没过底部；接通电源，此时，显示屏开始闪烁表示电源接通。同时确认蒸汽排放阀处于关闭状态。

（3）将待灭菌的物品放入灭菌器内，向左推动横梁，横梁必须全部推入左立柱内，顺时针转动把手，使锅盖向下压紧锅体，加力使之充分密合。

（4）选择灭菌程序，全自动高压蒸汽灭菌锅灭菌程序有两种方式，即手动灭菌程序和自动灭菌程序。通过操作面板上的按钮设定灭菌的温度和时间。

（5）按下开始键开始工作，此时，显示屏将会不断闪烁，当灭菌器内的温度达到 80℃以上时，显示屏开始显示灭菌器内的实际温度，当温度超过 100℃后，显示屏上的压力表指针开始指示灭菌器内的实际压力。当达到设定温度后，系统就会自动调节容器内的压力和温度并持续至预定时间。

（6）物品灭菌后需要迅速干燥，须打开安全阀或将排气排水总阀向左旋转至“开”位置，让灭菌器内的蒸汽迅速排出，使物品上残留水蒸气快速蒸发。但灭菌液体时严禁用干燥方法。

（7）灭菌结束后，检查确认腔内无压力后，可以逆时针转动把手，开门取出灭菌物品，送入灭菌物品存放室。

2. 使用注意事项及保养

（1）不要将灭菌锅安装在有易燃气体或易燃液体的地方，确认电源所供电压与仪器所示电压相同，蓝线为零线，棕线为火线，黄/绿线为地线，务必要使仪器接地良好。

（2）每次使用前，必须检查灭菌锅内的水量，确保有足够的水，使水位高于电热管。

（3）摆放灭菌物品时，各种包裹不应过大、不应过紧，以免妨碍蒸汽透入，影响灭菌效果。严禁堵塞安全阀的出气孔，必须留出空位保证其畅通放气，否则安全阀因出气孔堵塞不能工作，造成事故。

（4）对不同类型、不同灭菌要求的物品，不要放在一起灭菌，以免顾此失彼，造成损失。

(5) 对液体灭菌时，应将液体灌装在耐热的玻璃瓶中，以不超过 3/4 体积为好。要用玻璃纸和纱布包扎瓶口，如用橡皮塞的，应插入针头排气，不要使用未打孔的橡胶和软木塞。

(6) 易燃和易爆炸物品（如氯仿、苯类等）禁用高压蒸汽灭菌法。锐利器械（如刀、剪）不宜用此法灭菌，以免变钝。

(7) 已灭菌的物品应做记号，以便识别，并需与未灭菌的物品分开放置，以免弄错。

(8) 安全阀应定期检查其可靠性。每次灭菌前，应检查安全阀的性能是否良好，以防锅内压力过高，发生爆炸。工作压力超过 0.165MPa 时需要更换合格的安全阀。

五、超净工作台

超净工作台又称净化工作台，是实验室不可缺少的用于无菌操作的空气净化装置，可用于微生物制剂、组织细胞等的无菌操作，在生物工程、制药、植物组织培养等方面应用广泛。同时，分子生物学实验中细菌的增殖、质粒纯化等工作也都需要在超净工作台中进行。其优点在于占据空间小，操作方便自如，比较舒适，投资少，工作效率高，预备时间短，开机 10min 即可操作，基本上可随时使用；而且效果不比无菌操作室差，即使不设置单独的无菌实验室，仅使用超净工作台，也能进行简单的细胞培养工作。

1. 基本结构 比较简单，由操作区、风机室、空气过滤器、照明设施和配电系统等组成，有单人工作台、双人工作台和多人工作台等。

(1) 柜体材料有足够的强度并完全密封，通常采用全钢结构，外表面静电喷塑，有防锈和防消毒侵蚀的能力。

(2) 操作面板一般设置在操作者眼睛水平线上，可拆卸便于维修。

(3) 超净工作台箱体后部是送风箱，上部是静压箱，静压箱内装有高效过滤器，用于除去 0.3μm 以上的微粒，其效率可达 99.99%。

(4) 为检测高效过滤器的洁净度，操作面板装有指示器（显示其阻力的压力差）。此外在高效过滤器上方设采样口，以便于验证高效过滤器的实际性能。

(5) 采用可调风量的风机系统，可使工作区的平均风速始终保持在理想的范围内。

2. 基本工作原理 超净工作台采用水平或垂直层流（即单向流）的气流形式，变相离心风机将负压箱内经过粗效过滤器预过滤后的空气压入静压箱，再经过高效过滤器进行二次过滤。从高效过滤器吹出的洁净空气，形成连续不断的无尘无菌的超净空气层流，即所谓“高效的特殊空气”，以一定、均匀的断面风速通过工作区时，可除去工作区 0.3μm 以上的尘埃、真菌和细菌孢子等，从而形成无尘、无菌的工作环境。超净空气的流速为 24～30m/min，这已足够防止附近空气可能袭扰而引起的污染，这样的流速也不会妨碍采用酒精灯对器械等的灼烧消毒。同时工作台侧面配有紫外线杀菌灯，可杀死操作区台面的微生物。工作人员就可以在这样的无菌条件下操作，保持无菌材料在转移接种过程中不受污染。

3. 使用与保养

(1) 超净工作台一般宜安装在避免日光直射、清洁无尘的房间内。若能放在无菌操作区内则更好。

（2）使用前，擦净超净区内各部位尘埃（灯管、灯架、台面等），最好开启超净台内紫外灯照射 10～30min，然后使超净台预工作 10～15min，以除去臭氧并使工作台面空间呈净化状态。

（3）上下提拉有机玻璃罩时，一定要缓慢操作。

（4）超净工作台的平均风速保持在 0.32～0.48m/s 为宜，过大、过小均不利于保持净化度。

（5）净化工作台内不应放置其他与操作无关的用品，更不能用作储存室。尽可能减少其他人员在柜前的活动，防止影响层流的风速和平衡。

（6）超净工作台没有对操作人员的保护设置，因此不能进行致病菌和可能对人体造成危害的微生物制剂的操作。操作者必须牢记气流走向，以防不安全因素。

（7）使用完毕后，要用 70%酒精将台面和台内四周擦拭干净，以保证超净台无菌。切记不要使用任何氯化物或卤素材料，还要定期用福尔马林熏蒸超净台。

（8）如遇机组发生故障，应立即通知实验室，由专业人员检修合格后继续使用。

（9）停止使用时最好用防尘布或塑料布套好，避免灰尘积聚。

（10）根据环境洁净程度，定期将预过滤器中的滤料拆下清洗，间隔时间为 90～180d，2～3 年更换一次，以保持过滤器的净化效果。

第二章　兽医病理组织学检测技术

兽医病理组织学诊断技术是兽医病理学的一个组成部分，是运用兽医病理学理论和病理学研究方法及手段对疾病进行诊断，是畜禽疾病诊断的重要方法之一。科学合理地应用兽医病理组织学检测技术，能够快速地检查出动物的病症及原因，并能做出相应的诊断。

》第一节　病理组织取材、固定技术《

一、病理组织的取材

取材是指从待检样本上按照病理检查的目的和要求切取适当大小的组织块，供制片进行显微镜检查。为达到诊断的目的，取到合适的组织是关键，这不仅要求组织材料新鲜，而且要有一定的数量和良好的质量。

（一）取材的方法

1. 常用器械　病理组织取材时常用的器械有解剖刀、剥皮刀、脑刀、骨钳、镊子、骨锯、斧头、量筒、骨剪、眼科剪、骨凿、拉钩、注射器、磨刀石等。

2. 病理取材

（1）病理组织取材应及早进行，组织块越新鲜越好。

（2）在同一平面上切开时，先绷紧组织，将刀刃与平面垂直，一次切开，不要来回切割，容易损伤组织。切开多层组织时，一般按组织层次分层切开，避免损伤深层组织器官。

（3）采用锐性分离法分离组织，使用刀、剪等锐性器械直接切割，如皮肤、黏膜、精细结构和紧密连接组织的分离；也可用钝性分离法，使用止血钳、剥离器、手指等分离，如肌肉和疏松结缔组织等的分离。

（4）打结时采用丝线打结的方法结扎组织和血管，主要用于缝合器官和皮肤。

（5）大量出血会导致胸、腹部及其他取材部位积血，影响和干扰病变部位的辨别，常用的止血方法有压迫止血、钳夹止血和结扎止血。

（6）对于各种病变组织在取材时要全面，不仅要切取主要病变处组织，还要取病灶与正常组织交界处及病变边缘组织。

（7）在取材时，先切取整块，固定12～24h后，再切成较小的组织块。

3. 取材的顺序　病理取材剖检时一般从腹腔、胸腔、脑、脊髓、骨髓再到皮肤肌肉等。

（1）腹腔器官

①脾　检查脾脏的大小、形状、硬度、颜色等，接着沿长轴将脾切成两半，检查脾小

梁、红髓、滤泡的颜色及切面的出血量。

②胰腺　检查胰腺色泽、质地、形态，切面是否有出血。

③胃肠　检查胃的大小、胃肠道浆膜面的色泽，是否出现粘连、肿瘤、寄生虫等。采用一边剪开一边观察的办法，观察胃肠内有无异物、内容物的气味及形状，除去内容物，检查黏膜颜色，有无充血、出血、化脓溃疡和坏死等。

④肾　观察肾的大小、硬度，肾被膜是否容易剥离，肾表面的色泽、光滑度。切开后检查肾切面皮质和髓质的色泽，有无淤血、出血、化脓和梗死，同时观察皮质和髓质交界处的切面是否隆凸，以及肾盂、输尿管、肾淋巴结的形状，有无肿瘤及寄生虫等。

⑤肝　肉眼观察肝脏的大小、质地、边缘的厚薄，有无充血、出血，实质的硬度和色泽以及肝淋巴结、血管、肝管、胆囊和胆管；做切面，检查切面的出血量、色泽，以及肝小叶形状、有无脓肿、肝坏死等变化。

（2）盆腔器官

①膀胱　检查膀胱的大小、尿量及色泽，查看膀胱黏膜有无出血、炎症和结石等。

②雄性生殖器官　检查睾丸、输精管、附睾、前列腺、尿道球腺等有无粘连、出血、水肿、积液等。

③雌性生殖器官　对卵巢的大小、质地、色泽等进行初步观察，然后沿子宫体背侧剪开子宫角，检查子宫内膜的色泽，有无充血、出血、炎症等，卵巢和输卵管有无粘连、出血、水肿、积液等。

（3）胸腔和口腔器官　用镊子夹住胸骨剑突，剪断膈肌与胸骨的连接，提起胸骨，在胸椎两侧分别剪断左、右侧胸壁的肋骨，取下整个胸壁，打开胸腔。

①心脏　观察心脏的大小、形态、质地，剪开心包膜暴露心脏，查看心包的光泽度及心包内有无积液等情况。

②肺　检查肺的颜色、质地、形态，看肺部是否有出血、肺气肿、肺脓肿、肺萎缩、肿瘤等肉眼可见的病变。

③口腔　观察牙齿的变化，口腔黏膜的色泽，黏膜有无刮痕、溃疡和白斑，舌黏膜有无出血、外伤及舌苔颜色。

④咽喉　观察喉头、会厌软骨、气管黏膜的状态，对淋巴结的形状、大小及喉囊有无积脓进行检查。

⑤鼻腔　首先观察鼻腔的开闭状态，鼻腔内是否有异常分泌物排出，及其颜色、形状和气味，然后查看鼻腔内有无出血、结节、糜烂、溃疡穿孔及瘢痕等。

（4）颅腔

①打开颅腔时先剥离颅顶部的软组织，再沿眉弓至枕外隆凸上 0.5cm 处的连线处，用弓形锯环绕该线锯开颅骨外板及板障，用丁字凿轻轻凿开内板，揭开颅盖，见到覆盖于脑表面的硬脑膜，切开硬脑膜暴露脑组织。在距颅骨锯口断端 0.5cm 处，从前向后环行剪开硬脑膜，枕部的硬脑膜应保留 1.5cm 长，防止在取脑过程中，损坏脑组织。

②向后方轻轻揭起硬脑膜及大脑镰，暴露脑组织，用手指从额骨前上方伸入颅前窝，轻轻推压大脑额叶，直至见到筛板上的嗅球为止，切断嗅丝与嗅球的连接处，将嗅球与脑同时拉起，见到视神经和视交叉时立刻停止，在脑底附近依次切断颈内动脉、视神经，再将脑向后拉，可见到垂体及漏斗，继续将脑向后拉起，切断连于脑的脑神经。从脑干腹侧

面把手术刀伸入枕骨大孔，切断脊髓，即可将脑取出，冲洗干净，由于脑组织较软，在取出脑后应托住并立刻用纱布包裹，浸泡于固定液中。

（二）取材的注意事项

（1）取材人员在取材之前应全面了解病畜的所有情况，仔细观察尸体。如发现疑似炭疽病畜时，不可剖检尸体，只剪一块耳朵，用末梢血液制作涂片染色检查。确诊为炭疽时，立即停止剖检，同时将尸体和被污染的场地、器械等进行消毒处理。

（2）取样人员在取样前应穿好防护服和戴好手套，取完样后用消毒液进行全身消毒。取材及切块时应将样本标记清楚，以防混乱造成差错。切取包埋组织块后剩下的组织一般均应保留，以备后续再用。

二、病理组织的固定

组织固定是将固定液渗透到需要保存或制作切片的脏器或组织细胞中，迅速阻断组织或细胞离体后的自溶性变化，防止腐败，使细胞内的蛋白质、脂肪、糖等成分转变成不溶性物质，尽量保持组织和细胞原有形态结构和位置。

（一）常用固定剂

1. 单纯固定剂

（1）甲醛　易挥发且有强烈的刺激性气味，是一种还原剂，易被氧化成甲酸，故不能与氧化剂混合。甲醛固定液的渗透力强，对组织收缩小，能使组织硬化，可使蛋白质分子交联而起固定作用，但不能使白蛋白、核蛋白沉淀。甲醛固定液是脂肪、类脂和神经组织的最佳固定液，也可固定线粒体和高尔基体。同时也是糖的保护剂。常用的4%甲醛液是由40%甲醛液稀释配制而成的。

（2）乙醇　乙醇为无色液体，溶于水，很容易被氧化成乙醛后变为乙酸，故不能与氧化剂混合。乙醇具有固定、硬化和脱水的作用，可以沉淀白蛋白、球蛋白和核蛋白，但核蛋白被沉淀后仍能溶于水，故经乙醇固定的组织，核的着色不良，不利于染色体的固定。但乙醇对糖原、纤维蛋白和弹性蛋白的固定效果较好。高浓度乙醇固定的组织硬化显著，使组织变脆，收缩明显，可达到原体积的18%～20%，易出现组织固定不均，不宜单独使用或组织置留过久。

2. 混合固定液

（1）中性甲醛液　此液是常用的固定液，固定效果较好。配制时加甲醛（40%）150～200mL，磷酸二氢钠4g，磷酸氢二钠13g，再加蒸馏水至1 000mL。

（2）乙醇-乙酸-甲醛液（AAF液）　此液对组织固定速度较快，对脂类、糖类、蛋白类等物质都具有很好的固定作用。可用无水乙醇、乙酸、甲醛配制，AAF固定液可以弥补此三种固定液单独使用时的缺点。

（3）Bouin液　此液渗透能力强、对组织固定均匀、收缩力较小、染色效果好，适用于结缔组织染色，对皮肤及肌腱等较硬的组织具有软化作用，一般固定12～24h为宜。可用饱和苦味酸水溶液、甲醛水溶液、乙酸配制。

（二）固定方法

1. 浸泡固定　浸泡固定是最常用、最简单的标本固定方法。固定的标本大小一般为1.0cm×1.0cm×（0.3～0.5）cm。获取的组织块应及时放入固定液中进行固定，较柔软的组织应先整体固定 2～3h，再根据需要进行切块后继续固定。

2. 注射、灌注固定

（1）局部灌注固定　有些组织或器官体积过大，固定剂很难渗透进其内部，达不到整体固定的效果，因此要借助局部灌注固定的方法。局部灌注是通过管道或血管将固定剂注入标本的内部，以便保存其组织内部的结构。因局部灌注固定时间太短，不能使标本彻底被固定，因此局部灌注的标本还需要再放入同种固定剂内继续固定。

（2）全身灌注固定　全身灌注固定是通过血管将固定剂灌注到所要固定的器官内部，将生活状态的细胞在原位迅速地固定后再进行标本取材。全身灌注固定方式可分为心插管灌注和股动脉插管灌注两种，优点是供血不足时可维持组织细胞内酶活性或细微结构的变化，尤其是对缺氧敏感的组织结构或细胞内某些酶类具有重要作用。

3. 涂片固定　涂片标本主要包括分离的细胞、腹水和血液，涂片固定可采用浸泡和滴液固定。涂片较厚、面积较大，且涂片数量较多时可采用浸泡固定。涂片较薄，面积较小，且涂片标本数较少时，可选择滴液固定的方法。

（1）浸泡固定　将制作好的涂片快速干燥后直接浸入固定剂中，固定 30～60min，固定时间主要根据固定的细胞种类、大小、涂片的厚度以及固定剂的种类而设定。

（2）滴液固定　将固定剂适量地滴在干燥的涂片表面，固定 30min 左右。为防止固定液外溢，可以在涂片固定之前用蜡笔将标本四周圈起来。

（3）蒸汽固定　蒸汽固定就是利用固定剂受热所产生的蒸汽对标本进行固定，多用于细胞涂片或薄膜状标本材料的固定。一般多选用 10％福尔马林、四氧化锇作为蒸汽固定剂，在免疫组织化学技术或免疫电镜技术方面，会利用此法固定细胞涂片，所选用的固定剂为 4％多聚甲醛。

4. 固定后处理　组织固定后，用水冲洗以清除标本表面及组织内的残留物，否则残留固定剂中的化学成分会在标本内部继续发生作用，超出了其对标本的固定作用而产生损伤，对实验结果可能产生干扰作用。同时，残留的固定剂中有重金属离子成分，会对切片机有腐蚀作用。因此，为了保证标本处理过程和染色反应能达到良好的状态，应将标本冲洗彻底。

5. 固定的注意事项

（1）标本应及时放入固定液中以防止组织自溶、腐败和干涸，并做好标记。

（2）固定液的量要充分，保证全面浸泡组织；固定容器的大小要适当，利于达到良好的固定效果和固定后取出。

（3）柔软或较薄的组织（如神经、肠系膜和脑等）要先平铺在吸水纸上，再投入固定液中，以防止组织块变形。肺组织因含气体易浮于固定液表面，可在组织表面覆盖棉花以充分固定。

（4）固定时间应依据组织块的大小、厚度和固定液的种类及环境温度不同而定，一般组织块为（1.0～1.5）cm×1cm×（0.2～0.3）cm 时，固定 12～24h 为宜。在固定期间轻轻搅拌组织或摇动容器，有利于固定液渗入。

》第二节　病理组织学切片技术《

病理组织学切片包括石蜡切片、冰冻切片、振动切片和冰冻超薄切片。

一、石蜡切片

石蜡切片是组织学制片技术中应用最为广泛的。石蜡切片不仅用于观察正常细胞组织的形态结构，而且是病理学和法医学等学科用以研究、观察及判断细胞组织形态变化的主要方法。在教学中，光镜下观察切片标本多数由石蜡切片法制备，石蜡切片的具体步骤如下：

1. 取材及固定 石蜡切片在制备过程中的取材及固定如前节所述，这里不做具体的描述。

2. 组织脱水 固定后的组织立即放入脱水剂中进行脱水，石蜡切片最终是用石蜡替换组织内的水分，以石蜡作支架，使组织内外均被石蜡填充。脱水剂有乙醇、丙酮、正丁醇以及叔丁醇等。乙醇能与任意浓度的水混合，又能与透明剂相溶，是最经济实用且理想的脱水剂。

脱水应从低浓度的乙醇开始，有些组织需要无水乙醇或特殊要求的可以从高浓度开始或无水乙醇直接脱水，组织在除无水乙醇外的每级乙醇中脱水时长可达24h，在无水乙醇中脱水的时间，要根据组织的种类和大小来设定。常用的脱水剂及脱水方法如下：

①乙醇　乙醇不仅能作固定剂，又能作脱水剂。乙醇与水混合时有剧烈的物理反应，高浓度的乙醇对组织有较强的收缩及脆化，不利于切片。因此，用乙醇脱水不能直接将组织放入纯乙醇中，必须经过不同浓度的乙醇逐步取代组织中的水分。一般是在70%、80%、90%、95%、100%乙醇逐级脱水。对小动物、胚胎及柔软的结缔组织块，可从30%乙醇开始，柔软组织在95%的乙醇中固定时间要长。脱水剂的量应为组织块的20～50倍，而组织在不同浓度乙醇中放置的时间则根据其种类和大小的不同具体掌握，一般为20～120min。

②丙酮　丙酮与乙醇相似，既可作固定剂，又可作脱水剂。丙酮的脱水能力比乙醇强，对组织的收缩性更大，在常规病理切片中较少使用，多用于病理快速切片和某些组织化学水解酶的固定，脱水时间为1～3h。

③正丁醇　正丁醇是较好的脱水兼透明剂，可与乙醇及石蜡混合，进行石蜡包埋时，可先用正丁醇和石蜡等量混合，然后浸入纯石蜡包埋。正丁醇脱水时很少引起组织收缩和变脆，可替代二甲苯。

3. 组织透明 透明是指用透明剂将组织中的脱水剂置换出来，以利于浸蜡和包埋。透明剂既可与脱水剂相混溶，又能和包埋剂（石蜡）相混溶，起到一定的桥梁作用，大多数脱水剂不能和包埋剂混溶，故必须通过透明剂置换出脱水剂后才能进行后续程序。

常用的透明剂有苯、甲苯、二甲苯、三氯甲烷、汽油和香柏油等，其中二甲苯最常用，但其易使组织收缩变形，故组织块在二甲苯中透明的时间不宜过长。透明的时间根据标本的种类和组织块的厚度而定，活检标本一般透明15～30min。

4. 浸蜡和包埋 浸蜡和包埋是指标本经过前期处理后，再置入支持物中，使支持物透入组织内部，并将组织埋入、包裹的过程。

（1）浸蜡　浸蜡时常用的支持物有明胶、火棉胶、石蜡等，它们既是浸透剂又是包埋剂，最常用的是石蜡。石蜡因熔点不同有多种型号，通常的制作多采用熔点56～58℃石蜡，标本经过三道熔化的石蜡浸透，使组织中的透明剂完全被置换出，浸蜡的温度应高于石蜡熔点2～3℃，浸蜡的时间应根据组织块的大小而定，一般全过程为2～3h。

（2）包埋　包埋是指将蜡液注入包埋模具中，将组织块快速平放入模具中的蜡液内，摆正并放平，然后移至冷却台，使组织块同蜡液凝固在一起的过程。石蜡包埋操作过程如下：

①被浸组织放入蜡杯后，便开始进行包埋准备。

②装好金属包埋框或折叠好纸盒，将金属包埋框放在保温台上面。

③将包埋蜡置电炉上熔化，蜡的温度应控制在60℃以下。

④点燃酒精灯，准备好无齿尖镊子，需做标记的应写好标签。

⑤包埋时应注意实质性脏器及肿瘤组织，一般把最大切面朝下；空腔组织需将管壁的横断面朝下；若在同一蜡块中包埋数块管壁组织时，组织块应平行横埋，且黏膜面的方向应一致，以便后续的切片工作；有些组织块在包埋时应分开包埋，如皮肤、骨等在切片时较难切；包埋时操作应迅速，防止组织块变凉及出现气泡，导致组织块与蜡液不能很好地融合在一起；同一蜡块包埋多个组织块时，组织块的大小、性质应一致，组织块间的距离不能太大。

5. 切片及染色

（1）切片的步骤

①切片前先将标本进行修剪，直到组织块全部暴露出切面为止，在修小标本时不能修得太多，以免无法切出全面的切片，大标本应注意切完整。

②修好的组织块在冰箱中进行冷却后，装在切片机固定装置上。将切片刀装在刀架上，刀刃与蜡块表面呈50°。将蜡块与切片刀调至合适位置，使蜡块与刀刃接触。

③使用轮转式切片机进行切片，是由下向上切，为得到完整的切片，防止组织出现刀纹裂缝，应将组织硬脆难切的部分放在上端。

④切出蜡片后，用毛笔轻轻托起，而后用眼科镊夹起，正面向上放入展片箱，待切片展平后，进行捞片并做好标记。在实际操作中，先把分开的蜡片放在载玻片上，从旁边加几滴30%乙醇让蜡片浮在乙醇上，在酒精灯旁预热，待蜡片还没有完全展开时放进温水中，然后用载玻片捞片，这样组织展开得较好。

⑤切片捞起后，在空气中略微干燥后进行烤片，一般在60℃左右的烤箱内烤2h。血凝块和皮肤组织应及时烤片，但脑组织需完全晾干后，才能进行烤片，否则产生气泡影响染色。

（2）染色　染色前切片应进行脱蜡，脱蜡必须彻底，因染液多为水溶液，如不经过脱蜡，染料无法着色影响染色结果。切片未染色时，在显微镜下只能看到组织细胞的轮廓，通过染色使组织细胞的不同部分与染料结合，呈现不同的颜色，便于观察组织细胞的微细结构。染色过程通常是经二甲苯脱蜡，用无水乙醇置换出二甲苯，再经95%、90%、80%、70%各级乙醇至水复水。石蜡切片通常用苏木素-伊红（HE）染色，染色结果为细胞核被苏木素染成深蓝色或深紫色，细胞质被伊红染成红色。

（3）封片　染色后的切片不能在显微镜下直接观察，需经梯度酒精脱水，二甲苯透明后，滴 1～2 滴中性树胶在载玻片上，再将盖玻片倾斜慢慢放下，封片后即成为永久性的玻片标本，可在光镜下长期反复观察。

二、冰冻切片

冰冻切片又称冷冻切片，是将组织在冷冻状态下直接用切片机切片。冰冻切片是酶组织和免疫组织化学染色中最常用的切片方法，这种切片的方式能够较完好地保存细胞膜表面、细胞内多种酶活性以及抗原的免疫活性，尤其是细胞表面抗原更应采用冰冻切片，对于脂肪、神经组织和一些组织化学的制片比较适用，因此多应用于临床诊断。

冰冻切片有低温恒冷冰冻切片、半导体制冷冰冻切片、二氧化碳冰冻切片、液氮速冻切片、甲醇循环制冷冰冻切片和氯乙烷冰冻切片等。目前在实验室常用的是低温恒冷冰冻切片法。低温恒冷冰冻切片机构造原理类似于低温冰柜，就是将切片机置于恒冷箱内进行切片，操作者可通过箱体外的转轮手柄和视窗进行切片，一般能切出 5～50μm 厚的切片。切片机上带有防卷板，能使切下的切片保持平展。具体制作方法如下：

1. 准备工作 在切片前 1h，将恒冷箱切片机的温度调为－18℃左右，同时将切片刀固定在刀架上，调整角度后锁定刀架，准备切片。

2. 取材 未固定的组织取材时组织块的大小一般在 20mm×20mm×5mm 内，制作病理切片的组织可减小一半，固定后的组织可以稍大些。新鲜组织取材要迅速，防止组织发生坏死和腐烂等。

3. 固定 将组织固定器取出，在上面滴一些包埋剂或 PBS 液形成 2～3mm 厚冰块，再将组织放平摆好，四周滴上包埋剂后放置于机箱内冷冻台上，关闭观察窗。每种组织有其合适的切片温度，固定组织的温度一般比切片时低 3～5℃。

4. 切片 组织冷冻 10min 左右，接近冷室温度时，打开观察窗，将冷冻好的组织块，夹紧于切片机持承器上，将切片厚度调至合适的位置。先用快速进退键，将组织持承器向刀口移动，快到刀口时改用慢速进退键，调整组织的切面与刀刃平行并贴近刀刃，转动切片机把手，将组织切面修平，开始切片。切片的厚度可根据不同的组织而定，一般细胞密集的薄切，纤维多细胞少的可稍微厚切，切片的长度一般为 5～10μm。未经固定的脑组织、肝组织和淋巴结在切片时，冷冻箱中的温度不能太低，一般在－15～－10℃。切甲状腺、脾、肾、肌肉等组织时，可调在－20～－15℃；切带有脂肪的组织时，应调至－25℃左右；含有大量的脂肪组织，应调至－30℃。

5. 展片 用毛刷清除组织周围碎屑，放下防卷板，调校至适当的位置。防卷板的位置及角度要适当，防卷板的前缘与刀面须有足够的距离，防卷板略高于刀面的最高点，以便切片平滑通过，使切出的切片平整地展开在刀面上。

6. 贴片 将切片贴附在带有黏附剂的载玻片后，放置在染色架上进行染色。如需要的切片量较大，做组化染色的，可将切片暂放在底部有纱网带分格的容器盒中，待做完组化染色后，将切片裱在带有黏附剂的载玻片上，晾干后再做后续染色。

7. 染色 切好的冰冻切片，室温下自然晾干 1～2h，待干燥后便可根据需要进行不同染料染色。如果是从冰箱内取出的切片，先在室温干燥 10min，未固定的经冷丙酮固定 5～10min，PBS 液漂洗 3 次后即可进入染色程序。如冰冻切片后不立即染色，必须用电风扇吹干，贮存于－70℃低温冰箱内或进行短暂预固定后低温冰箱保存。

三、振动切片

振动切片机主要用于新鲜或经过固定的动、植物标本的制片，切片时组织标本不需冰冻或包埋。因此，振动切片既避免了冰晶破坏，又能保持其活性和细胞良好形态，为免疫细胞化学研究以及脊髓和脑薄片的神经生物学研究提供了良好条件。振动切片机可以对不同的材料进行切片，在应用范围上补充了传统切片机的不足，是当代电镜、解剖、组胚、生理、医院、化工等实验系统最理想的快速制样切片仪器。

1. 切片机的准备

（1）切片机中插入减震托盘，打开设备的电源，刀架会自动移动至“初始位置”。减震托盘安装到设备中，或者从设备中取出时，刀架必须处于“初始位置”，这样可以避免缓冲液的流出。

（2）减震托盘中的冷却元件，可用来冷却缓冲液和组织样本。但是，使用前必须将冷却元件放入冰箱内进行预先冷却。一般根据样本的大小来选择不同的样本卡盘。

（3）用扳手松开底座上的夹紧螺钉，在两个夹钳之间从侧面插入干净的不带油脂的刀片，拧紧螺钉，将刀片固定到位。如需调节间隙角度，使用扳手松开固定螺钉，将设置装置插入定位孔，从设置装置的刻度上读取间隙角度，然后拧紧固定螺钉。刀片的标准间隙角度指定为0°，在必要时可以增加该角度，每个刻度之间的角度间隔为3°。每次更换刀片后，不需要重新调节间隙角度。但是，当使用不同类型的刀片时，则需要重新调整间隙角度。

（4）对样本进行处理后，可以用速干胶黏剂将其固定在卡盘上，然后将卡盘插入减震托盘中。如样品不易直接固定时，可用琼脂将样品包埋后再固定于载物台上。

2. 切片

（1）设置切片机以0.1mm的间隔，切片速度在0～5mm/s之间，刀片返回切片窗口起始位置的速度始终为5mm/s。

（2）切片的频率或振幅可以根据实验要求，以1Hz的频率为间隔，在30～100Hz之间设置频率；以0.1mm的间隔，在0～1.2mm内设置振幅；切片厚度可在1～1 500pm内进行设置。

（3）可以使用3种不同的切片操作模式，根据进样方式选择半手动切片（Inter）、单次切片（Singl）和连续切片（Cont）。

（4）用扁平头镊子或细毛笔将切片从液体中捞出，放入装有PBS的液体中备用，或将切片平铺于载玻片上，用滤纸将水分吸干后，置于37℃恒温箱内，使之干燥，在切片结束后，将所有设置恢复至初始状态。

四、冰冻超薄切片

透射电镜的穿透力较弱，因此必须将标本切得很薄（10～100nm），这就必须借助冰冻超薄切片技术，该技术和光学显微镜石蜡切片原理相似，但它比普通光镜制片更为精细和复杂。超薄切片的质量与多种因素密切相关，如固定方式、组织块的硬度、包埋块处理、切片机性能以及操作者的熟练程度等。冰冻超薄切片的步骤如下：

1. 取材 冰冻超薄切片的组织取材方法及注意事项如前所述，要求组织非常新鲜，尽可能在最短的时间内完成取材。标本的大小以 0.5～1.0mm 为宜，取材的器械要锐利，动作要轻，避免对组织块造成损伤。对需进行定位研究的组织，取材的部位要准确，然后将组织块修成所需的形状做定向包埋，再辅以光镜半薄切片观察配合定位。

2. 固定 冰冻超薄切片常用的固定剂有锇酸、戊二醛和甲醛等。理想的电镜固定剂能够迅速而均匀地渗透到组织细胞内部，能完整保持细胞的超微结构，稳定各种结构成分，使之在后续的处理中不被溶解或消失，对细胞没有损伤作用，也不产生人工假象或变形，以保证电镜图像的真实性。

3. 冰冻超薄切片常用固定剂的配制

（1）1%锇酸固定液 将装有锇酸的安瓿在棕色瓶内进行泡酸后冲洗干净，取出安瓿，用钻石刀沿其中央划一道刀痕，双蒸水冲洗，再放入棕色大瓶内，盖上盖振摇，待安瓿破碎后加入蒸馏水配成 2%锇酸溶液，石蜡密封盖后置于冰箱内让其溶解，放置 2d 以上才能溶解成无色透明或呈淡黄色的液体。

（2）Palade 氏液 2%锇酸水溶液 12.5mL，巴比妥钠-醋酸钠缓冲液 5mL，0.1mol/L 盐酸 5mL，加双蒸水至 25mL。用 0.1mol/L 盐酸调 pH 至 7.2～7.4，置冰箱保存。

（3）Milloig 氏液 磷酸缓冲液 4.5mL，10.8%葡萄糖溶液 0.5mL，2%锇酸水溶液 5mL 配制。与巴比妥钠类缓冲液配制成的固定液相比，该固定液对膜结构及某些细微结构的保存效果较好，应用比较广泛。可在冰箱中保存数周，如液体颜色变成红棕色即表示失效，不能再用。

（4）多聚甲醛-戊二醛固定液 此种固定液含有低浓度的多聚甲醛，可利用其渗透快的特点，先稳定组织结构，随后戊二醛溶液起永久固定作用，固定 1～2h 后，用二甲胂酸钠缓冲液冲洗。

4. 固定方式 临床上标本的种类很多，有组织块、培养的单层细胞，也有腹水、胸水或血液。因此，固定的方式也有多种，常规组织块的固定有双重固定法和灌注固定法。

（1）双重固定法

①前固定 2.5%戊二醛（磷酸缓冲液或二甲胂酸钠缓冲液配制）或用 2%多聚甲醛加 2.5%戊二醛固定液在 0～4℃，固定 1～2h。

②漂洗 4℃下用配制固定液的同系列缓冲液反复洗涤 2～3h，期间要换液或漂洗过夜。

③后固定 1%锇酸固定 1.5～2h，适宜的固定温度为 0～4℃。温度较高可促进固定剂的渗透，但同时也增加了自溶速率。较低的温度能减缓自溶并减少抽提，但固定温度不应低于 0℃，否则形成冰晶，破坏组织结构。

（2）灌注固定法 如前所述，该法适用于柔软组织块或难以浸透、死后变化快的组织器官，如中枢神经系统、肾脏、睾丸、视网膜等，在电镜细胞化学中应用较广。通常采用的灌注固定液是 2%～5%戊二醛或 4%多聚甲醛溶液。

5. 脱水 冰冻超薄切片与石蜡切片技术一样，超薄切片也必须对组织进行脱水处理，以利于包埋剂浸透渗入，常用脱水剂为乙醇或丙酮，步骤如下：①50%乙醇或丙酮 10～15min。②70%乙醇或丙酮 10～15min 或置于冰箱中过夜。③90%乙醇或丙酮 10～15min。④100%乙醇或丙酮 2 次，每次 10～15min。脱水一般应在 4℃下进行，使用 100%乙醇或丙酮阶段可在室温下进行，空气湿度过大时，该步骤宜在干燥箱内操作以免脱水不彻底。

6. 浸透与包埋 浸透与石蜡切片技术中的浸透同理，就是用某种适宜的液体介质浸入组织块取代脱水剂；包埋是使浸入的介质经高温或紫外线照射处理后聚合为坚硬的固体，利于超薄切片制作。常用包埋剂有甲基丙烯酸酯、环氧树脂及聚酯树脂，其中环氧树脂应用较为普遍。

(1) 浸透

①100%丙酮脱水→环氧丙烷脱水→环氧丙烷与包埋剂1∶1混合液37℃，1～2h→纯包埋液37℃，2～4h→包埋液+DMP-30，37℃，过夜，68℃聚合48h。

②由于环氧树脂与乙醇不相溶，用乙醇脱水的组织块，脱水后需用环氧丙烷作转换剂，促使树脂侵入组织。将100%乙醇脱水后的组织块先用环氧丙烷置换2次，共30～40min，再经环氧丙烷与包埋剂（1∶1）混合液浸透1～2h后，放入纯包埋液中。

(2) 包埋

①胶囊法 此法是电镜标本包埋中常用的方法，选用1号或2号胶囊，将胶囊插入有孔塑料底座上，用小镊子将带有标号的纸卷成筒状置入胶囊中上部，将胶囊放入40～50℃的烤箱1h，除去水分及挥发性物质。

先倒入少量包埋液，用细针将标本挑至胶囊底部，拨正，然后再倒入包埋液，放入烤箱聚合。需做定向包埋的组织，如消化道黏膜、呼吸道黏膜和皮肤等，可在取材时按需要将组织切成长条或切成可以识别方向的特殊形状，经固定、脱水、浸透后，将需要切片的一端正对胶囊底部包埋，也可用定向包埋板进行包埋。

②平板包埋法 将组织块铺片或直接包入锡箔碗内的树脂中，待聚合成平板后，根据需要从不同方向剪取组织块。此法的优点是可以包埋较大的组织块，较薄的组织块经锇酸处理后，在解剖镜下显示一些组织结构，如肠道或胆管分层铺片上的血管及神经节等，便于进行组织固定，可根据需要进行定向修块。

7. 切片 超薄切片的切片过程与石蜡切片相仿，但承载超薄切片的不是载玻片，而是具有透明支持膜的铜网或不锈钢网，铜网应用较为普遍，铜网及其清洗电镜中使用的铜网大多数由电解法制成的圆形网，直径通常3mm，厚度20～25μm，网目的形状、大小及数量各有不同规格。为增强载网的支撑度，常在铜网上覆盖一层厚约20nm支持膜，以承受电镜观察时电子束的轰击，常用的有福尔蒙瓦尔膜（Formvar膜，PVF）及火棉胶-碳膜等。

(1) 修块

①超薄切片在切之前将组织包埋块的尖端修成适当的形状和大小，去除组织周围多余的包埋剂，使组织露于包埋尖端的表面，修块的质量与超薄切片的质量有直接的关系。目前采用较多的手工修块，先用温水浸泡以去除聚合在包埋块表面的胶囊，然后将包埋块的圆端朝上，装进样品夹。

②在双筒解剖镜下，用去脂双面刀片进行修整，先在包埋块上端水平的切一刀暴露组织，然后刀片与水平面呈45°，在组织的四周切4刀，顶部修成规整的四边锥体形时可切出半薄切片，供光镜检查定位后再将组织的切面修到一定大小。最终修整的组织块应呈底面宽、坡度平缓的梯形体，否则在切片时易受振动。在修块时有组织的区域应一刀切下，切勿来回锯割。

（2）切片　超薄切片用超薄切片机进行切片，基本上分为机械推进式和热胀冷缩式两类。机械推进式的超薄切片机是普通切片机的延伸，一般用微动螺旋和微动杠杆来提供微小推进，可切出的厚度为20～100nm，如英Huxley型、美Porter-Blum型和Aum-3型等。热胀冷缩式推进系统利用机内金属杆在加热或冷却时长度的微小变化来推进，该型切片机同时具有机械式及热胀冷缩式2套推进系统，故能切出半薄切片和超薄切片。具体步骤：超薄切片机上虽有切片厚度指示仪，但不能代表切片的实际厚度，在实际操作中是利用切片产生的反射光干涉色（当白光发生干涉时，产生由紫色至红色的一系列彩色条纹，这些由干涉作用形成的颜色，称为干涉色）来判断切片的厚度。各种干涉色代表的切片厚度分别为：小于40nm是暗灰色，40～50nm是灰色，50～70nm是银色，70～90nm是金黄色，大于90nm是紫色。一般透射电镜常用灰色和银色的超薄切片，厚度为40～70nm，其分辨率可达2.5nm左右，可获得比较理想的观察效果。

（3）展片　伸展时应小心操作，避免晃动，保持切片区域温度恒定。切片时应根据实际情况调节切速和厚度，直至得到较理想的连续片带。由于切片很薄，在切削时容易挤压皱缩，甚至引起标本变形，用沾有少许氯仿或二甲苯的滤纸小片靠近刀槽表面，试剂挥发的蒸汽可使切片软化伸展，时间一般2～3s即可，不可接触刀刃，也勿使试剂滴入刀槽液体内。

（4）捞片　捞片有牵引法和扣网法2种，前者先用睫毛针将切片从刀刃上分离，并按需要分成数段，用镊子夹住铜网边缘与水面呈45°入水，支持膜面朝向切片，用睫毛针将切片带引至铜网上，然后轻轻提起。牵引法捞取的切片平整，皱褶少，可用于连续切片观察；扣网法用于不成带的切片，用睫毛针将切片集中，铜网支持面朝下，与切片轻轻接触，使之贴附在支持膜上。

8. 染色　超薄切片染色也称为电子染色。其原理是根据标本不同的结构成分与重金属的结合量不同，进而对电子束中电子的散射程度不同，染色处理后密度高的部分因散射掉的电子多，使电子感光底片上被感光的银粒少，图像较淡，翻成正片时观察颜色就较深。同理，密度高的部分打在荧光屏上的电子少，激发的荧光也少，因此荧光屏上的图像也较暗，标本中重金属结合量越大，散射能力越强，电子密度越高，这样可获得反差对比良好的图像。

（1）常用的电子染色液

①铀染色液　目前铀染色液是广泛使用的电子染色剂之一。常用的铀染色剂为醋酸铀，能与组织细胞内的大多数成分发生结合，尤其是与核蛋白、核酸及胶原纤维的结合力较强，对糖原、分泌颗粒和溶酶体等也有一定的结合能力，但对于膜结构的染色效果比较差，醋酸铀在水、乙醇和甲醇中的溶解度较低，15℃时醋酸铀饱和水溶液浓度为7.7%，一般可用50%～70%乙醇或丙酮配制成1%～5%溶液。由于醋酸铀遇光易分解，因此醋酸铀溶液需密封避光冷藏。染液正常发黄绿色荧光，长期放置产生杂质，染色能力下降并污染切片，最好临用前配制，不可贮存过久，醋酸铀染色液最适pH为4～5。

②4%氢氧化铅染色液　1g氢氧化铅加入含15～20mL 1mol/L NaOH的三角瓶中，将三角瓶放入沸水浴中加热15min，其间不断搅拌，待冷却后迅速离心或过滤，然后稀释成4%的浓度备用，可保存数月。铅染液的主要缺点是染色过程中极易与空气中CO_2结合

形成 $PbCO_3$沉淀，污染切片标本，因此在操作中必须使染液与空气隔绝，如若发现染液或载网有沉淀污染，停止使用。

（2）染色方法

①整块染色　染色可在脱水前或脱水中进行，最常用的是醋酸铀染色法。脱水前将充分清洗后的组织块投入双蒸水或巴比妥钠-醋酸钠（pH 5.0）配制的 0.5%～4%醋酸铀染液内，在室温下避光浸染 30min；也可在组织块脱水至 70%乙醇或丙酮时，将其浸于与脱水剂同系列溶液配制的饱和醋酸铀中浸染 4～12h，经醋酸铀染的组织块在切片后，再用铀铅双重染色可增加反差。

②切片染色　将石蜡片放置于干净的培养皿内，加适量染液滴于蜡片上，用尖头镊子夹住铜网边，贴有切片的那一面朝下，使载网悬浮在液体上，或轻轻将载网倾斜插入染液中，盖好培养皿盖，环氧树脂包埋的组织染 5～30min。取出载网用双蒸水清洗，以免染液蒸发沉淀，清洗后用滤纸吸干载网及镊子上的染液，之后进行铅染，方法与上述相似。但必须注意铅染过程中培养皿应尽量减少暴露于空气中，及时封盖。染色时间不宜太长，否则全部结构成分反差均增强，对比及分辨率反而下降。铅染时间为 3～10min，冬季可适当加温以提高染色效果。

》第三节　染色技术《

染色是利用染料在组织切片上的颜色，使其与组织或细胞内的某种成分发生作用，经过透明使光谱吸收和折射，进而各种微细结构能显现不同的颜色，这样在显微镜下就可以观察组织细胞的各种成分。染色包括直接染色、间接染色。

直接染色时无需其他物质加入，染色剂和组织即可直接结合着色。间接染色为染料本身的水溶液或酒精溶液，几乎不能与组织细胞结合或结合的能力很弱，必须有媒染剂参与，才能使染色剂与组织细胞有效地结合起来。媒染剂通常是双价或三价金属（如铝、铁）的硫酸盐或氧化物。媒染剂在染色中起着桥梁作用，既能与染料结合又能与组织相结合，达到了促进染色的效果。

一、苏木素-伊红染色

苏木素-伊红染色（hematoxylin - eosin staining，HE）能较好地显示组织结构和细胞形态，可用于观察、描述正常和病变组织的形态学，并且可以长时间保存，被称为常规染色方法。苏木素-伊红联合染色法应用 2 种染料：一种是苏木素，另一种是煤焦油染料伊红。苏木素主要用于对细胞核染色，伊红主要用于对细胞质染色。

（一）苏木素染色液的配制

1. 欧立式苏木素

（1）苏木素 5g，氯化钾 10g，冰醋酸 10mL，蒸馏水 100mL，甘油 100mL，无水乙醇 100mL。将氯化钾在研钵内捣碎，放入 40～50℃的蒸馏水中溶解，取苏木素溶解于无水乙醇中，待苏木素完全溶解后，再加入冰醋酸，然后加入温热的氯化钾溶液，充分摇匀，然后缓缓加入甘油，边搅边加。

（2）以上各步完成后，用棉花纱布作瓶塞，置阳光充足和比较温暖的地方，使其逐步成熟，保存 3 个月后使用。

2. 德氏苏木素

（1）铵矾 30g，蒸馏水 400mL，苏木素 4g，甘油 100mL，甲醇 100mL。将铵矾在研钵内捣碎，溶于 400mL 的蒸馏水中加温溶解（温度 40～50℃），将苏木素溶解于无水乙醇中，使苏木素完全溶解。

（2）将上述 2 种溶液混合倒入瓶内，置于光线充足的地方，放置 1 周后过滤，加入甘油和甲醇，盖好瓶塞，用黑纸包裹瓶子后置于室温较低处，成熟的德氏苏木素应为紫黑色。

3. Harris 苏木素

（1）苏木素 2.5g，无水乙醇 25mL，钾明矾 50g，蒸馏水 500mL，氧化汞 1.25g，冰醋酸 20mL。

（2）将苏木素溶于乙醇中。将预先已溶解钾明矾的蒸馏水加入苏木素乙醇液，使溶液尽快沸腾后，将火熄灭或调小，慢慢加入氧化汞，再煮沸 2min 后将烧瓶放入冷水中，当染液冷却后加入冰醋酸。

（二）伊红 Y 染色液的配制

1. 伊红 Y 水溶液 伊红 Y 0.25～0.5g，蒸馏水 100mL，充分混合搅拌，溶解后即可使用。

2. 伊红 Y 乙醇溶液 伊红 Y 0.5～1.0g，95％乙醇 100mL，醋酸 1～2 滴，混合搅拌，溶解后即可使用。

3. 盐酸分化液 常用细胞核分化液即由盐酸 0.5mL、75％乙醇 100mL 配制而成。

（三）HE 染色的步骤

1. 脱蜡 ①二甲苯 2～5min。②无水乙醇 1min。③95％乙醇 1min。④85％乙醇 1min。⑤75％乙醇 1min。⑥水冲洗 2min。⑦蒸馏水洗 2min。

2. 染色 ①Harris 液染 5min。②水洗 1min。③75％盐酸乙醇分化液 30s。④水（50℃）5min。⑤蒸馏水 1min。⑥95％乙醇 1min。⑦加酸化伊红乙醇液 1～2min。

3. 脱水、透明和封固 ①95％乙醇 1min。②95％乙醇 1min。③无水乙醇 1min。④无水乙醇 1min。⑤二甲苯-石炭酸液 1min。⑥二甲苯 1min。⑦二甲苯 1min。⑧中性树胶封固，染色结果显示为胞核呈蓝黑色，胞质呈淡红色。

4. 染色时的注意事项 任何石蜡切片必须经过二甲苯脱蜡才能进行染色。石蜡切片要求烘干，使组织的蛋白质与载玻片贴牢。脱蜡后应立即放入无水乙醇中洗去二甲苯。染色时间应根据不同的组织而定。苏木素染色后组织在水中时间不宜太长，染色至变蓝即可。分化时间一定必须严格掌握，组织不同时间不同，分化后应立即入水冲洗，直至细胞核变蓝为止。伊红染色后必须脱水。任何组织脱水后，必须用二甲苯透明，方能封固。为使组织不受破坏，可将封固好的切片放在温箱中烘烤 15h。

5. 染色结果 苏木素-伊红染色后，胞核呈蓝紫色，胞质呈淡红色，结缔组织呈鲜红色，肌纤维呈深红色，红细胞呈橙红至褐红色，软骨组织呈深蓝色。

二、特殊成分染色

专门用于显示某些特定目的物的染色方法称为“特殊染色”，又可以理解为“选择性染色”。特殊染色对目的物的选择性是相对的。在常规染色中不明显的目的物可通过特殊染色的方法显示。如网织纤维、分枝杆菌、螺旋菌等，都可用相应的特殊染色法显示。因此，特殊染色是常规染色的必要补充，也是染色技术中不可缺少的部分。

（一）胶原纤维染色

胶原纤维是结缔组织中的三种纤维之一，胶原纤维的特殊染色方法较多，这里只介绍几种具有代表性的常用方法。

1. Van - Gieson 法

（1）组织用 Bouin 液、Zenker 液、Susa 液固定均可，常规石蜡切片，脱蜡至水。

（2）用苏木素染细胞核 5～10min。

（3）流水充分洗涤 10min 左右，放入染色液 5～10min。

（4）移出后用滤纸吸干，用 95%乙醇鉴别至胶原纤维红色，肌组织呈黄色。

（5）100%乙醇脱水 10min 左右。

（6）二甲苯透明后，中性树胶封固。

（7）结果为细胞核呈深棕色，胶原纤维呈红色，肌组织呈黄色。

2. Mallory 三色法

（1）组织宜用 Zenker 液固定，常规石蜡切片，脱蜡经各级乙醇至水。如果为甲醛溶液固定的组织，切片染色前在重铬酸钾、醋酸、蒸馏水配制的液体中处理 10～20min，加强媒染。

（2）切片放入 0.5%酸性品红溶液染色 3～5min，经蒸馏水洗涤洗去浮色。

（3）放入苯胺蓝橘黄 G 液（苯胺蓝 0.5g、橘黄 G 2g、磷钼酸 1g、蒸馏水 100mL 配制）中染色 10～20min。

（4）95%乙醇分色至细胞核为红色、胶原纤维为蓝色，对比清晰为止，为 2～5min。

（5）100%乙醇脱水。

（6）二甲苯透明。

（7）中性树胶封固。

（8）染色结果为胶原纤维和网状纤维呈蓝色，细胞核呈红色，肌纤维呈橘红色。

3. Masson 三色法

（1）组织用 Bouin 液、Zenker 液固定，常规石蜡切片，脱蜡至水。

（2）苏木素液核染 5～10min，盐酸乙醇分色 15～30s，水促蓝。

（3）组织放入 Masson 复合液（酸性复红 0.5g、丽春红 1g、橘黄 G 1g、0.5%醋酸水溶液 200mL 配制）中染色 5～10min。

（4）蒸馏水洗去浮色，0.5%醋酸水溶液稍洗。

（5）在 1%磷钼酸水溶液中分色 3～5min 后，放入 0.5%醋酸水溶液洗 30s。

（6）组织放入亮绿、冰醋酸、蒸馏水配制的亮绿液内染色 3～5min。

（7）0.5%醋酸水溶液分色 15～30s。

（8）直接放入 90%乙醇中快洗后，接着放入 95%乙醇和 100%乙醇中脱水。

（9）二甲苯透明，中性树胶封固。

（10）染色结果为胶原纤维呈绿色，弹性纤维呈棕色，细胞核呈蓝黑色。

(二) 网状纤维染色

网状纤维是网状结缔组织内的一种纤维，用 HE 染色一般不易辨认，若用氨银溶液浸染能使纤维变成黑色，故又称嗜银纤维。以 Gomori 银染色法为例进行介绍，具体步骤如下：

1. 组织固定 甲醛溶液、乙醇或其他固定液均可。

2. 银氨溶液配制 用硝酸银 10.2g，蒸馏水 100mL 配制成 A 液；氢氧化钠 3.1g，蒸馏水 100mL 配制成 B 液。取 A 液 5mL，滴加氨水至溶解清亮为止。再加入 5mL 的 B 液，此时该液突然变为紫黑色，再滴加氨水至清亮为止。补加 4 滴氨水，用蒸馏水补足 50mL。

3. 染色步骤

①石蜡切片，脱蜡至水。

②高锰酸钾氧化液（高锰酸钾 0.5g、蒸馏水 95mL、5mL 的 3%硫酸）5min，自来水洗 1min。

③2%草酸漂洗 2 次，水洗 2min。

④2%硫酸铁铵媒染 1min，自来水、蒸馏水洗 2 次。

⑤银氨溶液内 1min，蒸馏水洗 2 次。

⑥20%甲醛液中 5min，蒸馏水洗 2 次。

⑦0.2%氯化金液 2min。

⑧2%硫代硫酸钠固定 2min，自来水、蒸馏水洗 2 次。

⑨丽春红 S 苦味酸染色液复染 3min 后用无水乙醇脱水。

⑩二甲苯透明，中性树胶封固。

4. 染色结果 经 Gomori 银染色后网状纤维呈黑色，胶原纤维呈红色，背景呈黄色。

三、血液涂片染色

(一) 配制缓冲液

血涂片的血膜对染液的酸碱度非常敏感，需要用缓冲溶液来调节染液的酸碱度，常用的有 pH6.4 和 pH6.98 两种磷酸缓冲液，但在实际染色中认为用 pH6.4 的缓冲液（取磷酸二氢钾 6.63g、磷酸氢二钠 2.56g 溶于 1 000mL 蒸馏水）染出来的血涂片的结果比较理想，红细胞的红色和白细胞核的紫蓝色都很清晰纯正。

(二) 染色方法

1. Wright 染色法

（1）将 0.1g Wright 染色粉放入研钵内，先加入少量甲醇研磨成糊状，再加入少量甲醇继续研磨，使染色粉充分溶解，将溶解的染液倒入棕色瓶中，把剩余的甲醇（共 60mL）全部倒入研钵内，清洗研钵后一并倒入棕色瓶中。置室温几周或几个月后使用。新配制的染液着色力差，放置时间越长，染色力越佳。

（2）用蜡笔在血涂片血膜边缘划线，以防染液外溢。

（3）将血涂片平放在染色架上，滴加染液，盖住血膜即可。

（4）静置 1～2min 后，滴加等量的 pH 6.4 磷酸缓冲液，将其吹匀，染色 20～30min。

（5）蒸馏水冲洗染液，冲洗干净后血膜向下晾干。

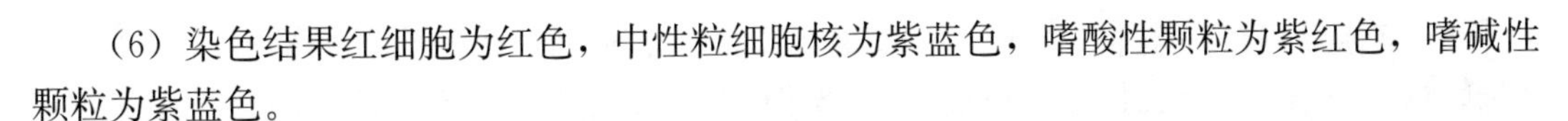

(6) 染色结果红细胞为红色，中性粒细胞核为紫蓝色，嗜酸性颗粒为紫红色，嗜碱性颗粒为紫蓝色。

2. Giemsa 染色法

(1) 将 1.5g Giemsa 粉加进 50mL 甘油内，放置在 60℃温箱中 24h，在此期间摇动，让染色粉与甘油充分混匀，加入 50mL 甲醇混匀，储备待用。

(2) 取上述 Giemsa 母液，用 pH 6.98 磷酸缓冲液稀释 30～40 倍，配制成稀释液。

(3) 血涂片在稀释液内染色 20～30min 后用蒸馏水冲洗，晾干。

Giemsa 染液对氢离子浓度反应比较灵敏，染色时染液的酸碱度应调整为 pH 6.98～7.2。pH 过高，细胞核易过染而不清晰；pH 过低，细胞核不易着色，Giemsa 染色结果与 Wright 染色结果相似。

第四节　免疫组织化学技术

免疫组织化学技术（Immunohistochemistry，IHC）是依靠组织化学发展起来的一种新型兽医诊断技术，其主要原理是利用抗原和抗体的特异性结合，将抗体作为特异性染色的主要载体，并且把相关的物质标记在抗体分子中。免疫组织化学技术对兽医诊断的发展有着不可替代的作用，主要针对病原体的检测、定位、动态分布和新病原体的发现，是现代兽医病理组织学诊断中主要的技术手段之一。

一、分类

免疫组织化学技术大致可分为免疫荧光组化、免疫酶组化、亲和免疫组化、免疫金银标记和其他免疫组化技术。

1. 免疫荧光组化技术　免疫荧光组化技术是用荧光素标记已知抗原或抗体，将该荧光抗体或抗原作为探针检查细胞或组织内的相应抗原或抗体。虽然该技术采用的是冰冻切片，染色后的切片保存时间较短，在光镜下病理组织形态较差，但由于其检测时间短、特异性强、定位准确且可以用于活细胞染色，因此在临床检验方面发挥着重要作用。

2. 免疫酶组化技术　在已知抗体上标记过氧化物酶，应用抗原抗体结合反应，通过显色对相应抗原进行定位、定量检测的技术。该方法的优点是敏感性较高，方法简单，适合于一般病原微生物的检测；缺点是不能用于活细胞染色。

3. 亲和免疫组化技术　利用生物素和亲和素等物质之间高度亲和的性质，将酶、荧光素等标记物与亲和物质连接，对抗原或者其他靶物质进行定位和定量的方法，包括亲和素-生物素-过氧化物酶法（ABC 法）、链霉菌抗生物素蛋白-过氧化物酶连接法（SP 法）和葡萄球菌 A 蛋白法（SPA 法）。由于亲和免疫组化技术敏感性高和非特异性染色低，因此应用较广泛。

4. 免疫金银标记技术　用对苯二酚还原剂将银离子（Ag^+）还原成银原子（Ag），并围绕胶体金颗粒形成一个银壳，最终在抗原位置得到放大，包括免疫金染色法、免疫金银法和彩色免疫金银法。该技术对抗原或抗体的检出率远超过酶反应物，并且在检测亚细胞水平的抗原、受体及病毒 DNA 示踪等方面显示了极大的优越性，是最为敏感的免疫组化方法，特别适合检测石蜡切片标本中的微弱抗原。

5. 其他免疫组化技术 Envision 法是将线状的葡聚糖分子与大量的酶结合形成的葡聚糖-酶复合物连接到二抗上，形成酶-葡聚糖-二抗复合物，该复合物再与一抗组织抗原复合物结合，是免疫组化改进后的新方法。

二、标本的选择和制备

实验所用主要为组织标本和细胞标本两大类，组织标本包括石蜡切片和冰冻切片，后者包括组织印片、细胞培养片和细胞涂片。免疫组化要求组织和细胞标本要保持原有结构和形态，待测抗原或抗体的免疫活性既不淬灭、不流失或不弥散，也不被隐蔽。免疫组化的组织和细胞标本，制作流程与前面所讲的处理方法基本相同，但对组织、细胞的处理又有特殊要求及注意事项。

1. 石蜡切片

（1）取材 免疫组化技术的取材要求大小为 1cm×1cm×0.2cm，取材时要保证标本新鲜，及时进行固定，超过一定时间组织将有不同程度的自溶，其抗原变性消失或弥散。取材的部位至关重要，取材时除取病灶或含待检抗原部位外，还应取病灶与正常交界处的组织，所取组织切片中应同时具有抗原阳性和阴性区，以形成自身对照。另外，细胞坏死后，不仅抗原弥散或消失，而且常引起非特异着色干扰观察，因此取材时应尽可能避开坏死区。取材过程中的注意事项与前面所讲的相似。

（2）固定 组织固定的目的是防止自溶和抗原弥散，保持组织细胞的完整性和所要检测物质的抗原性，因此是免疫组化染色成功的关键一步。首选固定剂是 10%的中性甲醛，但需注意的是离体组织必须马上固定，一般不超过 15min，否则易出现非特异性背景染色。固定时间在常温下 8～24h 为宜，过度固定可为 15min，否则易出现非特异性背景染色。免疫组化常用的固定液有甲醛、4%多聚甲醛和乙醇，具体的固定方法、注意事项与前所述的石蜡切片相似。

（3）切片与烘片 在免疫组化切片与烘片中，除了载玻片需要防脱处理外，脱片与脱水固定是否彻底及切片的厚度、烘片的时间均有关系，切片越厚脱片概率越高，且由于细胞层次多，阳性强度也会错觉性地增强，因此，切片厚度以 3～4μm 为宜。切片应充分烘片，时间过短将造成脱片，而高温烘片对抗原有破坏，因为高温干燥条件下可以加速切片组织中抗原的氧化，在 58～60℃的恒温箱中烘片 2～4h，取得的效果较好。

2. 冰冻切片 冰冻切片是指将组织在冷冻状态下直接切片，在切片前组织不经过任何化学药品处理和加热过程，缩短了制片时间，抗原性不受损失，对稳定性差的抗原，如淋巴细胞表面抗原尤其适合。组织冻结过程中，细胞内外的水分会形成冰晶，冻结的速度越慢，冰晶颗粒越大，可严重影响组织、细胞的形态结构。因此，制备冻块时要求低温、速冻。冰冻切片的具体制作步骤如下：

（1）制片 组织取材后直接置入冰冻切片机，切片染色，用于冰冻切片的组织不可以加固定液。

（2）液氮冷冻 组织投入液氮（－196℃）中或投入一个盛有异戊烷的放置了干冰丙酮的容器中，组织投入该容器内冻结则更好；干冰中加入丙酮（或异戊烷），液体立即汽化起泡，温度降至－70℃，上述组织在速冻时应浸埋于 OCT 包埋剂或甲基纤维素糊状液内，以保护组织。制成冻块后若需保存，应以铝箔或塑料薄膜封包，贮存于－70℃。

（3）切片　供免疫组化用的冰冻切片同样要求贴附平整，并有连续性。载玻片也应清洁无油污，切片厚度一般为 4～8μm。

（4）切片后处理　丙酮固定 10min，待干燥后做免疫组化染色或封存于－20℃。

（5）注意事项　冰冻切片由于切片技术要求较高，不易得到连续性很好的切片，其形态结构亦不如石蜡片，且冻块和切片不便于长期贮存，因此冰冻切片的应用受限。

3. 组织印片　将洁净载玻片轻压于已暴露病灶的新鲜组织切面，细胞即黏附于玻片，晾干后浸入冷丙酮或醋酸-乙醇固定 10min，自然干燥后染片或－20℃保存。

4. 细胞培养片　贴壁细胞培养固定 10～20min，再进行免疫染色。置盖片于培养瓶中，使细胞在盖片上生长，达一定密度后取出固定，盖片的处理方法同载玻片，但泡酸时间达 2h 即可。为了防止细胞脱片，可用多聚赖氨酸处理。

5. 细胞涂片　大多数细胞涂片由细胞悬液制成，包括血液、尿液、脑脊液、体腔积液；组织穿刺吸取，如骨髓、淋巴结或其他实质性组织；悬浮培养的细胞或贴壁细胞经消化后形成的悬液。常用细胞涂片的方法有以下两种：

（1）手涂法　将细胞浓度调节到 10^6 个/mL 左右，可直接涂于载玻片上，涂片要均匀。涂片的范围应在直径 1cm 左右，以节约试剂。

（2）涂片机涂片法　将细胞样品制成 2×（10^5～10^6）个/mL 的细胞悬液，吸取 50～100μL 细胞加入涂片机内，1 000r/min 离心 2min 后细胞就均匀分布于玻片上。

三、对照试验的设计

为保证试验结果准确，预试验时设立相应的抗体是必须的，可根据试验设计需要进行选择。常用的对照方法有以下几种：

1. 阳性对照　用已知含有靶抗原的组织切片与待检标本同样处理，做免疫组化，结果应为阳性。

2. 阴性对照　用不含靶抗原的组织切片与待检标本同样处理，做免疫组化，结果应为阴性。

3. 空白对照　组化试验中省去一抗或用 PBS 等代替一抗，染色结果应为阴性，说明染色方法可靠。若出现假阳性，应考虑二抗、内源酶等因素的影响。

4. 替代对照　用一抗来源的同种动物的非免疫血清代替一抗，染色结果应为阴性，证明待检组织切片的阳性结果不是抗体以外混杂血清成分所致，而是抗体的特异性反应。

5. 吸收试验　用过量的已知的纯化抗原与第一抗体反应，抗体结合点全部与抗原结合，这种被抗原吸收后的抗体不能再与组织内的抗原反应，免疫组化结果应为阴性，可证明抗体的特异性。若免疫组化结果为阳性，表明抗体不纯，阳性染色反应不是待检抗原与抗体特异性反应形成的。用不相关的抗原吸收第一抗体不影响染色结果。

6. 抑制试验　待检标本先与未标记的特异性抗体反应后再与标记的特异性抗体进行染色（常用于二抗），结果明显减弱或转为阴性。如先加未标记的非免疫血清或正常血清，则不能抑制染色反应。

四、染色方法

根据标记物的不同有免疫荧光法、免疫酶标法、亲和组织化学法等。

1. 免疫荧光法 免疫荧光法用于免疫荧光的标记物是小分子的荧光素，可标记抗体或抗原；荧光素经某种特定波长的光照射激发后，能发射出一种比激发光波长更长且能量较低的荧光，借此可做定位观察或示踪；借助于荧光显微镜进行观察。

2. 免疫酶标法 免疫酶标法是以酶作为标记物与外加底物作用后产生不溶性色素，沉积于抗原和抗体反应的部位；酶降解底物的量与色泽浓度成正比，可反映被测定的抗原或抗体的量。常用的标记酶及其显色底物为以下两种：

（1）辣根过氧化物酶（HRP）及底物 HRP是应用最广的一种酶，底物为过氧化物和供氢体，其中过氧化物常用过氧化氢和过氧化氢尿素。

（2）碱性磷酸酶（AP）及底物 AP为磷酸酯的水解酶，可通过两种反应显色：一种是萘酚与重氮化合物反应，底物为红色，形成不溶性沉淀，分别呈蓝色或红色；另一种是靛蓝四唑反应，底物为溴氯羟吲哚磷酸盐，经酶水解并氧化形成靛蓝，而硝基蓝四唑在此氧化过程中被还原成紫蓝色沉淀。

3. 亲和组织化学法 亲和组织化学法是以一种物质对某种组织成分具有高度亲和力为基础，此方法敏感性更高，有利于微量抗原或抗体在细胞或亚细胞水平的定位。

（1）标记抗生物素-生物素法 此法分为直接法和间接法。直接法是用生物素标记一抗与抗原结合，酶标记抗生物素，与生物素结合，然后进行酶呈色反应。间接法是用生物素标记二抗，酶标记抗生物素，先用一抗与组织抗原结合，再将二抗与一抗相结合，最后进行呈色反应。

（2）抗生物素-生物素法 此法是用生物素分别标记抗体和酶，以抗生物素为桥，把二者连接起来，进行呈色反应。

（3）亲和素-生物素-过氧化物酶法（ABC法） 分为直接法和间接法。直接法是生物素标记的一抗与ABC复合物结合；间接法是生物素标记的二抗与ABC复合物结合。优点是敏感性强，特异性高，背景染色淡，方法简便，节约时间。由于生物素与抗生物素具有与多种示踪物结合的能力，可用于双重或多重免疫。

五、操作流程

1. 操作步骤

（1）切片脱蜡至水，23% H_2O_2 室温孵育 5～10min，以消除内源性过氧化物酶的活性。

（2）蒸馏水冲洗，PBS浸泡5min，如需采用抗原修复，5%～10%正常山羊血清封闭，室温孵育10min，倾去血清，滴加适当比例稀释的一抗或一抗工作液，37℃孵育1～2h或4℃过夜。

（3）PBS冲洗5min，3次。

（4）滴加适当比例稀释的生物素标记二抗（1% BSA - PBS稀释），37℃孵育10～30min；或滴加第二代生物素标记二抗工作液，37℃或室温孵育10～30min。

（5）PBS冲洗5min，3次。

（6）滴加适当比例稀释的辣根过氧化物酶标记的链霉卵白素，37℃孵育10～30min；或滴加第二代辣根过氧化物酶标记的链霉卵白素工作液，37℃或室温孵育10～30min。

（7）PBS冲洗5min，3次。

（8）显色剂显色（DAB或AEC）。

（9）自来水充分冲洗，复染，封片。

2. 注意事项 免疫荧光结果判断及注意事项与免疫组织化学相同，特别之处是其所使用的荧光染料，影响荧光染色发光的因素有以下几种：

（1）每一种荧光素都有适宜的pH，它保持荧光素分子与溶剂之间的电离平衡。pH的改变可以引起荧光素和荧光光谱的改变，并可造成荧光强度的降低。

（2）环境温度的升高对荧光染色有明显的影响，在一定范围内荧光效率及荧光强度与溶液温度成反比。

（3）某些荧光物质受到光线照射后，其吸收的光线能量使分子的一个或多个键发生断裂，分子分解，导致荧光素激发光的能量消耗而无法激发荧光。因此，荧光免疫组化需避光进行。

（4）荧光素浓度在极稀的溶液中，荧光强度与荧光素浓度成正比，但当浓度增加到一定程度后，荧光强度就保持稳定。如果荧光素浓度过大，分子间易发生碰撞，激发分子能量损耗大，不能产生荧光，故荧光强度反而下降；另外，溶液浓度过大，会有一些缔合分子形成，也会引起荧光强度的降低。故试验过程中需根据一定的稀释梯度来摸索最佳的反应浓度。

（5）某些细胞固定剂对荧光素有明显影响，如甲醛固定的细胞比不固定的细胞荧光强度减弱50%左右。虽然醇类固定剂也有轻微的淬灭荧光作用，但其影响较小。

（6）某些金属离子（如铁离子、镁离子等），某些具有氧化作用的物质（如没食子酸）有淬灭荧光的作用，配制反应液时要尽量避免使用。

（7）非特异性荧光染色，免疫荧光染色除特异性荧光之外，还出现一些与靶抗原-抗体反应无关的荧光，统称为非特异性荧光。非特异性荧光染色可由某些抗原的自发荧光及交叉反应等多种因素产生。有些非特异性荧光染色可通过对照进行鉴别与排除，有些则要通过对抗原的纯化、抗体的提纯、提高荧光抗体结合物的比例等因素逐项清除。

（8）与普通免疫组织化学相比，荧光染料灵敏度高，多种抗原标记时更为简便。但在各种条件影响下，由于荧光色素和蛋白质分子的稳定性都是相对的，标记蛋白可能变性解离及荧光素的淬灭而使标记的分子失去其应有的亮度和特异性，给标本的保存带来一定的困难，因此在标本进行荧光染色之后应立即观察。

（9）标本保存方法有固定切片标本后低温保存，随用随染；切片荧光染色后采取优质封固剂，如特别的荧光封固剂或碱性优质纯甘油封固剂等以防止荧光激发；封固后低温保存。

》第五节 抗原修复技术《

抗原修复是影响染色结果的最关键因素。石蜡切片标本多用甲醛固定，使细胞内抗原形成醛键、羧甲键而封闭了部分抗原决定簇，同时蛋白之间发生交联而使抗原决定簇隐蔽。因此在进行免疫组化染色时，需要先进行抗原修复或暴露，即将固定时分子之间所形成的交联破坏，而恢复抗原的原有空间形态。本节将介绍常规石蜡切片抗原修复方法。

一、柠檬酸缓冲液高温高压抗原修复法

柠檬酸缓冲液抗原修复法适用于大量中性甲醛溶液固定、石蜡包埋组织切片的抗原修复，其效果优于柠檬酸缓冲液微波修复法和煮沸修复法。

1. 操作方法 取一定量 0.01mol/L 柠檬酸盐缓冲液（pH 6.0）于高压锅中，加热至沸腾；将脱蜡水化后的组织切片置于不锈钢或耐高温塑料切片架上，放入已沸腾的缓冲液中，盖上锅盖，扣上压力阀，继续加热至喷气，1～2min 后，高压锅离开热源，冷却至室温，取出切片，先用蒸馏水冲洗 2 次，之后用 PBS 冲洗 2 次，每次 3min。

2. 注意事项 控制加热时间很重要，从组织切片放入缓冲液到高压锅离开热源总时间控制在 5～8min，时间长可能会使染色背景加深。必须使用不锈钢或耐高温塑料切片架，不能使用铜架，以防缓冲液 pH 增高导致组织脱片。高压锅离开热源后必须等缓冲液冷却，才能把切片取出。为防止组织脱片，玻片必须经清洁处理后，包被 0.01%多聚赖氨酸或 APES。缓冲液必须保证能浸泡到所有切片，用过的柠檬酸缓冲液不能反复使用。

二、柠檬酸缓冲液微波抗原修复法

柠檬酸缓冲液微波抗原修复法适用于大量中性甲醛溶液固定、石蜡包埋组织切片的抗原修复。

1. 操作方法 取一定量 0.01mol/L 柠檬酸盐缓冲液（>500mL，pH 6.0）于微波盒中，微波炉加热直至沸腾；将脱蜡水化后的组织切片置于耐高温塑料切片架上，放入已沸腾的缓冲液中。中高档或中档继续微波处理 15～20min，取出微波盒冷却至室温。取出切片，先用蒸馏水冲洗两次，之后用 PBS 冲洗 2 次，每次 3min，进行下一步。

2. 注意事项 控制微波加热时间很重要，从组织切片放入缓冲液到微波结束总时间控制在 15～20min 为好，时间长可能会使染色背景加深。必须使用耐高温塑料切片架，不能使用铜架或不锈钢材料。微波过程中，如果缓冲液蒸发而无法浸泡到切片，应该适当加上一些蒸馏水，以保证切片都能浸泡在缓冲液中，继续微波。微波结束后，必须等缓冲液冷却后，才能把切片取出。为防止组织脱片，玻片必须经清洁处理后，包被 0.01%多聚赖氨酸或 APES。

三、柠檬酸缓冲液煮沸抗原修复法

柠檬酸缓冲液煮沸抗原修复法适用于大量中性甲醛溶液固定和石蜡包埋组织切片的抗原修复。先取一定量 0.01mol/L、pH 6.0 柠檬酸盐缓冲液于烧杯中，放在电炉上加热直至沸腾；将脱蜡水化后的组织切片置于耐高温塑料切片架上，放入已沸腾的缓冲液中，继续煮沸 20min，烧杯离开电炉后冷却至室温，取出切片，用蒸馏水冲洗 2 次，之后用 PBS 冲洗 2 次，每次 3min，再进行后续的免疫组化检测。

四、EDTA 抗原热修复法——水浴法

此法适用于大量中性甲醛溶液固定、石蜡包埋组织切片的抗原修复，其效果优于柠檬酸缓冲液微波修复法和煮沸修复法。具体步骤：取一定量 1mmol/L EDTA 抗原修复液（pH 8.0）于烧杯中，放入铝锅或铁锅中进行热煮，直至锅中水沸腾；将脱蜡水化后的切

片置于耐高温塑料切片架上，放入已沸腾的缓冲液中，继续煮沸20min，煮好后从锅中取出烧杯冷却至室温，取出切片，先用蒸馏水冲洗2次，之后用PBS冲洗两次，每次3min，进行后续的免疫组化检测。

五、酶消化法抗原修复

适用于大量中性甲醛溶液固定和石蜡包埋组织切片的抗原修复。具体步骤：首先阻断内源性过氧化物酶（也可以在消化处理后进行阻断），之后用PBS冲洗3次，每次3min。用吸水纸吸干组织周围的水分，用蜡笔沿组织外周划圈，再滴加酶消化，37℃，15～20min（注意加酶前保持组织湿润，不能干，加酶后注意不要使液体流出圆圈外，酶消化时间可以根据情况调节），PBS冲洗3次，每次3min，进行后续的免疫组化检测。

六、组织内源性干扰物的封闭方法

在免疫组化过程中经常出现非特异染色，很大程度上和组织内源性的干扰物有关，可尝试下列方法予以清除。

1. 内源性过氧化物酶的消除 切片置于0.3%～0.5%的H_2O_2甲醇溶液中10～20min；然后置于新鲜配制的苯肼溶液内，37℃，1h；使用0.075%盐酸甲醇溶液固定组织15～20min；在DAB-H_2O_2溶液中加0.1%叠氮钠（NaN_3）显色。

2. 内源性碱性磷酸酶消除 最常用的方法是将左旋咪唑（24mg/mL）加入底物中，并保持pH 7.6～8.2，即可除去大部分内源性碱性磷酸酶。对于仍能干扰染色的酸性磷酸酶，可用50mmol/L的酒石酸抑制。

3. 内源性生物素的消除 先滴加亲和素用以饱和内源性生物素，使之不再有剩余的结合位点。即在染色前将切片浸于24μg/mL亲和素溶液中处理15min，PBS清洗15min后即可染色。

4. 非特异性抗原的消除 因电荷吸附所造成的非特异性抗原染色消除方法是以二抗动物的非免疫血清，用PBS稀释为3%～10%溶液孵育切片，以封闭吸附位点。也可用其他无关蛋白如BSA和正常血清，也可用5%脱脂奶粉代替血清进行非特异性抗原封闭。

第三章　兽医免疫学检测技术

》第一节　免疫学实验原理《

抗原和抗体的特异性结合称为抗原抗体反应（antigen antibody reaction)。这种反应既可以在体内作为体液免疫应答的效应机制自然发生，也可以在体外作为免疫学实验的结果出现。由于传统免疫学技术多以人或动物的血清作为抗体的标准来源，因此体外试验中的抗原抗体反应习惯上被称为血清学反应；而现代的抗原抗体反应早已突破了血清学时代的概念。现仅就体外抗原抗体反应的一般规律进行阐述。

一、抗原抗体反应的原理

1. 抗原抗体结合力　抗原与抗体的结合是互补性的特异性结合，但不形成牢固的共价键，而是以复杂的非共价键结合在一起，这种较弱的结合力至少包括四个方面的力。

（1）静电引力　抗原与抗体分子上带有相反电荷的基团之间可以发生静电引力。例如，抗体分子酸性氨基酸的游离羧基和碱性氨基酸的游离氨基，会和抗原分子上带相反电荷的对应基团相互吸引。这种引力的大小与两电荷间距离的平方成反比，键能约20.9kJ/mol。

（2）范德华引力　抗原与抗体相互接近时，由于分子或原子的极化作用而出现的引力，称为范德华引力，键能4.2～12.5kJ/mol。

（3）氢键结合力　供体上的氢原子与受氢体原子间的引力。供氢体与受氢体的原子都是电负性很强的原子。在抗原抗体反应中，氨基、羧基和羟基是主要的供氢体，而羧基碳、羧基氧和肽键氧等原子是主要的受氢体。氢键结合力与供氢体和受氢体之间距离的六次方成反比，键能约20.9kJ/mol。

（4）疏水作用力　两个疏水基团在水溶液中相互接触时，由于对水分子排斥而趋向聚集的力称为疏水作用力。抗原抗体反应时可提供疏水性基团的氨基酸残基有亮氨酸、异亮氨酸、苯丙氨酸、色氨酸、缬氨酸、丙氨酸和脯氨酸。疏水作用力在抗原抗体反应中的作用最大，约占总结合力的50%。抗原与抗体由于疏水作用而凝聚成复合物，这样会减少其与水接触的表面积，不稳定性增加。

综上所述，抗原与对应抗体之间高度的空间互补结构恰好为这些结合力的发挥提供了条件。

2. 抗原抗体亲和力　由于抗原与抗体的结合易被多种因素影响，单用键能来表示两分子结合能力的大小是极其困难的。在免疫化学中常用亲和性与亲和力表示抗原抗体结合能力的大小。亲和性是指抗体分子上一个抗原结合点与对应的抗原决定簇之间的相适性与结合力。亲和力是指反应体系中复杂抗原与相应抗体之间总的结合能力。亲和力与亲和性相关，也与抗体的结合价和抗原的有效决定簇相关。一个复杂抗原与相应抗体的亲和力在多克隆抗体系统中是多种亲和性之和，而在单克隆抗体反应系统中则只是由某决定簇起作用，因此单克隆抗体与相应抗原的亲和力较弱。

3. 抗原抗体反应过程 抗原与相应抗体从混合到出现可见反应需经过一系列的化学和物理变化，包括抗原抗体的特异性和非特异性结合两个阶段，以及由亲水胶体转变为疏水胶体的变化过程。抗体分子是球蛋白，多数抗原也是蛋白质，在通常的血清学反应条件下均带有负电荷，使极化的水分子在其周围形成水化层，成为亲水胶体，因此不会自行聚合形成沉淀。当抗原抗体结合后，表面电荷减少，水化层变薄，而且抗原抗体复合物形成后，与水接触的表面积减少，由亲水胶体变为疏水胶体，稳定性降低。上述过程由抗原与抗体的特异性结合直接引起，一般只需几秒可完成，并很快达到平衡，但不出现可见反应现象。如果反应体系中存在电解质，就会彻底破坏抗原抗体复合物的水化层，各疏水胶体之间易于靠拢聚集，形成大的可见的抗原抗体复合物。这一过程是非特性反应，反应速度较慢，需要较长时间，不仅受抗原与抗体量比关系的影响，还易受环境条件如 pH、温度等的影响。

二、抗原抗体反应的特点

1. 特异性 特异性是抗原抗体反应的最主要特征，是由抗原决定簇和抗体分子超变区之间空间结构的互补性决定的。抗体分子 N 端可变区形成大小约 3nm×1.5nm×0.7nm 的槽沟，其中，超变区氨基酸残基的变异性使槽沟形状变化较大，只有与其空间结构形成互补的抗原决定簇才能如楔状嵌入，因此，抗原抗体结合反应具有高度特异性。例如，白猴抗毒素只能与白猴毒素结合而不能与破伤风毒素结合。这种高度的特异性在传染病的诊断与防治中得到有效应用。现代免疫学技术在医学和兽医学领域的应用更为广泛，主要也是得益于这种特异性。

许多抗原的构成十分复杂，常含有多种抗原决定簇。如果两种不同的抗原分子上有相同或相似的决定簇，则可与彼此相应的抗血清发生交叉反应。为避免交叉反应带来的实验差异，因此实验中所用的抗原与抗体应尽量是纯化的，以确保实验的准确性。

2. 比例性 比例性是指抗原与抗体发生可见反应需遵循一定的量比关系，只有当二者浓度比例适当时才会出现可见反应。以沉淀反应为例，在试管中加入一定量的抗体，随后依次加入浓度递增的抗原进行反应时，随着抗原浓度的增加，很快会出现大量沉淀。但超过一定范围之后，沉淀速度和沉淀量随抗原浓度增加反而会迅速降低，甚至到最后无沉淀出现。沉淀反应的速度反映了参与反应的抗原和抗体浓度的适宜性，适合程度高时反应快，反之则慢。沉淀反应速度最快时的抗原抗体浓度称为最适比。实验证明，在同一抗原抗体反应体系中，无论抗原和抗体浓度如何变化，沉淀反应的最适比保持不变。最适比也称为抗原抗体反应的等价点。

在最适比反应条件下，抗原抗体基本全部结合沉淀，上清中几乎无游离的抗原和抗体。实际上在抗原稍微过剩时形成的沉淀物最多。当抗原和抗体浓度比超过此范围时，沉淀速度和沉淀量都会迅速降低，甚至不会出现沉淀。根据定量沉淀反应曲线，可将抗原抗体反应分成 3 个区带，即等价带、抗体过剩带（前带）和抗原过剩带（后带）。

3. 可逆性 可逆性是指抗原与抗体结合形成复合物后，在一定条件下可解离恢复为游离抗原与抗体的特性，由于抗原抗体反应是分子表面的非共价键结合，所形成的复合物并不牢固，可以随时解离，解离后的抗原与抗体分子可与其他相对应的抗体或抗原分子再结合，在整个反应系统中保持动态平衡。

4. 阶段性 抗原抗体反应主要分为两个阶段。第一阶段是指抗原与抗体的特异性结合，该阶段反应速度快，在短时间内即可完成，该过程一般不形成肉眼可见的反应物；第二阶段为可见反应阶段，该阶段反应速度慢，常需较长时间才能出现肉眼可见的现象，当抗原和抗体特异性结合后，其亲水性减弱，分子表面所带电荷易受温度、pH、电解质等环境因素的影响而失去，复合物间排斥力下降，造成第一阶段已形成的可溶性复合物进一步交联和聚集，出现细胞溶解、沉淀、凝集等肉眼可见的反应。实验过程中很难对这两个阶段划出严格标准界限，反应所需时间也受多种因素的影响。

三、抗原抗体反应的影响因素

体外生物学实验的基本特征是将自然的复杂反应简化，使目的反应在已知的条件下出现，便于分析实验结果。这种人为的反应条件和反应物本身的任何变化都可能影响实验结果，为结果的解释造成错误或麻烦。

1. 反应物自身因素

（1）抗体 抗体是影响血清学反应的关键因素，对反应的影响可来自以下几个方面：

①来源不同动物的免疫血清，其反应性也存在差异。如家兔等多数实验动物的免疫血清具有较宽的等价带。通常在抗原过量时才易出现可溶性免疫复合物；人和马等大动物的免疫血清的等价带较窄，抗原或抗体的少量过剩便易形成可溶性免疫复合物；家禽免疫血清不能结合哺乳动物的补体，并且在高盐溶液中沉淀现象明显。

②抗体的特异性与亲和力是影响血清学反应的两个关键因素，但一个抗体很难同时具备这两种特性。例如，早期获得的动物免疫血清特异性高但亲和力偏低，后期获得的免疫血清一般亲和力较高，但长期免疫易使兔免疫血清中抗体的类型和反应性变得复杂。单克隆抗体的特异性高，但其较低的亲和力一般不适用于低灵敏度的沉淀反应或凝集反应。

③在血清学反应中，为了得到合适的抗体浓度，在正式实验之前必须进行抗体水平的滴定，以获得最佳实验结果。

（2）抗原 抗原的理化性状、抗原决定簇的数目以及种类等均可影响血清反应的结果。例如，可溶性抗原与相应抗体的反应类型是沉淀反应，而颗粒性抗原的反应类型是凝集反应，单价抗原与抗体结合不出现可见反应，粗糙型细菌在生理盐水中易发生自凝，红细胞同 IgG 类抗体结合不直接出现凝集。

2. 环境条件

（1）电解质 电解质是抗原抗体反应体系中不可缺少的成分，可使免疫复合物出现可见的沉淀或凝集现象。一般用 8.5g/L NaCl 溶液作为抗原和抗体的稀释剂与反应溶液，特殊需要时也可选用较为复杂的缓冲液，如在补体参与的溶细胞反应中，除需要等渗 NaCl 溶液外，适量的 Mg^{2+} 和 Ca^{2+} 可得到更好的反应结果。如果反应系统中电解质浓度非常低甚至无，抗原抗体则不易出现可见反应，尤其是沉淀反应；但如果电解质浓度过高，则会出现非特异性蛋白质沉淀，即盐析。

(2) pH　适当的 pH 是影响血清学反应取得正确结果的另一因素。血清学反应一般在 pH 6.0～9.0 进行，超出这个范围，过高或过低都会直接影响抗原或抗体的反应性，导致假阳性或假阴性结果。但是不同类型的抗原抗体反应的合适范围又不同，这是由许多因素造成的。例如，对流免疫电泳时的缓冲液 pH 应为 8.6，过低会影响电渗作用，过高则会影响抗体反应性；补体参与的溶解反应的最适 pH 为 7.3～7.4，过高或过低均会影响补体的酶活性；做细菌凝集试验时，溶液 pH 低至细菌等电点（pH 4.0～5.0）时，会造成细菌的酸凝集，出现假阳性结果。

(3) 温度　温度对血清学反应有一定的影响。一般为 15～40℃时抗原抗体反应可以正常进行（最适为 37℃），在这个范围内，温度的变化主要影响反应速度，对反应结果影响较小。例如，温度升高可使分子运动加快，增加抗原与抗体的接触机会，加速结合反应，但亦容易引起复合物的解离，使抗原抗体反应快速到达并维持一个相对活跃的动态平衡；温度偏低时反应速度减慢，但抗原抗体结合较牢固更易于观察。某些特殊的抗原抗体反应需要特定的温度，如凝集素在 4℃时会与红细胞结合，反而在 20℃以上时发生解离。

(4) 时间　时间本身不会对抗原抗体反应主动施加影响，但是实验过程中观察结果的时间不同可能会看到不同的结果。时间因素主要由反应速度来体现，反应速度取决于抗原抗体亲和力、反应介质、反应类型和反应温度等因素。例如，在液相中抗原抗体反应很快达到平衡，但在琼脂中就会明显慢得多。做单相琼脂扩散试验时，沉淀环直径与待测抗原之间的关系曲线在 24h 时为标准的半对数曲线，48h 时弧度明显变小，72h 时变为直线。因此，观察单相琼脂扩散试验结果的时间应与做标准曲线时保持一致，否则会导致结果不准确；而对于双向琼脂扩散试验判定阴性结果应在 96h 以上，所有免疫学试验的结果都应在规定的时间内观察。

》第二节　抗原蛋白纯化技术《

蛋白质是生物体一种重要的功能大分子。蛋白质的纯化对于获得目标蛋白，进一步研究蛋白质结构与性能之间的关系，以及开发具有新用途的生物制剂等具有重要的意义。纯化蛋白质时，应尽量提高蛋白质的纯度或比活性，设法除去变性和不需要的杂蛋白质，尽可能提高蛋白质的产量。

一、蛋白纯化的原理

从蛋白质混合液中分离出目的蛋白质，可通过几种组合的分级技术。根据不同蛋白质结构不同，等电点不同，在一定 pH 条件下，所带电性及电量不同、分子大小形状不同、在特定介质中迁移速率不同、溶解度不同、密度不同以及对特定物质亲和力不同等，应选用合适的方法（如等电点沉淀、盐析、凝胶过滤、有机溶剂沉淀、离子交换层析、亲和层析及吸附层析等）从蛋白质混合物中分离纯化出目标蛋白质。

二、细胞裂解

目前，破碎细胞的方法有多种。根据作用方式的不同，基本可分为两大类：机械法和非机械法。传统的机械法包括超声破碎、匀浆、压榨和研磨等，常见的非机械法包括酶溶、低渗溶解、冻融裂解和非离子去垢剂溶解等方法。此外，还有一些新的方法也在不断发展和完善，如冷冻喷射、激光破碎和相向流撞击等。

细胞破碎前，一般要先用缓冲液洗去组织上残留的血液和污染物，或用缓冲液洗涤培养细胞后离心，除去残留的培养液。细胞破碎后获得的抽提物称为细胞裂解液，根据需要可于4℃离心机12 000*g*离心10～60min，弃去沉淀物。沉淀物中主要是细胞碎片和细胞膜等成分。上清液中含有所需的细胞可溶性抗原，可采用适当的方法进一步纯化。

三、蛋白质的分离纯化程序

蛋白质纯化时应设法除去变性蛋白质和其他杂蛋白，提高目标蛋白质的纯度或比活力，而且尽可能使所得蛋白质的产量达到最高值。分离提纯某一特定蛋白质的一般程序可以分为前处理、提取、粗分级、细分级和结晶5个步骤：

1. 前处理 分离提纯某一蛋白质，先要把蛋白质从原来的组织或细胞中以溶解的状态释放出来，并保持原来的天然状态（特定的空间结构），不破坏其生物活性。因此，应根据不同的原料，选择适当的前处理方法，除去杂质和杂蛋白，收集所需要的目标蛋白质成分，使蛋白质更容易纯化。原料选择时应选用目标蛋白质含量高的材料。如果目标蛋白质主要集中在某一细胞组分中，如细胞核、染色体、核糖体等，则可将组织和细胞破碎，用差速离心方法将它们分开。如果目标蛋白质与细胞膜或膜质细胞器相结合，则必须利用超声波或去污剂使膜结构解聚，然后用适当的介质提取。

2. 提取 选择需纯化的原材料，洗净后破碎、研磨、匀浆化、加溶剂溶解、离心或差速离心（注意根据蛋白质性能不同，应选择适宜pH、温度、酶的抑制剂等保证蛋白质的稳定性）。可溶蛋白质常用0.1mol/L NaCl溶液提取。脂蛋白可用稀的十二烷基硫酸钠或有机溶剂抽提，不溶蛋白用稀碱处理。抽提的原则是少量多次。若需从植物细胞中提取蛋白质，一定要注意防止植物细胞液泡中的代谢物改变溶液pH，实验过程中可加入碱中和，同时可加5mmol/L维生素C防止酚类氧化，加二异丙基氟磷酸（DFP）或碘乙酸来抑制蛋白酶活力，防止蛋白质被水解，通过提取得到蛋白质的混合物。

3. 粗分级 粗分级的主要目的是除去糖、核酸、脂类及大部分杂蛋白，并浓缩蛋白。当获得蛋白质混合物提取液后，选用适当的粗分级方法，将所需要的蛋白质与其他杂蛋白分离开。

4. 细分级 蛋白样品经粗分级后，大部分杂蛋白被去除，但剩余物质并不是单一结构的纯蛋白，还需要对样品进一步提纯，即细分级。用于细分级的方法一般处理量较小，但分辨率较高。常用柱层析法。

5. 结晶 将分离出来的蛋白质再通过结晶提纯。蛋白质纯度越高，浓度越大，就越容易结晶。最佳结晶条件是使溶液略处于过饱和状态，为了提高蛋白质的结晶速度，要得到适度的过饱和溶液，通常可通过控制温度、加盐盐析、加有机溶剂或调节pH及接入晶种等方法来加速结晶过程。一般结晶的蛋白质不会发生变性，因此，蛋白质的结晶不仅是一个提纯过程，也可鉴定蛋白质是否处于天然状态。

四、蛋白质纯化的方法

1. 沉淀法 沉淀法是比较传统的蛋白分离纯化方法，具有成本低、回收率高、设备要求低、操作简单等优点。然而该方法对蛋白的选择性不高，适用于蛋白的初步纯化和浓缩。该技术主要分为盐沉淀法、有机沉淀法、等电点沉淀法和热沉淀法等。

（1）盐沉淀法　又称盐析法，是最常用的蛋白沉淀方法，原理是利用盐离子的水化作用使蛋白质表面的水化层破坏，疏水区暴露，蛋白由于疏水作用发生沉淀。不同的蛋白在不同盐浓度下析出，因而可以通过缓慢改变盐的浓度使不同的蛋白分级沉淀，达到分离纯化的目的。在盐沉淀方法中，最常用于沉淀的盐是硫酸铵，其优点是价格便宜、温度影响小、溶解度大、对蛋白的活性影响小。

（2）有机沉淀法　利用有机溶剂降低水活度，破坏蛋白质表面水化膜，引起蛋白的沉淀。该方法的优点是有机溶剂易分离，能使蛋白快速脱盐与浓缩，但易因升温造成蛋白质变性，因此需要在低温条件下操作。常用于沉淀蛋白的有机溶剂有甲醇、乙醇和丙酮等，其中乙醇本身无毒且易挥发，常用于药物蛋白的纯化。

（3）等电点沉淀法　利用蛋白质在等电点时溶解度最低、各种蛋白质具有不同等电点的特点进行蛋白质分离。但在多数情况下无法知晓杂蛋白的等电点，而且蛋白质在等电点时还存在一定的溶解度，导致目的蛋白沉淀不完全。因此，等电点沉淀法不适合单独使用，更适合作为其他纯化方法的辅助方法，结合其他纯化方法来实现蛋白的沉淀分离。例如，将等电点沉淀法与盐沉淀法相结合，便可取得较好的分离效果。

（4）热沉淀法　利用不同蛋白质的热稳定性不同，通过加热的方式除去热稳定性差的蛋白质，留下热稳定性高的蛋白质从而达到分离纯化目的。该方法的优点是操作简单、成本低，缺点在于有较大的局限性，仅适用于纯化具有耐热性的蛋白质。因此，在使用该方法前须充分了解并确定目的蛋白的热稳定性。

2. 层析技术

（1）凝胶过滤法　又称分子筛层析，或称为分子排阻、凝胶过滤层析及凝胶渗透层析，该方法依据不同蛋白质的相对分子质量不同、分子尺寸不同来分离蛋白质；当样品从凝胶柱顶端注入后，大分子蛋白质在分子筛中不能进入微孔，流经距离短，因而先被洗脱下来，小分子蛋白质在分子筛中能进入微孔，流经距离长，后被洗脱下来。收集流出的蛋白质，并在280nm处测定吸光度，利用分光光度法，依据朗伯-比尔定律，可以测定分离蛋白质的浓度及质量。

（2）离子交换柱层析法　离子交换剂（树脂）是一种不溶于水和有机溶剂的高分子材料，带有阴离子或阳离子基团，这些基团能与周围溶液中的其他离子或离子化合物进行交换，而树脂本身的物理性能不会发生改变，利用此原理进行分离和测定的方法称为离子交换法。利用离子交换树脂分离蛋白质是在填充有交换树脂的柱上进行的，故此法又称为离子交换柱层析法。

离子交换柱层析法是利用不同蛋白质在一定pH溶液中所带电性及电量不同而将其分离。蛋白质溶液首先从填充有离子交换剂的柱的顶端缓慢注入，蛋白质离子将交换剂中与其带同电性的离子交换下来，即从柱中流出的离子与蛋白质所带电相同，然后再用洗脱剂将蛋白质从树脂上洗脱下来，可以通过保持洗脱剂不变，改变pH，进行分段洗脱和梯度洗脱等使离子交换剂结合力最小的蛋白质最先被洗脱下来，而与离子交换剂结合力大的蛋白质被后洗脱下来，从而将不同种类的蛋白质分离开来。

根据离子交换剂中基质的组成和性质，可将其分为疏水性离子交换剂和亲水性离子交换剂两大类：

①疏水性离子交换剂　疏水性离子交换剂中的基质是一种人工合成的且与水结合力较小的树脂物质，一般呈网络结构的珠状体，其大小为 20～50 目，目数大的树脂有利于提高分辨率和交换容量。根据疏水性离子交换剂电荷基团的性质可分为阴离子交换剂和阳离子交换剂两种。阴离子交换剂的电荷基团带正电荷，可吸附阴离子样品，如二乙氨基乙基纤维素。阳离子交换剂的电荷基团带负电荷，可吸附阳离子样品，如羧甲基纤维素。疏水性离子交换剂含有大量的活性基团，交换容量大，机械强度高，流动速度快，主要用于分离小分子的物质。

②亲水性离子交换剂　亲水性离子交换剂中的基质是一类天然或人工合成的与水结合力较大的物质。常用的有纤维素离子交换剂、交联纤维素离子交换剂、交联葡聚糖离子交换剂和交联琼脂糖离子交换剂等。

纤维素离子交换剂是以微晶纤维素为基质，通过化学方法引入电荷基团构成，其物理、化学稳定性好，对蛋白质、核酸和激素等物质有同等的分辨率。

交联葡聚糖离子交换剂是以交联葡聚糖 G－25 和 G－50 为基质，通过化学方法引入电荷基团制成的。交联葡聚糖离子交换剂的外形呈珠状，对蛋白质和核酸等大分子物质有较高的结合容量，且流速比无定形纤维素离子交换剂快。

交联琼脂糖离子交换剂主要是以交联琼脂糖 CL－6B 等为基质，通过化学方法引入电荷基团制成。此类离子交换剂的外形呈珠状，网孔大，特别适合分离大分子蛋白质和核酸等物质，即使在流速快的情况下也不影响分辨率。

不同细胞抗原的电荷密度分布、电荷量、等电点以及分子大小都不同，导致与离子交换剂的结合强度不同，因而利用一定的置换条件就可将其逐一分开。

(3) 亲和层析法　亲和层析法利用生物高分子（包括蛋白质分子）具有能和某些相对应的专一物质可逆结合的特性来分离高分子物质，例如，酶的活性部位能和底物、抑制剂以及辅助因子专一性结合，同时改变条件又能使这种结合解除。此外，酶的变构中心与变构因子之间、抗体与抗原之间都有类似的特性，这些被作用的对象（物质）称为配基。将配基固定在固相载体上，并且放进层析柱（亲和柱）中，当样品通过时，由于配基和相对应的蛋白质分子间有专一性的亲和作用，通过某种次级键将这种蛋白质分子吸附在柱中，样品中的其他组分不产生专一性结合，直接从层析柱中漏出。然后利用洗脱剂将柱中的蛋白质洗脱出来。这种利用生物高分子物质和特定的配基间可逆结合和解离的原理发展起来的层析方法称为亲和层析法。因此，依据不同蛋白质对特定的化学基团具有专一性结合的原理，将这种具有特定的化学基团（配基）颗粒的物质装入一定规格的玻璃管中制成亲和柱，当蛋白质溶液经过时，与之特异性结合到层析柱上，不能结合的蛋白质便被洗脱下来，然后再在一定 pH 和离子强度的洗脱条件下，将与配基结合的特异性蛋白质洗脱下来，达到蛋白质纯化的目的。常用于亲和层析的载体有纤维素、葡聚糖凝胶、琼脂糖凝胶、聚丙烯酰胺凝胶和交联琼脂糖凝胶等。

①纤维素　亲水性纤维素是葡萄糖残基的链状化合物以氢键相连接的网状结构，价格便宜且来源充足。但纤维性、非均一性和非专一性吸附作用使其作为载体进行免疫亲和层析时的纯化倍数不高，不能被广泛使用。

②葡聚糖凝胶　由葡聚糖经环氧氯丙烷交联而成，具有良好的化学及物理稳定性，骨

架上有很多羟基供配基偶联。但多孔性较差，孔径小，活化过程中进一步交联，网孔缩小，影响了其在免疫亲和层析中的应用。

③琼脂糖凝胶　琼脂糖凝胶是由D-半乳糖和3，6-脱水-L-半乳糖交替结合而成的大分子多聚糖，是由糖链间次级键交联形成稳定网状结构的珠状凝胶，网状结构的疏密可依靠改变琼脂糖浓度的方法来控制。如Sepharose 2B、4B和6B等，其中阿拉伯数字表示凝胶中干胶的百分含量，机械强度随凝胶浓度降低而减弱。琼脂糖凝胶的多聚合链不是由共价键连接而成的，受热会失去稳定性，引起部分溶解，故不宜加热消毒。低温保存如冻结会破坏其结构。应避免在pH<4.0、pH>9.0的情况下长期工作。

④聚丙烯酰胺凝胶　由丙烯酰胺单体和交联剂N，N-亚甲基双丙烯酰胺在加速剂TEMED和催化剂过硫酸铵存在下聚合而成，调节单体和交联剂的浓度，可以得到网孔大小不同的凝胶。聚丙烯酰胺凝胶的物理化学性质稳定，能抗微生物侵蚀，可提供大量酰胺基与配基偶联，高浓度的配基特别适用于配基和亲和物之间亲和力较弱的系统。聚丙烯酰胺凝胶可制得各种衍生物载体，可以和带不同类型基团的配基偶联制成不同的亲和介质。

⑤交联琼脂糖凝胶　它是通过交联剂共价交联后得到的琼脂糖凝胶层析介质，如Sepharose CL系列介质。在琼脂糖凝胶层析介质中，如果需要应用有机溶剂进一步化学修饰、高温灭菌或盐酸胍处理时，交联的Sepharose CL介质比Sepharose介质表现出更好的稳定性。Sepharose CL介质在各种有机溶剂中稳定，孔径不会改变，还可以用水不溶性的小分子作为配基合成亲和吸附剂。因为交联后的Sepharose CL介质减少了与配基结合的有效位点数量，其活化效率大约是Sepharose介质的50%，不如Sepharose介质的亲和容量高。

（4）疏水层析　这是利用蛋白质分子的疏水性不同而研发的一种纯化方法。疏水层析的填料由化学性质稳定、机械强度好的载体（如琼脂糖、硅胶等）和疏水配基（如C6、C8等）组成。蛋白质表面存在着一些疏水区域，借助于疏水区域和疏水配基间的相互作用力，蛋白质被吸附在色谱填料的表面，这种相互作用力包括疏水相互作用力、范德华力和静电相互作用力。在高盐浓度下疏水相互作用力为主导，随着盐浓度的降低，疏水相互作用力亦变小，具有“高盐吸附、低盐洗脱”的特点。因此，利用不同蛋白质间的疏水性差异，可以通过改变洗脱时盐浓度的不同对蛋白质进行有效的分离纯化。

五、蛋白质纯度及浓度测定

在蛋白质分离提纯过程中，需要经常测定蛋白质的含量和提纯程度。这些分析工作通常包括：测定蛋白质总量、测定混合物中某一特定蛋白质的含量和鉴定最终制品的纯度。测定蛋白质总量常用的方法有双缩脲法、凯氏定氮法、福林-酚试剂法和紫外吸收法等。

1. 蛋白质纯度及活性测定　对于活性蛋白质，测定蛋白质混合物中某一特定蛋白质的活性通常使用高度特异性的生物学方法。具有酶或激素性质的蛋白质可以测定酶活性或激素活性来评定其活性。抗体蛋白质具有与抗原反应的性质，利用抗体与抗原反应也可以测定某一特定蛋白质的活性。通常蛋白质活性测定时可将生物学测定方法和总蛋白质测定方法相结合，蛋白质活性测定可以用来研究分离出来的蛋白质的纯度。纯度常用这一特定成分与总蛋白质的比值表示，如每毫克蛋白质含多少活性单位（对酶蛋白来说，这一比例称为比活性）。提纯工作一直要进行到比活性不再增加为止。蛋白质制品纯度鉴定通常采用分辨率高的物理化学方法，如电泳分析、沉淀分析和扩散分析等。

2. 溶液中蛋白质浓度的测定

（1）可见分光光度比色法　利用特定试剂与蛋白质进行显色，依据朗伯-比尔定律，使用可见分光光度计，在显色溶液的最大吸收波长下，先测定该蛋白质的标准曲线（吸光度与溶液浓度的关系曲线），然后测定未知浓度蛋白质溶液的吸光度值，最后从标准曲线上查出蛋白质的浓度。

（2）紫外光光度法　蛋白质一般都含有苯丙氨酸、酪氨酸或色氨酸等含苯环的氨基酸残基。含芳香环的氨基酸的蛋白质具有近紫外吸收特性，并且在一定浓度范围内，吸光度值与溶液浓度呈线性关系，符合朗伯-比尔定律，则可使用紫外可见分光光度计测定蛋白质的含量。因此先测定该蛋白质的标准曲线（280nm 波长处），然后测定未知浓度蛋白质溶液的吸光度值，最后从标准曲线上查出溶液中蛋白质的浓度。

（3）考马斯亮蓝显色法　用配制的考马斯亮蓝试剂分别对已知的不同浓度的蛋白质溶液进行显色，在 595nm 波长下，测定不同浓度蛋白质显色液的吸光度值并绘制出标准曲线。然后测定未知浓度的蛋白质溶液在 595nm 波长下的吸光度值，最后由标准曲线查出蛋白质溶液的浓度。

》第三节　免疫印迹试验技术《

免疫印迹又称蛋白质印迹（western blot，WB），是根据抗原抗体特异性结合检测复杂样品中某种蛋白质的方法，是在 SDS－PAGE 凝胶电泳与固相免疫测定技术基础上发展起来的一种新型免疫学技术。由于免疫印迹具有 SDS－PAGE 的高分辨力和固相免疫测定的高特异性和敏感性，现已成为蛋白分析的常规技术。免疫印迹常用于鉴定某种蛋白质，并能对蛋白质进行定性和半定量分析；结合化学发光检测，可以同时比较多个样品同种蛋白的表达量差异。

一、原理

免疫印迹技术的基本原理是强阴离子去污剂 SDS 与还原剂并用，通过加热使蛋白质解离，大量的 SDS 结合蛋白质，使其带相同密度的负电荷，在进行聚丙烯酰胺凝胶（PAGE）电泳时，不同蛋白质的迁移率仅取决于分子质量。经 PAGE 分离的蛋白质样品转移至固相载体（如硝酸纤维素薄膜）上，固相载体以非共价键形式吸附蛋白质，且能保持电泳分离的多肽类型及其生物学活性不变。以固相载体上的蛋白质或多肽作为抗原，与相应抗体发生免疫反应，再与酶或同位素标记的第二抗体反应，经过底物显色或放射自显影以检测电泳分离的特异性目的基因表达的蛋白成分。

1. 组成　免疫印迹技术主要由三部分组成：①利用 SDS－PAGE 凝胶电泳分离分子质量不同的蛋白质；②将 SDS－PAGE 凝胶电泳分离出的目标蛋白质条带转移到固相载体上；③用特异性抗体检测固相载体上的目标蛋白。

人工合成聚丙烯酰胺凝胶的化学体系主要由以下几部分组成：丙烯酰胺（Acr）、甲叉双丙烯酰胺（Bis）、过硫酸铵（AP）、四甲基乙二胺（TEMED）和十二烷基硫酸钠（SDS），其中 AP 是一种化学催化剂，TEMED 是一种加速剂，SDS 是一种阴离子去垢剂。

2. 优点 固定化基质膜湿润柔韧，易于操作；固定化的生物大分子可均一地与各种免疫探针结合；免疫印迹试验所需试剂剂量少；孵育、洗涤时间较短；可同时制作多个拷贝，用于多种抗原、抗体蛋白的分析和鉴定；结果可以图谱形式长期保存；可通过降低pH等方法去除探针，再换用第二探针进行分析检测。

二、材料

1. 试剂

（1）30%丙烯酰胺混合液（Acr∶Bis为29∶1） 称取29g Acr及1g Bis，用去离子水溶解并稀释至100mL，于棕色瓶中4℃可保存一个月。

（2）1.5mol/L Tris-HCl缓冲液（pH 8.8） 取48mL 1mol/L的HCl溶液，称取36.6g三羟甲基甲烷（Tris），加双蒸水使其溶解，用双蒸水定容至100mL，调pH至8.8，于棕色瓶中4℃保存备用。

（3）1.0mol/L Tris-HCl缓冲液（pH 6.8） 取48mL 1mol/L HCl溶液，称取5.98g Tris，加双蒸水使其溶解后用双蒸水定容至100mL，调pH为6.8，置棕色瓶中4℃保存备用。

（4）Tris-甘氨酸电泳缓冲液 称取6g Tris和28.8g甘氨酸，加蒸馏水待固体全部溶解，加蒸馏水定容至1L，调pH至8.3，4℃保存。使用时可做10倍稀释。

（5）10% AP 称取10g过硫酸铵（AP），去离子水溶解后定容至100mL，4℃保存备用。

（6）TEMED或β-二甲基氨基丙腈（DMAPN） 一般为购买的成品。

（7）10% SDS 称取SDS 10g，待其溶解后加蒸馏水定容至100mL，室温保存备用。

（8）上样缓冲液 取1.0mol/L Tris-HCl缓冲液（pH 6.8）6.25mL，蔗糖10g，SDS 2.3g，1g/L溴酚蓝10mL，加蒸馏水溶解，定容至100mL。

（9）样品 提前制备好的蛋白质样品。

（10）蛋白质分子质量标志物 市售的蛋白质分子质量标志物。也可选择5种以上的已知分子质量蛋白质自行配制，注意其分子质量分布要能满足需要，各种蛋白质的浓度基本相等。

2. 仪器 垂直板电泳槽、稳压稳流电泳仪、半干式转膜仪。

三、方法

1. SDS-PAGE凝胶电泳

（1）制胶 先根据蛋白质大小制备适宜浓度的分离胶，静置待分离胶凝固后制备浓缩胶，待浓缩胶完全凝固后即可进行点样。

（2）跑胶 将胶托放入胶槽中，加入电泳液，设置电流和电压，一般跑胶约需2.5h，待溴酚蓝到胶底部即可。

2. 免疫印迹试验

（1）膜的选择 硝酸纤维素膜（NC膜）水浴加热3～5min，易碎，用镊子夹取时容易碎裂，应小心夹取。

聚偏二氟乙烯膜（PVDF膜）是一种高强度、耐腐蚀性的物质。PVDF膜既可以结合蛋白质，也可以分离小片段的蛋白质，最初将它用于蛋白质测序，因为硝酸纤维素膜在 Edman 试剂中会降解，用 PVDF 作为替代品。PVDF 膜灵敏度、分辨率和蛋白亲和力在精细工艺下比常规的 NC 膜都要高，非常适合于低分子质量蛋白质的检测。推荐在 Western blot 中选用 PVDF 膜。

（2）转膜　制备与所需凝胶大小一致的膜 1 张、滤纸 6 张，将膜、滤纸、胶全部浸泡在转膜液中；在该过程中裁剪滤纸和膜时一定要戴手套。

常用的电泳转移方法有湿转和半干式转膜。两者的原理完全相同，只是用于固定胶/膜叠层和施加电场的机械装置不同。湿转是一种传统方法，将胶/膜叠层浸入缓冲液槽然后加电压，需要大体积缓冲液，且只能用一种缓冲液，但这是一种有效但比较慢的方法。半干式转膜用浸透缓冲液的多层滤纸代替缓冲液槽。与湿转相比，半干式转膜所需时间短（15～45min）。转膜结束后取下膜，将膜放置到湿盒内，一定要将膜的正面朝上。

（3）洗涤　用洗涤缓冲液洗涤膜 3 次，每次 10min，洗涤结束后用干净的滤纸吸干多余的洗涤缓冲液。

（4）封闭　加入合适的封闭液，在摇床上缓慢摇动，室温封闭 60min，但对于背景较高的抗体，也可选择 4℃过夜封闭。

（5）洗涤　方法同第 3 步。

（6）一抗孵育　将膜和一抗共同孵育，在室温条件下，放置在摇床上轻轻摇动孵育 1h，其中一抗需按照抗体说明书或者实际需要进行稀释。

（7）洗涤　方法同第 3 步。

（8）二抗孵育　将膜与酶标二抗共同孵育，在室温条件下，放置在摇床上轻轻摇动孵育 1h。

（9）洗涤　方法同第 3 步。

（10）显色　用显色试剂于避光环境中进行显色，显色 2～3min 可肉眼观察到目的条带后，用去离子水冲洗膜终止显色，拍照保存。

3. 应注意的问题

（1）确定待测蛋白质经 SDS 和还原剂处理后，其抗原决定簇是否仍然可与相应的抗体结合，特别是在用单克隆抗体作为一抗时应考虑这一点。

（2）要保证检测所用抗体的特异性，尤其是一抗的特异性更为重要；另外，对一抗和标记抗体的使用浓度，通常要根据实际情况做适当的稀释。

（3）操作过程中，拿取凝胶、滤纸和 NC 膜的时候必须戴手套，因为皮肤上的油脂和分泌物会阻止蛋白质从凝胶转移到滤膜上。

（4）转印时要注意电流的大小，过高的电流产生的热量会在凝胶和 NC 膜间形成气泡，从而导致转膜失败。

》第四节　酶联免疫吸附试验《

酶联免疫吸附试验（enzyme linked immunosorbent assay，ELISA）具有便于操作、敏感性高、特异性强、快速、无放射性、无污染等优点，随着电脑化程度极高的 ELISA 检测仪的使用，ELISA 法更为简便、实用和标准化，因此成为应用最广泛、发展速度最快的免疫学检测技术之一。

一、基本原理

将已知的抗原（或抗体）吸附到固相载体（聚苯乙烯微量反应板）表面，酶标抗体或抗原特异性反应后结合到固相载体表面，利用洗涤缓冲液将液相中游离成分洗除，加入底物溶液，底物可在酶的作用下使其所含的供氢体由无色的还原型变成有色的氧化型，从而出现颜色反应，根据颜色的深浅进行定性或者定量分析。

二、类型

1. 间接法 将抗原包被在固相载体中，加入待检血清，血清中若含有特异性的抗体，即与固相载体表面的抗原结合形成抗原抗体复合物，洗涤除去游离成分，加入酶标二抗形成固相抗原-待检抗体-酶标二抗复合体，加底物显色，在酶的催化作用下底物发生反应，产生有色物质，根据显色速度及颜色深浅判定标本中抗体的含量，见图 3-1。该方法常用于检测抗体。

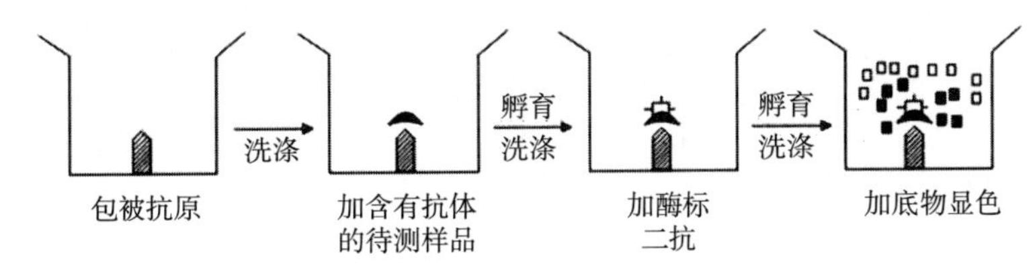

图 3-1 间接 ELISA 法

2. 夹心法

（1）双抗体夹心法 将已知特异性抗体包被在固相载体上，形成固相抗体，加入待检样品，与待检样品中相应的抗原结合形成固相抗原抗体复合物，洗涤除去游离成分，加入特异性的酶标抗体，形成固相抗体-抗原-酶标抗体复合物，加底物显色，数分钟后可产生有色物质，根据显色程度进行待检抗原的定性或者定量分析。这种双位点夹心法特异性很高，主要用于检测大分子抗原，分子中应至少包括两个抗原决定簇的多价抗原，而半抗原及小分子单价抗原不能形成两位点夹心，故不能用该方法进行检测。

（2）双抗原夹心法 用已知抗原包被在固相载体中，形成固相抗原，加入待检样本，若样本中有抗体存在，将与固相抗原结合形成复合物，洗涤除去游离成分，加入已知的酶标抗原，便形成抗原-抗体-酶标抗原复合物，再加入酶的相应底物，在酶的作用下生成有色产物，根据颜色的有无和深浅判断待测抗原的含量。本试验的关键是制备酶标抗原，应根据抗原结构的不同，找到合适的标记方法。

（3）双夹心法 将纯化的某种动物特异性抗体（Ab1）包被在固相载体上，形成固相抗体，加入待检样本，如样本中有抗原存在，使之与固相抗体结合形成复合物，洗涤除去未结合的抗原，再加入与包被抗体不同动物来源的特异性抗体（Ab2），洗涤后加入酶标记的抗 Ab2 抗体，洗涤后加入酶的相应底物，在酶的作用下生成有色产物，见图 3-2。根据颜色的有无和深浅进行待测抗原的定性和定量分析，可用于检测带两个抗原决定簇以上表位的大分子抗原。

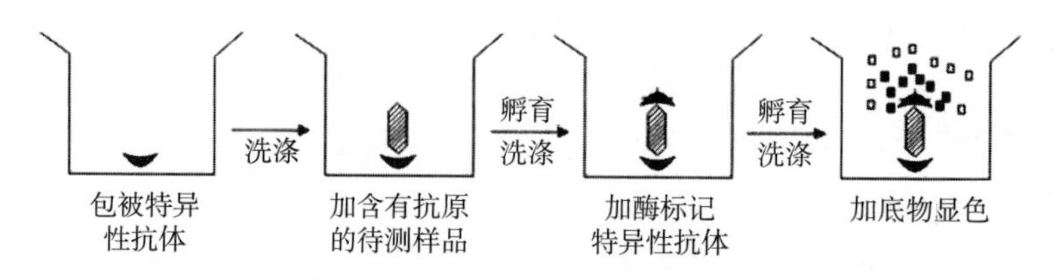

图 3-2　双抗体夹心 ELISA 法

3. 竞争法

（1）酶标抗原竞争法　将已知特异性抗体包被在固相载体上，形成固相抗体，加入待检样本和一定量的酶标抗原共同孵育，待检标本中的抗原和酶标抗原竞争与固相抗体结合，洗涤后加入底物进行显色测定。待测样本中抗原含量越多，结合在固相载体上的酶标抗原越少，最后的显色就越浅，颜色反应程度与待测抗原量成反比，见图 3-3。该方法常用于检测单价的小分子抗原或半抗原，如激素、药物等。

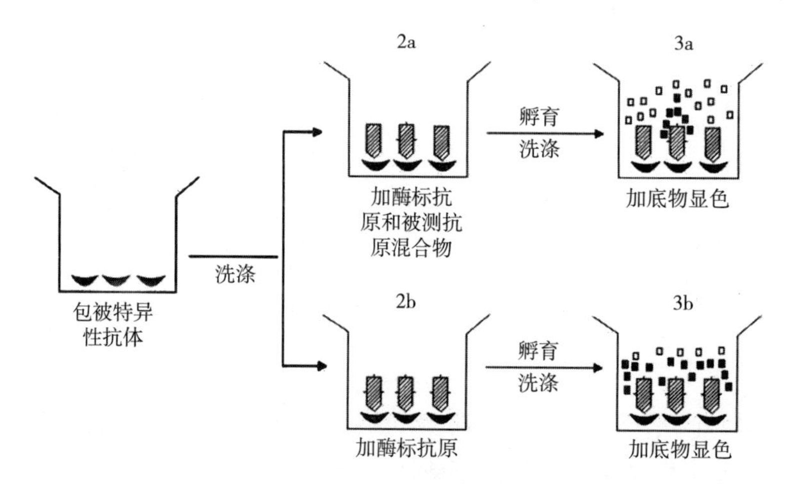

图 3-3　酶标抗原竞争法

（2）酶标抗体竞争法　将已知特异性抗原包被在固相载体上，形成固相抗原，加入待检样本和相应的一定量酶标抗体共同孵育，待检标本中的抗体和酶标抗体竞争与固相抗原结合，洗涤除去未结合的游离成分，加入底物显色液进行显色测定，颜色反应程度与待测抗体量成反比。

4. 抗酶抗体法　又名 PAP-ELISA，该方法是在双夹心法基础上改造的，用酶和抗酶抗体结合物代替酶标抗抗体检测大分子抗原。PAP-ELISA 法虽可提高试验的敏感性，但因不易制得理想的酶和抗酶抗体结合物，且试验中较多干扰因素影响结果的准确性，因此使用较少。需注意的是，抗酶抗体必须用与一抗同种来源的动物制备。

5. 捕获法　又称反向间接法，主要用于血清中特定抗体类别的检测，常用于病原体急性感染诊断中 IgM 型抗体检测。捕获法的原理是先用抗人 IgM 抗体包被固相载体，形成固相抗体，加入待检样本后，样本中所有的 IgM（其中包括针对抗原的特异性 IgM 抗体和非特异性 IgM）即可被固相抗体捕获；然后加入特异性抗原，此抗原仅与特异性 IgM 抗体相结合，继而加入针对特异性抗原的酶标抗体，加入底物显色，即可对待测标本中抗原特异性 IgM 进行定性或定量测定，显色程度与样本中的 IgM 呈正相关。

捕获法中会出现非特异性 IgM 与特异性 IgM 竞争性地与固相抗体结合，使阳性结果减弱，从而会影响测定结果的灵敏度，因此使用捕获法检测 IgM 时，一般都要对临床样本进行适当稀释，当样本被稀释后，非特异 IgM 含量减少，而特异性 IgM 由于处于相应病原体的急性感染期，含量较高，对其含量影响较小。

6. ABS-ELISA 法 ABS 为亲和素（avidin）-生物素（biotin）系统的缩写，ABS-ELISA 法是 ABS 与 ELISA 相结合的一种应用技术。生物素与亲和素的结合具有很强的特异性，其亲和力远超过抗原抗体反应，两者一经结合就极为稳定。由于一个亲和素可与 4 个生物素分子结合形成一种类似晶体的复合体，且具有多级放大作用，可极大提高检测方法的灵敏度，见图 3-4。

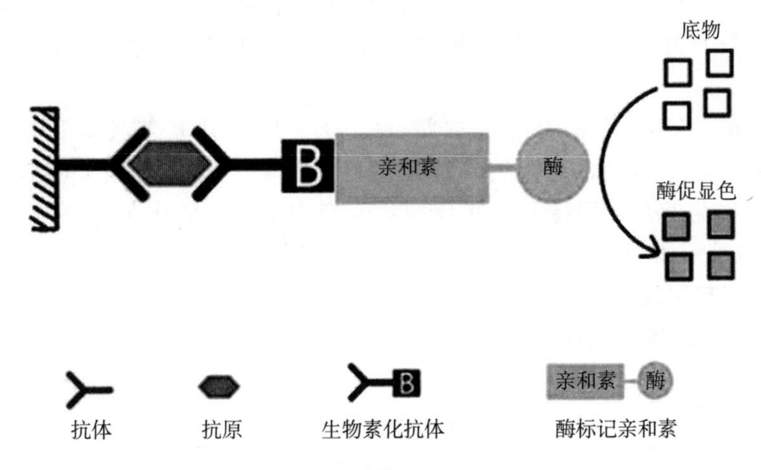

图 3-4 ABS-ELISA 法

ABS-ELISA 法可分为酶标记亲和素-生物素（LAB）法和桥联亲和素-生物素（ABC）法两种类型，其中 LAB 法是直接以酶标记亲和素联结生物素化抗体以检测抗原的方法，而 ABC 法是以游离的亲和素分别桥联生物素化抗体和生物素化酶的检测方法，两种方法均以生物素标记的抗体（或抗原）代替原 ELISA 系统中的酶标抗体（或抗原）。在 LAB 法中，固相生物素先与不标记的亲和素反应，然后再加酶标记的生物素反应以进一步提高敏感度。ABS-ELISA 法虽具有稳定性高、灵敏度高、特异性强的特点，但其操作步骤较烦琐，在临床中应用较少。

7. 斑点酶联免疫吸附试验 斑点酶联免疫吸附试验（Dot-ELISA）的原理与常规 ELISA 相同，不同之处在于 Dot-ELISA 所用载体为对蛋白质具有较强吸附力的硝酸纤维素膜（NC 膜），即在 NC 膜上依次滴加样本液（待测的抗体或抗原）、已知抗原（或抗体）、酶结合物，作用一定时间后，形成有色沉淀物使 NC 膜染色，NC 膜上出现棕色斑点者为阳性，未出现颜色反应的则为阴性。

该方法灵敏度较 ELISA 法高 6～8 倍，试剂用量少、不需特殊设备，结果可以长期保存，但操作较烦琐。常用于各种蛋白质、激素、药物的定量测定。

三、操作步骤

1. 主要试剂 包括抗原或抗体、免疫吸附剂、酶反应底物和显色液。

（1）抗原和抗体　在ELISA反应过程中，抗原和抗体的质量是试验成功的关键因素。ELISA反应要求所用抗原纯度高，抗体效价高、亲和力强。

（2）免疫吸附剂　固相的抗原或抗体称为免疫吸附剂。将抗原或抗体固相化的过程称为包被。由于载体的不同，包被的方法也不同，如以聚苯乙烯酶标板为载体，通常将抗原或抗体溶于碳酸盐缓冲液（pH 9.6）中，依次加入酶标板中于4℃过夜孵育，经洗涤缓冲液清洗后即可使用；包被好的ELISA板低温下放置一段时间不会失去其免疫活性。

（3）酶反应底物　ELISA反应中对所用的酶有较高要求，需要酶纯度高、催化反应的转化率高、专一性强、性质稳定、来源丰富、价格便宜、制备成的酶标抗体或抗原性质稳定，继续保留着其活性部分和催化能力，最好在受检标本中不存在与标记酶相同的酶。目前，ELISA反应中应用较多的酶主要有辣根过氧化物酶（HRP）、从牛肠黏膜或大肠埃希菌提取的碱性磷酸酶（ALP）、葡萄糖氧化酶、β-D-半乳糖苷酶等，其中以HRP应用最为广泛。

（4）显色液　HRP底物有邻苯二胺（OPD）、四甲基联苯胺（TMB）和ABTS。OPD氧化后的产物呈黄色，用酸终止酶反应后，在492nm处有最大吸收峰；TMB经HRP作用后产物为蓝色，用硫酸终止反应后，产物由蓝色变成黄色，最适吸收波长为450nm；ABTS虽不如OPD和TMB敏感，但空白值极低，也被一些试剂盒所采用。

2. 仪器与试剂配制

（1）仪器　移液器、恒温培养箱、酶标板、酶标仪、滤纸。

（2）试剂配制

①包被稀释液（表3-1）　0.05mol/L碳酸盐缓冲液（pH 9.6）。

表3-1　包被稀释液配方

名称	质量
Na_2CO_3	1.59g
$NaHCO_3$	2.93g
蒸馏水	定容至1L

②pH 7.4的10×PBS缓冲液（表3-2）。

表3-2　10×PBS缓冲液配方

名称	质量
NaCl	8.0g
KH_2PO_4	0.2g
$Na_2HPO_4 \cdot 12H_2O$ 或 Na_2HPO_4	2.9g或2.13g
KCl	0.2g
蒸馏水	定容至1L

③PBST洗涤缓冲液　1L 10×PBS（pH 7.4）中加入0.5mL吐温-20充分混匀，调整pH至7.4。

④封闭液　10×PBS缓冲液+5%脱脂奶粉。

⑤血清稀释液　10×PBS缓冲液+4% PEG+0.05%吐温-20+10% *E. coli* 裂解液。

⑥酶标抗体稀释液　10×PBS缓冲液+4% PEG+10%小牛血清。

⑦底物稀释液（表3-3）　磷酸盐-柠檬酸盐缓冲液（pH 5.0）。

表3-3　底物稀释液配方

名称	体积
0.1mol/L 柠檬酸（19.2g/L）	24.3mL
0.2mol/L Na_2HPO_4（28.4g/L）	25.7mL
充分混匀后调 pH 至 5.0	

⑧2mol/L H_2SO_4终止液　取355.5mL蒸馏水于烧杯中，将44.5mL浓H_2SO_4用玻璃棒引流沿烧杯壁慢慢注入水中，并不断搅拌，使稀释产生的热量及时散出，稀释好的硫酸冷却至室温后存放入专用试剂瓶中。

3. 基本操作（以间接ELISA法为例）

（1）抗原包被　用0.05mol/L碳酸盐缓冲液（pH 9.6）稀释抗原，每孔加入100μL包被酶标板。

（2）洗涤　用PBST洗涤缓冲液洗涤酶标孔，每孔加入250μL洗涤液，每次3min，洗涤5次，拍干。

（3）封闭　每孔加入200μL封闭液，37℃封闭3h。

（4）洗涤　重复第2步。

（5）加入待检血清　用血清稀释液将待检血清1∶200稀释，每孔加入100μL，于37℃恒温培养箱孵育1h。

（6）洗涤　重复第2步。

（7）加入酶标二抗　用酶标抗体稀释液对酶标二抗进行1∶1 000稀释，每孔加入100μL，37℃恒温培养箱孵育1h。

（8）洗涤　重复第2步。

（9）显色　每孔加入100μL TMB显色液，室温避光反应15min。

（10）终止　每孔加入100μL 2mol/L H_2SO_4终止液，观察溶液颜色。

（11）检测　用酶标仪读取吸光度为450nm时的OD值。

4. 注意事项

（1）检查试剂　低温保存的试剂应在使用前提前取出恢复至室温再使用，使用前应检查所需试剂各组分是否发生变质。

（2）加样　加样前应先检查移液器是否准确，若有问题及时请专业人员进行矫正；加样前先将待加液体充分混匀，将液体加在酶标孔孔底，不可加在孔壁上，加样过程中应避免产生气泡，避免样本溅出；每种样品加样结束后都应更换移液器吸头；标本较多时，要分批操作，尽量缩短加样后孵育前的等待时间。

（3）洗涤　洗板时应保证酶标板平放，酶标孔内加满洗涤缓冲液，但尽量避免洗涤缓冲液漏出溢出的现象；洗板结束后将酶标板在吸水纸上轻轻拍干。

（4）显色　显色液应是无色液体，若出现浅蓝色则不可使用；显色应在避光环境中进行，避免光直射显色液；显色结束后应立即加入终止液，避免显色时间过长影响检测结果。

5. 常见问题

（1）出现假阳性的情况

①试剂或样品可能被污染或者由于酶标孔之间的溅洒出现交叉污染，应当更换试剂，小心操作。

②酶标板洗涤不彻底，洗板前确保酶标孔内残液倾倒干净，洗板时应在酶标板每孔中加满洗涤液，洗涤后在吸水纸上拍干酶标板，避免有残留液。

③抗体量过多会导致非特异结合，应根据推荐量使用抗体，尽量使用较少的抗体。

④利用夹心法和捕获法检测抗体与包被抗体/抗原反应时，应检查使用的包被抗体和检测抗体是否正确，确保两者之间不会互相反应。

（2）酶标板显色后整体背景高

①抗体非特异性结合问题。使用恰当的封闭液，选择合适的包被时间，最好使用与二抗同种动物来源的血清或牛血清，确保酶标板经过预处理以防止非特异结合，使用亲和力强、纯度高的抗体，最好经过了预吸收处理。

②底物结合浓度过高或反应时间过长时应调整底物的浓度，当酶标板显色足够进行吸光度读数时，立即加入终止液终止反应。

③底物溶液不新鲜或被污染。应在显色前检测底物溶液，正常的底物溶液应该是清亮透明的，如果有颜色变化则是被污染的标志。

④底物孵育过程没有避光。底物孵育应该在避光环境下进行，孵育时间不宜过长或过短。

（3）吸光度数值偏高或偏低

①样品中待检抗原含量太低会导致测试结果偏低，可尝试增加样品的使用量或者更换一种检测更灵敏的方法。

②加入抗体量不合适也会造成结果偏低或偏高，应尽可能调整抗体的最适用量。

③孵育时间不够会导致检测结果偏低，应适当延长抗体或抗原的孵育时间，确保待测样品与检测抗体充分结合。

④孵育温度不适宜，应保证抗体在最适宜并且稳定的温度下孵育。

》第五节　免疫电泳技术《

免疫电泳技术（immunoelectrophoresis technique，IEP）由 Graber 和 Willians 于 1953 年创立，是电泳分析与沉淀反应结合的产物，是直流电场作用下的凝胶扩散试验。该方法既具有抗原抗体反应的高特异性，又具有电泳技术的快速、微量和高分辨率等特性，已逐步发展了对流免疫电泳、火箭免疫电泳、免疫电泳、免疫固定电泳等多项技术。

一、分类

1. 对流免疫电泳　对流免疫电泳（counter immunoelectrophoresis，CIEP）实质上是一种将双向免疫扩散与电泳相结合的定向加速免疫扩散技术。在 pH 8.6 的缓冲液中，大部分蛋白质抗原成分因等电点低而带较强的负电荷，同时因分子质量小而受到的电渗作用小，在电场中向正极移动；抗体绝大多数为IgG，其等电点偏高，在pH 8.6环境中带负电荷较少，加之分子质量较大、移动速度慢，向正极移动缓慢甚至不移动，这样在凝胶中它就会因电渗作用随水流向负极。在抗原抗体浓度最适比处形成沉淀线，根据沉淀线相对于两孔的位置可大致判断抗原抗体的比例关系。试验时在琼脂板两端打孔并标注正极与负极，将抗原溶液加在负极侧的孔内，相应抗体则加入正极侧的孔内。通电后，带负电荷的抗原向正极泳动，而抗体借电渗作用向负极泳动，在两者之间或抗体的另一侧（抗原过量时）形成沉淀线。若抗原浓度高于抗体，沉淀线靠近抗体孔，抗原浓度越高，沉淀线越接近抗体孔，甚至超过抗体孔。该方法操作简单、快速，较双向免疫扩散法的灵敏度提高了8～16倍，可测出蛋白质的浓度达μg/mL。常用于抗原或抗体的性质、效价和纯度测定。

2. 火箭免疫电泳 火箭免疫电泳（rocket immunoelectrophoresis，RIE）是将单向免疫扩散与电泳相结合的一项定量检测技术，实质上就是加速的单向扩散试验。将抗体混合于琼脂中，样本孔中的抗原置于负极一端，电泳时抗体不移动，抗原向正极迁移，随着抗原量的逐渐减少，抗原泳动的基底区越来越窄，抗原抗体复合物形成的沉淀线逐渐变窄，形成一个形状如火箭的复合物沉淀峰。如果固定琼脂中抗体浓度，沉淀峰的高度与抗原量呈正相关。因此，以抗原浓度为横坐标，以沉淀峰的高度为纵坐标，绘制标准曲线，待测样本中抗原的浓度就可在标准曲线中计算获得。相反，如果在琼脂中加入固定浓度的抗原时即可测得待检样本中相应抗体的含量，这就是反向火箭电泳。

RIE作为抗原定量的试验只能测定待测样本中μg/mL以上浓度的物质，低于此浓度则难以形成可见的沉淀峰；加入少量的^{125}I标记的标准抗原共同电泳，则可在含抗体的琼脂中形成不可见的沉淀峰，经洗涤干燥后，用X线胶片显影，可出现放射显影，这就是目前采用的免疫自显影技术。根据自显影沉淀峰下降的程度（竞争法）可计算出抗原的浓度。免疫自显影技术可使RIE的灵敏度提高到ng/mL水平。

RIE试验过程中，应注意以下几点：

①试验所用琼脂应无电渗或电渗很小，否则形成的火箭形状沉淀峰不规则，应确定电泳的终点时间，如果沉淀峰顶部呈不清晰的云雾状或圆形，提示电泳还未达终点。

②待测样本数量较多时，应先把电泳板置电泳槽上搭桥并开启电源（设低强度电流）后再加样，否则会形成宽底峰形，使定量不准确。

③做IgG定量时，由于抗原和抗体的性质相同，沉淀峰因电渗作用呈纺锤形。此时加入甲醛，IgG上的氨基会与其结合而甲醛化，可使本来带两性电荷的IgG只带负电荷，能加快电泳速度，抵消电渗作用，便出现伸向正极的沉淀峰。

3. 免疫电泳 免疫电泳（immunoelectrophoresis，IEP）是区带电泳与免疫双扩散相结合的一种免疫测定技术。检测原理是先用区带电泳技术将蛋白质在凝胶中进行电泳，按抗原所带电荷、分子质量和构型不同分离成肉眼不可见的若干条带，电泳停止后，沿电泳方向挖制与之平行的抗体槽，加入相应的抗血清，置室温或37℃做双向扩散。经双向扩散18～24h后，已分离成区带的各种抗原成分与抗体槽中相应抗体在两者比例适合处形成弧形沉淀线。根据沉淀线的数量、位置和形态与已知标准抗原抗体形成的弧形沉淀线进行比较，即可分析待测样本中所含成分的种类和性质。免疫电泳作为定性试验，目前主要应用于纯化抗原和抗体成分的分析以及正常和异常免疫球蛋白的识别与鉴定。

免疫电泳的分辨率和所显示的沉淀线的数目受诸多因素的影响，如抗原抗体比例不当，可使某些成分不出现沉淀线，因此要预测抗原与抗体的最适反应比例；抗血清的抗体谱越完整，免疫电泳所显示的沉淀线越多，可以通过将几种动物的抗血清混合使用的方法来确保抗体谱的完整性；电泳条件（如缓冲液 pH、离子强度、琼脂糖质量及电泳电压等）可直接影响分辨率。

4. 免疫固定电泳 免疫固定电泳（immunofixation electrophoresis，IFE）是 Alper 和 Johnson 于 1969 年推荐的一项具有实用价值的电泳与沉淀反应相结合的免疫分析技术。IFE 的原理是先将待测样本在凝胶板上做区带电泳，将蛋白质分离成不同区带，然后在其上覆盖抗血清，当抗血清与某区带中的单克隆抗体结合，便形成抗原抗体复合物而沉淀，洗脱游离的抗体后，抗原抗体复合物保留在凝胶中，再经染色后蛋白质电泳参考泳道和抗原抗体沉淀区带被氨基黑着色，分析灵敏度为 20～30mg/L。根据电泳移动距离分离出单克隆组分，可对各类免疫球蛋白及其轻链进行分型。多克隆合成的免疫球蛋白经染色后沉淀呈弥散状，单克隆蛋白由于在电场中泳动速度完全相同，因此会在电泳图谱中形成浓集、窄细、深染的条带。

免疫固定电泳最大的优势是分辨率强，灵敏度高，操作简便，试验过程仅需数小时，结果易于分析，但在其操作过程中仍需注意以下几个问题：

①进行免疫固定电泳前需根据免疫球蛋白和轻链定量检测的结果对标本进行适当稀释，恰当的抗原抗体稀释比例可使胶片上呈现清晰、浓而狭窄且界限明显的单克隆蛋白沉淀线；尿液样本通常 M 蛋白浓度较低，一般需使用浓缩胶浓缩后再进行免疫固定电泳。

②IgM 型 M 蛋白可以发生各种聚合，使血清不易分离或呈胶冻状，电泳时难以泳动，集中于原点或整个泳道出现沉淀，还可能出现两个单克隆带（19S 和 7S）。遇到这种情况，可以使用 β-巯基乙醇处理（100μL 血清标本加入 10μL 10%的 β-巯基乙醇）使大分子聚合蛋白解聚并同时做适当稀释，就能得到理想的单克隆条带。β-巯基乙醇为高毒物质，操作时应注意个人防护。

③由于 IgA 分子形成二聚体或三聚体导致蛋白质迁移率不同，使 IgA 型单克隆免疫球蛋白呈现出多条带或谱带宽而弥散，不易判读，在不能判读的情况下可以使用 β-巯基乙醇处理和适当稀释的方式加以改善。

④当血清免疫固定电泳只有轻链单克隆成分时需进一步做游离轻链的补充检测。若结果为阴性，则须做抗 IgD 和抗 IgE 检测，以免遗漏 IgD 和 IgE 型单克隆成分。

⑤溶血标本会在 β 位形成血红蛋白区带，陈旧血清会在近原位由于 IgG 的聚合形成窄区带，血浆标本会在 γ 位形成纤维蛋白原带，这些“假狭带”易与 M 蛋白混淆，可通过加强实验前质量控制予以避免。

二、操作方法

1. 试验材料

（1）试验仪器 电泳仪、电泳槽、恒温培养箱、载玻片、吸管、打孔器、毛细滴管、挖槽刀、湿盒、水平台。

（2）血清 小鼠全血清、兔抗鼠血清。

（3）试剂　0.05mol/L 巴比妥缓冲液（pH 8.6）、12g/L 琼脂凝胶于 4℃冰箱保存备用。

2. 操作步骤

（1）制琼脂板　用 0.05mol/L 巴比妥缓冲液（pH 8.6）配制 1%～1.5%琼脂凝胶板，厚度 2～3mm。

（2）打孔　待琼脂冷却后，将琼脂打成对的小孔数列，孔径 0.3～0.6cm，孔距 0.4～1.0cm，挑去孔内琼脂，封底。

（3）加样　在 1 对孔中，1 个孔中加已知（或待测）抗原，另 1 个孔中加待测（或已知）抗体。

（4）电泳　将抗原孔置于负极端，电压 2.5～6V/cm，或电流强度 3～5mA/cm，电泳时间 30～90min。

（5）结果观察　断电后，将玻板置于灯光下，衬以黑色背景观察；阳性者则在抗原抗体孔之间形成一条清楚致密的白色沉淀线；如沉淀线不清晰，可将琼脂板置于湿盒中 37℃数小时或电泳槽中过夜再观察。

3. 注意事项

（1）抗原抗体浓度的比例不适合时，均不能出现明显可见的沉淀线，因此除了应用高效价的血清外，每份待测样品均可做几个不同的稀释度来进行检查。

（2）特异性对照鉴定是为了排除假阳性反应，在待检抗原孔的邻近并列一个阳性抗原孔，若待检样品中的抗原与抗体所形成的沉淀线和阳性抗原抗体沉淀线完全融合时，则待检样品中所含的抗原为特异性抗原。

（3）适当的电渗作用在对流免疫电泳中是必要的；当制备的琼脂质量较差时，电渗作用太大，而使血清中的其他蛋白成分也向负极泳动，造成非特异性反应；在某些情况下，琼脂糖由于缺乏电渗作用而不能用于对流免疫电泳。

（4）当抗原抗体在同一介质中带同样电荷或迁徙相近时，电泳时两者向着一个方向泳动；故不能用对流免疫电泳来检查。

》第六节　免疫沉淀技术《

可溶性抗原（如细菌的外毒素、内毒素、菌体裂解液、病毒的可溶性抗原、血清、组织浸出液等）与相应抗体结合，在适量电解质存在下形成肉眼可见的白色沉淀，称为沉淀试验。沉淀试验的抗原可以是多糖、蛋白质、类脂等，抗原分子较小，单位体积内所含的量多，与抗体结合的总面积大，故在做定量试验时，通常稀释抗原不致过剩，并以抗原稀释度作为沉淀试验效价。参与沉淀试验的抗原称为沉淀原，抗体称为沉淀素。

沉淀试验的本质是抗原和抗体的结合反应，遵循经典的抗原抗体反应的特点：

1. 特异性　抗原与抗体的结合具有高度的特异性，即一种抗原分子只能与由它刺激产生的抗体结合而发生反应。抗原的特异性取决于抗原决定簇的数量、性质及其立体构型，而抗体的特异性则取决于抗体 Fab 片段的高变区与相应抗原决定簇的结合能力。如果两种抗原分子具有相同的抗原决定簇，或抗原抗体间构型部分相同，则可发生交叉反应。

2. 比例性　抗原与抗体的结合反应要出现可见的产物应具有合适的比例，只有当两者比例合适时，才会发生最强的结合效果。如在沉淀反应中，向定量的抗体内加入递增量的抗原，根据形成的沉淀物和抗原抗体的比例关系，可绘制出反应曲线。

3. 可逆性 抗原与抗体的结合仅是分子表面的结合，而非共价键结合。这种结合具有相对的稳定性，且是可逆的。在一定的条件下，如低 pH、冻融、高浓度盐等，抗原抗体复合物将重新解离为游离状态，而且解离后抗原和抗体的化学结构、生物活性以及特异性均与未结合前保持一致，根据这一特性，常用亲和层析法纯化抗原或抗体。

4. 阶段性 可溶性的抗原与相应抗体在电解液或凝胶介质中的结合可分为两个阶段。第一阶段为抗原抗体的特异性结合反应，是抗原决定簇与相应抗体 Fab 的高度可变区相互吸引而特异性结合，反应进行得十分迅速，在几秒钟至数分钟内即可完成，形成肉眼不可见的可溶性小复合物。第二阶段小复合物在环境中的介质、电解质、温度、pH 等因素的参与和影响下进一步形成可见的免疫复合物，此阶段耗时长，需几十分钟、数小时乃至数天才能完成。

根据试验中使用的介质和检测方法可分为液相沉淀试验和固相沉淀试验，液相沉淀试验主要有环状沉淀试验、絮状沉淀试验和免疫浊度测定；固相沉淀试验有琼脂扩散试验和免疫电泳技术，其中，免疫电泳技术在本章第五节已详细介绍。

一、液相沉淀试验

1. 环状沉淀试验 环状沉淀试验（ring precipitation test，RPT）于 1902 年由 Ascoli 建立。该试验是先将已知抗血清加入小玻管中，然后沿管壁小心加入待检抗原于血清表面，使之成为分界清晰的两层，数分钟后两层液面交界处出现白色环状沉淀，即为阳性反应。环状沉淀试验主要用于抗原的定性试验，如诊断炭疽的 Ascoli 试验、链球菌血清型鉴定、血迹鉴定和沉淀素的效价滴定等。该方法操作简单，但灵敏度低、分辨力差，只能进行定性检测，目前已较少使用。

2. 絮状沉淀试验 絮状沉淀试验（flocculation）是将抗原与相应抗体混合，在电解质存在的条件下，抗原抗体结合形成肉眼可见的絮状沉淀物。此方法受抗原抗体比例的影响非常明显，因而用来测定抗原抗体反应的最适比例，常有抗原稀释法、抗体稀释法和方阵滴定法来确定其最适比例。

（1）抗原稀释法 该方法是将可溶性抗原做系列稀释，与恒定浓度的抗血清等量混合，置室温或 37℃反应后，可见沉淀物的量随抗原量的变化而不同，以出现沉淀物最多的管为抗原最适比例管。

（2）抗体稀释法 是将抗体做系列稀释与恒定浓度的抗原等量混合，置于室温或 37℃反应后，以出现沉淀物最多的管为抗体的最适比例管。

（3）方阵滴定法 又称棋盘滴定法，将上述两种方法结合，同时将抗原和抗体进行系列稀释，可一次找出抗原抗体反应的最适比例。

3. 免疫浊度测定 免疫浊度测定（immunoturbidimetry）是将现代光学测量仪器与自动分析检测系统相结合应用于沉淀反应，可对各种液体介质中的微量抗原、抗体和药物及其他小分子半抗原物质进行定量测定。可溶性抗原与相应抗体比例合适时，在特殊的缓冲液中它们快速形成一定大小的抗原抗体复合物，使反应液体出现浊度。优点是稳定性好、敏感度高、精确度高、简便快速、易于自动化。影响免疫浊度测定的因素：

(1) 抗原抗体的比例　这是形成浊度的关键因素，当抗原和抗体的比例适当时，两者全部结合，无抗原或抗体过剩，这时免疫复合物的形成和解离相等。抗原过量可引起高剂量钩状效应，且形成的免疫复合物分子小，复合物易发生再解离，浊度下降，光散射减少；当抗体过量时，免疫复合物的形成随着抗原递增至抗原抗体比例最适处时达最高峰，此时沉淀反应最明显，称等价带；高峰区域左侧，抗体浓度过高，沉淀反应不明显，称前带；高峰区域右侧，抗原浓度过高，沉淀反应也不明显，称后带。因此，为保证免疫比浊法的准确性，要求在反应体系中保持抗体过量。

(2) 抗体的质量　免疫比浊测定法要求抗体特异性强，只针对某一种抗原，与其他无关抗原不发生交叉反应；低效价（<1∶20）抗体易产生非特异性浊度（伪浊度）；亲和力强的抗体不仅可以加快抗原抗体反应的速度，而且形成的免疫复合物更牢固，不易发生解离，这在速率比浊法中尤为重要；根据抗血清来源的动物种类不同，分为R型抗体和H型抗体两种，R型抗体是指以家兔为代表的小型动物被注射抗原后制备的抗血清，这类抗血清的特点是亲和力较强，抗原抗体结合后不易发生解离，而H型抗体是指以马为代表的大型动物注射抗原后制备的抗血清，这类抗血清的亲和力弱，抗原抗体结合后易发生再解离；试验中应使用R型抗体。

(3) 抗原抗体反应的溶液　反应液的最适pH为6.5～8.5，超过此限度不易形成免疫复合物，甚至可引起免疫复合物解离；在一定范围内，离子强度大，免疫复合物形成快；离子的种类也可影响免疫复合物的形成，因此，一般常使用磷酸盐缓冲液作为免疫比浊法的反应液。

二、固相沉淀试验

可溶性抗原和抗体在半固体凝胶中进行反应，在二者浓度比例适当的位置就会互相结合、凝聚，出现肉眼可见的白色沉淀线，从而判定相应的抗体和抗原。常用的凝胶有琼脂和琼脂糖等。琼脂是一种含有硫酸基的多糖体，高温时能溶于水，冷却后凝固，形成凝胶。琼脂凝胶呈多孔结构，孔内充满水分，1%琼脂凝胶的孔径约为85nm，可允许各种抗原抗体在琼脂凝胶中自由扩散。因此，这种反应称为琼脂免疫扩散，又简称琼脂扩散和免疫扩散。琼脂免疫扩散试验可分为单向免疫扩散试验和双向免疫扩散试验。

1. 单向免疫扩散试验　先将一定量的抗体均匀混于琼脂凝胶中，当待测的抗原溶液在琼脂内由局部向周围自由扩散时，抗原抗体在一定区域内形成可见的沉淀环，常用于IgG、IgA、IgM、C3、C4等的测定。根据试验形式可分为试管法和平板法两种，试管法因沉淀环不易观察及定量，目前已较少应用。

(1) 试管法　该方法由Oudin于1946年报道。将混有抗体的琼脂凝胶注入小口径试管内，待其凝固后在上层加入抗原溶液，让抗原自由扩散入凝胶内，在抗原与抗体比例适当位置形成沉淀环。沉淀环的数目和形态受抗原和抗体性质的影响，如检测溶液内含有多种抗原，在凝胶中也含有各自相应的抗体，则在扩散后形成多种免疫复合物，出现多条环状区带；靠近试管上部的区带表示抗原量少或抗体量多，下面的沉淀带则表明抗原量多或抗体量少。本法多用于排泄物和组织匀浆中的细菌、寄生虫、螺旋体等抗原的检测。

(2) 平板法　又称单向辐射免疫扩散，该方法由Mancini于1965年提出。先将一定量的已知抗体混于琼脂凝胶中制成琼脂板。在适当位置打孔并加入抗原，琼脂板置于湿盒内，37℃孵育，孔内抗原向四周扩散形成浓度梯度环，在抗原抗体比例合适处形成沉淀环。24～48h后观察测量沉淀环的直径或计算环的面积，环的直径或面积的大小与抗原含量呈正相关。抗原量与环直径的关系有Mancini曲线和Fahey曲线两种计算方法。Mancini曲线适于大分子抗原和长时间扩散（>48h）的结果处理；Fahey曲线适于小分子抗原和较短时间（24h）扩散的结果处理。

在进行单向免疫扩散试验时，若操作规范，其重复性和线性均较好，但在试验时仍需注意：①应使用亲和力强、特异性高和效价高的抗血清；②每次测定必须同时制作标准曲线，并同步处理质控血清，以保证定量准确性；③结果与真实含量不符情况主要发生在抗体测定中，如用单克隆抗体测定正常人多态性抗原，则抗体相对过剩，使沉淀环直径变小，测量值降低，反之如用多克隆抗体测定单克罗恩病（M蛋白），则抗原相对过剩（单一抗原决定簇），沉淀环呈不相关扩大，从而造成某一成分的假性增加；④出现双重沉淀环现象多是由不同扩散率但抗原性相同的两个组分所致，如α重链病血清中出现α重链和正常IgA两种成分并存，它们都与抗IgA发生反应，形成内外双重环。

2. 双向免疫扩散试验 双向免疫扩散试验是将抗原和抗体加在同一琼脂板的对应孔中，各自向对方扩散，在浓度比例恰当处形成沉淀线，观察沉淀线的位置、形状及对比关系，可对抗原或抗体进行定性分析。双向扩散试验简单易行，用途广泛，但该技术灵敏度低、耗时、不能精确定量，故应用较少。根据试验形式可分为试管法和平板法。

（1）试管法　该方法由Oakley首先报道，是先在试管中加入含有抗体的琼脂，凝固后在中间加一层普通琼脂，冷却后再将抗原溶液叠加到上层。放置后，下层的抗体和上层的抗原向中间琼脂层中自由扩散，在抗原抗体浓度比例恰当处形成沉淀线。此方法操作烦琐，并且一次只能测定一个标本，临床检验中很少使用。

（2）平板法　平板法由Ouchterlony首先报道。基本原理：在含有电解质的同一个琼脂凝胶板的对应孔中，可溶性抗原和抗体各自向四周的凝胶中扩散，两者相遇即发生特异性结合，在浓度比例合适处形成白色的沉淀线。每一对应的抗原和抗体可出现一条沉淀线，沉淀线的特征与抗原抗体的成分、浓度、纯度和扩散速度等因素有关。

平板法的基本操作步骤是：先在平板玻璃上倾注均匀的琼脂薄层，凝固后在琼脂板上打孔，孔径一般为3mm，孔间距通常为3～5mm，孔的排列可呈梅花孔、双排孔或三角孔等（图3-5）。在相对的孔中加入抗原或抗体，将加样后的琼脂板于湿盒内37℃孵育24h后观察结果。一般沉淀线会在24h内出现，慢者不迟于72h，若延迟到96h仍未出现沉淀线，则可视为阴性结果。

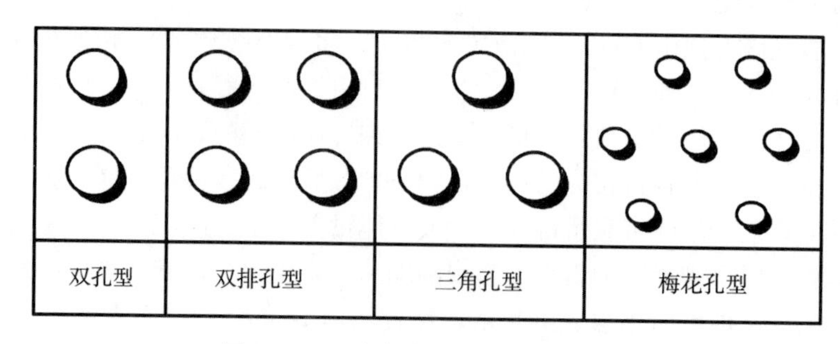

图3-5　双向免疫扩散试验打孔示意

平板法操作时应注意以下事项：玻片应干燥、清洁，边缘无破损；浇制琼脂板时动作要匀速，速度过快易使琼脂溢至玻片外，过慢则易导致琼脂凝固，制板不均匀，浇制过程要保持玻片的水平位置；打孔时避免水平移动，否则易使琼脂板脱离载玻片或琼脂裂开，如此可导致加入的样品沿裂缝或琼脂底部散失；加样时应避免气泡或溢至孔外，以保证结果的准确性。注意不要将琼脂划破，以免影响沉淀线的形成；加抗体或抗原的前后，要分别用生理盐水清洗加样器。孵育时间要合适，时间过短，沉淀线不能出现；时间过长，会使已形成的沉淀线变得模糊不清甚至解离或散开而出现假象；37℃扩散后置冰箱放置一段时间后再观察结果，此时的沉淀线会更加清晰；进行抗体效价的测定时，试验前应先做预试验，以确定抗体的稀释度。

》第七节　血凝与间接血凝试验《

颗粒性抗原（细菌、红细胞等）或吸附于与免疫无关载体的可溶性抗原与相应抗体结合，在适当电解质存在下，出现肉眼可见的凝集物，这类反应称为凝集反应（agglutination reaction）。凝集反应是定性检测的一种血清学方法，即根据是否出现凝集现象来判定结果；也可进行半定量检测，将标本做倍比稀释后进行反应，以出现阳性反应的最高稀释度作为滴度。

凝集反应可以分为两个阶段：第一阶段为抗原抗体特异性结合阶段，此阶段反应速度快，但不出现可见反应；第二阶段为出现可见凝集反应的阶段，该阶段反应速度慢，需要时间较长。实际操作中这两个阶段难以严格区分，反应时间亦受多种因素的影响。凝集反应因其灵敏度高、便于操作等特点，在基层生产中被广泛应用。在免疫学技术中，凝集反应可分为直接凝集反应和间接凝集反应两大类。

一、血凝试验

1. 直接凝集反应　直接凝集反应（direct agglutination reaction，DAR）是指在适当电解质参与下，细菌、螺旋体和红细胞等颗粒抗原直接与相应抗体结合出现肉眼可见的凝集现象，称为直接凝集反应。常用的直接凝集试验有试管凝集试验、玻片凝集试验和生长凝集试验。

（1）试管凝集试验　试管凝集试验为半定量试验方法，将待检血清在试管中进行一系列稀释，加入已知颗粒抗原，保温后观察每管内抗原凝集程度，视不同凝集程度记录为“＋＋＋＋”（100％凝集）、“＋＋＋”（75％凝集）、“＋＋”（50％凝集）、“＋”（25％凝集）和“－”（不凝集），以出现50％凝集（＋＋）以上的血清最大稀释度为该血清的凝集效价。

根据参与反应的细菌结构不同，细菌凝集可分为菌体（O）凝集、鞭毛（H）凝集和Vi凝集，O凝集时菌体彼此吸引，形成致密的颗粒状凝集；H凝集通常用活菌或经福尔马林处理后的菌体进行，呈疏松的絮状凝集；Vi凝集需在冰箱放置20h才能进行完全，凝集亦较致密。

某些细菌（如R型细菌）制成细菌悬液时很不稳定，在没有特异性抗体存在的条件下，也可发生凝集，被称为自家凝集。此外，某些理化因素也可引起非特异性凝集，当

pH降至3.0以下时，即可引起抗原悬液的自凝，称为酸凝集。因此，试验时必须设置阳性血清、阴性血清和生理盐水等作为对照。

含有共同抗原的细菌，相互之间可以发生交叉凝集，又称类属凝集。但交叉凝集的凝集价一般比特异性凝集低，易于区分。抗血清中的类属凝集素可用凝集素吸收的方法将其除去。此方法不仅可用以鉴别特异性凝集和类属凝集，也可用以提取含单一凝集素的因子血清。

（2）玻片凝集试验　玻片凝集试验为定性试验方法，用已知抗体作为诊断血清，与菌液或红细胞悬液等受检颗粒抗原在玻片上进行反应。可用于鉴定标本中的菌种和血清学分型。

（3）生长凝集试验　抗体与活的细菌结合，如果没有补体存在就不能杀死或抑制细菌生长，但能使细菌呈凝集状生长，可借助显微镜观察培养物是否凝集成团，以检测加入培养基中的血清是否含有相应抗体。

2. 间接凝集反应　间接凝集反应（indirect agglutination reaction，IAR）将可溶性抗原（或抗体）吸附于与免疫不相关的微球载体上，形成致敏载体，与相应抗体（或抗原）在电解质存在的条件下进行反应，出现凝集现象。根据致敏载体使用抗原或抗体以及凝集反应的方式，间接凝集反应分为正（反）向间接凝集试验、间接凝集抑制试验和协同凝集试验等。

（1）正（反）向间接凝集试验　正（反）向间接凝集试验分别用可溶性抗原（或抗体）致敏载体以检测标本中对应的抗体（或抗原），以反应数分钟内出现凝集为阳性结果。

（2）间接凝集抑制试验　间接凝集抑制试验是用抗原致敏的颗粒载体及相应的抗体作为诊断试剂，检测标本中是否存在与致敏抗原相同的抗原。先将待测标本与相应抗体作用，然后再加入抗原致敏的载体，若出现凝集现象，提示抗体未被结合仍可与载体上的抗原结合，说明标本中不存在相同抗原。若存在相同抗原，抗体会与之结合，凝集反应被抑制。同理用抗体致敏的载体及相应的抗原可检测标本中的抗体，则称反向间接凝集抑制试验。

（3）协同凝集试验　协同凝集试验属于间接凝集反应，但所用载体既非天然的红细胞，也非人工合成的聚合物颗粒，而是金黄色葡萄球菌。金黄色葡萄球菌细胞壁中的A蛋白（SPA）能与人及多种哺乳动物（猪、兔、羊、鼠等）血清中IgG抗体中的Fc片段结合。IgG抗体中的Fc片段能与SPA结合使抗体的Fab片段暴露在菌体表面，葡萄球菌就成为抗体致敏的颗粒载体，当其与相应抗原接触时，会出现特异凝集现象。本试验特异性及敏感性均较高，可用于细菌、病毒、毒素及可溶性抗原的检测。

二、间接血凝试验

间接血凝试验（indirect hemagglutination assay，IHA）又称为被动血凝试验（passive hemagglutination assay，PHA），是将可溶性抗原致敏于红细胞表面，用于检测抗红细胞不完全抗体，不完全抗体多数为7S的IgG类抗体，虽能与相应抗原结合，但因其分子质量小、体积小、不能发挥桥联作用等特点，一般条件下不能形成肉眼可见的反应。该试验是以红细胞作为载体的间接凝集试验，即用已知的抗原（或抗体）致敏红细胞，与标本中相应的抗体（或抗原）特异结合，出现红细胞凝集现象。

1. 血凝试验的载体颗粒 血凝试验中使用红细胞作为载体颗粒，最常用的是绵羊、家兔、鸡的红细胞以及人O型血的红细胞，新鲜红细胞能吸附多糖类抗原，但吸附蛋白质抗原或抗体的能力较差。致敏的新鲜红细胞保存时间短、会变脆、易溶血和被污染，只能使用2～3d。一般在致敏前先将红细胞醛化，红细胞经醛化后体积略有增大，两面突起呈圆盘状；醛化后的红细胞具有较强的吸附抗原或抗体的能力，且血凝反应的效果基本上与新鲜红细胞相似；醛化的红细胞能耐较高温（60℃左右），并可反复冻融不易破碎，在4℃可保存3～6个月，－20℃可保存1年以上。用于醛化红细胞的常用醛类主要有戊二醛、甲醛和丙酮醛等。

2. 红细胞致敏 致敏用的抗原或抗体要求纯度高并保持良好的免疫活性。用蛋白质致敏红细胞的方法有鞣酸法、醛化红细胞法、双偶氮联苯胺法、戊二醛法和金属离子法等。

（1）鞣酸法 高浓度鞣酸使红细胞自凝，低浓度鞣酸处理红细胞后，红细胞易于吸附蛋白质抗原。鞣酸可降低红细胞对阴离子的通透性，使细胞耐受氯化铵的溶解作用，红细胞由圆盘状变为球形，因此认为鞣酸主要作用于红细胞表面。

（2）醛化红细胞法 可用丙酮醛和甲醛双醛化固定红细胞，醛化后的红细胞可直接吸附抗原或抗体。其原理可能是丙酮醛的醛基先与红细胞膜蛋白的氨基或胍基结合，剩下的酮基与甲醛发生醇醛缩合反应而形成早羟基酮，后者易失水生成α，β-不饱和酮，其碳碳双键可与蛋白质、抗原或抗体中的亲核基团（氨基、胍基）发生加成反应，从而使红细胞与抗原或抗体共价偶联。

（3）双偶氮联苯胺法 双偶氮联苯胺（BDB）以其两端的两个偶氮基分别连接蛋白质抗原（或抗体）和红细胞，这是一种化学结合，较鞣酸处理红细胞对蛋白的吸附要牢固和稳定得多。

（4）戊二醛法 戊二醛（GA）是一种双功能试剂，其两个醛基可与蛋白质抗原（或抗体）和红细胞表面的自由氨基或胍基结合，从而使抗原或抗体与红细胞联结。

（5）金属离子法 铬、铝、铁、铍等多价金属阳离子，在一定pH条件下既可与红细胞表面的羧基结合，又能与蛋白质（抗原或抗体）的羧基结合，从而将抗原或抗体连接到红细胞。金属离子中以铬离子最常用。

三、血凝和间接血凝试验操作步骤

1. 血凝试验（HA，以新城疫病毒为例）

（1）所需试剂及材料 96孔V形微量反应板、移液器、滴头、微型振荡器、生理盐水、0.5%～1%鸡红细胞悬液和新城疫病毒液（尿囊液或冻干疫苗液）。

（2）步骤

①在96孔微量反应板上从左至右每孔各加50μL生理盐水（表3-4）。

②在左侧第1孔中加50μL病毒液（尿囊液或冻干疫苗液），混合均匀后，吸50μL至第2孔，依次倍比稀释至第11孔，吸弃50μL，第12孔为红细胞对照。

③自右至左依次向每孔中加入50μL 0.5%鸡红细胞悬液，在振荡器上振荡，室温下静置20～30min后观察结果。

④结果判定 自静置后第10min开始观察，将反应板倾斜45°，沉于V形反应板底的

红细胞沿着倾斜面向下呈线状流动者为沉淀，表明红细胞未被或不完全被病毒凝集；如果孔底的红细胞铺平孔底，凝成均匀碎片，倾斜后红细胞不流动，说明红细胞被病毒所凝集；红细胞全部凝集，沉于孔底，平铺呈膜状，即为100%凝集（++++），不凝集者（一）红细胞沉于孔底，呈点状。以100%凝集的病毒最大稀释度为该病毒血凝价，即为一个凝集单位。

表3-4　病毒HA试验操作方法

名称	1	2	3	4	5	6	7	8	9	10	11	12
病毒稀释度	1∶2	1∶4	1∶8	1∶16	1∶32	1∶64	1∶128	1∶256	1∶512	1∶1 024	1∶2 048	对照
生理盐水	50	50	50	50	50	50	50	50	50	50	50	50
病毒液	50	50	50	50	50	50	50	50	50	50	50	
0.5%红细胞	50	50	50	50	50	50	50	50	50	50	50	50

（3）血凝试验过程中注意事项

①红细胞悬液的配制　先用灭菌注射器吸取3.8%枸橼酸钠溶液（其量为所需血量的1/5）从鸡翅静脉或心脏采血至需要血量，置灭菌离心管内，加灭菌生理盐水为抗凝血的2倍，以2 000r/min离心10min，弃上清液，再加生理盐水悬浮红细胞，同上法离心沉淀，如此将红细胞洗涤3次，最后根据所需用量，用灭菌生理盐水配成1%鸡红细胞悬液。

注意事项：由于鸡的个体差异，红细胞对病毒的敏感性也不同。一般配制红细胞悬液最好采集成年SPF公鸡的血液。检测鹅样品时最好选用鹅红细胞，采集禽血时，必须注意消毒；采集1份血液后，必须将禽血和抗凝剂充分混匀后，再进行下一份血液的采集。洗涤时要去除表面的白细胞膜，洗好的红细胞浓度应在0.5%～1%最为合适，红细胞离心洗涤结束后，要将滴头放入离心管的最底部，准确吸取红细胞配制悬液。配制好的红细胞悬液，一定要先观察血沉质量，不合格的不能使用。如果红细胞悬液配制浓度偏高，血凝效价可能偏低；如果红细胞悬液配制浓度偏低，血凝效价可能偏高。

②稀释液的配制　稀释液的pH为7.0～7.2时红细胞沉淀最充分，稀释液pH<5.8时红细胞易自凝；pH>7.8时凝集的红细胞易洗脱加快；配制好的稀释液不宜长期保存，应当现配现用。

③作用时间与温度　作用时间与温度会直接影响血凝的结果，应在室内20℃左右条件下进行试验，温度过低时反应速度会减慢，且红细胞有时会发生自凝现象；温度过高时凝集的红细胞易洗脱，红细胞沉降速度加快。抗原抗体作用时间应在规定的时间内进行，时间过短会出现凝集不完全，过长会造成红细胞裂解，造成试验结果无效。

④血清稀释　稀释血清时，应使用移液器来回吹打，保证血清与稀释液充分混匀，吹打过程中应放置在V形孔内以防液体溅出，避免产生气泡，防止移液器倒吸。

2. 间接血凝试验（HI）

（1）所需试剂及材料　冻干抗原、标准阳性血清、标准阴性血清、血清稀释液、诊断液（致敏红细胞）、96孔V形聚苯乙烯微量血凝板和移液器等。

(2) 试验步骤

①加稀释液 96孔V形聚苯乙烯微量血凝板中每孔加入75μL稀释液，加到第8孔，每块血凝板必须做阴、阳性血清对照。

②加待检血清 待检血清和阴、阳性对照血清，第1孔滴加25μL待检血清。对照组的第1孔也相应滴加25μL对照血清，血清与稀释液充分混匀。

③稀释血清 第1孔吸取25μL稀释的血清加入第2孔，充分混匀后再吸取第2孔中25μL血清加入至第3孔，依次稀释至第7孔，第7孔弃去25μL，第8孔均为稀释液对照。

④加诊断液 每孔加入25μL诊断液，混匀，置于恒温培养箱中静置2～3h后观察结果。

⑤结果判定 “++++”表示100%的红细胞凝集，红细胞呈膜状均匀沉于孔底；“+++”表示75%的红细胞在孔底呈膜状凝集，不凝集的红细胞沉在孔底为圆点状；“++”表示50%的红细胞在孔底呈较为稀疏的凝集，不凝集的红细胞沉在孔底集中为较大的圆点；“+”表示25%的红细胞凝集；“—”表示所有的红细胞都不凝集，沉于孔底。以出现“++”孔的血清最高稀释倍数为本次试验的抗体效价，待检血清抗体效价小于或等于1∶16为阴性，1∶32为可疑，等于或大于1∶64为阳性。

第八节 免疫荧光技术

最初的免疫荧光技术（immune fluorescence assay，IFA）主要用于对组织细胞中功能蛋白的定位分析，现在的免疫荧光技术已成为医学诊断、兽医学研究和临床快速诊断中不可或缺的研究手段。

一、原理

免疫荧光技术是在组织化学及蛋白质技术基础上发展起来的一项新技术，是将抗原抗体反应的特异性、荧光检测的敏感性和显微镜技术的精确性相结合的一种免疫学检测手段。该技术是根据抗原抗体反应的原理，对已知的抗原或抗体进行荧光素标记，制成荧光标记抗原或荧光标记抗体，再用这种荧光标记抗原（或抗体）作为探针检测组织或细胞内相应的抗体（或抗原）。当该荧光抗体（或抗原）与特异性抗原（或抗体）发生反应后，用荧光显微镜观察标本，可以看到荧光所在的组织细胞，从而确定抗原或抗体的性质和位置。用荧光素标记抗原的方法称为荧光抗原技术，但由于抗原结构和理化性质复杂，荧光素标记的条件不易控制，因此在实际操作中很少用荧光素标记抗原；用荧光素标记抗体定位检测抗原的方法称为荧光抗体技术，该技术亦称荧光显微技术或荧光免疫组织化学技术。通常情况下荧光标记抗体应用最多，荧光标记抗体的质量是影响试验结果灵敏度和特异性的重要因素。

二、荧光色素

多数荧光物质都可产生荧光现象，但并非都可用作荧光色素，只有具有单键、双键交替的分子才可以激发出稳定的发射荧光。荧光物质与荧光色素是不同的概念。只有那些能产生明显荧光的有机化合物（主要是一些以苯环为基础的杂环和芳香族化合物），且具备与抗原（或抗体）结合既不影响其本身的荧光特性，也不影响被标记抗原（或抗体）的免疫活性，才可被称为免疫荧光色素。常用的荧光色素有以下几种。

（1）异硫氰酸荧光素　异硫氰酸荧光素（fluorescein isothiocyanate，FITC）是目前应用最广泛的一种荧光素，在碱性条件下通过异硫氰基与氨基酸的氨基（主要是赖氨酸的ε氨基）结合而发出黄绿色荧光。异硫氰酸荧光素是一种易溶于水或酒精等溶剂的橙黄色结晶形粉末，分子质量为389.4ku，最大吸收光波长为490～495nm，最大发射光波长为520～530nm，可激发出明亮的黄绿色荧光。FITC主要的优点是人眼对黄绿色较为敏感，且标本中的绿色荧光较少，荧光染色时背景干扰较小。

（2）藻红蛋白　藻红蛋白（phycoerythrin，PE）是从红藻中分离纯化出来的一种藻蛋白，分子质量为240ku，最大吸收光谱为565nm，最大发射光谱为578nm，可激发出橙红色荧光。由于它在488nm处的光吸收率为565nm处的75%，因此PE常作为FITC的配合染料，用于双标记免疫荧光染色，适用于荧光显微镜下的双抗原标记。

（3）四甲基异硫氰酸罗丹明　四甲基异硫氰酸罗丹明（tetramethyl rhodamine isothiocyanate，TRITC）是一种紫红色粉末，分子质量为443ku，性质较稳定。TRITC最大吸收光波长为550nm，最大发射光波长为620nm，可激发出橙红色荧光。与FITC的黄绿色荧光对比鲜明，TRITC可用于双重标记或对比染色。

（4）四乙基罗丹明　四乙基罗丹明（rhodamine B，RB200）是一种易溶于酒精和丙酮，性质稳定的橘红色粉末，可长期保存。RB200最大吸收光波长为570nm，最大发射光波长为595～600nm，呈橘红色荧光。

（5）半导体量子点　半导体量子点是一种用于生物标记的新型荧光素，在半导体材料上包覆一层稳定性更高的物质，如氧化硅、硒化镉、磷化铟等。半导体量子点的荧光寿命比有机染料分子高100倍以上，且具有其独特的光学特性，可通过调整粒子大小而获得不同荧光发射光谱，实现不同颜色的荧光素标记，从而产生不同颜色的荧光，故使多个参数的共同评价成为可能，这类荧光材料的荧光性质稳定可长期保存，能经受反复多次激发，具有广阔的应用前景，吸引了很多研究者的关注。

（6）镧系螯合物　镧系元素如铕（Eu^{3+}）、铽（Tb^{3+}）、铈（Ce^{3+}）等螯合物经激发后可发射特征性荧光，在紫外线等高能射线的激发下，镧系螯合物的电子可以从基态跃迁到激发态，当电子返回到能级低的能态时，就会发射出荧光。镧系螯合物自身的荧光很弱，但当它们与二酮类、芳香羧酸等有机配体形成配合物时，激发的荧光强度就会得到极大地增强。Eu^{3+}螯合物的激发光波长范围宽，发射光谱范围窄，荧光衰变周期为714μs，是普通荧光的几百倍，适用于分辨荧光免疫测定。但是，这类荧光标记对周围环境较敏感、荧光易淬灭、种类稀少且自然界中的资源有限、价格昂贵，因此不利于推广使用。

三、影响荧光强度的外部因素

荧光物质是否可发射荧光及发射荧光的强度，很大程度上取决于该染料的分子结构。同时，分子所处的外界环境（如温度、pH、荧光淬灭剂、溶液浓度、散射光等）都会对荧光强度产生较大影响。

1. 温度　温度可显著影响溶液的荧光强度，一般情况下随着温度的升高，溶液中荧光物质的荧光效率和荧光强度都会降低，因此只有在适当的温度下进行荧光染色才能获得较好的效果，但也存在特殊现象。

2. pH 在溶液中，荧光染料一般呈离子状态，溶液的pH决定阳离子浓度，因此，溶液的氢离子浓度对荧光的影响极大。每种荧光色素都有其最适pH，pH的改变可引起荧光色素光谱的变化，同时影响荧光色素吸收光能的能力和荧光效率，主要因为溶液的pH变化影响了荧光基团的电荷状态。因此，在进行荧光染色时，需选择荧光染料的最适pH。

3. 荧光淬灭剂 荧光淬灭是指荧光物质分子与溶剂分子或其他溶质分子相互作用引起荧光强度降低的现象，这种引起荧光强度降低的物质称为荧光淬灭剂。

4. 溶液浓度 溶液浓度可对荧光染色产生很大影响，大多数的荧光色素在固体状态下不能激发荧光或发出微弱的荧光，需在一定浓度溶液中才能显示出其荧光。溶液中的荧光强度与荧光色素的浓度关系密切。当荧光色素的溶液浓度极低时，增加浓度后荧光亮度也随之增加；当溶液浓度增加到一定程度时，荧光亮度达到最大；一定范围内如再增加浓度，其亮度保持不变；如果继续增加溶液浓度，荧光亮度反而会逐渐下降。因此进行荧光染色时，必须选择最适的溶液浓度。

5. 散射光 散射光对荧光测定有一定的干扰，主要是瑞利散射光和拉曼散射光，尤其是波长比入射光波长更长的拉曼散射光，因其波长与荧光波长接近，对荧光测定的干扰更大，必须采取措施消除。

四、荧光抗体的制备及鉴定

免疫荧光技术的关键是抗原（或抗体）与荧光物质的结合，应用中一般以荧光物质标记抗体，这一结合的好坏直接影响着整个试验的成功与否。荧光抗体是将荧光素与特异性抗体通过共价化学键的方式结合，其制备过程包括荧光素选择、荧光抗体及其标记、抗体纯化及鉴定等。

1. 荧光素选择 用于标记的荧光素应具备以下条件：具有能与蛋白质分子形成共价键的化学基团，且与蛋白质结合后不易解离，而未结合的色素及其降解产物易于被清除；与蛋白质结合后，不影响蛋白质原有的生物学特性和免疫性质；荧光效率高，与蛋白质结合后仍能保持较高的荧光效率；荧光色泽与背景组织的色泽对比鲜明；标记方法简单且安全无毒；与蛋白质的结合物稳定，易于保存。

2. 荧光抗体及其标记 荧光抗体是免疫荧光技术的关键试剂，其中抗体决定免疫反应的特异性，因此，对于标记的抗体应具备高特异性和亲和力，而且不含针对标本中正常组织的抗体，否则干扰检测结果。抗体需提取纯化后再用作荧光标记。

荧光标记抗体技术是将荧光素用化学方法与特异性抗体共价结合，形成荧光素-蛋白质结合物（即荧光标记抗体），此结合物不但要保留抗体的活性，同时还要具备荧光的示踪作用。荧光抗体的标记过程复杂，常用的有搅拌法和透析法。搅拌法具有标记均匀、重复性好、蛋白质很少发生变性、特异性强、荧光亮等特点；透析法适用于蛋白含量低，用量少的抗体标记。

3. 荧光抗体的纯化 荧光抗体标记完成后，应对标记抗体进一步纯化，以去除未结合的游离荧光素和过多结合荧光素的抗体。纯化通常采用透析法或层析分离法。

（1）透析法　利用荧光色素分子小可以透过透析袋而蛋白质分子大不能透过的原理除去游离荧光素。将标记好的荧光抗体放入透析袋中，间隔数小时更换一次透析液，直至透析液在紫外灯下照射不发出荧光为止，一般需要一周左右。

（2）层析分离法　层析分离法是利用结合物分子与荧光素分子大小差异较大，通过分子筛分离二者。一般选用 Sephadex G25 或 Sephadex G50 凝胶将游离的荧光色素与标记蛋白分开；用阴离子交换剂 DEAE 纤维素柱梯度层析去除过度标记及未标记的抗体分子，从而收集到抗体与荧光素结合比最适部分。

4. 荧光抗体的鉴定

（1）F 与 P 的比值　可通过荧光素（F）与蛋白质（P）的结合比率来验证荧光素结合到抗体蛋白上的量。F/P 有重量比及克分子比这两种表示方法，平常所指的 F/P 多为克分子比，一般认为 F/P 在 2～3 为适宜。F/P 的计算公式如下。

$$F/P=\frac{2.87\times A_{495\text{nm}}}{A_{280\text{nm}}-0.35\times A_{495\text{nm}}}$$

F/P 越大，表明抗体分子结合的荧光素越多，反之则结合得越少。一般用于固定标本的荧光抗体以 $F/P=1.5$ 为宜，用于活细胞染色以 $F/P=2.4$ 为宜。

（2）纯度测定　用免疫电泳的方法以免疫原作抗原检测荧光抗体的纯度，免疫电泳结果要求只有一条特异性沉淀线。

（3）检测抗体效价　对制备的荧光抗体采用琼脂双扩散法测定抗体效价，当抗原含量为 1g/L 时，抗体效价＞1∶16 则较为理想。

（4）抗体特异性检测　抗体特异性检测常用的方法有抑制试验和吸收试验两种。抑制试验：阳性标本应先与相应未标记抗体反应，洗涤后加入荧光抗体染色，应受到明显抑制。吸收试验：向荧光抗体中加入过量相应的抗原反应后，再将其用于阳性标本染色，当不出现明显荧光时，表明标记的荧光抗体效果较好。

（5）荧光抗体的保存　荧光抗体的保存既要防止荧光淬灭又要防止抗体失活，最好小量分装后避光保存，4℃可保存半年以上，－20℃可保存 2～3 年，真空干燥后可长期保存。

五、染色方法

根据不同染色方法的反应机理，免疫荧光技术大体上分为直接染色法、间接染色法、双荧光素标记染色法和补体结合染色法。

1. 直接染色法　利用荧光标记的特异性抗体与待检抗原反应并结合，洗涤后在荧光显微镜下观察特异性荧光，以检测未知抗原。该方法是免疫荧光技术中最简单最基本的染色方法，具有操作简单、快速、特异性强、敏感性高的特点，但一种荧光抗体只能检测一种抗原。

2. 间接染色法　间接染色法又称双抗体法，既能检测未知抗原也能检测未知抗体。首先采用针对细胞或组织内抗原特异性抗体（或称一抗）与细胞标本结合，随后用缓冲液洗去未与抗原结合的抗体，再用荧光色素标记的抗体（也称抗抗体或二抗）与结合在抗原上的抗体结合，形成抗原-抗体-荧光抗体的复合物。由于结合在抗原抗体复合物上的荧光抗体明显多于直接法，因此，敏感性显著提高；但因参与反应的组分较多，影响因素也增多，操作相对复杂，且非特异性荧光本底较高。

3. 双荧光素标记染色法 双荧光素标记染色法是将两种荧光抗体（如发出黄绿色荧光的 FITC 和发出橘红色荧光的 RB-200）以适当比例混合，加在标本上孵育后，洗去未结合的荧光抗体，荧光显微镜下观察即可明确显示两种荧光抗原的位置。该法用于检测同一标本内的两种抗原，有利于提高检测效率。

4. 补体结合染色法 大多数抗原抗体复合物都能与补体结合，即在染色时先将新鲜补体与一抗混合，同时加在抗原标本上，经孵育后，如发生特异抗原抗体反应，补体就结合在抗原抗体复合物上，再用抗补体荧光抗体与结合的补体反应，形成抗原-抗体-补体荧光抗体的复合物。该方法只需要一种荧光抗体，就能检测各种抗原抗体系统，不受已知抗体或待检血清动物种属的限制，适用于各种不同种属来源的一抗的检测。该方法虽敏感性较高，但因参与反应的因素较多，故特异性较差。

六、试验步骤

1. 石蜡切片免疫荧光试验

（1）脱蜡和水化 将石蜡切片于 65℃烤至蜡融化，取出切片冷却至室温，依次将石蜡切片放入二甲苯Ⅰ 5min→二甲苯Ⅱ 5min→二甲苯Ⅲ 5min→无水酒精Ⅰ 3min→无水酒精Ⅱ 3min→90%酒精 5min→80%酒精 5min→70%酒精 3min→蒸馏水中浸泡 15min（每隔 5min 换水 1 次），取出切片，用吸水纸擦去多余的水。

（2）抗原修复 切片放入枸橼酸缓冲液中煮沸 20～30min，自然冷却后将切片置于 PBS 中洗涤 3 次，每次 5min（具体修复液和修复条件根据组织来确定）。

（3）划阻水圈 切片用吸水纸吸干后在组织周围用组化笔划圈，防止液体流失。若为胞内抗原，则需用 0.5% Triton X-100（PBS 配制）室温通透 30min。

（4）封闭 滴加封闭液孵育 30min，可用免疫组化封闭液或与二抗同源血清（或 5%脱脂奶粉）封闭。

（5）洗涤 切片放入 PBS 缓冲液中洗涤 3 次，每次 5min，擦去切片上多余的液体。

（6）一抗孵育 在切片上滴加按一定比例配好的一抗，将切片平放于湿盒内 4℃过夜孵育。

（7）洗涤 取出切片，室温放置 20min，参照第 5 步洗涤切片。

（8）二抗孵育 滴加相应的荧光标记的抗体覆盖组织，室温避光孵育 60min。

（9）DAPI 染细胞核 切片置于 PBS 中洗涤 3 次，每次 5min。吸干切片多余液体后滴加 DAPI 染液，室温避光染色 3～5min。

（10）封片 切片于 PBS 中洗涤 3 次，每次 5min，擦去切片上多余的液体，用封片剂封片。

（11）镜检 切片于荧光显微镜下观察结果并采集图像。

2. 细胞免疫荧光试验

（1）细胞准备 在培养板中将已铺好细胞的切片用 PBS 浸洗 3 次，每次 3min。

（2）固定 将切片用 4%多聚甲醛室温固定 15min，PBS 浸洗切片 3 次，每次 3min。

（3）通透 用 0.5% Triton X-100（PBS 配制）室温通透 20min。

（4）封闭 PBS 浸洗切片 3 次，每次 3min，吸水纸吸干多余 PBS，在切片上滴加封闭液，室温封闭 30min。

(5) 一抗孵育　室温 1h 或者 4℃过夜孵育，PBS 洗涤 3 次，每次洗涤 5min。

(6) 二抗孵育　切片中滴加稀释好的荧光二抗，湿盒中避光孵育 1h，PBS 洗涤 3 次，每次 5min。

(7) DAPI 细胞核染色　滴加 DAPI 避光孵育 3～5min，对标本进行细胞核染色，PBS 洗涤 3 次，每次 5min。

(8) 镜检　用吸水纸吸干切片上的液体，用含抗荧光淬灭剂的淬灭液封片，然后在荧光显微镜下观察结果并采集图像。

》第九节　放射免疫检测技术《

1959 年，美国科学家 Berson 和 Yalow 将放射性同位素测量的高敏感性与抗原抗体的高特异性巧妙地结合起来，创立了放射免疫检测（radioimmuoassay，RIA）技术，于 1977 年获得诺贝尔医学奖。该技术以放射性同位素为基本特征，用放射性同位素标记抗原或抗体分子，通过测定放射性强度评估抗原抗体反应的强度，从而实现对待测样品的定量（或定性）分析，具有特异性强、敏感性和准确性高、精密度好，操作简便的优点。

一、放射性核素

放射性核素是指原子系数相同而质量数不同的核素，它们在元素周期表中占同一位置，并在自然条件下可产生自发性的转化，由一种核素转变为另一种核素，同时释放出射线，此种转变过程称为放射性衰变，常见的衰变主要有 α 衰变、β 衰变和 γ 衰变。放射性衰变是不稳定性原子核在趋向稳定过程中发生的自发性核变化，结果会释放一定能量的粒子或某种射线。

目前已发现的放射性核素有 2 000 多种，但生物学、医学研究和应用中，对放射性核素的半衰期、射线类型、射线能量、生物毒性以及来源等因素进行综合考虑，获得研究应用的放射性核素有 40 余种，常用的放射性核素有 ^{14}C、^{3}H、^{125}I、^{32}P、^{35}S 等。每种核素测量仪器设备各不相同，^{14}C、^{3}H 和 ^{32}P 可用液体闪烁计数仪，^{35}S 用气体正比计数仪，^{125}I 用低能光子光谱。目前应用最多的碘的同位素有 29 种，其中有 23 种是放射性同位素，它们具有不同的核性质，其中 ^{123}I、^{125}I 和 ^{131}I 已在生物学及医学领域得到广泛应用；且极短半衰期的发射正电子核素 ^{122}I 和具有长衰期的 ^{129}I 的应用也在研究中。

^{14}C 和 ^{3}H 是药学研究中最常用的放射性核素，可激发出低能高安全性的 β 射线，易于防护且可用液体闪烁技术测得，操作及结果检测十分方便，特别是 ^{14}C，但由于其半衰期特别长（^{3}H 和 ^{14}C 的半衰期分别为 12.35 年和 5 730 年），因此在实验中测得的数据结果计算时不需要做物理半衰期的矫正。^{14}C 主要应用于小分子药物的示踪研究，而 ^{3}H 不仅用于小分子药物研究，还可以用于某些大分子药物（如多糖）的示踪研究。

放射免疫技术中常采用 ^{125}I 和 ^{131}I 作为示踪物质，最常用的是 ^{125}I，主要原因：① ^{125}I 标记方法简单，容易获得高放射性比活度的标记结合物。②衰变过程中发射 γ 射线，可以用 γ 计数仪检测，由于 γ 射线穿透性较强，样品检测几乎不受基质效应影响，容易测量且测量效率高。③半衰期（59.6d）适中，使标记结合物有一定使用期，且放射性废物存放一定时间后，待放射活度降低到环境本底水平，即可按普通废物进行处理，相较于其他核素对环境的影响较小。

^{125}I也有缺点，首先在标记过程中“I”会取代“H”而改变原物质的化学结构，可能会对抗原的免疫活性产生影响；其次^{125}I容易发生辐射损伤而使标记抗原变性，标记结合物只能使用6～8周。

二、放射性标记

放射性标记是将放射性核素标记在抗原或者抗体分子上，成为放射性标记结合物，简称放射性标记物。

1. 待标记抗原或抗体 用于放射性碘标记的抗原应该是高纯度的蛋白质或多肽，蛋白质抗原可直接进行标记，小分子半抗原（如甾体激素和药物分子）需要进行修饰后才能用于放射性碘标记。蛋白质或多肽类抗原，可以是来自天然的提取物，也可采用重组蛋白或多肽，有时也可采用人工合成肽段。无论采用何种来源的抗原分子，需保证与待测标本中的抗原分子在结合已知抗体能力方面具有相同亲和性。

用于放射性碘标记的抗体应选用高亲和力和高效价的抗体。人工制备的抗体包括多克隆抗体、单克隆抗体和基因工程抗体。多克隆抗体具有高亲和性的特点。单克隆抗体特异性和均一性高，但其亲和力相对较弱，必要时需要考虑是否同时使用两种以上单克隆抗体来保证其亲和力。总之，要获得高质量放射性标记抗体，抗体质量至关重要。

2. ^{125}I标记方法 放射性标记化合物的制备方法主要有非合成方法和化学合成方法2种。非合成方法主要有同位素交换法和生物合成法，还有热原子反冲标记法、加速离子标记法、辐射合成法等。非合成法具有便于操作的优点，适用于制备有些氚标记化合物。化学合成法的优点是放射性标记化合物的比活度和纯度高，标记位置易确定，因而是目前制备放射性核素标记化合物最主要的方法；缺点是制备过程复杂，成本高。

不同抗原分子差别较大，需选择不同标记方法。抗体分子性质为丙种球蛋白，标记方法相同。放射性碘标记蛋白质（丙种球蛋白）或多肽的基本原理是将离子碘氧化成单质碘，单质碘与蛋白质或多肽分子中的酪氨酸、组氨酸或色氨酸残基上的苯环或咪唑环反应，取代上面的氢而形成放射性碘标记化合物。对于放射性核素^{125}I常采用氯胺-T法、Iodogen碘化法和酰化试剂法制备放射性标记物。

（1）氯胺-T法 氯胺-T（chloramine-T，Ch-T）是一种较温和的氧化剂，在水中易分解成具氧化性的次氯酸，次氯酸可将放射性$^{125}I^-$离子氧化成带正电荷的$^{125}I^+$，$^{125}I^+$具有很强的亲电子性，可取代被标记物分子中酪氨酸苯环羟基邻位的一个或两个氢原子，使之成为含有碘化酪氨酸的多肽链。$^{125}I^+$的亲电取代反应很迅速，并且在加入还原剂15s后就可被终止。碘标记率与被标记物分子中酪氨酸（或酪氨、组胺残基）的数量与暴露程度有关，当分子中上述基团多且暴露在外时，标记率高。通常认为单碘标记物比双碘标记物稳定性更好，免疫活性改变小，标记过程中为避免氧化作用对被标记物造成分子结构的破坏和产生副产物，应尽量将Ch-T用量降到最小。反应温度几乎不会影响碘利用率，通常在室温下就可进行标记操作，但对标记试剂敏感的蛋白质或多肽，则需在低温条件下进行碘化反应。

若想获得高质量的放射性标记物，需注意以下问题：氯胺-T遇水、空气或光均不稳定，需现配现用；终止溶液偏重亚硫酸钠用量须与氯胺-T摩尔数相等；对于蛋白质的标记反应，最适pH为7.0～8.0（具体通过预试验确定），常用0.2～0.5mol/L的磷酸盐缓冲溶液；选用新鲜、比活性高且不含还原剂的放射性碘；标记体积不宜过大，一般为100～300mL，室温条件下作用0.5～1min即可，时间延长会影响抗原或抗体活性。

（2）Iodogen碘化法　Iodogen也是一种碘化剂，氧化作用温和，在水中溶解度极小，可制成Iodogen涂管。Iodogen法具有操作简单、反应温度和反应时间范围较大易于控制、标记产物易于分离等优点。但在标记过程中仍须注意以下几点：

①Iodogen涂管直接影响标记效率，氧化剂应均匀分散在反应管底部且高度要适中，在干燥条件下，制备好的Iodogen涂管在室温或20℃可至少保存6个月。

②碘化反应时间以7～10min为宜，既可达到最佳标记效率，又可避免因反应时间过长造成标记物活性受损。

③应注意标记时的pH，一般在6.0～8.5时，标记效率最高。

（3）酰化试剂法　当某些待标记物缺乏酪氨酸、酪氨酸残基、组胺残基或者碘化反应损害免疫活性时可采用间接碘化方法。酰化试剂（Bolton和Hunter试剂）法是常用的一种间接碘化方法。该方法的原理是用酰化剂3-（4-羟苯基）丙酸-N-琥珀酰胺酯（Bolton-Hunter试剂）作连接试剂，先用Ch-T法将^{125}I标记在羟苯基的2，5位置上，再用苯抽提碘化产物，干燥后与抗原混合反应，碘化乙酰基以肽键与抗原的α-NH_2或ε-NH_2连接，再将琥珀酰胺酯水解，3-（4-羟基-5-^{125}I-苯基）通过一个酰胺键连接在蛋白质或多肽的末端氨基上。凡在结构上含有伯氨基、仲氨基或羧基的蛋白质、肽类等抗原，可直接用此法进行标记。该方法可避免蛋白质与氧化剂的接触，还可避免蛋白质与放射性碘原子的直接接触，可防止碘源中有害物质对蛋白质的损伤。

酰化试剂法标记需注意以下几点：为确保氨基不被质子化，反应体系的pH应控制为碱性环境，但琥珀酰胺酯水解在pH低的条件下更有利，故最适标记pH应保持在8.6左右；常用硼酸缓冲液，若待标记物不宜用硼酸缓冲液，可使用1%的N-甲基吗啉溶液（pH 9.9）；若待标记物水溶性很差，或者不适合在水溶液中进行时，可采用极性强的溶剂如二甲基甲酰胺（DMF）作为反应介质，在无水环境中，Bolton和Hunter试剂更稳定，但酰化反应明显减慢。

（4）放射性标记物的纯化　利用放射性核素标记反应后形成的标记物不能直接使用，须去除游离放射性碘和其他杂质。常用以下几种方法进行标记物的纯化。

①凝胶过滤层析法　以葡聚糖凝胶（如Sephadex G50）柱层析分离纯化^{125}I标记物为例，标记后待分离混合液上柱，用适当的洗脱液进行洗脱，收集洗脱溶液（所有收集管事先用牛血清白蛋白处理，减少标记物吸附在管壁造成的损失），并用γ计数仪测定每管的放射性强度。以管的序号为横坐标，以各收集管的计数率（CPM）为纵坐标，获得洗脱曲线，第一个洗脱峰为放射性标记抗体（抗原），第二个洗脱峰为游离放射性碘。另外，长期储存后的放射性标记物也可采用上述方法对标记物重新纯化。

②离子交换层析法　该方法是用离子交换树脂作支持剂的层析法。在一定pH条件下，与离子交换树脂无亲和力的蛋白质被洗脱下来，剩余的蛋白质可结合在树脂上，通过逐渐增加洗脱液中NaCl浓度将所有蛋白全部洗脱下来，该方法洗脱条件温和，回收效率高。

③透析法　利用蛋白质分子不能透过半透膜的性质，将蛋白质与游离的^{125}I离子分开，该方法会造成标记蛋白的严重稀释。

④高效液相色谱法　该方法分离效果好、快速，是目前分离纯化标记混合物最可靠的方法之一，但因其所需设备昂贵，需针对不同的目的蛋白摸索最佳层析条件，因此使用较少。

（5）放射性标记物的鉴定　放射性标记物的鉴定主要包括放射化学纯度、免疫活性和比放射性活性。

①放射化学纯度　放射化学纯度指结合在抗原（或抗体）上的放射性占总放射性的百分率。因只有结合在抗原（或抗体）上的部分才是直接参与抗原抗体反应的部分，因此放射化学纯度一般要求大于95%。一般情况下，抗原或抗体的化学纯度、标记后纯化效果、储存过程中脱碘等均会影响放射化学纯度。标记物在储存过程中放射性碘会脱落，也可用放射化学纯度评价脱碘的严重程度，确定放射性标记物是否可以继续使用。

②免疫活性　免疫活性指制备的标记物与抗体结合的能力，反映标记过程中被标记物免疫活性受损情况。测定放射性标记抗原免疫活性时，先用少量标记物与过量抗体反应，测定与抗体结合部分（B）的放射活性，并计算与加入的标记物总放射活性（T）的百分比。一般情况下B/T大于80%，认为放射性标记抗原正常。

③比放射性活性　比放射性活性（又名放射性比活度）是指单位质量的放射性标记物所含的放射性强度，也可理解为单一抗原（或抗体）分子平均所结合放射性原子数目。比放射性活性可直接影响放射免疫分析的敏感度。放射性抗原浓度与待测抗原的浓度保持同一水平时，分析系统获得最佳信号-浓度函数关系。若想获得较高比放射性活性，就需要在被标记的抗原分子上结合较多的放射性核素，但这样会导致辐射作用损伤被标记的抗原分子，从而影响抗原的免疫活性，因此，标记抗原的放射性比活度要适当。

常用于测定比放射性活性的方法有两种，分别是直接计算法和自身置换计算法。直接计算法是将纯化后的放射性标记物配成合适的溶液，测定其放射性活性及抗原含量，从而计算比放射性活性；自身置换计算法是通过比较标记抗原与标准品抗原的免疫活性来测定纯化后标记物的比放射性活性。

3. 影响放射免疫技术的因素

（1）检测试剂

①标准品　标准品溶液是分析试剂盒中的重要组分，也是未知抗原定量分析的基础，标准品的质量直接影响放射免疫技术的测定结果。该技术要求标准品生物活性和免疫反应性要与被测物质保持一致，两者最好取自同源系统，稳定性好，容易保存；标准品中不能含交叉反应物质和干扰免疫反应的物质；标准品应准确并与国际标准品一致；同时，为最大限度减少基质效应，用于配制标准品的基质尽量与待测标本一致；如待测标本是血浆或血清，用于配制标准品的基质需要模拟血清的基质溶液。

②抗体　所有免疫分析基于抗原抗体结合，分析体系中所用抗体品质直接影响标准曲线的建立。对于放射免疫分析，抗体为限量，需根据检测范围确定抗体最佳浓度；若捕获抗体和标记抗体过量，则要通过棋盘滴定法确定最佳用量。

③标记物　无论标记抗原还是抗体，较高放射性比活度的标记物是确保较高分析敏感度的基础，特别是在放射免疫分析中，标记抗原的放射性比活度越高，所需标记抗原的分

子数越少，分析敏感度就越高。此外，标记物的保存也至关重要，防止脱碘影响标记物的放射化学纯度。

（2）操作过程　操作人员进行操作前要经过基础理论和操作技术培训，包括通过加样一致性考核，加样误差要小于2%，应严格按照试剂盒的说明书及实验室的标准操作程序进行操作。加样时，加样体积要尽量精准，微量加样器需要定期校准。同时，为减少误差，加标准品与加标本时要使用同一个加样器，要避免加标记抗原和抗血清时通过管壁及吸管间的黏附而相互污染。

（3）测量仪器　在进行测量时，要使用效率高、本底低、稳定性好的放射性测量仪器。测量仪器需要经常维护和保养。待测定的试管上部内壁应干燥，以防探头污染。为获得较理想的标准曲线应选择探测器最佳工作条件，从而获得可靠的测量结果。

第四章　兽医细菌学检测技术

在兽医细菌学检测技术中，细菌的分离培养和鉴定能使兽医临床诊断结果得到证实，为兽医临床抗生素的合理使用提供指导。同时，还可根据细菌表型和基因对细菌进行分型和分子生物学水平分析，追溯传染源。

》第一节　常见病原菌的分离培养与鉴定技术《

一、革兰氏阳性菌的分离培养与鉴定

（一）葡萄球菌（*Staphylococcus*）

葡萄球菌广泛分布于空气、水、土壤及物体表面，在人和动物的皮肤、黏膜、消化道、呼吸道、乳腺中也有寄居。常引起动物各种化脓性疾病，故又称为化脓性球菌。根据其生理特性和化学组成将葡萄球菌属分为金黄色葡萄球菌、表皮葡萄球菌及腐生葡萄球菌。以金黄色葡萄球菌（*Staphylococcus aureus*）为例介绍致病性葡萄球菌的主要特性。

1. 生物学特性

（1）形态与结构　葡萄球菌为革兰氏阳性球菌，直径为 0.5～1.5μm，因常呈葡萄串状排列而得名。但在脓汁或液体培养基中，常排列成双球或短链状，易被误认为链球菌。该菌无鞭毛，不产芽孢，一般不形成荚膜。

（2）培养及生化特性　本属菌为需氧或兼性厌氧，对营养要求不高，在普通培养基上生长良好，若加入血液或葡萄糖，生长更佳；在肉汤培养基中呈均匀混浊生长。在普通琼脂平板上形成湿润、光滑、隆起的圆形菌落。菌落颜色依菌株而异，初呈灰白色，继而为金黄色、白色或柠檬色。多数致病性葡萄球菌产生溶血素，在血液琼脂平板上形成明显的溶血环，非致病性葡萄球菌则无溶血现象。多数菌株能分解乳糖、葡萄糖、麦芽糖、蔗糖，产酸不产气。致病菌株大多能分解甘露醇。葡萄球菌均可产生触酶，金黄色葡萄球菌还能产生凝固酶和耐热核酸酶（DNA 酶），据此可将金黄色葡萄球菌与其他葡萄球菌相区别。

（3）抗原结构与分类　葡萄球菌抗原构造复杂，含有多糖及蛋白质两类抗原。蛋白质抗原主要为 A 蛋白（SPA），具有种的特异性，是大多数金黄色葡萄球菌共有的一种特异的表面抗原，为单链多肽，与肽聚糖共价结合。SPA 能与几乎所有哺乳动物的血清 IgG 分子的 Fc 段非特异性结合，结合后的 IgG 仍能与相应抗原发生特异性反应，SPA 的这一性质已被广泛应用于免疫诊断技术。

（4）抵抗力　葡萄球菌对外界的抵抗力较强，是不产生芽孢的细菌中抵抗力最强的。耐盐性强，在含 15%氯化钠的培养基上仍能生长。在干燥的环境中可存活 2～3 个月，80℃ 30min 才被杀死。3%～5%的石炭酸、70%乙醇、1%～3%结晶紫对该菌均有良好

的消毒效果。此菌对青霉素、金霉素、土霉素、红霉素、新霉素及磺胺类等药物敏感，但易产生耐药性，这是由于它能产生β-内酰胺酶，或携带抗四环素、红霉素等基因。

2. 致病性 金黄色葡萄球菌可产生多种毒素和酶，致病性强。能产生溶血毒素、肠毒素等毒素及血浆凝固酶、DNA酶、溶纤维蛋白酶（葡激酶）、透明质酸酶、磷酸酶等酶类。常引起两类疾病：一类为化脓性疾病，如创伤感染、脓肿、蜂窝织炎、乳腺炎、关节炎及脓毒败血症等；另一类为毒素性疾病，被葡萄球菌污染的食物或饲料可引起人或动物的中毒性呕吐、肠炎及人的毒素休克综合征等。

实验动物中家兔最为易感，豚鼠及小鼠亦可感染发病。

3. 微生物学诊断 根据不同的病型采集不同的标本，如化脓性病灶取脓汁或渗出物，败血症取血液，乳腺炎取乳汁，食物中毒取可疑食物、呕吐物及粪便等。

（1）涂片镜检 将病料直接涂片，染色镜检，如见大量典型的葡萄球菌可初步诊断。

（2）分离培养 无污染时，将病料划线接种于普通琼脂或血琼脂平板，37℃培养24～48h，挑选可疑菌落进行纯培养。血液、呕吐物、粪便等病料，可先接种肉汤进行增菌培养再划线接种高盐甘露醇培养基、卵黄高盐甘露醇培养基或Baird-Parker培养基（含丙酮酸钠、氯化锂）等选择性培养基，然后再进行纯培养。得到的纯培养物需要根据生化特性进一步鉴定。

家兔皮下接种1.0mL培养物24h后可引起局部皮肤溃疡坏死，静脉接种1.1～1.5mL培养物于24～48h后死亡。剖检可见浆膜出血，肾、心肌及其他脏器出现大小不等的脓肿。

（3）葡萄球菌肠毒素的检查 将呕吐物、粪便或剩余食物做细菌分离鉴定的同时，接种至肉汤培养基，置于20%～30% CO_2中培养40h，离心沉淀后取上清液，经100℃ 30min处理后，静脉或腹腔注射至6～8周龄的幼猫。若在注射后15～120min出现寒战、呕吐、腹泻等急性胃肠炎症状，表明有肠毒素存在。经ELISA方法可快速检测微量肠毒素，PCR可检测葡萄球菌肠毒素基因，应用DNA探针杂交技术则可直接检出产肠毒素的阳性菌株。

4. 与其他革兰氏阳性球菌鉴别

（1）与链球菌鉴别 葡萄球菌以单、双、葡萄状排列，菌体呈圆形。链球菌以单、双、链状排列，菌体形态为圆形或椭圆形。葡萄球菌触酶试验阳性，链球菌则阴性。

（2）与微球菌鉴别 在显微镜下，葡萄球菌以葡萄状排列为主，且菌体较小；微球菌以四联排列为主，菌体较大。葡萄球菌发酵葡萄糖产酸试验阳性，微球菌阴性。

（二）链球菌（*Streptococcus*）

链球菌属种类很多，广泛存在于水、尘埃，人和动物的体表、上呼吸道、胃肠道及泌尿生殖道等中，有些是非致病菌，有些是人和动物体内的正常菌群，有些可引起各种化脓性疾病，如肺炎、乳腺炎、败血症等。

1. 生物学特性

（1）形态与结构 链球菌呈球形或卵形，直径为0.6～1.0μm，常呈链状排列，链的长短与菌种和生长环境有关，肉汤内对数生长期的链球菌易形成长链，而在固体培养基上常呈短链。无芽孢，多数无鞭毛。革兰氏染色阳性，培养较久后常呈革兰氏阴性。大多数链球菌在幼龄培养物中可见到荚膜，继续培养则荚膜消失。

（2）培养与生化特性　大多数为兼性厌氧，少数为厌氧菌。致病菌对营养要求较高，普通培养基中生长不良，在加有血液、血清、葡萄糖等的培养基中生长良好，形成露滴状闪光小菌落。在血琼脂平板上形成直径0.1～1.0mm、灰白色、表面光滑、边缘整齐的小菌落。多数致病菌株具有溶血能力，根据其在血琼脂平板上的溶血现象可分为甲型（α）、乙型（β）、丙型（γ）3类。在血清肉汤中生长，初呈均匀混浊，后因细菌形成长链沉于管底，上清透明。本属细菌都能发酵葡萄糖、蔗糖，对其他糖的利用能力则因菌种不同而异。链球菌触酶反应阴性，以此可与葡萄球菌进行区别。

（3）抗原结构　链球菌的抗原结构复杂，主要有群特异性抗原、型特异性抗原和属特异性抗原。群特异性抗原又称C抗原，是存在于链球菌细胞壁中的多糖成分。

根据该抗原不同，将链球菌分为20个群，用大写英文字母表示，有A、B、C、D、E、F、G、H、K、L、M、N、O、P、Q、R、S、T、U、V。型特异性抗原位于C抗原的外层，为蛋白质成分。据此可将链球菌分为M、T、R、S、G等5种。M抗原与链球菌的毒力密切相关。属特异性抗原又称核蛋白抗原，与葡萄球菌有交叉。

（4）抵抗力　该菌抵抗力不强，60℃ 30min即被杀死。常用浓度的各种消毒药均可杀死该菌。乙型溶血性链球菌对青霉素、磺胺类药物敏感。

2. 致病性　链球菌可产生多种酶或毒素，如透明质酸酶、链激酶、脱氧核糖核酸酶等酶类以及致热外毒素等。不同血清群的链球菌所致疾病也不同。A群链球菌常引起人的猩红热、脓肿、风湿等，B群及C群的某些链球菌可引起奶牛乳腺炎，C、D、E群的某些链球菌还可引起猪的急性或亚急性败血症、脑膜炎、关节炎及肺炎等。

3. 微生物学诊断　根据不同的病型采集相应的病料，如脓汁、渗出液、乳汁、血液、组织脏器等。

（1）涂片镜检　发现革兰氏染色阳性、成双或链状排列的球菌，可初步诊断。在感染链球菌败血症羊、猪等的动物组织涂片中，往往呈双球状，有荚膜，而在腹腔或心包液等组织液中常呈长链状排列，但荚膜不如组织涂片中明显。

（2）分离培养　将病料接种于血琼脂培养基上，对得到的纯培养物进行鉴定。如果符合革兰氏阳性球菌特征且呈链状排列、触酶阴性即可确定为链球菌。再根据该菌在血平板上的溶血表现，可确定为α、β或γ溶血性链球菌。α溶血：细菌在血平板上培养时，菌落周围形成狭小（1～2mm）、草绿色溶血环。α溶血环中的红细胞未完全溶解，也称为不完全溶血，可形成α溶血环的细菌有甲型溶血性链球菌、肺炎链球菌。β溶血：细菌在血平板上培养时，菌落周围形成宽大（2～4mm）、界限分明、完全透明的溶血环，β溶血环中的红细胞完全溶解，也称为完全溶血。可形成β溶血环的细菌有乙型溶血性链球菌等。γ溶血：即不溶血。PCR方法可用于临床大样本的检测。如果需要进一步对分离的链球菌进行分群或定型，可用链球菌群特异性血清或型特异性血清进行鉴定。

4. 细菌鉴别

（1）属间鉴别　临床标本检查，若是革兰氏阳性球菌、触酶阴性，除链球菌属外，尚有6个菌属，分别是肠球菌属（*Enterococcus*）、乳酸菌属（*Lactococcus*）、明串珠菌属（*Leuconostoc*）、小球菌属（*Pediococcus*）、孪生球菌属（*Gemello*）、气球菌属（*Aerococcus*）。鉴别上述菌属时，关键是：①革兰氏染色；②触酶试验。

（2）属内鉴别　链球菌属内鉴别，要观察血液琼脂平板上的菌落，链球菌的菌落一般较细小，透明或半透明，似针尖状凸起或扁平，并注意菌周围的溶血环，是β溶血型，或非β溶血型。

①β溶血链球菌的鉴定　β溶血型链球菌的鉴定都是检测特异多糖抗原，根据链球菌群多糖抗原来分群，可采用商品化试剂盒，也可用传统方法鉴别β溶血链球菌。

②非β溶血链球菌鉴别

A. 肺炎链球菌的鉴定　生长在血琼脂平板上的菌落细小，圆形，表面光滑，灰白色，边缘整齐，半透明，开始扁平以后中心塌陷，呈脐窝状。菌体呈矛头状成双排列。该菌对 Optochin 敏感和胆汁溶菌试验阳性。

B. 草绿色链球菌的鉴定　革兰氏阳性球菌，触酶阴性，胆汁溶菌阴性，Optochin 阴性，不存在 B、D 群抗原，在含 6.5% NaCl 的肉汤中不生长，吡咯烷酮酶试验（PYR）阴性，胆汁七叶苷试验阴性，对万古霉素敏感。

（三）李斯特菌（*Listeria*）

李斯特菌属的细菌广泛分布于自然界中，可从土壤、腐烂植物、青贮饲料、淡水、人畜粪便及损伤组织中分离得到。目前国际上公认的李斯特菌属共有 7 个菌种，单核细胞增生性李斯特菌（*L. monocytogenes*）、伊氏李斯特菌（*L. ivanvii*）、无害李斯特菌（*L. innocua*）、韦氏李斯特菌（*L. welshimeri*）、塞氏李斯特菌（*L. seeligeri*）、格氏李斯特菌（*L. grayi*）以及莫氏李斯特菌（*L. murrayi*）。该属还有一个种是反硝化李斯特菌（*L. denitrificans*），其中单核细胞增生性李斯特菌与人类关系较密切，是人兽共患致病菌，下面以该菌为例介绍。

1. 生物学特性

（1）形态与结构　该菌为革兰氏阳性无荚膜、无芽孢的短杆菌。形态规则，大小为（0.4～0.5）μm×（0.5～2.0）μm，在抹片中或单个分散，或两个菌排成 V 形或互相并列。在陈旧的培养物中菌体可形成长丝状。20～25℃时培养可产生 4 根周鞭毛，37℃时鞭毛数量减少或无鞭毛。无抗酸染色特性。该菌为胞内寄生菌，常见于感染动物的白细胞中。

（2）培养及生化特性　需氧或兼性厌氧。生长温度范围广，最适温度为 30～37℃。在 4℃缓慢生长，据此特征可对污染或含菌数较少的样品进行冷增菌。在 pH 中性至弱碱性、氧分压略低、二氧化碳张力略高的条件下生长良好，在 pH 4.1～4.4 能缓慢生长，在含 6.5% NaCl 的肉汤中生长良好。在 0.6%酵母浸膏胰酪大豆琼脂（TSAYE）和改良 Me Bride（MMA）琼脂上，用 45°角入射光照射菌落，通过解剖镜垂直观察，菌落呈蓝色、灰色或蓝灰色。该菌对营养要求不高，普通培养基上可生长，但在血清或全血琼脂培养基上生长良好，形成透明、蓝灰色、光滑型菌落，移去菌落可见狭窄的β溶血环，此特征可与猪丹毒丝菌及棒状杆菌相区别。触酶阳性，据此可与猪丹毒丝菌相区别。该菌可分解葡萄糖、鼠李糖、麦芽糖等，M-R 及 V-P 试验均为阳性，氧化酶阴性。

（3）抗原结构　该菌具有 O 抗原及 H 抗原，与葡萄球菌、大肠杆菌、链球菌及多数革兰氏阳性菌之间存在某些共同抗原，故血清学诊断意义不大。

（4）抵抗力　该菌对外界抵抗力较强。抗干燥，在干粪中能存活两年以上。耐盐耐碱，在含 10%氯化钠的培养基中能生长，在 20%氯化钠溶液内也能长期存活，pH 9.6 时仍能生长。对湿热敏感。一般消毒药都易使之灭活。对氨苄西林敏感，对磺胺类药物、多黏菌素有抵抗力。

2. 致病性 该菌为胞内寄生菌，能侵袭肠黏膜上皮细胞及肝、脾巨噬细胞并在其中定殖，还可以通过损伤的黏膜经神经末梢的鞘膜进犯中枢神经系统。单核细胞增生性李斯特菌可产生溶血素、磷脂酶、内化素和肌动蛋白聚合蛋白，帮助细菌在胞内寄生并在宿主细胞间扩散。在自然条件下，该菌可使人及多种动物发病，绵羊、猪、家兔感染的报道较多，牛、山羊次之。感染后主要表现为败血症、脑膜炎和单核细胞增多，成年牛羊往往表现为神经症状，可致孕畜流产。人群中主要感染新生儿、孕妇、免疫功能缺陷者。健康动物往往带菌并经粪便排菌，污染环境。李斯特菌为重要的食源性致病菌，在公共卫生学上备受关注。

3. 微生物学诊断 采集气管分泌物、盲肠内容物、病变组织等。

（1）分离培养 将气管分泌物及病变组织接种血琼脂平板，37℃培养24～48h；将回盲肠内容物1∶10稀释后接种LB1增菌液，30℃培养18～24h，再接种LB2增菌液进行相同温度及时间的二次增菌（LB增菌液中的萘啶酸和吖啶黄为选择性抑菌剂）；取一环LB2增菌液划线接种李斯特菌选择性培养基MMA（内含的甘氨酸、氯化锂、苯乙醇和复达欣可抑制非李斯特菌的部分革兰氏阳性菌和革兰氏阴性菌），30℃培养48h。

（2）鉴定 在血平板上形成圆形、光滑湿润并有狭窄透明的β溶血环的小菌落，在MMA平板上形成的菌落用斜光照射是蓝灰色或蓝色、圆形、稍突起、边缘整齐的小菌落。挑取菌落进行涂片染色镜检，革兰氏阳性小杆菌或单在或成双排列或呈V形排列。接种三糖铁琼脂30℃培养24h，斜面产酸、底层产酸、不产H_2S；接种SIM动力培养基，25℃培养2～5d，有动力，伞状或月牙状生长。进行生化试验，如硝酸盐（－）、甘露醇（－）、鼠李糖（＋）、木糖（－）、M-R（＋）、V-P（＋）、尿素（－）、七叶苷（－），则报告单核细胞增生性李斯特菌阳性。

4. 细菌鉴别

（1）与其他革兰氏阳性杆菌的鉴别 对人体致病而与该菌近缘的革兰氏阳性杆菌有棒状杆菌属、丹毒丝菌属、乳酸杆菌属。其主要鉴别特征见表4-1。

表4-1 李斯特菌与近缘其他菌的鉴别

菌属	运动性	芽孢形成	触酶	5℃生长	抗酸性
李斯特菌属	＋	－	＋	＋	－
棒状杆菌属	－	－	＋	－	－
丹毒丝菌属	－	－	－	－	－
乳酸杆菌属	－	－	－	－	－

（2）属内鉴别 主要根据溶血试验，硝酸盐还原试验，是否利用甘露醇、鼠李糖、木糖，以及M-R试验、V-P试验、尿素分解反应等。

（四）炭疽芽孢杆菌（*Bacillus anthracis*）

炭疽芽孢杆菌可经多种途径感染人类、家畜和野生动物，引起炭疽病。

1. 生物学特性

（1）形态与结构 该菌为革兰氏阳性粗大杆菌，大小为（1.0～1.5）μm×（3～5）μm，两端平截，无鞭毛，不能运动，排列似竹节状，人工培养后形成长链状。该菌在氧气充足、温度适宜（25～30℃）的条件下易形成芽孢。在活体或未经解剖的尸体内，则不能形成芽孢。芽孢呈椭圆形，位于菌体中央，其宽度小于菌体的宽度；在机体内或含有血清的培养基上形成荚膜。有荚膜的炭疽芽孢杆菌毒性强。当菌体因腐败而消失后，荚膜仍可残留，称为菌影。

（2）培养及生化特性　该菌为需氧或兼性厌氧菌。在普通培养基中易繁殖，最适温度为37℃。在普通琼脂平板培养24h，长成灰白色、干燥的菌落，边缘呈卷发状。在血琼脂平板上不出现溶血现象。在普通肉汤培养18～24h，管底有絮状沉淀生长，无菌膜，菌液清亮。明胶穿刺培养呈倒立松树状生长，其表面逐渐被液化呈漏斗状。在含有青霉素0.5IU/mL的培养基中，幼龄炭疽芽孢杆菌细胞壁的肽聚糖合成受到抑制，形成原生质体相互连接成串的现象，称为“串珠反应”。当青霉素含量达10IU/mL时，则完全不生长或轻微生长。该特性为炭疽芽孢杆菌所特有，可与其他需氧芽孢杆菌相鉴别。

该菌能分解葡萄糖、蔗糖、麦芽糖、菊糖、果糖、淀粉和甘油等，个别菌株能分解甘露醇，产酸不产气；不产生吲哚及硫化氢，不分解乳糖，能产生接触酶；能还原硝酸盐为亚硝酸盐，也能还原美蓝；接种牛乳经2～4d凝固，然后缓慢胨化。

（3）抗原结构　炭疽芽孢杆菌有荚膜抗原、菌体抗原、保护性抗原和芽孢抗原等4种主要抗原成分。

①荚膜抗原　仅见于有毒菌株，与毒力有关，是一种半抗原。针对该抗原的抗体没有保护作用，但其反应较特异，可用于建立各种血清学鉴定方法。

②菌体抗原　是存在于细胞壁及菌体内的一种半抗原，与细菌毒力无关。经加热或腐败等仍可保留抗原性，故常用Ascoli沉淀反应检测动物皮毛中的炭疽芽孢杆菌抗原，但该抗原能与其他需氧芽孢杆菌发生交叉反应。

③保护性抗原　是炭疽芽孢杆菌代谢过程中产生的一种胞外蛋白质抗原，在人工培养条件下亦可产生，为炭疽毒素的组成成分之一，具有免疫原性，能使机体产生保护力。

④芽孢抗原　是芽孢的外膜层含有的抗原，具有免疫原性和血清学诊断价值。

（4）抵抗力　该菌繁殖体抵抗力不强，易被一般消毒剂杀灭，而芽孢抵抗力强，在干燥的室温环境中可存活数十年，在皮毛中可存活数年。牧场一旦被污染，传染性可保持20～30年。121.3℃湿热经10min或160℃干热经1h可将芽孢杀死。炭疽芽孢对碘特别敏感，对青霉素、先锋霉素、链霉素、卡那霉素等高度敏感。

2. 致病性　炭疽芽孢杆菌的毒性主要与荚膜的形成和炭疽毒素的产生有关。荚膜具有抗吞噬作用，有利于细菌在宿主组织内繁殖扩散。炭疽毒素是造成感染者致病和死亡的主要原因，直接损伤微血管内皮细胞，增加血管通透性而形成水肿，微循环障碍致感染性休克甚至死亡。人因接触患病动物或受污染皮毛而引起皮肤炭疽，食入未煮熟的病畜肉类、奶或被污染食物引起肠炭疽，或吸入含有大量病菌芽孢的尘埃可发生肺炭疽。上述三型均可并发败血症，偶见引起炭疽性脑膜炎，死亡率极高。

3. 微生物学诊断　疑似炭疽死亡动物的尸体，应尽快自末梢血管（耳尖、尾尖等）采血，涂片染色镜检，取血后应立即用烙铁将创口烙焦，以止血封口。炭疽芽孢杆菌暴露于空气中容易形成芽孢，因此对疑似炭疽尸体严禁剖检。

（1）涂片镜检　取标本涂片进行革兰氏染色，发现有荚膜的呈竹节状排列的革兰氏阳性大杆菌，结合临床症状可做出初步诊断。陈旧病料可以看到菌影，确诊需做分离培养和动物接种。

（2）分离培养 取病料接种普通琼脂或血液琼脂，37℃培养18～24h，观察有无典型的炭疽芽孢杆菌菌落，同时革兰氏染色镜检。

（3）动物试验 将待检病料加生理盐水磨匀，或将培养物用生理盐水做适当稀释，皮下注射小鼠（0.1～0.2mL），炭疽样品可在18～24h致死小鼠。剖检可见注射部位皮下胶冻样水肿，脾脏肿大。取脏器涂片镜检，如发现有荚膜竹节状大杆菌，即可确诊。

（4）血清学试验 常用炭疽环状沉淀试验（Ascoli氏反应）检测各种病料，甚至严重腐败污染的尸体材料、动物皮毛，有无炭疽芽孢杆菌抗原，但反应特异性不高，敏感性也较差。

4. 细菌鉴别 对需氧芽孢杆菌属进行生物学特性的研究，总结出炭疽芽孢杆菌和其他类似菌的主要区别见表4-2。

表4-2 炭疽杆菌与类似菌鉴别要点

鉴别要点	炭疽芽孢杆菌	其他类似菌
荚膜	+	−
动力	−	+
溶血性	−	+
菌落	粗糙、边缘不整齐，呈卷发状	蜡样光泽、波纹状、锯齿状
肉汤生长	絮状沉淀，上层清亮，无菌膜	均匀混浊，颗粒状沉淀，有菌膜
青霉素抑制试验	+	−
串珠试验	+	−
γ噬菌体裂解试验	+	−
Ascoli沉淀反应	+	−/+
碳酸氢钠琼脂	M型菌落	R型菌落
小动物致病试验	+	−
美蓝还原试验	缓慢微褪色	迅速褪色

（五）产气荚膜梭菌（*Clostridium perfringens*）

产气荚膜梭菌旧称魏氏梭菌，在自然界分布极广，土壤、污水、饲料、食物、粪便以及人畜肠道等都有，一定条件下可引起多种严重疾病。

1. 生物学特性

（1）形态与结构 产气荚膜梭菌为两端钝圆的革兰氏阳性粗大杆菌，大小为（0.6～2.4）μm×（3.0～19.0）μm，在培养物和病理材料中多单在、成双或呈短链状。无鞭毛，不运动。该菌虽能形成芽孢，但在动物组织和一般培养物中，很少能看到芽孢。在产芽孢培养基上，可形成大而圆的偏端芽孢，使菌体膨胀。多数菌株可形成荚膜。

（2）培养及生化特性 该菌对厌氧要求并不严格，在普通平板上形成灰白色、不透明、表面光滑、边缘整齐的菌落。有些菌株形成“勋章”样的菌落，中间突起，外周有放射状条纹。在血琼脂平板上，多数菌株有双层溶血环，内环透明，外环淡绿。在牛乳培养基中，能分解乳糖产酸并使酪蛋白凝固，产生的大量气体冲开凝固的酪蛋白，出现“暴烈发酵”，是该菌的特点之一。该菌可还原硝酸盐，不产生靛基质，能分解葡萄糖、果糖、单奶糖、麦芽糖、乳糖、蔗糖、蕈糖、淀粉等产酸产气，不发酵甘露醇、水杨苷、鼠李糖。

（3）抗原结构　产气荚膜梭菌具有菌体抗原和外毒素两类抗原物质。菌体抗原具有较强的交叉反应性，不能用菌体凝集反应对产气荚膜梭菌进行分型。根据产生外毒素的不同，可将该菌分成A、B、C、D、E共5型，其中B、C、D三型是重要的动物致病型。

（4）抵抗力　该菌在含糖的厌氧肉肝汤中几周内即可死亡，而在无糖厌氧肉肝汤能生存几个月。芽孢在90℃ 30min或100℃ 5min可死亡，而食物中毒型菌株可耐煮沸1～3h。

2. 致病性　产气荚膜梭菌由消化道或伤口侵入机体，产生多种毒素和酶。产气荚膜梭菌产生的外毒素有α、β、γ、δ、ε、η、θ、τ、κ、λ、μ、ν等12种，也能产生具有毒性作用的多种酶，如卵磷脂酶、纤维蛋白酶、透明质酸酶、胶原酶和DNA酶等，构成强大的侵袭力。在各种毒素和酶中，以α毒素最为重要，α毒素为一种卵磷脂酶，能损伤多种细胞的细胞膜，引起溶血、组织坏死，血管内皮细胞损伤，使血管通透性增高，造成水肿。产气荚膜梭菌能引起人畜多种疾病，A型菌主要引起人气性坏疽和食物中毒，也引起动物的气性坏疽，亦可引起牛、羊羔、仔猪、犬、家兔等的肠毒血症；B型菌主要引起羔羊痢疾；C型菌主要引起绵羊猝狙，初生仔猪表现为血痢和高死亡率；D型菌引起羔羊、绵羊、山羊、牛的肠毒血症，E型菌可致犊牛、羔羊肠毒血症，但很少发生。

3. 微生物学诊断

（1）涂片镜检　取肠黏膜触片染色，如见大量的革兰氏阳性大杆菌、多单在或两个相连、有荚膜，则怀疑为该菌。产气荚膜梭菌虽能形成芽孢，但触片及培养物中均不易观察到。

（2）分离培养　取病料接种厌氧肉肝汤，37℃经3～4h即可旺盛生长，并产生大量气体。接种血平板厌氧培养18～24h，形成凸起、半透明、表面光滑、边缘整齐的大菌落，菌落周围有溶血环或双层溶血环。培养一段时间后，可见“勋章样”菌落。将纯培养接种含铁牛乳培养基中，于46℃经2h厌氧培养，该菌可引起“暴烈发酵”；将纯培养接种10%卵黄琼脂平板，35℃厌氧培养24h，该菌因产生卵磷脂酶可在菌落底部及周围产生乳白色混浊带。

（3）肠内容物毒素检测　取回肠内容物，如采集量不够，可再采空肠后段或结肠前段内容物，加适量灭菌生理盐水稀释，经离心沉淀后取上清液分成两份：一份不加热，一份加热（60℃ 30min）。分别静脉注射家兔（1～3mL）或小鼠（0.1～0.3mL）。如有毒素存在，不加热组动物常于数分钟至十几小时内死亡，而加热组动物不死亡。为确定致死动物的毒素类别及细菌的型别，须进一步做毒素中和保护试验。

①溶血试验　取0.5mL 0.5%绵羊红细胞悬液于小试管内，加上述毒素抽提液0.5mL，置于37℃水浴中经30min、60min、120min和24h，分别观察溶血情况。

②致死试验　取0.2mL毒素抽提液注射小鼠尾静脉内（或腹腔内注射0.5mL），观察3d，看其有无死亡。

③坏死试验　以0.2mL毒素抽提液注射于家兔腹部皮下，连续3d观察注射局部有无坏死现象。

④中和试验　将毒素抽提液以0.5mL量分别与0.5mL抗产气荚膜梭菌的标准血清（主要是A型至E型的抗毒素）混合，然后注射于小鼠腹腔内，观察3d，看注射小鼠有无死亡，根据注射小鼠被动保护作用，确定毒素型别。

（六）分枝杆菌（*Mycobacterium*）

分枝杆菌在自然界分布广泛，结核分枝杆菌（*M. tuberculosis*）引起灵长类动物结核病，牛分枝杆菌（*M. bovis*）引起其他哺乳动物结核病，副结核分枝杆菌（*M. paratuberculosis*）是副结核病的病原。

1. 生物学特性

（1）形态及结构　分枝杆菌大小为（0.2～0.6）μm×（1.0～10）μm。结核分枝杆菌为细长、直或稍弯的杆菌，单在、少数成丛；牛分枝杆菌菌体短而粗；禽分枝杆菌最短，呈多形性，有时呈杆状、球状或链球状等。在陈旧的培养基或干酪性病灶内的菌体可见分枝现象。革兰氏染色阳性，但不易着色；经齐-尼二氏抗酸染色后，该菌可抵抗3%盐酸酒精的脱色而被染为红色，背景及其他非抗酸菌为蓝色。

（2）培养及生化特性　该菌为严格需氧菌，对营养要求较高，最适温度为37～37.5℃，禽分枝杆菌可在42℃生长。常用罗-杰二氏培养基（内含蛋黄、甘油、马铃薯、无机盐及孔雀绿等）培养，结核分枝杆菌14～15h分裂一次，菌落形成较慢，一般需10～30d才能看到黄色菌落，显著隆起，表面粗糙皱缩坚硬，不易破碎，类似菜花状；在液体培养基中，其表面形成厚皱菌膜，培养液一般保持清亮。3种分枝杆菌的生化特性比较见表4-3。

表4-3　结核分枝杆菌、牛分枝杆菌、禽分枝杆菌生化特性比较

鉴别要点	结核分枝杆菌	牛分枝杆菌	禽分枝杆菌
尿素酶	+	+	−
硝酸盐还原	+	−	−
触酶	−	−	+
烟酸产生	+	−	−
噻吩二羧酸酰肼（1μg/mL）	+	−	+
对硝基苯甲酸（0.5mg/mL）	−	−	+
酸性磷酸酶	+	+	−
水解吐温	±	−	−

（3）抵抗力　该菌对干燥、寒冷具有较强的抵抗力，但对湿热的抵抗力弱，62～63℃15min失去活力。对低温抵抗力强，在0℃中可存活4～5个月。对紫外线敏感。常用消毒剂需4h才能杀灭该菌，但在70%乙醇及10%漂白粉中迅速死亡，碘化物的消毒作用很明显，但无机酸、有机酸、碱性和季铵盐类消毒剂不能有效杀灭该菌。对1∶7 500的结晶紫或1∶13 000的孔雀绿有抵抗力，加在培养基可抑制杂菌生长。该菌对链霉素、异烟肼、对氨基水杨酸和环丝氨酸等敏感，而对常用的磺胺类、青霉素等均不敏感。

2. 致病性 细菌胞壁富含糖脂，可保护该菌免受吞噬细胞内溶酶体的破坏。牛分枝杆菌和结核分枝杆菌毒力较强，禽分枝杆菌则较弱。牛分枝杆菌主要引起牛结核病，其他家畜、野生反刍动物、人、灵长类动物、犬、猫等肉食动物均可感染；实验动物如豚鼠、兔有高度敏感性。禽分枝杆菌主要引起禽结核病，也可引起猪的局限性病灶；实验动物如小鼠有一定的敏感性。结核分枝杆菌可使人、多数畜禽及野生动物发生结核病，实验动物以豚鼠、仓鼠最敏感；可使小鼠致病，山羊和家禽对结核分枝杆菌不敏感。

3. 微生物学诊断

（1）显微镜检查 将病料结节切开，制成薄的涂片。乳汁以 2 000～3 000r/min 离心 40min，分别取脂肪层和沉淀层涂片。涂片干燥固定后经抗酸染色，如发现红色成丛杆菌时，可做出初步诊断。在组织病灶或痰液内找到抗酸性菌时，一般可做出诊断。但在牛乳、粪便或尿液等检出抗酸性菌，则必须进行细菌的分离培养和动物试验鉴定，以区别分枝杆菌和非致病性抗酸菌，因两者在形态上不易鉴别。

（2）分离培养 检验病料一般经处理后，取其沉淀物作为培养材料。初次分离常用固体培养基，最好同时用两种或两种以上的培养基。接种时，每一标本同时用 4～6 管培养基，培养后，加软木塞，外面用融化的固体石蜡封口，以防止干燥，然后斜置，使标本充分附着于培养基表面，置 37℃培养一周后，再使试管直立，继续培养。每周检查培养物 1～2 次，观察有无细菌生长。同时可将软木塞轻轻放松数分钟通氧，以利于结核分枝杆菌的生长。结核分枝杆菌一般生长较慢，需 2～4 周才能发育良好。菌落一般呈干燥、不规则、坚硬、表面粗糙的颗粒状。

（3）动物试验 分离分枝杆菌，研究其毒力和菌型等时，一般接种最易感的豚鼠，1～2 个月内处死，做解剖检查和细菌分离。动物接种的阳性率较培养和涂片法高。但值得注意的是耐异烟肼的菌株对豚鼠的毒力降低或消失。

（4）变态反应诊断法 我国做牛结核检疫时主要采用结核菌素诊断的方法，一般有 3 种应用形式：皮内法、点眼法和皮下法。目前多用皮内法和点眼法。对健康育成牛群做结核检疫时，则以皮内法为主，所用的诊断液为提纯结核菌素（PPD），应用此方法可检出牛群内的 95%～98%的结核病牛。

二、革兰氏阴性菌的分离培养与鉴定

（一）大肠杆菌（*Escherichia coli*）

大肠杆菌是肠道中革兰氏阴性杆菌的主要成员，是人类重要的条件致病菌。在环境和食品卫生学中，该菌常被用作粪便污染的检测指标，在分子生物学和基因工程研究中，它也是重要的实验材料。

1. 生物学特性

（1）形态及结构 大肠杆菌为两端钝圆的直杆菌，大小为（0.4～0.7）μm×（2.0～3.0）μm，散在或成对，不形成芽孢，大多数菌株以周生鞭毛运动。一般均具有菌毛，少数菌株兼具性菌毛。一般无荚膜，但某些致病菌株有荚膜或微荚膜。对普通碱性染料着色良好，革兰氏染色阴性，菌体两端偶尔可见深染。

（2）培养及生化特性 该菌为需氧或兼性厌氧菌，对营养要求不高，在普通培养基上生长良好，最适生长温度为 37℃，最适 pH7.2～7.4。在普通营养琼脂培养基上，形成光滑型菌落（S），灰白色、不透明或半透明。某些致病菌株在鲜血琼脂上可形成β型溶血环。在麦康凯琼脂上形成红色菌落；在伊红美蓝琼脂上形成紫黑色并带有金属光泽的菌落；在SS琼脂上生长较差，生长者菌落呈玫瑰红色。该菌能发酵多种碳水化合物并产酸产气；大多数菌株可迅速发酵乳糖和山梨醇，极少数迟缓发酵或不发酵；一般均能发酵葡萄糖、麦芽糖、甘露醇、阿拉伯糖、木糖和蕈糖；多数发酵蔗糖和卫矛醇，少数发酵侧金盏花醇，不发酵肌醇。氧化酶试验阴性，不液化明胶。吲哚试验阳性，甲基红试验阳性，V-P试验阴性，不利用柠檬酸盐，这四项试验统称为IMViC试验，是肠杆菌科细菌鉴定的常规项目。一般不产生尿素酶和H_2S。在三糖铁高层琼脂上穿刺不变黑（不产H_2S），表面及底层黄色，有气体产生。

（3）抗原结构　大肠杆菌抗原主要有O、K和H 3种，目前已确定的大肠杆菌O抗原有173种，K抗原有99种，H抗原有56种，不同种抗原的种类均以阿拉伯数字表示，如O1、K3、H9等。O抗原是S型菌的菌体抗原，存在于细胞壁，是一种多糖-磷脂的复合物，耐热，121℃加热2h不破坏其抗原性，其抗原特异性决定于O抗原多糖侧链上的糖类排列顺序和末端化学基团结构。当S型菌体变异为R型菌体时，O抗原也随之丢失，对其则无法进行分型鉴定。每个菌株只含有一种O抗原，可用单因子抗O血清做玻板或试管凝集试验鉴定之。K抗原对热不稳定，有一定的免疫活性，多存在于荚膜或被膜中，亦称为荚膜抗原或被膜抗原，是大肠杆菌表面抗原的总称。一个菌体可含有1～2种不同的K抗原，也有无K抗原的菌株。K抗原能抑制活菌或未加热菌液与抗O血清的凝集，即O不凝集性。H抗原是大肠杆菌的鞭毛抗原，其成分为蛋白质，能刺激机体产生高效价的凝集抗体。H抗原不耐热，经80℃加热或乙醇处理可破坏其抗原性。每一个有动力的菌株仅含有一种H抗原，且无两相变异。无鞭毛菌株或丢失鞭毛的变异株不含H抗原。除O抗原外，K和H抗原并不一定在同一菌株上全部表达，有的菌株具有O、K、H 3种抗原，有的则不都有。根据对大肠杆菌抗原的鉴定，可用O：K：H排列表示其血清型，如O20：K58：H9，即表示该菌具有O抗原20，K抗原58，H抗原9。产肠毒素大肠杆菌除了上述抗原外还具有蛋白质性黏附素抗原，如K88（F4）、K99（F5）、987P（F6）及F41等。

（4）抵抗力　该菌对外界因素的抵抗力不强，不耐热。一般加热到60℃经15min即可被杀灭，在干燥环境中容易死亡，但在寒冷而干燥的条件下生存较久。对一般的化学消毒药品比较敏感，如5%～10%的漂白粉、3%来苏儿、5%石炭酸等均能在数分钟之内将其杀死。较能耐受胆盐，能抵抗煌绿等一些染料的抑制作用。该菌对多种常用抗菌类药物敏感，如庆大霉素、阿米卡星、新霉素、先锋霉素、环丙沙星以及磺胺类药物等，但易产生耐药性。

2. 致病性　大肠杆菌寄生在人和动物的肠道内，大多是肠道的正常菌群。但在特定的条件下可致病：一类是细菌寄生部位发生改变，如移位侵入肠外组织或器官，成为机会致病菌；另一类是病原性致病菌，与人和动物的大肠杆菌病密切相关，极少情况下存在于健康机体内。

大肠杆菌通过不同的毒力因子发挥其致病作用。大肠杆菌的毒力因子主要包括黏附素、内毒素、肠毒素及志贺样毒素等。此外，大肠杆菌还具有抗吞噬作用的K抗原、溶血素等毒力因子，在大肠杆菌病发展中起一定作用。根据毒力因子和致病机制的不同，病原性大肠杆菌至少分为七类：肠致病型大肠杆菌（EPEC）、肠产毒型大肠杆菌（ETEC）、肠侵袭型大肠杆菌（EIEC）、肠出血型大肠杆菌（EHEC）、肠黏附型大肠杆菌（EAEC）、尿道致病型大肠杆菌（MPEC）及禽致病型大肠杆菌（APEC）。ETEC 和 EIEC 可感染仔猪，引起不同日龄仔猪的黄痢、白痢和水肿病；APEC 常感染鸡，引起各种年龄鸡的大肠杆菌病。

3. 细菌学检验

（1）肠道外感染

①标本采集　临床标本依病种不同可采集脓汁、血液、中段尿、体液、痰、分泌物等，应尽量在使用抗菌药物之前采集标本，并应严格执行无菌操作技术。

②检验方法与结果

A. 涂片染色检查　除血液标本外，其他标本均需做涂片染色检查。尿液和其他各种体液以 3 000r/min 离心 10min，取沉淀物制作涂片。脓、痰、分泌物等可直接涂片，革兰氏染色后镜检。油镜下可见革兰氏阴性短杆菌，可初步报告形态、染色性，供临床用药时参考。

B. 分离培养　血液标本应先接种肉汤增菌培养，待生长后再分离接种到血琼脂平板。体液标本则需取离心后的沉淀物接种于血琼脂平板。尿液标本应同时做菌落计数，在每毫升尿液中超过 10 万个细菌，方有诊断意义。脓汁、痰、分泌物标本可直接于血琼脂平板划线分离。35℃孵育 18～24h 后观察菌落形态，并做涂片进行革兰氏染色，同时挑取菌落进行生化反应。大肠杆菌的菌落在伊红亚甲蓝琼脂上呈扁平、粉红色，有金属光泽；在麦康凯琼脂上呈粉红色或红色；在 SS 培养基上为红-粉红色或中央为粉红色、周边无色的菌落。

C. 鉴定　依据全面的生化反应和血清学试验进行鉴定。

（2）肠道内感染　肠道内的致病性大肠杆菌包括 5 种：肠产毒型大肠杆菌（ETEC）、肠致病型大肠杆菌（EPEC）、肠侵袭型大肠杆菌（EIEC）、肠出血型大肠杆菌（EHEC）和肠凝聚型大肠杆菌（EAEC）。它们与肠道外感染的大肠杆菌有相似的生物学性状，但分别具有特殊的血清型、肠毒素或毒力因子，需进行血清学试验才能鉴定。

①标本采集　在疾病的急性期、早期留取新鲜标本，取腹泻和食物中毒病患的粪便和残留食物、肛拭子等。原则上应在使用抗菌药物之前采集样本。标本应立即送检和培养，如不能及时培养应将蘸有标本的棉拭插入运送培养基或甘油缓冲盐水，冷藏待检。应尽量无菌采样和运送。

②分离培养与鉴定　将标本接种于肠道选择鉴别培养基，挑选可疑菌落并鉴定为大肠杆菌后，再分别用 ELISA、核酸杂交、PCR 等方法检测不同类型致胃肠炎大肠杆菌的肠毒素、毒力因子和血清型等。

A. ETEC 的鉴定　生化反应＋血清分型＋肠毒素测定：生化反应要符合大肠杆菌的特征，血清型共有 8 个。血清型别与致病性没有一定的联系，主要依据耐热肠毒素（ST）和不耐热肠毒素（LT）的检测。现有一些商品化的试剂盒可用于 LT 和 ST 测定。

B. EPEC 的鉴定　生化反应＋血清分型：用市售多价抗血清检测其 O 抗原。取 5～10 个乳糖阳性的大肠杆菌菌落，逐个进行特异性抗血清的凝集试验，血清学凝集阳性的菌株必须测定其凝集滴度以排除交叉反应，同时还要做 H 抗原测定（O：H 分型），EPEC 亦可用 ELISA 和细胞培养的方法来检测。

C. EIEC 的鉴定　生化反应＋血清分型＋毒力试验：多数 EIEC 为动力阴性，乳糖不发酵或迟缓发酵。用 O：H 血清分型、ELISA、Hep－2 或 HeLa 细胞检测，所有 EIEC 菌落均为赖氨酸脱羧酶阴性，无动力，其中最常见的血清型 O152 和 O124 为乳糖阴性，与志贺菌的抗血清有交叉反应，两菌属十分相似，主要的鉴别试验是醋酸钠、葡萄糖胺利用试验和黏质酸盐产酸试验，大肠杆菌三者均阳性，而志贺菌三者均阴性。毒力测定可做豚鼠眼结膜试验，将被检菌液接种于豚鼠眼结膜囊内，可产生典型的角膜结膜炎症状，并在角膜上皮细胞内可见大量的细菌，此为毒力试验阳性。

D. EHEC 的鉴定　血清分型＋生化反应：大肠杆菌 O157：H7 被列为所有实验室的常规检测项目。所有血便病患均应采样做 O157：H7 的培养。

肠道正常菌群中的大肠杆菌约 80%在孵育 24h 后可发酵山梨醇。但是 O157：H7 不发酵（或缓慢发酵）山梨醇。可用山梨醇麦康凯琼脂（SMAC）直接筛选不发酵山梨醇的菌落（35～37℃培养 24～48h 后挑选无色菌落），经次代培养后可用乳胶凝集试验检测 O157 抗原。此外，必须经标准的生化反应证实为大肠杆菌。凡山梨醇阴性的大肠杆菌 O157：H7 分离株不必再做毒素的检测，因为几乎所有这类菌落均产生 Vero 毒素。也可用 ELISA 法检测 O157：H7 产生的志贺样毒素 1 和 2（SLT1、SLT2）进行鉴定。

4. 细菌学检查　寄居在肠道中的大肠杆菌不断随粪便被排出体外，可污染水源、饮料、食品及周围环境。样品中检出此菌，表示被检物有粪便污染的可能，检出此菌越多，表示被粪便污染越严重，有传播肠道传染病的危险。因此，常常以大肠杆菌作为饮水、食品等的卫生细菌学指标。常以大肠菌群数来表示，即每 1 000mL（g）样品中的大肠菌群数。大肠菌群是指在 37℃ 24h 内发酵乳糖产酸产气的需氧和兼性厌氧的肠道杆菌，包括埃希菌属、克雷伯菌属、肠杆菌属等。

（二）沙门菌（*Salmonella*）

目前已知沙门菌有 2 500 多个血清型，许多血清型对人和动物有致病性，并且是人类食物中毒的主要病原之一。

1. 生物学特性

（1）形态与结构　该菌为两端钝圆、中等大小、革兰氏阴性的直杆菌，大小为（0.7～1.5）μm×（2.0～5.0）μm。不产生芽孢，无荚膜。除鸡白痢沙门菌和鸡伤寒沙门菌外，都有周身鞭毛，能运动，偶尔出现无鞭毛的变种。其中不少种型具有纤毛，能吸附于细胞表面，可以凝集红细胞。

（2）培养及生化特性　该菌需氧或兼性厌氧，最适温度为 37℃，最适 pH 为 6.8～7.8。对营养要求不高，在普通营养琼脂上生长良好，形成无色半透明的光滑型菌落。分离培养常采用肠杆菌选择或鉴别培养基，大多数菌株因不发酵乳糖而形成无色或淡黄色菌落。产生 H_2S 的菌株在 SS 琼脂上于 37℃培养 18～24h，形成有黑色中心的菌落。亚硒酸盐胱氨酸、氯化镁、孔雀绿及胆汁肉汤等可用于该菌的增菌培养，而抑制其他细菌的生长。绝大多数沙门菌能发酵葡萄糖、麦芽糖、甘露醇和山梨醇等糖类，产酸产气，但伤寒沙门菌不产气，不发酵乳糖、蔗糖、侧金盏花醇。不产生吲哚，M－R 试验阳性，V－P 试验阴性，多数菌株能利用柠檬酸盐。不液化明胶，尿素酶试验阴性。

（3）抗原结构　沙门菌的抗原构造复杂，具有菌体（O）抗原、鞭毛（H）抗原及表面（Vi）抗原三种，其中O和H抗原是其主要抗原，为绝大多数沙门菌血清型鉴定的物质基础。

O抗原是所有沙门菌必有的成分，存在于细胞壁的表面，其化学成分为脂多糖，耐热。一个菌体可有几种O抗原成分，以1、2、3、4等小写阿拉伯数字表示。例如，猪霍乱沙门菌有6、7两个O抗原；鸡白痢沙门菌有9、12两个O抗原；鸡伤寒沙门菌有1、9、12三个O抗原。不同种沙门菌可以具有共同O抗原，将具有共同O抗原（群因子）的细菌归入一群，以大写英文字母表示。目前发现的沙门菌可分为A、B、C1～C4、D1～D3、E1～E4、F、G1～G2、H～Z、O51～O63以及O65～O67共51个群，包括58种O抗原。

H抗原为蛋白质，不耐热，60℃加热30min即被破坏，目前共发现63种。H抗原分为第1相和第2相两种。第1相特异性高，仅为少数沙门菌所具有，以a、b、c等小写英文字母表示；第2相特异性低，为许多沙门菌所共有，以1、2、3等阿拉伯数字表示。多数沙门菌具有第1相和第2相两相H抗原，称为双相菌；少数沙门菌仅具有其中一相H抗原，称为单相菌。

Vi抗原为部分沙门菌的表面包膜抗原，因其与毒力有关，故称为Vi抗原，不耐热，60℃加热1h即可破坏其凝集性和免疫原性。Vi抗原在功能上相当于大肠杆菌的K抗原，可阻止O抗原与其相应抗体发生凝集反应。沙门菌在普通培养基上被多次传代后易丢失Vi抗原。

（4）抵抗力　沙门菌对热敏感，60℃加热30min死亡，煮沸立即死亡。在－5℃中能存活10个月左右。在潮湿温暖处的生存期不过4～5周，但在干燥的垫草中可存活8～20周。对5%石炭酸、5%漂白粉等敏感。对土霉素、卡那霉素、庆大霉素、复方新诺明等药物敏感，但易产生耐药性。

2. 致病性　沙门菌具有毒力较强的内毒素，有些沙门菌血清型还产生肠毒素和细胞毒素，有的血清型能够侵入小肠黏膜上皮细胞，在宿主体内长期定居和繁殖。沙门菌最常侵害幼龄和青年动物，引起败血症、胃肠炎及其他组织局部炎症。成年动物则主要为散发或局限性发生，但在一定条件下，也可呈急性流行性。妊娠母畜可发生流产。人类常因食用被沙门菌污染的肉、乳、蛋，而发生食物中毒（胃肠炎）和败血症等。沙门菌属的成员均具有致病性，宿主范围极其广泛。根据对宿主适应性或嗜性不同，可将沙门菌分为三种类型。第一类具有高度适应性或专嗜性，只引起人或某类动物发生特定的疾病，如鸡白痢沙门氏菌、鸡伤寒沙门菌引起鸡和火鸡发病，猪伤寒沙门菌仅侵害猪。第二类是个别适应于特定动物的偏嗜性沙门菌，如猪霍乱沙门菌主要感染猪，都柏林沙门菌主要感染牛、羊，它们分别引起各自宿主发病，但也能感染其他动物。第三类是非适应性或泛嗜性沙门菌，以鼠伤寒沙门菌和肠炎沙门菌为突出代表，此类型菌占本属的大多数，它们感染的宿主谱广泛，能致人和各种动物发病。

3. 微生物学诊断

（1）标本采集与注意事项　根据疾病的类型、病情和病程的不同分别采集不同的样本。分离培养原则上于发病第1周采血，第2周取粪便或尿液，全程均可做骨髓培养。副伤寒病程短，采样时间可相对提前。血清学诊断应在病程的不同时期分别采集2～3份样本。

①血液和骨髓液　肠热症病患在病程第 1 周内采静脉血液，第 1～3 周内亦可采集骨髓液。

②粪便或直肠拭子　伤寒病患在病程 2 周后，胃肠炎病患在急性期、早期采集新鲜粪便，并且最好在药物治疗前，取粪便黏液、脓血或可疑部分。带菌者用直肠拭子采集直肠表面黏膜。

③尿液和其他体液　应无菌导尿或采集中段尿、胆汁、脑脊液、胸腔积液、腹水等，3 000r/min 离心 30min，取沉淀做培养用。

④呕吐物或食物　先用无菌剪刀剪碎固体的呕吐物或食物，放入加细砂的乳钵中进一步磨碎，再加入 10 倍量的无菌生理盐水混匀，接种用。液体样本可直接用于培养。

⑤其他　中耳分泌液、渗出液、脓液，咽喉、阴道等都可用无菌棉拭子采集后培养。

（2）检验方法

①直接检测

A. 检测抗原　采用 SPA 协同凝集试验、胶乳凝集试验、对流免疫电泳和 ELISA 等方法。

B. 检测核酸　采用分子生物学技术检测。

②分离培养　可根据具体条件选用合适的培养基。常用培养基有肠道鉴别培养基（MAC 或 EMB）、选择培养基（SS 等）和强选择培养基（孔雀绿和亚硫酸铋琼脂等），能有效地分离沙门菌。

③鉴定与分型　根据沙门菌的生化特性来鉴定。沙门菌的血清学分型鉴定应在生化反应符合沙门菌属的基础上进行。用抗血清对所分离菌种的菌体 O 抗原、表面 Vi 抗原、第 1 相和第 1 相 H 抗原进行凝集试验。鉴定试验步骤：首先用 A～F 多价 O 抗血清与沙门菌分离株做玻片凝集试验，进行分群（血清群 A、B、C1、C2、D 等），确定其是否在 A～F 6 个 O 群内。因为 95％以上的沙门菌临床分离株都属 A～F 群，这样可得到一个快速、初步的鉴定结果，对临床早期诊断有重要意义。多价抗血清凝集之后再用分别代表每个 O 血清群的单价因子血清定群，有 5 种重要的临床分离株：甲型副伤寒沙门菌、鼠伤寒沙门菌、肖氏沙门菌、猪霍乱沙门菌和伤寒沙门菌，它们分别属于 A、B、B、C 和 D 血清群。再按照确定的 O 群，分别用 H 因子血清检测第 1 相和第 1 相 H 抗原，综合 O、H 及 Vi 因子血清的检查结果，判断沙门菌的血清型。有些沙门菌，在血清学分型的基础上，可用噬菌体进一步分型。标准的 Vi 噬菌体共有 33 型，可用于流行病学调查、追踪传染源和判定传播途径。

（3）细菌鉴别

①沙门菌属与大肠杆菌、志贺菌的鉴别　沙门菌在克氏双糖管中，斜面不发酵和底层产酸产气（但伤寒沙门菌产酸不产气），硫化氢阳性或阴性，动力阳性，可与大肠杆菌、志贺菌等鉴别。

②与变形杆菌属的鉴别　在双糖铁培养基上，沙门菌属与变形杆菌属生化反应很相似，为了鉴别这两属细菌，可将双糖铁斜面上的培养物接种到尿素培养基中 37℃培养 2～4h，若为变形杆菌，则因迅速分解尿素产生碱性反应，使培养基变红；沙门菌因不分解尿素，故无反应。

（三）多杀性巴氏杆菌（*Pasteurella multocida*）

多杀性巴氏杆菌为巴氏杆菌科巴氏杆菌属中最重要的畜禽致病菌，一般寄生于多种健康动物的口腔和咽部黏膜，当机体抵抗力下降时，引起内源性感染，引发多种动物出血性败血症或传染性肺炎。

1. 生物学特性

（1）形态与结构　多杀性巴氏杆菌是一种两端钝圆、中央微突的短杆菌或球杆菌，大小为（0.2～0.4）μm×（0.5～2.5）μm。单个存在，有时成双排列。新分离的强毒株有荚膜，不形成芽孢，无鞭毛，不运动。革兰氏染色阴性。病料涂片用瑞氏或美蓝染色后，可见典型的两极着色，类似双球菌。

（2）培养及生化特性　该菌为需氧或兼性厌氧菌，最适生长温度为37℃，pH为7.2～7.4。对营养要求较高，在普通营养琼脂上生长贫瘠，在麦康凯培养基上不生长。在加有血液、血清、马丁肉汤或少量血红蛋白的培养基中生长良好。在血琼脂平板上形成闪光的露珠状小菌落，无溶血现象。肉汤中呈轻度混浊，于管底生成黏稠沉淀，表面形成菌环。从病料中新分离的强毒菌株具有荚膜，菌落较大。接种后48h，该菌能分解葡萄糖、果糖、蔗糖、甘露糖和半乳糖，产酸不产气。大多数菌株能够利用甘露醇、山梨醇和木糖。一般不发酵乳糖、鼠李糖、麦芽糖等。不液化明胶，可形成吲哚，触酶、氧化酶均为阳性，尿素酶试验阴性，M-R和V-P试验均为阴性，产生硫化氢和氨。

（3）抗原结构　该菌的抗原结构复杂，主要有荚膜K抗原和菌体O抗原，其中K抗原有6个型（A、B、C、D、E、F），O抗原有16个型（1～16）。K抗原主要由蛋白质、多糖、磷脂质等成分组成，具有型特异性和免疫原性。分离株的血清型鉴定以K抗原和O抗原为依据，表示为O：K。如感染禽的多杀性巴氏杆菌血清型有5：A、8：A、1：A、3：A，猪的有5：A、8：A、6：B、2：D，牛的有2：B和2：E，羊的有6：B，家兔的有7：A、5：A。

（4）抵抗力　该菌对外界环境因素抵抗力不强。在阳光下暴晒10min死亡，在干燥空气中2～3d可死亡。56℃ 15min或60℃ 10min被杀死。常用的消毒剂可以迅速杀死该菌，如3%石炭酸、0.5%～1%氢氧化钠、0.1%升汞、3%福尔马林、10%石灰乳、2%来苏儿。对青霉素、四环素、土霉素、金霉素、红霉素、新生霉素、庆大霉素、卡那霉素、多黏菌素B、环丙沙星、恩诺沙星以及磺胺类等药物敏感，但近年来临床分离株也出现了耐药现象。

2. 致病性　该菌感染的宿主广泛，对人和多种家畜、家禽、野生动物均有致病性。可导致鸡发生禽霍乱，猪发生猪肺疫，水牛、牛、兔及马发生急性出血性败血症等。该菌的致病作用与菌体表面的多种类似菌毛或纤毛蛋白的因子（黏附因子）、荚膜以及内毒素、外毒素等有一定关系。A、B和D型多杀性巴氏杆菌均有菌毛，D血清型的某些菌株可以产生使皮肤坏死的外毒素，能致豚鼠皮肤坏死、小鼠死亡及猪发生萎缩性鼻炎。动物感染该菌后可表现为急性或慢性过程，急性型以出血性败血症、迅速死亡为特征，慢性型则表现为关节炎、皮下或局部组织器官的化脓性炎症、萎缩性鼻炎（猪、羊）等症状。

3. 微生物学诊断

（1）涂片镜检　取心血、渗出液、肝、脾、淋巴结、骨髓等新鲜病料，涂片或触片，用碱性美蓝或瑞氏染液进行染色镜检。但慢性病例或腐败材料不易发现典型菌体，须进行分离培养和动物试验。

（2）分离培养　取采集的新鲜病料划线接种于血琼脂和麦康凯琼脂平板上，进行分离培养。该菌在麦康凯培养基上不生长，在血琼脂上生长良好，无溶血现象。染色镜检可见革兰氏阴性球杆菌。将此菌接种在三糖铁培养基上可生长，培养基底部变黄。必要时可进一步做生化鉴定。

（3）动物试验　取用病料制成的组织悬液或分离培养菌，皮下注射小鼠、家兔或鸽，动物多在接种后24～48h死亡。参照患畜的生前临床症状和剖检变化，结合分离菌株的毒力试验，做出诊断。

若要鉴定荚膜抗原和菌体抗原型，则要用抗血清或单克隆抗体进行血清学试验。检测动物血清中的抗体，可用试管凝集、间接凝集、琼脂扩散试验或ELISA。

（四）鸭疫里氏杆菌（*Riemerella anatipestifer*）

鸭疫里氏杆菌曾被称为鸭疫巴氏杆菌，为黄杆菌科里氏杆菌属成员，呈世界性分布，是鸭传染性浆膜炎的病原。

1. 生物学特性

（1）形态与结构　该菌为小球杆状或椭球形，大小为（0.3～0.5）μm×（0.7～6.5）μm，偶见个别长丝状，长11～24μm。有荚膜，无芽孢及鞭毛。常单个或成对存在，有时成短链状排列。革兰氏染色阴性，瑞氏染色呈两极浓染。

（2）培养及生化特性　该菌对营养要求较高，在普通营养琼脂、麦康凯琼脂上不生长。在胰蛋白胨大豆琼脂（TSA）、巧克力营养琼脂、血琼脂、含血清的马丁琼脂等固体培养基上，以及胰蛋白胨大豆肉汤（TSB）等液体培养基中生长良好。初次分离培养时，需在5%～10%的CO_2、37℃培养24～48h，形成圆形、突起、透明、露珠样的黏性菌落；在血琼脂平板上无溶血现象。该菌的大多数菌株不发酵糖类，少数菌株能够发酵葡萄糖、麦芽糖、果糖和肌醇，产酸不产气。不产生吲哚和硫化氢，可使明胶液化。不水解淀粉，不能还原硝酸盐，柠檬酸盐利用试验、M-R试验和V-P试验均为阴性。触酶及氧化酶试验均为阳性。

（3）血清型　菌体表面多糖抗原成分是鉴定该菌血清型的依据，通过凝集试验和琼脂扩散试验可将该菌的分离株分成不同的血清型。目前，至少有21个血清型，且彼此之间无交叉免疫作用。我国现在至少存在14个血清型，即1、2、3、4、5、6、7、8、10、11、13、14、15、17型，其中以1、2、6、10型为流行的优势血清型，又以1型最普遍。

（4）抵抗力　该菌对外界环境的抵抗力不强，对阳光、干燥或热敏感。鲜血琼脂培养物置4℃冰箱保存容易死亡，通常4～5d应继代一次，毒力会因此逐渐减弱。常用消毒药如3%石炭酸、2%来苏儿、0.5%～1%氢氧化钠、10%石灰乳等1～4min内可将其杀死。该菌对青霉素、氨苄西林、链霉素、林可霉素等敏感，但容易形成耐药性。

2. 致病性　主要感染1～8周龄的雏鸭，尤其是2～3周龄的雏鸭易发病，引起败血症和浆膜炎。疾病呈急性或慢性经过，以全身广泛的纤维素性渗出性炎症为特征，如纤维素性心包炎、肝周炎、气囊炎等，常造成雏鸭大批死亡。鹅、火鸡、鹌鹑、天鹅、鸽、雉鸡、鸡、珍珠鸡及其他水禽也可感染或发病，其中鹅的易感性较高。兔和小鼠不易感。豚鼠腹腔注射大量此菌可死亡。

3. 微生物学诊断

（1）涂片镜检　取心血、肝脏等涂片或触片，瑞氏或碱性美蓝染色后镜检，可见两极浓染的小杆菌。革兰氏染色阴性。

（2）分离培养　取新鲜病料接种到 TSA 或巧克力琼脂培养基上，于 37℃ 5% CO_2 条件下培养 24～48h，观察菌落形态，并对培养物进行显微镜检查和生化特性鉴定。

（3）血清学检查　取肝脏或脑制成涂片，固定，用特异性荧光抗体染色，在荧光显微镜下检查，可见周边发绿色荧光的鸭疫里氏杆菌菌体，多单个存在。本法可与大肠杆菌、沙门菌和多杀性巴氏杆菌相鉴别。

（4）动物试验　取肝、脑等病料制成的组织悬液或分离培养物，皮下注射雏鸭，如有该菌存在，雏鸭一般在 48h 内死亡。

（五）布鲁氏菌（*Brucella*）

布鲁氏菌是多种动物和人布鲁氏菌病的病原，严重威胁着畜牧生产和人类的健康。布鲁氏菌属分为 6 个种 20 个生物型，即马耳他布鲁氏菌（*B. melitensis*）1～3 个生物型、流产布鲁氏菌（*B. abortus*）1～9 个生物型、猪布鲁氏菌（*B. suis*）1～5 个生物型，以及绵羊布鲁氏菌（*B. ovis*）、沙林鼠布鲁氏菌（*B. neotomae*）和犬布鲁氏菌（*B. canis*）。其中，流产布鲁氏菌（牛布鲁氏菌）分布最为广泛。我国已发现流产布鲁氏菌 1～9 型、马耳他布鲁氏菌（羊布鲁氏菌）1～3 型、猪布鲁氏菌 1 和 3 型、绵羊布鲁氏菌和犬布鲁氏菌共 16 个生物型。

1. 生物学特性

（1）形态与结构　该菌呈短杆状、球杆状或球形，新分离的菌株多为球形或球杆状，大小为（0.5～0.7）μm×（0.6～1.5）μm，多单在，偶见成对、短链或成堆排列。无鞭毛不运动，不形成芽孢和荚膜。革兰氏染色阴性，吉姆萨染色呈紫色。柯兹洛夫斯基或改良 Ziehl－Neelsen、改良 Köster 等鉴别染色法染色呈红色，其他杂菌呈蓝色。

（2）培养及生化特性　该菌为需氧菌，但许多菌株在初次分离时需要在 5%～10% CO_2 条件下生长。最适生长温度为 37℃，最适 pH 为 6.6～7.4。泛酸钙和内消旋赤藓糖醇可刺激某些菌株的生长。对营养要求高，在普通培养基中生长缓慢，若加入血清、血液、肝汤和葡萄糖，可促进该菌生长。该菌在固体培养基上可形成光滑型（S）、粗糙型（R）和黏液型（M）菌落，除 S、R、M 型菌落外，在培养中还会出现这些菌落间的过渡类型，如 S→R 型菌落间的中间（I）型菌落。血琼脂平板上不溶血。该菌生化反应不活泼，一般仅能分解葡萄糖产生少量酸，不产气。某些菌株可分解蔗糖、麦芽糖或鼠李糖。不分解甘露糖。触酶阳性，氧化酶通常阳性。IMViC 试验均为阴性，不液化明胶，石蕊牛乳无变化。除绵羊布鲁氏菌和一些犬布鲁氏菌菌株外，均可将硝酸盐还原为亚硝酸盐。可水解尿素，但绵羊布鲁氏菌不水解或水解尿素迟缓。

（3）抗原结构　抗原结构非常复杂，菌体表面主要有 3 种抗原，即 A 抗原（流产布鲁氏菌抗原）、M 抗原（马耳他布鲁氏菌抗原）及 R 抗原（粗糙型布鲁氏菌抗原）。光滑型布鲁氏菌具有 A 和 M 两种表面抗原，但两种抗原在不同菌型中的含量有差异，如羊布鲁氏菌以 M 抗原为主，A∶M 约为 1∶20；流产布鲁氏菌则以 A 抗原为主，A∶M 约为 20∶1；猪布鲁氏菌两种抗原的含量非常接近，A∶M 为 2∶1。凝集试验表明，光滑型菌株之间有抗原交叉反应，抗光滑型菌株的血清不与非光滑型菌株发生交叉凝集。R抗原是粗糙型布鲁氏菌菌株的表面抗原，其抗血清可与绵羊种和犬种布鲁氏菌凝集，而不与光滑型布鲁氏菌发生凝集。光滑型菌株发生S→R变异后，其A抗原和M抗原丧失，暴露出了R抗原，可与R抗血清发生凝集反应。此外，布鲁氏菌表面还有其他表面抗原或亚表面抗原，可与巴氏杆菌、大肠杆菌、沙门菌、耶尔森菌、假单胞菌、钩端螺旋体等发生交叉凝集反应。

（4）抵抗力　该菌对外界环境的抵抗力较强。在污染的土壤和水中可存活1～4个月，在皮毛上可存活2～4个月，鲜乳中可存活8d，粪便中可存活120d，流产胎儿中至少存活75d，子宫分泌物中存活200d。对湿热的抵抗力不强，60℃ 30min、70℃ 5min可被杀死，煮沸立即死亡。对常用的化学消毒剂敏感。2%的石炭酸、2%来苏儿、2%烧碱溶液或0.1%的升汞，可于1h内杀死该菌；1%～2%的福尔马林3h、5%的石灰乳2h、0.5%洗必泰或0.01%杜米芬等5min可将其杀死。不耐酸，在pH3.5下迅速死亡。对链霉素、庆大霉素、卡那霉素、壮观霉素、头孢曲松钠、头孢噻肟、头孢拉啶、阿奇霉素、妥布霉素等药物敏感。

2. 致病性　该菌不产生外毒素，但有较强的内毒素。不同种别和生物型的布鲁氏菌，甚至同型不同菌株的毒力存在差异。布鲁氏菌可以感染多种动物和人，目前已知有60多种动物有易感性，包括各种家畜、野生哺乳动物、啮齿动物、鸟类等。家畜中以羊、牛、猪最易感，其他动物如马、水牛、骆驼、犬、猫和鹿等均可感染。自然条件下，不同种别的布鲁氏菌各有其主要宿主，但也存在着相当普遍的宿主转移现象，如马耳他布鲁氏菌主要感染绵羊、山羊，但也可感染牛、猪、骆驼和鹿。人对布鲁氏菌的易感性较高，马耳他布鲁氏菌对人的致病性最强，其次是猪布鲁氏菌，然后为流产布鲁氏菌。宿主于性成熟前对该菌有一定抵抗力，妊娠期最易感染。赤藓糖醇能刺激布鲁氏菌在胎盘中生长繁殖，导致死胎和流产。该菌可经皮肤、消化道、呼吸道等多种途径侵入机体，引起妊娠母畜流产及乳房炎，公畜则发生睾丸炎、附睾炎，另外还可引起关节炎。该菌为细胞内寄生菌，多寄生于粒细胞和单核细胞，自然感染多呈温和型经过，很少致死。豚鼠、小鼠和家兔等实验动物可感染，以豚鼠最易感。

3. 微生物学诊断　布鲁氏菌感染常表现为慢性或隐性过程，其诊断和检疫主要依靠血清学检查及变态反应检查。细菌学检查仅用于发生流产的动物和其他特殊情况。

（1）细菌学检查

①涂片镜检　取流产胎儿的胃内容物、肺、肝和脾，流产胎盘和羊水，母畜的阴道分泌物、乳汁及尿液，公畜的精囊、睾丸、附睾等，涂片进行革兰氏染色和柯兹洛夫斯基染色后镜检。

②分离培养　可将病料接种在肝浸液琼脂、商品布氏琼脂或土豆浸液琼脂等培养基上，于5%～10% CO_2条件下培养7～14d，挑取可疑菌落，纯化后进行生化试验、玻片凝集和动物试验。

（2）血清学检查　主要有凝集试验、补体结合试验和全乳环状试验等，均是用已知的布鲁氏菌抗原，检测动物血清或乳中的特异抗体。平板凝集试验、虎红平板凝集试验和全乳环状试验常用于现场或牧区大群检疫，然后以试管凝集试验结合补体结合试验进行实验室最后确诊。与试管凝集试验和平板凝集试验相比，虎红平板凝集试验的特异性高，反应更加敏感、稳定。在布鲁氏菌感染初期阶段，凝集反应多为阳性，因此凝集反应可用于感染的早期诊断。补体结合试验的敏感性和特异性都较凝集试验高，是诊断慢性布鲁氏菌病的可靠方法。

（3）变态反应检查　一般感染布鲁氏菌后 20～25d，可出现较明显的变态反应，并且持续时间较长。因此，本方法不适宜早期诊断，而多用于感染后期、慢性病例和康复期的检测，一般用于动物的大群检疫。我国主要用于绵羊、山羊，其次是猪的检疫。检测时，将布鲁氏菌水解素 0.2mL 注射于羊尾根皱襞部或猪耳根后皮内，分别于 24h 和 48h 观察反应。如注射部位出现红肿，即判为阳性反应。

（六）副猪嗜血杆菌（*Haemophilus parasuis*）

副猪嗜血杆菌属于巴氏杆菌科嗜血杆菌属，是寄生于猪群上呼吸道黏膜的一种常在菌，在特定条件下可以侵入机体并导致严重的全身性疾病，以多发性浆膜炎、关节炎和脑膜炎为特征。

1. 生物学特性

（1）形态与结构　该菌呈多形性，显微镜下可见短杆状、球杆状、球状或长丝状等多种不同形态，大小为（0.3～0.4）μm×1.5μm，多单个，也有短链排列。无鞭毛，无运动，无芽孢。新分离的致病菌株有荚膜。革兰氏染色阴性，美蓝染色两极着染。

（2）培养及生化特性　该菌需氧或兼性厌氧，培养条件严格，生长严格依赖烟酰胺腺嘌呤二核苷酸（NAD、V 因子）。最适生长温度为 37℃，pH7.6～7.8。初次分离培养时在 5%～10%的 CO_2 下可促进生长。在巧克力培养基上生长较差，于 CO_2 培养箱或烛缸中培养 24～48h，形成圆形、隆起、表面光滑、灰白色半透明、直径约 0.5mm 的小菌落。在加有 NAD、马血清的 M96 支原体培养基或加酵母浸出物的 PPLO 培养基上生长良好。在血琼脂平板上如与金黄色葡萄球菌同时划线培养，该菌在葡萄球菌周围生长良好，菌落直径可达 1～2mm，形成卫星现象。在血琼脂平板上无溶血现象。该菌可以发酵葡萄糖、蔗糖、果糖、半乳糖和麦芽糖，产酸不产气；不发酵木糖、甘露醇、山梨醇；对乳糖发酵不定。尿素酶和氧化酶试验阴性，触酶试验阳性，不产生吲哚。

（3）抗原结构　该菌有荚膜多糖抗原和菌体抗原。荚膜抗原成分具有型特异性；菌体抗原包括脂多糖抗原和外膜蛋白抗原。脂多糖抗原在种内和属内均有交叉反应；外膜蛋白抗原在同型内有所不同，可用于区分亚型。该菌至少可分为 1～15 个血清型，还有 20%以上分离株的血清型不能定型。不同血清型菌株之间的交叉免疫保护率很低。

（4）抵抗力　该菌对外界环境的抵抗力弱。干燥条件下容易死亡，60℃很快死亡。对常用消毒剂敏感。对氨苄西林、卡那霉素、庆大霉素、头孢菌素、先锋霉素、氟苯尼考及增效磺胺类等多种抗菌药物敏感，已发现对红霉素、林可霉素、壮观霉素、庆大霉素、新霉素、环丙沙星耐药的菌株。

2. 致病性　关于该菌的毒力因子和致病机制还不清楚。目前发现的毒力因子有荚膜多糖、菌毛、外膜蛋白、脂寡糖以及神经氨酸酶。其中，脂寡糖可能与该菌诱导的气管上皮细胞凋亡有关，神经氨酸酶与细菌在宿主细胞内的生长活性有关。该菌主要引起 5～8 周龄仔猪的多发性浆膜炎，包括心包炎、腹膜炎、脑膜炎以及关节炎。实验动物中，豚鼠最易感，无论采取何种途径接种少量细菌，均可引起豚鼠发病，产生与猪自然感染类似的病变。小鼠易感性低，通常不易感染成功。

3. 微生物学诊断

（1）涂片镜检 取急性期病猪的鼻腔分泌物、浆膜表面分泌物、渗出的脑脊液、扁桃体等涂片，革兰氏染色后镜检，可见到革兰氏阴性菌。碱性美蓝染色，可见两极着染现象。

（2）分离培养 取新鲜病料涂布接种于血琼脂上，同时垂直划线接种金黄色葡萄球菌。如在葡萄球菌周围看到呈“卫星现象”生长的小菌落，无溶血现象，则可怀疑为该菌。也可取病料接种于含 NAD、马血清的 M96 支原体培养基或加酵母浸出物的 PPLO 培养基上，进行分离培养。对分离的细菌可进一步做生化试验鉴定。

（3）动物试验 取纯化的分离培养物接种豚鼠，观察豚鼠的病理变化，并进行显微镜检查和细菌的分离培养。

（七）副鸡禽杆菌（*Avibacterium paragallinarum*）

副鸡禽杆菌曾被称为副鸡嗜血杆菌（*Haemophilus paragallinarum*），为巴氏杆菌科禽杆菌属的成员，是鸡传染性鼻炎的病原。

1. 生物学特性

（1）形态与结构 该菌呈短杆、球杆状、球状或长丝状等多形性，大小为（1～3）μm×（0.4～0.8）μm，呈单个、成双或短链排列。不形成芽孢，强毒菌株有荚膜，无鞭毛。革兰氏染色阴性，美蓝染色两极着染。通常在病料中及固体培养基上，该菌形态较规则，呈明显的小杆状；在液体培养基或老龄培养物中，则发生形态上的变异，出现长丝状。

（2）培养特性 该菌兼性厌氧，在固体培养基上生长时需要厌氧或5%～10%的 CO_2 环境，但也可在低氧或无氧条件下生长。最适生长温度为 34～42℃，一般于 37～38℃下培养，最适 pH 6.9～7.6。对营养的要求较高，培养时一般需要在培养基中添加 1%的灭活鸡血清和 NAD，有的菌株不依赖 NAD。在普通营养琼脂和麦康凯琼脂上不生长。在巧克力琼脂培养基上，于 37℃下培养 24～48h，形成圆形、隆起、表面光滑、边缘整齐的灰白色半透明小菌落。在血琼脂平板上与葡萄球菌交叉划线时，可见“卫星生长”现象（NAD 非依赖性副鸡禽杆菌除外），菌落呈细小、半透明、针尖大的露滴状，不溶血。该菌也可在 5～7 日龄的鸡胚中繁殖，一般鸡胚在接种后 24～72h 死亡，卵黄、尿囊腔、羊水及鸡胚中均有细菌的存在，尤以卵黄内含量最高。该菌不发酵半乳糖和海藻糖，能分解葡萄糖、蔗糖、木糖、甘露醇，产酸不产气。能还原硝酸盐，不水解尿素或液化明胶，不产生吲哚。触酶和氧化酶试验均为阴性。

（3）抗原结构 该菌的抗原结构相当复杂，菌体外膜蛋白的血凝素抗原是分型的依据，也是定殖因子和刺激机体产生免疫保护作用的免疫原。应用间接血凝抑制试验可将该菌分为 A、B 和 C 三个血清型，其中 A、C 血清型各有 4 个亚型。不同血清型之间没有交叉保护作用，同一血清型内各菌株之间的交叉保护程度不同，如 C1 和 C2、C2 和 C4 之间有显著的交叉保护。B 血清型各菌株间仅存在部分交叉保护。

（4）抵抗力 该菌抵抗力很弱，在宿主体外不易存活。对热、pH 及消毒药均很敏感。培养基上的细菌在 4℃时能存活 1～2 周，室温保存 1～2d，37℃不超过 1d。在鸡胚卵黄囊内于－70℃可存活 1 个月。感染性胚液用 0.25%的福尔马林于 6℃下处理，在 24h 内灭活，但以 0.01%的硫柳汞处理，则可存活数天。该菌对链霉素、红霉素、庆大霉素、卡那霉素、氨苄西林、磺胺甲噁唑、磺胺-6-甲氧嘧啶、恩诺沙星等敏感。但目前临床上已出现对某些磺胺类药物耐药的菌株。

2. 致病性 该菌主要侵害鸡，引起鼻腔、鼻窦和眼发炎，严重者炎症可扩展至气囊和肺脏。其致病性与多种毒力因子有关，主要有血凝素或凝集原（HA）、脂多糖、多糖和荚膜。HA是该菌的主要毒力因子，在细菌定殖过程中起关键作用。NAD非依赖性分离株比经典的NAD依赖性分离株更易引起气囊炎。

3. 微生物学诊断

（1）涂片镜检 取病鸡的眼、鼻腔、眶下窦分泌物，涂片，革兰氏或美蓝染色后镜检。

（2）分离培养 取发病初期的鸡眶下窦、鼻窦等窦腔深部分泌物，也可取气管和气囊分泌物，划线接种于血琼脂平板上，并用葡萄球菌与之交叉划线，在含5% CO_2、37℃的培养箱内培养24～48h。与葡萄球菌共培养，出现“卫星现象”，则疑为该菌，可通过染色镜检和生化试验等进一步鉴定，并可通过玻片凝集试验或血凝-血凝抑制试验，用副鸡禽杆菌不同血清型的单因子血清鉴定分离菌的血清型。

（3）动物试验 将病料或分离培养物经窦内接种健康易感鸡，若在接种后24～48h出现流鼻液、面部水肿等典型的鼻炎症状可做出诊断。但当病料中细菌含量较少时，潜伏期可延长至7d左右。

（4）血清学诊断 鸡感染副鸡禽杆菌后1～2周出现抗体，可应用平板凝集试验、琼脂扩散试验、血凝抑制试验、间接及阻断ELISA等方法检测出带菌鸡。

（八）猪胸膜肺炎放线杆菌（*Actinobacillus pleuropneumoniae*）

猪胸膜肺炎放线杆菌为巴氏杆菌科放线杆菌属，可引起猪传染性胸膜肺炎。

1. 生物学特性

（1）形态与结构 该菌呈小球杆状或小杆状，偶见长丝状，大小为0.4μm×1.5μm。有荚膜和鞭毛，具有运动性。革兰氏染色阴性，新鲜组织涂片用瑞氏染色常呈两极着色。

（2）培养及生化特性 该菌兼性厌氧，最适生长温度为37℃，对营养要求较高，在普通营养琼脂上不生长。初次分离培养时，通常需要10%的 CO_2。生长时需要V因子，在含有V因子的巧克力琼脂或血清琼脂、牛心肌浸汁琼脂或PPLO琼脂培养基上生长良好，可形成圆形、突起、不透明或半透明、表面有一层白色云雾的黏液型菌落，直径1～2mm。在5%绵羊血琼脂培养基上与葡萄球菌交叉划线培养，可见“卫星现象”，并呈现β溶血。该菌对糖类发酵能力不强，不发酵葡萄糖、麦芽糖、乳糖、果糖、阿拉伯糖、海藻糖、蜜二糖、七叶苷、甘露醇、卫矛醇，能发酵蔗糖，微发酵半乳糖。M-R、V-P和吲哚试验均为阴性，不产生 H_2S. 能还原硝酸盐，不液化明胶。尿素酶试验阳性，触酶和氧化酶试验在不同菌株间有差异。

（3）血清型 根据荚膜抗原和脂多糖抗原的差异，将该菌分为15个血清型，其中1～12型和15型属于生物I型菌株，血清型Ⅰ型又分为1a和1b两个亚型，血清型5型又分为5a和5b两个亚型。13型和14型为生物Ⅱ型。有些血清型之间存在抗原交叉反应，但不同血清型之间交叉免疫保护性很低，甚至不同菌株之间有时也不能提供完全的交叉保护。

（4）抵抗力 该菌抵抗力不强，在外界环境中的存活时间较短，室温下可存活2～4d。60℃ 5～20min即可被杀死。对常用消毒剂敏感，0.5% NaOH、0.1%升汞、3%石炭酸、2%来苏儿、3%福尔马林等5min即可将其杀死。对红霉素、新霉素、林可霉素、先锋霉素等敏感，但对结晶紫、杆菌肽、壮观霉素有一定的抵抗力，从污染病料分离该菌时，可在培养基中添加上述物质。

2. 致病性 该菌寄生在猪肺坏死灶内或扁桃体，较少在鼻腔。慢性感染猪或康复猪为带菌者。经空气或猪与猪直接接触传染。应激可促使发病。在集约化猪场的猪群往往呈急性暴发，死亡率高。世界各养猪国均有发病的报道，我国已鉴定有2、3、5、7与8型。

该菌的致病作用涉及多种毒力因子，主要包括溶血毒素、荚膜多糖、脂多糖、外膜蛋白、黏附因子、菌毛、转铁结合蛋白、蛋白酶、通透因子等，其中溶血毒素是引发疾病的主要毒力因子和刺激机体产生免疫应答的保护性抗原，对肺泡巨噬细胞有毒性作用，能够抑制其吞噬活性。该菌可以感染各种年龄的猪，尤以2～5月龄的猪最易感。引发传染性胸膜肺炎，以急性出血性纤维素性肺炎和慢性纤维素性坏死性胸膜炎为特征。

3. 微生物学诊断

（1）涂片镜检 取病死猪的肺脏、胸水、鼻及气管渗出物涂片，革兰氏染色镜检。

（2）分离培养 把新鲜病料接种在绵羊血琼脂平板，用葡萄球菌划线接种，置5%～10% CO_2中培养24h，观察是否有溶血的小菌落生长，是否出现“卫星现象”，并做生化试验进一步鉴定。

（3）血清型鉴定 一般用凝集试验和琼脂扩散试验鉴定该菌的血清型。取分离株的新鲜培养物，以酚-水法提取多糖抗原做琼脂扩散试验。也可以用细菌荚膜多糖致敏的乳胶凝集颗粒，通过乳胶凝集试验对细菌分型。

》第二节 动物试验《

动物试验是指为了获得有关生物学、医学等方面的新知识或解决具体问题而使用动物进行的科学研究。动物试验必须由经过培训的、具备专业技术能力的人员进行或在其指导下进行。

一、动物试验的目的

应用各种实验动物进行试验，是进行病原微生物研究的主要手段之一，常用于分离病原，测定对动物的感染范围，进行中和试验和保护试验，以及鉴定病原和不同毒株间的抗原关系，其他病原微生物的分离、鉴定及其免疫原性的测定。

二、动物试验设计的基本原则

试验研究主要是通过对样本的研究而得出结论。要将样本的结论外推到总体，必须尽量使样本能够真实地代表总体。然而，实验动物的种系和个体差异、实验环境差异、仪器的稳定性、药品的纯度、样本的大小等因素都可能产生误差，影响样本结果的代表性。为避免或缩小误差，试验设计时必须注意控制误差。

1. 对照性原则 可以采用同体对照，即同一动物在施加实验因素前后所获得的不同结果和数据各为一组，作为前后的对照，或同一动物在施加实验因素的一侧与不施加实验因素的另一侧做左右的对照；也可采用异体对照，即两组的动物数应相等或相近，一组施加实验因素，一组不施加实验因素。不做任何实验处理，仅给予生理盐水进行比较的对照组称空白对照或阴性对照；施行正常值、标准值处理进行比较的对照组称标准对照或阳性对照。对照各组均应在同一条件下，否则失去对照意义。

2. 一致性原则 一致性原则是实验组与对照组除了处理因素不同外，非处理因素保证均衡一致。均衡一致是处理因素具有可比性的基础。动物试验时研究者应选用合理的设计方案，以控制干扰因素趋于一致。

3. 重复性原则 重复性原则是指同一处理要设置多个样本例数。重复的主要作用是估计和降低试验误差，且增强代表性，提高实验结果的精确度，同时为体现结果的真实性，保证实验结果能在同一个体或不同个体中稳定地重复出来，也需要足够的样本数。样本数过少，实验处理效应将不能充分显示；样本数过多，又会增加实际工作中的困难。因此，在进行实验前必须确定最少的样本例数。

4. 随机性原则 随机性原则就是按照机遇均等的原则来进行分组。目的是使一切干扰因素造成的实验误差尽量减少，而不受实验者主观因素或其他偏性误差的影响。随机化的手段可采用编号卡片抽签法，随机数字表或采用计算器的随机数字键。

5. 客观性原则 动物试验设计中要力戒主观偏性干扰，选择观察指标时，不用或尽量少用带主观成分的指标。结果判断要客观，更不能以主观的意愿对结果或数据做任意地改动和取舍。

三、实验动物的选择

生物学试验用的实验动物必须健康无病，不带任何病原微生物，如能使用无特定病原体的动物（SPF 动物）则更为理想。实验动物最好是自行繁殖的纯种，或购自医用实验动物饲养场，不能使用来历不明或已做过其他实验的动物。购入的实验动物，除了解饲养场动物健康情况外，尚需隔离饲养一段时间，以观察是否健康。

选择实验动物，首先要求其对于实验病原的易感性强。其次，要根据实验的不同要求，采用不同种类和不同年龄的动物，但一个实验中所用动物的年龄和体重要基本一致。一般常用的实验动物有小鼠、豚鼠、地鼠、家兔、大鼠以及鸽、鸡、鸭等。

1. 年龄和体重 幼龄动物对于毒理感染等实验较成年动物敏感性高，但如无特殊要求一般选择成年动物。年龄与体重在同一品种或品系中基本成正比（除去环境、营养不良等外界因素）。如发现体重超过 10%以上则动物本身就存在差异，不宜选用。

2. 性别 同一品种或品系的不同性别动物对同一实验的反应不完全一致。雄性动物反应较均匀些，雌性动物则受性周期、怀孕哺乳等影响，一般情况下常采用雌雄各半的原则，也有用同一性别进行实验，大多用雄性动物。雌性动物在怀孕、哺乳期和动物在换毛季节，不可用于实验。

3. 健康状况 动物有疾病时不可用于实验。

4. 品种和品系 同一个物种内的不同品种、品系由于生物学特性的差异，对同一试验反应结果存在着差异，有时同一品系的各亚系之间差异不大。目前，最常用的小鼠 Balb/c 至少有 5 个亚系（国内），不同实验室制备出来的鼠源性单克隆抗体的效价差异很大。

5. 微生物学级别 实验动物的微生物学级别对于实验至关重要，因为它对实验背景的干扰比遗传等级要大得多，遗传等级一旦确定不会有多大改变，而微生物学级别控制随着设备和人为等因素，差异比较大，故实验人员对于实验动物的微生物学级别应引起足够的重视，尤其是大鼠、小鼠等小动物的肿瘤学，免疫学、移植术等实验，必须用相应级别的实验动物，如SPF级动物、无菌动物，以保证实验的准确性。

四、实验动物的保定

保定方法依实验内容和动物种类而定。保定前，必须对各种动物的一般习性有所了解。在保定过程中，要做到仔细、谨慎、敏捷。

1. 家兔 用右手把两耳轻轻地压于手掌内，抓住颈部的被毛与皮，提起家兔，然后用左手托住兔的臀部，使兔体重量大部分落于左手上。进而，再根据需要进行保定。

2. 大鼠 轻轻抓住尾巴提起，置于实验台上，如尾静脉取血或注射，可用玻璃烧杯罩住或置于大鼠保定盒内，进行腹腔、皮下注射或灌服等操作时，右手轻轻抓住尾巴向后拉，左手抓紧鼠两耳和头颈部的皮肤，并将鼠保定在左手中，右手进行操作。

3. 小鼠 先用右手抓住鼠尾提起放在实验台上，在其向前爬行时，用左手的拇指和食指抓住鼠两耳和颈部皮肤，然后将鼠体置于左手掌中，抓后肢拉直，用左手的无名指及小指按住尾巴和后肢，前肢可用中指固定，即可进行注射或其他实验操作。

4. 豚鼠 先用手掌迅速扣住豚鼠背部，抓住其肩胛上方；再用手指握住颈部，或握住身体的四周后提起。怀孕或体重较大的豚鼠，应以另手托其臀部。豚鼠的保定方法与大鼠相同。

5. 禽类 用一手握着两翼根部，一手握着两脚将动物保定，由另一个人操作。

五、实验动物的感染方法及观察

1. 感染方法

（1）皮下接种 注射部位原则上选在组织疏松便于注射和易于吸收的部位，家兔和豚鼠为耳部和大腿内侧部，小鼠为背部或腹股沟部。注射部位以碘酒及酒精消毒，小动物以人用22号或23号针头，注射量为0.5～1mL。小鼠皮下接种时，可用镊子将背部已消毒部位的皮肤提起少许，在镊子下部注射，注射量为0.25～0.5mL。注射完毕，用酒精棉球按住注射部位，将针头拨出，以防注射液流出。

（2）肌内接种 一般实验动物的注射部位为臀部肌肉，禽类则为胸肌，将注射针垂直刺入肌肉完成注射。

（3）皮内接种 小动物的注射部位可在腹部，一般用26号针头，大动物可在颈部。需观察皮肤反应的试验，最好不用碘酒消毒，以免因碘酒的颜色妨碍皮肤颜色反应的观察。注射部位皮肤不可过于紧张，以镊子提起注射部位皮肤，然后将针刺入皮层内。不可刺入皮下，再将液体慢慢注入。如果已注入皮内，则注射部位有肿包，用手轻轻揉擦亦不消失。皮内注射量一般为0.05～0.1mL。

（4）腹腔内接种 家兔及豚鼠进行腹腔内接种时，在腹股沟处刺入皮下，前进少许，再刺入腹腔，注射量可达5mL。小鼠腹腔内接种时，在脐后部中线附近，将注射针头斜行通过腹部皮肤和肌肉刺入腹腔内，注射量为0.5～1mL。

（5）静脉内接种

①家兔　选择耳外侧边缘静脉注射。由一只手将兔固定，注射者面对兔头，用酒精棉球按摩耳部，或以手指轻弹耳壳，使静脉充血。然后用左手拇指和食指压住静脉基部，无名指和小指夹住耳尖部，用22～24号针头对准静脉平行刺入，刺入后随即将拇指和食指移到针座处将其连同兔耳一起保定，然后将材料徐徐注入。如针头在静脉内，则注射时无阻力。注射完毕，以酒精棉球压迫针口片刻，以免流血。

②小鼠　尾部静脉注射。一般15～20g小鼠较易注射，20g以上的小鼠因尾部组织较多，不易观察到静脉。注射前可将尾部没入50℃水中泡0.5min，使静脉扩张，便于注射。注射时，可将小鼠放在倒置的烧杯下，将尾部拉出，消毒后沿尾静脉用26号针头平行刺入，缓缓注入接种液，接种量不宜超过1mL。

③豚鼠　豚鼠因无明显的静脉，静脉注射较为困难。一般用后腿外侧的静脉，该静脉在上部比较明显，接近趾部变得不大明显，但接近趾部的静脉比较固定，易于注入，而上部虽较明显，但活动性强，不易注入。也可先将皮肤切开一小口，使股静脉露出后再注射。另外亦可以外颈静脉或后肢内侧的皮下静脉进行注射，注射量不超过2mL。

④家禽　鸡、鸽保定后，将一侧翅展开，露出腋窝部，拔除羽毛，即可见到明显的翼根静脉。注射时用左手拇指和食指压迫此静脉向心端，使血管怒张。右手持针由翼根向翅膀方向沿静脉平行刺入血管内，放松左手压迫血管的拇指，即可进行注射。

（6）滴鼻接种　用此法接种时，动物须先经乙醚麻醉。麻醉的方法因动物的大小而异，大动物可用麻醉口罩，小鼠可放于有盖的玻璃缸内，缸内放一块浸有乙醚的脱脂棉，待动物麻醉后即可除去口罩或由缸内取出动物，用滴管将接种材料缓慢滴入鼻内。如动物处于深麻醉状态，则能深深吸入肺内；轻麻醉时，动物则有咳嗽反应。进行此项接种工作时，术者必须注意戴口罩及隔着保护玻璃操作。如麻醉过深时，呼吸变浅，感染材料不能吸入肺内。接种量小鼠为0.03～0.05mL，大鼠为0.05～0.1mL，豚鼠和家兔可达1mL。

（7）颅内接种　家兔和豚鼠进行颅内接种时，用26号针头，先在头顶部除毛，用乙醚麻醉后，在去毛部涂以碘酒，先用消毒锥子刺穿颅骨，再将针头刺入孔内注射，注射量为0.1～0.2mL，小鼠和地鼠可不经麻醉，用左手将鼠头部固定后，以2%碘酒涂擦，然后在眼内角至耳底部连线的中部进行注射，注射量为0.03～0.05mL。

（8）胃内注入法　可用于大鼠和小鼠。将注射针头尖端斜面磨成光滑的钝头，左手保定动物使腹部朝上，然后将注射针头从口腔侧面慢慢插向咽头并继续深插至食管下部，注入接种物。小鼠注射量为0.7mL，大鼠为3.0mL。

2. 观察

（1）外表检查　注射部位皮肤有无发红、肿胀及水肿、脓肿、坏死等。检查眼结膜有无肿胀发炎和分泌物。注意体表淋巴结有无肿胀、发硬或软化等。

（2）体温检查　动物经接种后，注意动物有无体温变化。

（3）呼吸检查　检查呼吸次数、呼吸式、呼吸状态（节律、强度等），观察鼻分泌物的数量、色泽和黏稠性等。

（4）循环器官检查　检查心脏搏动情况，有无心动衰弱、紊乱和加速，并检查脉搏的频度节律等。

六、实验动物的采血方法

各种实验动物的采血部位和采血方法，依动物的种类、检测项目、试验方法及所需血量而定。用全血或血细胞时，应在容器中加玻璃珠，加入血液后反复摇动（注意始终要在同一方向摇动），以脱去纤维蛋白；若用血浆则容器中加抗凝剂，防止凝固；若用血清时，应在动物禁食一夜后于次日清晨空腹采血。动物的采血量可分为致死采血量和安全采血量两种。

1. 心脏采血法 常用于家兔、豚鼠、鸡、鸭等动物。家兔、豚鼠采血时，解剖台上将其保定或助手将其固定。用手接触到心脏跳动最显著部位（一般在左侧第3肋间距胸骨4mm处），去毛消毒，垂直刺入，若有回血，则缓慢抽取所需血量，或采集致死血量。鸡、鸭采血时，可取侧卧或仰卧保定。侧卧保定时在心跳最明显处进针（一般在胸骨前端与肩端连线的上1/3处取一垂直线，该垂直线距外胸静脉0.5cm处）；或用仰卧保定采集心血，胸骨朝上，用手指压离嗉囊，露出胸前口，将针沿其锁骨俯角刺入，顺着体中线方向水平穿行，直至穿进心脏。此法较前一方法效果好。

2. 颈静脉采血法 常用于牛、羊和马等动物。固定好动物，剪去一侧颈部上1/3处的毛，碘酊和酒精棉球消毒，左手压紧颈静脉的向心端，使其充血怒张并固定，手触摸怒张的血管时血管有弹性。沿静脉沟刺入针头（常用16号或20号针头）。若是取脱纤血液，则在容器中加入玻璃珠，边采血边沿一个转动方向摇动容器，采血完毕，用棉球按压针刺口片刻，以防血液外溢。为使血管怒张，也可用橡皮管扎住颈顶部。

3. 颈动脉放血法 常用于家兔、羊和牛等动物，可获得大量的血液。将动物侧卧保定，剪去颈部被毛，用酒精和碘酊消毒，纵切颈部正中线皮肤，剥离皮下组织，细心分离肌肉与气管，可见到颈静脉，再进行剥离，即可见到有强烈搏动的颈动脉，细心地将迷走神经与颈动脉剥离，用止血钳提起颈动脉，结扎上端，用止血钳夹住下端，在中央剪一小孔，插入玻璃弯管，用丝线扎紧，然后放松止血钳，血液即可喷出，沿灭菌乳胶管流入无菌容器中。若制备血清，使血液沿容器壁流入容器中。

4. 耳静脉采血法 常用于家兔和犬。操作方法参考耳静脉接种。

5. 翅静脉采血法 常用于鸡、鸽等禽类。保定动物，展开翅膀，拔去局部羽毛，消毒，左手拇指压迫静脉的向心端，血管怒张，针头沿静脉平行刺入血管内采血，采完后用干棉球压迫止血。

七、实验动物尸体剖检法

实验动物经接种后死亡或扑杀后应对其尸体进行解剖，以观察其病变情况，并取材保存或进一步做微生物学、病理学、寄生虫学、毒物学等检查。

（1）先肉眼观察动物体表的情况。

（2）将动物尸体仰卧固定于解剖板上，充分露出胸腹部，用3%来苏儿或其他消毒液擦拭尸体的颈、胸、腹部的皮毛。

（3）以无菌剪刀自其颈部至耻骨部切开皮肤，并将四肢腋窝处皮肤剪开，剥离胸腹部皮肤使其尽量翻向外侧，注意皮下组织有无出血、水肿等病变，观察腋下、腹股沟淋巴结有无病变。

（4）用毛细管或注射器穿过腹壁吸取腹腔渗出物供直接培养或涂片检查。

（5）另换一套灭菌剪刀剪开腹膜，观察肝、脾及肠系膜等有无变化，取肝、脾、肾等实质脏器各一小块放在灭菌平皿内，以备培养及直接涂片检查。然后剪开胸腔，观察心、肺有无病变，可用无菌注射器或吸管吸取心脏血液进行直接培养或涂片。

（6）必要时破颅取脑组织做检查，如需进行组织切片检查，将各种组织小块置于4%甲醛中使其固定。

（7）剖检完毕应妥善处理动物尸体，以免散播传染，最好火化或高压灭菌，或者深埋。若是小鼠尸体，则可浸泡于3%来苏儿中杀菌，然后倒入深坑中，使其自然腐败。解剖器械也需煮沸消毒，其他用具可用3%来苏儿浸泡消毒。

八、病原菌的毒力及其测定

病原菌致病力的强弱程度称为毒力，同一细菌的不同菌株，其毒力不同。在疫苗研制、血清效价测定、药物筛选等工作中，都必须知道细菌的毒力。细菌毒力的表示方法很多，最具实用性的是半数致死量（LD_{50}）。LD_{50}是指能使接种的实验动物在感染后一定时限内死亡一半所需的微生物量或毒素量。半数致死量测定方法如下。

1. 预实验

（1）摸索上下限　即用少量动物逐步摸索出使全部动物死亡的最小剂量和一个动物也不死亡的最大剂量。方法是根据经验或文献定出一个估计量，观察接种2～3只动物的死亡情况。若全死，则降低剂量；若全不死，则加大剂量再行摸索，直到找出最小和最大剂量，分别为接种量的上、下限。

（2）确定组数、组距及各组剂量

①组数　一般5～8组，可根据适宜的组距确定组数，如先确定5组，若组距过大，可再增加组数以缩小组距。有时也可根据动物死亡情况来决定是否增减组数。

②组距　指相邻两组剂量对数之差，常用“d”来表示。d不宜过大，因过大可使标准误增大；也不宜过小，因过小则组数增多，使各组间死亡率重叠而造成实验动物的浪费。组距主要取决于实验动物对被试样品的敏感性。敏感性大者，死亡率随剂量增加（或减少）而增加（或减少）的幅度大，组距可小些；反之，敏感性小者，死亡率随剂量变化的幅度小，则组距应大些。一般要求d应小于0.155，多在0.08～0.1。

确定组距方法：把上、下限的剂量换算成对数值，设上限剂量的对数值为X_k，下限剂量的对数值为X_1，组数为G，则：

$$d=\frac{X_k-X_1}{G-1}$$

③确定各组剂量　由X_1逐次加d（或X_k逐次减d），得出各组剂量的对数值，再分别查反对数，即得出各组剂量（呈等比级数排列）。

（3）配制等比试样，并使每只动物在试样接种容量上相等。

2. 正式实验

（1）实验动物的选择与分组选择原则　可根据不同实验而选取动物，应选择对被试因素敏感的动物。同时也应考虑动物来源、经济价值及操作简便等条件。常用小鼠作为实验动物来测定LD_{50}。个体年龄、体重尽量一致，雌、雄各半，数量相等。

①分组原则　每组动物数必须多于组数。因为每组动物数如少于组数，就不能充分反映各组死亡率的差别。

②分组方法　首先按性别将动物分开或雌雄各半混合编组，然后按体重分群，再随机分组，力求使各组平均体重相等。

（2）接种、观察　接种途径可根据不同试验及动物而定，小鼠多用腹腔注射或灌胃法，也可静脉注射。给药顺序宜采取间隔跳组方法（如共 6 组，先按 2、4、6 组顺序给药，然后逆行按 5、3、1 组的顺序给药。这样可避免因药物放置过久或动物饥饿造成的偏向性误差，且当第 3 组给药后，如第 2 组动物已经全死，则可省下第 1 组动物及 1 号试样。如第 6 组已死亡，可补做第 7 组，争取做出 0%死亡率的组。每只动物的接种容量可按个体体重或平均体重确定）。观察时间是从接种试验样品开始，到动物因接种试样作用不再死亡为止的时间。

（3）计算 LD_{50}　试验结束后，应用 Reed - Muench 法的公式计算 LD_{50}，也可用 SPSS 软件或 Bliss 法计算结果。

$$\lg LD_{50}=\lg \text{高于 50\%死亡率的最小稀释度}+\text{距离比例}\times\lg \text{稀释系数}$$

$$\text{距离比例}=(\text{高于 50\%死亡率}-50\%)/(\text{高于 50\%死亡率}-\text{低于 50\%死亡率})$$

九、病原菌毒素及其测定

毒素是细菌产生的有害物质。按其来源、性质和作用等的不同，细菌毒素可以分为内毒素和外毒素两大类。

1. 内毒素的检测　内毒素是革兰氏阴性细菌细胞壁中的一种成分，称为脂多糖。内毒素只有当细菌死亡溶解或用人工方法破坏细菌细胞后才释放出来，因此称为内毒素。与外毒素相比，内毒素耐热、毒性作用相对较弱，而且各种革兰氏阴性菌产生的内毒素的致病作用相似，如引起发热、微循环障碍、休克、弥散性血管内凝血等。

（1）内毒素对动物的致热作用　以伤寒沙门菌内毒素检测为例。

①试验动物　1.5～2.0kg 的健康家兔 3 只。

②接种材料的准备　用灭菌生理盐水将沙门菌菌液稀释成每毫升 10 亿个活菌，经 100℃加热 30min 后备用。

③试验方法　试验前家兔禁食 1h，测量肛温。连续测量 3 次，每次间隔 1h。正常肛温应为 38.2～39.6℃，后两次肛温差＜0.2℃者，可供接种，取 3 次肛温的平均值作为该家兔的正常体温。于测定体温 15min 内，用注射器吸取预温至 37℃的灭菌沙门菌菌液 0.5～1.0mL，注入家兔耳静脉内。每隔 1h 测量肛温 1 次，连续测量 3 次，取最高一次肛温减去正常体温即为该家兔的升温值。3 只接种家兔中，有 2 只或以上升温值为 0.6℃以上，则为内毒素发热反应阳性。

（2）鲎试验　鲎试剂为鲎科动物东方鲎的血液变形细胞溶解物的冷冻干燥品，含有 C 因子、B 因子、凝固酶原、凝固蛋白原等。在适宜的条件下（温度、pH 及无干扰物质），细菌内毒素激活 C 因子，引起一系列酶促反应，使鲎试剂产生凝集反应形成凝胶。随着凝胶的形成，反应液的吸光度（OD 值，浊度）增加，OD 值增加的速度与内毒素浓度呈正相关。换言之，OD 值上升某一预设限值（启动 OD）所需要的时间（定义为启动时间）与内毒素浓度呈负相关，启动时间的对数与内毒素浓度的对数呈线性关系。据此，可以定量供试品的内毒素浓度。本试验用于体外细菌内毒素的定量检测。

①试剂　鲎试剂（冻干品 0.1mL/支）和标准品内毒素。

②试验方法　打开 3 支鲎试剂冻干品，各加入 0.1mL 无菌蒸馏水溶解，分别加入标准内毒素、蒸馏水和待测标本（发热动物的血液、细菌培养上清液、注射制剂、生物制品等）各 0.1mL，摇匀，垂直放入 37℃水浴中，保持 15～30min，取出观察结果。“强阳性”呈固体状；“阳性”呈凝胶状，有变形但不流动；“弱阳性”呈黏性半流动状；“阴性”呈可流动的未凝固状。

（3）注意事项

①内毒素检测用所有器具必须除热原质，且试验过程应防止微生物的污染。

②当供试品中可能存在鲎试剂的干扰物质时，须进行干扰试验。

③鲎试验无特异性，不能区别检出的内毒素来源为何种细菌。

2. 外毒素的检测　细菌在生长过程中合成并分泌到细胞外的毒素，或存在于胞内在细菌溶解后释放的毒素称外毒素。其性质不稳定，对热和蛋白酶较敏感，抗原性和毒性均较强，能选择性地作用于某些组织器官，引起特殊病变。以金黄色葡萄球菌肠毒素检查为例。检查方法有动物试验和琼脂扩散试验两类。

（1）动物试验

①试验动物　6～8 周龄幼猫，体重 350～600g。

②接种材料的准备。

A. 样品上清液的准备　取可疑中毒动物的胃肠内容物、呕吐物、粪便及饲料等样品，加灭菌生理盐水研磨成混悬液，以 3 000r/min，离心 30min，取上清液经 100℃水浴 10min 后备用。

B. 肠毒素的制备　取分离纯化并经鉴定的金黄色葡萄球菌菌株，接种在普通肉汤培养基，在二氧化碳环境下于 37℃培养 96～120h，然后以 3 000r/min，离心 60min，取上清液经 100℃水浴 10min 后备用。

③试验方法　幼猫在试验前 1d 应做一般临床检查证实健康状况良好，在试验前 2h 饲喂食物（以便观察呕吐等反应）并测量体温（正常体温 38～39℃），然后进行接种试验。幼猫每 100g 体重腹腔注射上述接种材料 1mL（亦可口服 10～15mL，但灵敏度没有腹腔注射高）。同时以注射未接种细菌的同批肉汤培养基滤液或生理盐水的幼猫作为对照组，如实验幼猫在 30～300min 内发生呕吐、腹泻、体温升高等反应，而对照猫不出现反应，即可判定为试验阳性。若实验幼猫在注射后 30min 内即出现呕吐，并于 1d 内死亡，则为葡萄球菌溶血素未被破坏而引起的反应，可延长上清液加热时间至 30min，然后重新接种动物。

（2）琼脂扩散试验（微量玻片扩散法）

①肠毒素的制备　同上述动物试验。琼脂扩散法只适于检查葡萄球菌培养液中的肠毒素，不适用于样品（胃内容物等）上清液中毒素的直接检查。

②玻片的准备　称取纯化的琼脂 2.1g，加磷酸盐缓冲盐水（含 0.01%硫柳汞）至 100mL，在沸水浴中融化备用。取干净的载玻片，事先在 0.2%琼脂中浸片，晾干并放在水平台面上，将上述 2.1%琼脂趁热滴加在玻片上，布满全片，待琼脂冷却凝固后，用打孔器做梅花形打孔，孔的直径和孔距都是 3mm。

③试验方法　中间孔滴加被检上清液 10μL，周围各孔加入多价抗毒素血清和各型单价抗毒素血清，将玻片放在铺有数层湿纱布的密闭容器内，观察 24h，一般于 25℃ 7～8h 即可出现沉淀线，被检上清液与抗毒素孔之间出现明显致密的沉淀线为阳性结果。

》第三节　病原菌对抗菌药物的敏感性试验《

细菌的耐药性是指细菌对某种或某些抗菌药物的相对不敏感性或相对抗性，细菌的耐药性通常以抗菌药物的治疗浓度或抗菌药物常用剂量在血清中的浓度与该抗菌药物对细菌的最小抑菌浓度（minimum inhibitory concentration，MIC）的关系来确定。如果某种抗菌药物的治疗浓度大于其对某种细菌的 MIC，即表示该细菌对此抗菌药物敏感；反之则表示该细菌对此抗菌药物耐药。

药物敏感性试验的目的是检出细菌的耐药性，确定病原菌对哪些药物敏感。目前，临床微生物实验室进行药敏试验的方法主要有稀释法、扩散法等。

一、稀释法药敏试验

稀释法属于半定量法，是将一定浓度的抗菌药物用培养基进行一系列的不同倍数稀释后，定量加入被试菌株，经培养后观察最小抑菌浓度（MIC）或最小杀菌浓度（minimum bactericidal concentration，MBC）。其优点是直接检测抗菌药物在体外对病原菌的抑制或杀伤浓度，临床可根据 MIC 结合药物代谢和药效动力学拟定合理的治疗方案。

（一）常用的稀释法

1. 液体稀释法（试管法）　试管法是将药物做倍比稀释，观察不同含量的药物对细菌的抑制能力，以判定细菌对药物的敏感度。常用于测定抗生素及中草药对细菌的抑制能力。

①试验方法　取无菌试管 10 支，排列于试管架上，于第一管中加入营养肉汤 1.9mL，其余 9 管各加入营养肉汤 1mL。吸取配制好的抗菌药物原液 0.1mL 加入第一管中，充分摇匀混合后吸出 1mL 移入第二管中，充分混合后，再由第二管移出 1mL 移入第三管中，充分混合后，由第三管移出 1mL 到第四管，依此类推到第九管，从第九管吸出 1mL 弃去。第十管不加抗菌液作为空白对照。然后向各管中加入细菌稀释液 0.05mL（培养 18h 的菌液按 1∶1 000 稀释，培养 6h 的菌液按 1∶10 稀释），放置 37℃恒温培养箱中培养 18～24h 后观察结果。

②结果判定　培养 18h 后，以无细菌生长的药物最高稀释管中的稀释度为该菌对药物的敏感度。若由于加入药物（如中草药）而使培养基变混浊，肉眼观察不易判断时，可进行接种培养或涂片染色镜检判定结果。

2. 琼脂稀释法　此法可同时检测多株细菌，结果较为准确，常作为标准参考方法，但操作较液体法复杂。

（1）含抗菌药物琼脂稀释平板的制备　首先用表 4-4 所示方案制备各种中间浓度的抗菌药物溶液，在制备琼脂平板时应把一份抗菌药物溶液加入到九份液体琼脂培养基中。对大多数常见的需氧菌和兼性厌氧菌来说，M-H 琼脂是推荐使用的培养基，脱水的琼脂粉可购买得到，并根据产品的说明进行平皿的制备。在灭菌前通常将融化的琼脂分装在带有螺帽的容器中，121℃高压灭菌 15min，将高压后的琼脂水浴平衡至 48～50℃，把合适的抗菌药物溶液加入到琼脂中；将抗菌药物溶液与琼脂充分混匀，并倒入置于水平台面的平皿中，应同时制备用于质控的不含抗菌药物的琼脂平板，所有平皿中琼脂的厚度应为 3～4mm，每一批琼脂的 pH 也应检查，以保证在可接受的 7.2～7.4 范围内。

表 4-4 琼脂稀释法敏感试验中抗菌药物的制备方案

步骤	浓度（μg/mL）	来源	体积（mL）	蒸馏水（mL）	中间浓度（μg/mL）	琼脂中最终浓度（经 1∶10 稀释）	lg2
1	5 120	储存液	1		5 120	512	9
2	5 120	步骤 1	1	1	2 560	256	8
3	5 120	步骤 1	1	3	1 280	128	7
4	1 280	步骤 3	1	1	640	64	6
5	1 280	步骤 3	1	3	320	32	5
6	1 280	步骤 3	1	7	160	16	4
7	160	步骤 6	1	1	80	8	3
8	160	步骤 6	1	3	40	4	2
9	160	步骤 6	1	7	20	2	1
10	20	步骤 9	1	1	10	1	0
11	20	步骤 9	1	3	5	0.5	−1
12	20	步骤 9	1	7	2.5	0.25	−2
13	2.5	步骤 12	1	1	1.25	0.125	−3

（2）标本的接种 接种量将对药敏结果的 MIC 值产生明显影响，为得到准确的结果必须做到接种物标准化，对琼脂稀释法来说最终的接种量应是 10^4 CFU/点，接种物的制备有两种方法：生长法和直接菌落悬液法，其具体操作过程及浊度标准的制备同纸片扩散法。对于绝大多数菌种来说，用上述两种方法制备的标准接种物浓度为（1～2）$\times10^8$ CFU/mL，一般应用无菌肉汤或盐水按 1∶10 稀释以获得 10^7 CFU/mL 的接种浓度。调整好的接种菌液最好在制备后 15min 内接种抗菌药物平板，因为时间延长会影响接种量。首先应在琼脂平皿上做标记，以表明接种点的位置，然后使用移液器、定量接种环或专用的接种物复种：用移液器在琼脂表面接种 1～2μL 的菌液，最终琼脂上 5～8mm 的点所含的接种菌约为 10^4 CFU。接种前琼脂的表面必须干燥，接种时应先接种不含抗菌药物的质控平板以检查接种菌的生长和纯度，随后从抗菌药物浓度最低的平板开始依次接种不同浓度的抗菌药物平板，最后再接种一块不含抗菌药物的质控平板，以检验在接种过程中有没有污染。

接种过的平皿应于室温下放置几分钟直至接种点的水分被吸干，然后将平皿倒置，于 35℃孵育 16～20h，在检测耐万古霉素的肠球菌和耐苯唑西林的葡萄球菌时，应孵育 24h。但某些苛养菌，不应在 CO_2 含量高的空气中孵育，因为会改变平皿表面的 pH。

（3）结果判读　在判读和报告临床菌株的药敏结果前应先检查质控菌株和不含抗菌药物的质控平皿，以确保其结果处于可接受的范围。判读终点时，平皿应置于不反光的表面上，记录完全抑制细菌生长的 MIC，单个菌落或接种物所致的轻微的不清晰现象不必考虑。如果在明显的终点之上的抗菌药物浓度中持续存在两个或更多的菌落，或者在低浓度时无菌生长而在高浓度时有菌生长，就应将接种物传代培养检测其浓度并尽可能重复试验。有时接种物中可能会含有拮抗甲氧苄啶和磺胺活性的物质，导致终点出现“拖尾”或不明确，此时与生长质控对照相比细菌的生长量有 80%以上的减少，则其可作为这些抗菌药物的 MIC 值。

3. 肉汤稀释法　肉汤稀释法包括常量法和微量法，前者使用无菌的 13mm×100mm 试管，每一浓度抗菌药物的量至少为 1mL（通常为 2mL）；后者使用的是具有圆底或锥形底小孔的微量稀释盘，小孔内装有 0.1mL 肉汤。Mueller－Hinton 肉汤（M－H 肉汤）是肉汤稀释法药敏试验的推荐培养基，具有的优点：①对敏感试验显示较好的批间重复性。②对磺胺、甲氧苄啶和四环素的抑制物较少。③用这种培养基进行的药敏试验已积累了大量的数据和经验。

M－H 肉汤可使绝大多数非苛养菌能够较好的生长，肉汤中添加某些补充物也可以支持苛养菌的生长。每批 M－H 肉汤在制备后都必须应用 pH 计检测其 pH，在室温 25℃下，pH 应为 7.2～7.4。肉汤中二价阳离子的合适范围应是 Ca^{2+} 20～25mg/L，Mg^{2+} 10～12.5mg/L，浓度不合适会影响氨基糖苷类抗生素对铜绿假单胞菌、四环素对所有细菌的 MIC 结果，如浓度降低可使氨基糖苷类的活性增强，而浓度过高则会降低氨基糖苷类的活性。在测试葡萄球菌对苯唑西林或甲氧西林的敏感性时，应在肉汤中加入 2% NaCl。每批新制备的 M－H 肉汤都要用一套标准的质控菌株来评估，如果未达到预期的 MIC 值，就应对阳离子含量及其他变量和成分进行检查。

（1）制备与贮存稀释的抗菌药物　表 4－5 提供了一个制备各种抗菌药物稀释浓度的简便可靠方法，在使用常量肉汤稀释（试管法）时，每个试管中加入的稀释好的抗菌药物溶液的最小量为 1mL，因为在加入等体积的接种物时，药物将被 1∶2 稀释，因此各试管中抗菌药物的浓度应是所需最终浓度的 2 倍，至于微量肉汤稀释法，若微量稀释盘的小孔中加入稀释好的抗菌药物溶液为 0.05mL，则每孔中抗菌药物的浓度应是所需最终浓度的 2 倍，因为再加入 0.05mL 接种物时药物将被 1∶2 稀释。若微量稀释盘的小孔中加入稀释好的抗菌药物溶液为 0.1mL，则每孔中抗菌药物溶液的浓度应是所需最终浓度的原倍，因为再加入的接种物的量很少（≤0.005mL），对最终浓度的影响也很小。一般认为，若小孔中加入的接种物的量少于抗菌药物肉汤稀释液的 10%，则其对抗菌药物浓度稀释的影响可不予考虑。

为减少抗菌药物的蒸发和变质，试管应盖紧并于 4～8℃保存，对大多数药物来说，稀释好的抗菌药物溶液应在 5d 内使用。加好抗菌药物溶液的微量稀释盘应用塑料袋密封包装并立即置于－20℃以下（最好－60℃）保存。在－20℃大多数抗菌药物可保存至少 6 周，但某些不稳定的抗菌药物除外，如亚胺培南、头孢克洛、克拉维酸等。微量稀释盘不能保存于自动除霜的冰箱中，解冻的抗菌药物溶液不能重新冷冻，因反复冻融会加速某些抗菌药物的降解，特别是β－内酰胺类药物。

表 4-5 肉汤稀释法敏感试验中抗菌药物的制备方案

步骤	浓度（μg/mL）	来源	体积（mL）	阳离子增强的 M-H 肉汤（mL）	最终浓度（μg/mL）	lg2
1	5 120	储存液	1	9	512	9
2	512	步骤 1	1	1	256	8
3	512	步骤 1	1	3	128	7
4	512	步骤 1	1	7	64	6
5	64	步骤 4	1	1	32	5
6	64	步骤 4	1	3	16	4
7	64	步骤 4	1	7	8	3
8	8	步骤 7	1	1	4	2
9	8	步骤 7	1	3	2	1
10	8	步骤 7	1	7	1	0
11	1	步骤 10	1	1	0.5	−1
12	1	步骤 10	1	3	0.25	−2
13	1	步骤 10	1	7	0.125	−3

（2）接种物的准备和接种　肉汤稀释法推荐的接种物最终接种浓度为 5×10^5 CFU/mL。首先通过生长法或直接菌落悬液法制成浊度为 0.5 麦氏标准的菌液，对于常量（试管）稀释法来说，用肉汤将上述菌液进行 1∶100 稀释（10^6 CFU/mL），分别取 1mL 接种物加入装有 1mL 抗菌药物肉汤稀释液的各支试管和 1 支不含抗菌药物的生长质控管中，并将每个试管混匀，这样每个抗菌药物浓度都被 1∶2 稀释，菌液浓度为 5×10^5 CFU/mL。对于微量稀释法来说，如果盘孔内抗菌药物稀释液的量为 0.1mL，接种菌液的量为 0.005mL，那么应将 0.5 麦氏标准的菌液按 1∶10 稀释以获得 10^7 CFU/mL 的菌液，当取其 0.005mL 加入盘孔，菌液的最终测试浓度为 5×10^5 CFU/mL；如果盘孔内抗菌药物稀释液的量为 0.05mL，接种菌液的量为 0.05mL，则与常量稀释法一样，先将 0.5 麦氏标准的菌液按 1∶100 稀释，然后取 0.05mL 加入盘孔，抗菌药物浓度最终被 1∶2 稀释。

两种肉汤稀释法均应在 15min 内接种，并取一份接种菌液在非选择琼脂平皿上传代培养，以检查接种物的纯度，同时应接种一个不含抗菌药物的试管或盘孔作为生长对照。为保证常规制备的接种物终浓度接近于 5×10^5 CFU/mL，实验室应定期进行接种菌悬液的菌落计数，可在接种后立即从生长对照管或孔中取 0.01mL 液体，然后稀释在 10mL 的 0.9%盐水中（1∶1 000 稀释），混匀后取 0.1mL 液体接种于合适的琼脂培养基表面，经孵育琼脂，当表面出现 50 个菌落时，表示接种物浓度为 5×10^5 CFU/mL。

（3）孵育　为防止蒸发，孵育前每个稀释盘都需用塑料袋封装，接种好的常量稀释管和微量稀释盘应放在 35℃普通空气温箱中孵育 16～20h，为使所有的培养物都具有相同的孵育温度，微量稀释盘的叠放不应超过 4 层。当测试嗜血杆菌和链球菌时，应在普通空气中孵育 20～24h，对耐甲氧西林的葡萄球菌和耐万古霉素的肠球菌孵育应持续 24h。

（4）结果解释　在读取和报告所测菌株的 MIC 前，应检测生长质控管或孔（不含抗菌药物）的细菌生长情况，同时还应检查接种物的传代培养情况以确定其是否被污染及接种量是否合适，质控菌株的 MIC 值应处于合适的质控范围。生长终点的判读可通过含有抗菌药物的管或孔与生长质控管或孔的比较来进行，通常细菌的生长可通过可见的浊度、一个直径≥2mm 的沉淀菌斑或多个小菌斑来显示。检测甲氧苄啶和磺胺的 MIC 时可能见到终点“拖尾”现象，与生长质控对照相比，若细菌的生长量有 80%以上的减少则可作为其 MIC 值。肉汤稀释法的结果还可能出现“跳管”现象，即在某一浓度的抗菌药物中无细菌生长，但在比其高和低的浓度中却可见到生长。一般认为在此情况下，“跳管”可忽略，若出现多个“跳管”或细菌在高浓度抗菌药物中生长而在低浓度中不生长，则结果不能报告，需重复试验。

（二）制定稀释法敏感度的原则

①临床常规治疗剂量时，血液、体液或组织液中的药物浓度应高于 MIC 的敏感界值。

②同一属细菌对同一种药物的 MIC 界值应具有统计学的一致性，即已知敏感菌的 MIC 值要在 MIC 界值中。

③体外试验的结果要与临床疗效相吻合。理想的抗感染药物应该是在体内既能达到杀灭病原微生物的水平，又不至于引起毒性反应，即具备“选择性毒性”作用。多数抗菌药物在大部分组织和体液中的浓度仅为血药浓度的 1/10～1/2，如果要在组织和体液（除血液外）中达到杀灭病原微生物的目的，有效血药浓度至少应为该菌 MIC 的 2～10 倍。

（三）敏感度的划分标准

1. 敏感 表示被测菌株所引起的感染可以用该抗菌药物的常用剂量治愈，即用常规治疗剂量时达到的平均血药浓度超过该细菌 MIC 的 5 倍以上。

2. 中度敏感 表示被测菌株可以通过提高剂量被抑制或在药物生理性浓集的部位被抑制，或采用联合抗菌药物治疗。常用剂量的平均血药浓度一般相当于或略高于细菌的 MIC。

3. 耐药 被测菌不能被常用剂量所达到的组织内或血液中的抗菌药物浓度所抑制，即平均血药浓度低于细菌的 MIC。

二、扩散法药敏试验

扩散法的性质属于定性试验，是将浸有一定浓度抗菌药物的纸片贴在涂有细菌的琼脂平板上，抗菌药物在琼脂内向四周扩散，其浓度呈梯度递减，因而敏感细菌在纸片周围一定距离内的生长受到抑制。其优点是简便、易行，适合于常规工作；缺点是方法学上存在着一定的局限性。常见的扩散法有 K-B 法（WHO 推荐的方法）、Stokes 纸片比较法、管碟法等。

除稀释法中的三条外，还要求测出细菌对每一种药物的 MIC 值及纸片扩散法抑菌环的直径，再将这些资料进行统计学相关回归分析。纸片扩散法的建立主要包括以下 6 个步骤。

（1）选择菌株　一般选择 100～150 株临床常见致病菌，注意受试菌株要有代表性。

（2）检测 MIC　采用标准稀释法测出受试菌株的 MIC，注意药物的系列稀释浓度中至少应包含高于及低于 MIC 界点浓度的两个稀释度。

（3）纸片含药量的选择　选择一系列含药量不同的纸片，用 K-B 法测得试验菌株的抑菌环，进而选出纸片的最佳含药量。所选择的药敏试验纸片含药量必须符合下列要求：含药量的轻微改变对抑菌圈直径无大的影响，通常含药量增加1倍时抑菌圈直径仅增加2～4mm；在临床上使用最大许可剂量时，被抑制的那些细菌的抑菌圈直径至少在10mm以上；敏感株（如药敏质控株）的抑菌圈直径大小适中，通常将多数菌控制在30mm之内；全部试验菌的抑菌圈直径分布较均匀，且与MIC值（对数值）线性关系良好。

（4）量取抑菌圈直径　受试菌用K-B法多次检测，取抑菌圈的平均直径（实际与选择纸片含药量同步进行）。

（5）资料的统计处理　以$\log_2$（MIC）为y轴，抑菌圈直径为x轴制作受试菌的散点分布图。再将散点分布图做一元回归，计算出回归方程，将散点图拟合成最合适的理论回归直线。在进行回归分析时，要摒除无抑菌圈及MIC超出试验浓度范围的资料，但散点图上这些资料应保留。用MIC“敏感”和“耐药”的界值界定抑菌圈直径相对应的敏感级，见图4-1。

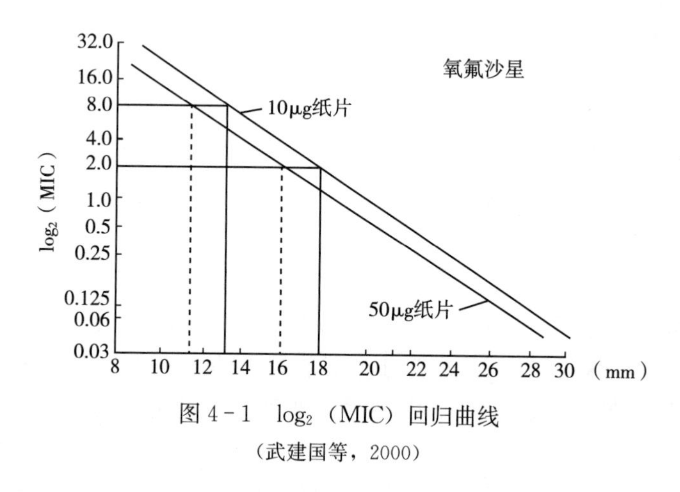

图4-1　$\log_2$（MIC）回归曲线

（武建国等，2000）

（6）抑菌圈直径的解释　各种细菌按耐药、中介及敏感三级报告。中介级是一个缓冲带，指一些无法以敏感或耐药而划定的抑菌圈范围。因为对纸片扩散法的结果解释，是以一定范围的抑菌圈定性推断相应范围的MIC，因而图4-1中回归曲线方程的决定系数r^2决定了这种推断的准确度，也就是抑菌圈直径与MIC的相关百分率越高越好。尽管在建立抑菌圈解释标准时，要求尽可能使MIC试验范围的各浓度均有一定数量的菌株，而实际上MIC与抑菌圈之间的散点图并不可能均呈良好的线性分布，会出现重叠、串状排列等各种图形。为了减少敏感与耐药互相混淆的极端误差，将MIC敏感与耐药“临界区”之间的抑菌环范围定为需要重新试验或结合临床考虑的中介级。

总之，纸片扩散法在方法学上存在一定的局限性，一般来说主要适用于生长快的细菌，建立的标准允许有1%的假敏感和5%的假耐药存在。限于正常实验误差范围，耐药、中介和敏感三级只能用毫米水平表示，不能有小于毫米的值。

三、抗菌药物的联合药敏试验

对严重感染和多重感染常联合应用抗菌药物，以增加疗效。其疗效在治疗结核、肠球菌性心内膜炎和一些革兰氏阴性杆菌引起的感染中已被确认。两种药物同时应用时，可以出现协同和累加作用，但有时也可出现拮抗作用。体外联合药敏试验的一个主要目的就是避免使用相互拮抗的抗菌药物，为临床上拟定联合抗菌治疗方案提供参考。联合药敏试验常用的方法有棋盘稀释法、纸片法和琼脂平皿棋盘稀释法。

1. 棋盘稀释法 是两种药不同浓度的多重结合，即一种药沿 x 轴方向稀释，另一种药沿 y 轴方向稀释，每种药物的浓度范围均应包含从低于 MIC 4～5 个滴度到高于 MIC 2 倍（倍比稀释），并各自有一排不加另一种药的稀释。尽管稀释浓度用指数形式，但用算术值绘制等浓度辐射图结果呈协同、无关和拮抗 3 种线型。

判断联合药敏试验结果的另一种方法是用 *FIC* 指数，其计算公式如下：

$$FIC\text{指数}=\frac{\text{甲药联合时的}MIC}{\text{甲药单独时的}MIC}+\frac{\text{乙药联合时的}MIC}{\text{乙药单独时的}MIC}$$

根据 *FIC* 指数的大小，联合药敏试验结果可分为 4 种类型：①*FIC* 指数≤0.5，协同作用，两药联合后的作用明显大于各个单药抗菌作用；②*FIC* 指数＞0.5～1，累加作用，两药联合后的作用较任一种单药稍有增加；③*FIC* 指数＞1～2，无关作用，两药的作用均不受另一种药物的影响；④*FIC* 指数＞2，拮抗作用，一种抗菌药物的作用被另一种抗菌药物削弱。

2. 纸片法联合药敏试验 是一种更简单的试验方法，结果根据抑菌圈的图形判定，作为一种定性试验，其与药物在体内所能达到的浓度无关。无论棋盘稀释法还是纸片扩散法联合药敏试验，都只与抑制细菌生长的药物浓度有关，与杀菌活性无关。要检测杀菌活性，必须进行杀菌曲线试验。

四、体外抗生素后效应

体外抗生素后效应（post - antibiotic effect，PAE）是对数期细菌被抗生素短暂作用后的生长迟缓期或恢复期。各种药物与微生物作用后是否存在 PAE 及 PAE 时间的长短有明显的差异，其作用机制尚不清楚。最可能的解释是：抗生素持续占据细菌结合部位引起细菌的非致死性损伤。抗生素与细菌的结合可以是可逆的，也可以是不可逆的。对于可逆性结合来说，PAE 就是抗生素从结合部位解析出来所需时间；对于不可逆结合来说，PAE 就是细菌重建被结合部位的功能所需要的时间。

体外检测 PAE 的方法有多种，主要有重复洗涤、稀释和药物灭活。实验过程：对数生长期的受试菌接种于含 4～5 倍 MIC 抗生素的培养液中，1～2h 培养后，去除抗生素。在不含抗生素的培养液中重新培养，于不同时间测细菌含量，建立生长动力曲线，高于重建后零时 10 倍含量所需的时间即为 PAE。PAE 的临床意义体现在提示临床抗菌治疗最佳剂量的给药方案。有 PAE 的感染菌可以间歇给药，并允许间歇期血药浓度低于 MIC，较短或无 PAE 的感染菌则持续给药，并维持高于 MIC 的血药浓度。PAE 是抗生素药效学的一个重要特性，已用于评价新抗生素给药方案，并指导临床合理用药。

五、抗菌药物敏感性试验影响因素

1. 器材 抗菌药物敏感性试验是利用微生物学方法进行的，其用量极微。仪器的规格和精确度会直接影响试验结果，因此必须使用质量高的试管、吸管、培养皿和其他器皿，尤其是定量用的吸管，均须选用中性、硬质一级品，并且必须经过彻底灭菌。

2. 培养基成分 培养基成分不但影响敏感菌株的生长繁殖，并且可影响抑菌圈的直径。不同批号的蛋白胨所含的氨基酸和总氮量不同，因而抑菌圈有一定差别。氯化钠琼脂中的钙、镁离子影响链霉素、新霉素的扩散，尤其是氯化钠，对链霉素的影响最大，含量越高，抑菌圈越小，甚至不出现反应。但氯化钠有助于多黏菌素的扩散。琼脂含量和平板厚度也影响抑菌圈的大小，含量大，影响抗生素的扩散，一般以1.3%～1.6%的浓度较合适；琼脂层过厚抑菌圈也较小，以2～4mm为最适宜。磺胺类药物用琼脂平板法试验时，不能含蛋白胨，因为蛋白胨会使磺胺类药物失去作用。血清的吸附或结合作用，会使金霉素、中草药提取物抗菌作用减弱。

3. 敏感菌株 菌种的敏感度差别较大。如金黄色葡萄球菌对青霉素最敏感，大肠杆菌对链霉素、多黏菌素敏感。此外，接种量要适宜，接种量多，即使最敏感的菌株也不能抑制其发育，影响试验结果。

4. 培养基的厚度 一般直径90mm的平皿内加25mL培养基，厚度为4mm即可。如太薄则抑菌圈太大，太厚则抑菌圈过小。

5. 菌液浓度 细菌的接种量太多，使其在平皿上生长过盛，抑菌圈过小，反之则过大。因此在增菌时挑取菌落数应按不同菌种加以控制。如对一般容易生长的大肠杆菌等，挑取1～2个菌落即可，对葡萄球菌挑取5个。肺炎球菌及链球菌则应挑取20个以上。

6. 标准液和被检液 要用同一方法在同一条件下配制，避免因操作方法不一致而造成误差。

7. 培养温度 一般细菌生长最适温度35～37℃，真菌生长最适温度28～30℃，空肠弯曲菌则需42～43℃才能生长。

8. 培养时间 细菌在发育过程中，对数期繁殖最快，以后处于稳定衰落期。培养时间过短则细菌不繁殖；培养时间过长则敏感度降低，抑菌圈不清楚。一般以37℃培养16～18h为宜。

9. pH 对试验结果有显著的影响。新霉素、链霉素在碱性环境中活性最大，而在酸性环境中抑菌圈缩小。四环素类抗生素以酸性环境为佳，青霉素、氯霉素以中性环境为宜。

六、药物敏感性试验结果的评价

由于细菌耐药机制不同及试验中影响因素（如抗生素浓度、培养基的组成成分、pH、细菌接种方法、接种量、培养时间、结果判定标准及结果解释等）的干扰，药敏试验的表型可能出现错误或矛盾，必须加以修正或者向临床兽医师做出解释。在报告药物敏感性试验结果时应注意以下问题。

1. 代表性药物 此类抗生素有相似的抑（杀）菌机理和相同的抗菌活性谱，且因同样的耐药机制而失效。一般情况下，青霉素及新青霉素类抗生素宜用氨苄西林，氨基糖苷类抗生素宜用庆大霉素及妥布霉素，大环内酯类抗生素宜用红霉素，喹诺酮类抗生素宜用环丙沙星或氧氟沙星，头孢菌素类抗生素应包括一代、二代、三代头孢的代表药物。

2. 提示性药物 细菌对此种药物耐药可提示对同类药物均耐药。如葡萄球菌对苯唑西林耐药，提示对所有β-内酰胺类抗生素均耐药；耐庆大霉素的革兰氏阳性球菌对氨基糖苷类抗生素耐药；大肠杆菌对头孢呋肟、头孢他啶耐药，提示会产生超广谱β-内酰胺酶。

3. 需要修正的结果 葡萄球菌如对β-内酰胺酶阳性时，应报告对所有青霉素类抗生素耐药；耐林可霉素的葡萄球菌即使出现对克林霉素敏感的结果也应报告耐药；耐庆大霉素的革兰氏阳性球菌即使出现对阿米卡星、奈替米星敏感的结果，因只抑制菌而不杀菌，也应报告耐药。

4. 不可能出现的结果 如耐甲氧西林的金黄色葡萄球菌对青霉素类抗生素敏感；耐庆大霉素的革兰氏阳性球菌对其他氨基糖苷类抗生素敏感；肠杆菌科耐三代头孢菌素，对氨基西林、羟基西林或一代头孢菌素敏感等，对此类结果必须找出原因并加以纠正。

第五章　兽医病毒学检测技术

病毒是一类专性细胞内寄生的非细胞型微生物。尽管病毒很小，结构和组成简单，但其在自然界的分布非常广泛，常寄生于人类、动物、植物、真菌、细菌和寄生虫等各种生物体内。自20世纪70年代以来，全球新发现的大多数传染病的病原都是病毒，其中有些病毒（如埃博拉病毒、甲型流感病毒、SARS冠状病毒、新型冠状病毒等）可引起全球传染性疾病，给人类健康和生命造成了巨大危害。目前多种病毒病仍未得到有效根除和（或）控制，为了寻找攻克这些病毒病的方法，人类需要借助病毒学检测技术深入地了解病毒，更好地解决病毒学研究面临的难题。

病毒学检测技术是以病毒学基本方法为基础，结合免疫学、分子生物学等所形成的检测方法。该技术对新发病毒或已知病毒的快速分离、培养及鉴定至关重要，可分为直接病毒学检测技术和间接病毒学检测技术。直接病毒学检测技术通过培养病毒，对病毒核酸、蛋白质及其引起的细胞病变进行检测，或者通过电子显微镜技术对病毒形态结构进行直接观察；间接病毒学检测技术可通过检测血清中的抗体等成分来实现对病毒的鉴定。

》第一节　细胞培养技术《

细胞培养是指将细胞从动物或植物体内取出后在适宜的人工环境中生长的过程。动物细胞培养是指通过酶消化、机械、化学等方法从动物活体器官、组织内分离细胞，在无菌、适宜温度、适宜pH和一定营养条件下，使其生长繁殖，并维持其结构和功能的一种培养技术。细胞培养技术现已广泛应用于病毒学、免疫学、遗传学、肿瘤学、分子生物学、新药及疫苗研发等多个领域。

一、细胞培养所需仪器设备及用品

1. 仪器设备

（1）常用仪器设备　超净工作台、CO_2培养箱、恒温水浴锅、离心机、倒置显微镜、冰箱（－80℃、－20℃、4℃）、荧光显微镜、细胞计数仪、液氮罐、超纯水仪、高压灭菌器、干烤箱等。

（2）扩展设备　pH计、共聚焦显微镜、流式细胞仪、细胞培养小室等。

2. 用品

（1）细胞、培养基、血清、抗生素及其他试剂。

（2）细胞培养容器（如培养瓶、培养皿、多孔板）、滤器、吸管、移液器、注射器、废物容器等。

二、细胞培养的无菌环境

1. 无菌室

（1）无菌室的结构　一般由更衣间、缓冲间、操作间三部分组成。

（2）无菌室的灭菌　为保持无菌状态，定期灭菌是必要的。通常无菌室在使用前需紫外照射 1～2h，每周甲醛、乳酸、过氧乙酸熏蒸 2h 以及每月用新洁尔灭擦拭地面、墙壁一次。实际工作中，需根据无菌室建筑材料的差异来选择合适的灭菌方法。

2. 无菌工作区　生物安全柜应正确设置，并放置于细胞培养的专用区域，避免来自门、窗和其他设备的气流。使用前后，应使用 70%乙醇擦拭工作台面，并定期清洁周围区域和设备。

3. 超净工作台　超净台的平均风速保持在 0.32～0.48m/s 为宜，过大、过小均不利于保持洁净度；工作台面应保持整齐，只放置特定试验所需的物品；使用前开启超净台内紫外灯照射 30min，然后让超净台预工作 10～15min，以除去臭氧；使用完毕后，要用 70%乙醇将超净台擦拭干净。

4. 良好的个人卫生　在进行细胞培养前后均要洗手，要穿无菌服、专用鞋套，戴口罩、头套和手套。

5. 无菌培养基和试剂　严格按照无菌操作要求配制相关培养基和试剂。

三、常用的灭菌方法

用于细胞培养的灭菌方法很多，每种方法都有一定的适用范围。如过滤除菌系统、紫外照射、电子杀菌灯、乳酸、甲醛熏蒸等用于实验室空气灭菌，新洁尔灭用于地面消毒，常采用高压蒸汽灭菌或过滤除菌法对玻璃器皿和培养液进行灭菌。

1. 物理灭菌法

（1）紫外线灭菌　紫外线是一种低能量的电磁辐射，可杀死多种微生物。紫外线的直接作用是通过破坏微生物的核酸及蛋白质等使其灭活，间接作用是通过紫外线照射产生的臭氧杀死微生物。紫外直接照射培养室灭菌，用法简单，效果好。革兰氏阴性菌对紫外线最为敏感，其次是阳性菌、芽孢，真菌孢子的抵抗力最强。紫外灯的灭菌效果与紫外灯的辐射强度和照射剂量相关，辐射强度随灯距增加而降低，照射剂量和照射时间成正比。紫外灯不仅对皮肤、眼睛有伤害，也会对细胞和试剂等造成不良影响，故不应开着紫外灯操作。

（2）高温湿热灭菌　压力蒸汽灭菌是最常用的高温湿热灭菌方法。该方法对生物材料有良好的穿透力，能造成蛋白质变性凝固而使微生物死亡，常用于布类、玻璃器皿、金属器皿和某些培养液的灭菌。从压力蒸汽灭菌器中取出已灭菌的物品（不包括液体），应立即置于 60～70℃烤箱内烘干，再贮存备用。

（3）高温干热灭菌　干热灭菌主要是将电热烤箱内物品加热至 160℃以上，并保持 90～120min，杀死细菌和芽孢，达到灭菌目的。该方法主要用于玻璃器皿、金属器皿以及不能与蒸汽接触的物品的灭菌。此外，烧灼也是灭菌方法之一，常利用台面上酒精灯的火焰对金属器皿及玻璃器皿口缘进行烧灼灭菌。

（4）过滤除菌　是将液体或气体用微孔薄膜过滤，大于孔径的细菌等微生物颗粒被阻留，从而达到除菌目的。细胞培养用的培养基、消化液中含有多种生物活性物质，此类物质在高温和射线的照射下易失去功能，必须用过滤除菌法除菌。

2. 化学灭菌 化学消毒剂种类繁多，常用的有漂白粉、次氯酸钠、二氯异氰尿酸钠、过氧乙酸、过氧化氢、高锰酸钾、甲醛、戊二醛、环氧乙烷、乙醇、苯酚、新洁尔灭等。

3. 抗生素灭菌 抗生素主要用于培养液的灭菌，是培养过程中预防微生物污染的重要手段，也是微生物污染不严重时的“急救”方法。

（1）抗生素使用种类与浓度 鉴于不同抗生素杀灭的微生物不同，应根据需要选择适宜的抗生素种类和浓度，见表 5－1。青霉素主要对革兰氏阳性菌有效，链霉素主要对革兰氏阴性菌有效，故通常将青、链霉素混合使用以预防绝大多数细菌污染，但抗生素对霉菌与酵母菌的污染均无效。

表 5－1 抗生素使用种类与浓度

抗生素	工作浓度	贮存温度	杀灭细菌
青霉素	100U/mL	−20℃	G^+细菌
链霉素	100μg/mL	−20℃	G^+和G^-细菌
庆大霉素	50μg/mL	−20℃	G^+和G^-细菌
两性霉素 B	2.5μg/mL	−20℃	酵母和霉菌
金霉素	50μg/mL	−20℃	G^+和G^-细菌
制霉菌素	50μg/mL	−20℃	酵母和霉菌
潮霉素 B	2.5μg/mL	−20℃	酵母和霉菌

（2）抗生素使用注意事项

①抗生素只能作为防控污染的最后手段且只能短期使用。

②对从美国模式菌种收集中心（ATCC）引进的细胞株，培养基中不加抗生素。

③对从其他实验室引进的细胞株，大量培养时不加抗生素。

④寄送活细胞时，将培养液充满整个细胞瓶时，要添加双抗（青霉素、链霉素）。

⑤长期连续使用抗生素后，一旦停用可能会发展成大规模污染；若长期使用抗生素，则应同时进行无抗生素培养，作为检测隐性感染对照。

⑥某些抗生素可能会与细胞发生交叉反应，干扰试验结果。

⑦抗生素的连续使用可能掩盖支原体感染和其他隐性污染，并导致轻度污染持续存在。若要检测支原体，培养基内不可添加庆大霉素，因为庆大霉素会抑制支原体生长。

虽然抗生素对细胞代谢的影响很小，但最好避免使用抗生素。尽管很多实验室在细胞系的培养基中常加入抗生素做继代培养，但仍不建议在原代培养中加入抗生素。

四、细胞培养的基本条件

体外培养的细胞全靠培养基维持其生命活动，因此培养基应能满足细胞对营养成分、生长因子、激素、渗透压、pH 等诸多方面的要求。由于细胞种类繁多，各种类型细胞的培养条件也各不相同。若偏离特定细胞类型所需的培养条件，可能导致细胞状态异常乃至细胞培养彻底失败等后果。因此，可通过控制细胞繁殖的物理、化学环境（温度、pH、渗透压、气体条件）和生理环境（激素和营养浓度）等以满足不同细胞的培养。

1. 细胞培养基 培养基是细胞培养环境中最重要的组成部分，应能满足细胞对必要营养（氨基酸、单糖、维生素、无机离子与微量元素等）、生长因子、激素、渗透压和pH等诸多方面的要求。

（1）合成培养基 根据细胞所需成分配制而成，许多商业化培养基可供使用，主要有MEM、Eagle、DMEM及199培养液等基础培养基，主要成分有氨基酸、碳水化合物、无机盐类、维生素、辅酶、嘌呤、嘧啶等。有时为了促进细胞生长，还需要添加血清，主要为胎牛血清。通常添加5%～10%的血清为细胞生长液，而添加1%～2%的血清为细胞生长维持液。

（2）无血清培养基 无血清培养基（SFM）是无需添加血清就可以维持细胞在体外较长时间生长繁殖的合成培养基。无血清培养基具有成分确定、一致性高、稳定性好等优点，适用于许多原代培养物和细胞系，包括中国仓鼠卵巢（CHO）细胞系、杂交瘤细胞系，Sf9、Sf21、293及Vero细胞等。用无血清培养基可降低生产成本，简化分离纯化步骤，避免病毒污染造成的危害。目前，已应用无血清培养基的领域有：激素、生长因子和药物等与细胞相互作用的研究，肿瘤病理学和病因学的研究；生产疫苗、单克隆抗体和生物活性蛋白等生物制品。

（3）不同细胞培养基的选择

①建立某种细胞株所用的培养基应该是培养这种细胞首选的培养基。

②许多培养基可以适合多种细胞。如许多哺乳动物连续细胞系均可采用相对简单的培养基进行培养，而采用MEM培养基培养的细胞同样也可采用DMEM进行培养。

③根据细胞株的特点、试验的需要来选择培养基。

④若无法确定细胞应选择何种培养基，可根据经验选择生长培养基和血清，或者测试多种不同的培养基，观察其生长状态，用生长曲线、集落形成率等指标判断，根据试验结果选择最佳培养基。通常，贴壁细胞培养最好从MEM培养基开始，悬浮细胞培养最好从RPMI-1640培养基开始。

2. 适宜的pH 大多数哺乳动物细胞系都能在pH 7.4的环境中良好生长，且不同细胞株间差异极小。但是，目前发现有些细胞系在pH 7.0～7.4的环境中生长较好，而有些成纤维细胞系更适合在pH 7.4～7.7的环境中生长。Sf9和Sf21等昆虫细胞系在pH 6.2的环境中生长情况最佳。因此，培养细胞时应根据不同细胞的需求调节培养液的pH。常用的调节剂为$NaHCO_3$溶液，为了在较长时间内保持pH恒定，还可使用缓冲能力较强的4-羟乙基哌嗪乙磺酸（HEPES）。

3. 恒定的温度 与温度过低相比，细胞培养时温度过高是更为严重的问题。因此，培养箱的设定温度往往略低于最佳温度。

大多数人类和哺乳动物细胞系在36～37℃下生长状态最佳。昆虫细胞的最佳生长温度为27℃，在较低温度和27～30℃的温度下生长较慢，而在高于30℃时，昆虫细胞的存活率降低，即使温度恢复到27℃，细胞也无法恢复。禽类细胞系需要38.5℃才能实现最大限度的生长。源自冷血动物（如两栖动物、冷水性鱼类）的细胞系可在15～26℃的温度范围内生长。

4. 无菌环境 无菌培养环境是保证细胞在体外培养成功的首要条件。由于体外培养的细胞缺乏对微生物和有毒物的防御能力，一旦细胞被微生物、有毒物质污染，或自身代谢物质积累，可导致细胞中毒死亡。因此，在体外培养细胞时，应及时清除细胞代谢产物，确保细胞生存环境无菌无毒。

五、细胞培养的基本过程

1. 原代细胞培养　主要是培养胚胎组织制备的单层细胞。此类细胞培养对病毒敏感性最高，但制备过程比较烦琐，一般只能传几代就停止分裂繁殖。常用于病毒分离的原代细胞有人胚肺、人胚肾、人胚肝、人胎盘羊膜、鸡胚、地鼠肾、地鼠肝、兔肾、猴肾等制备的原代细胞。人和动物体内大部分组织细胞都可体外培养，但培养的难易程度与组织类型、细胞分化程度、供体的年龄、培养方法、培养环境及培养基的选择等直接相关。

（1）原代细胞的取材　在无菌环境下从机体取出某种组织，经过一定的处理（如消化分散细胞、分离等）后接入培养器皿中，这一过程称为取材。若不能马上培养时，可将组织块切成黄豆般大的小块，置4℃的培养液中保存。取组织时应严格保持无菌，同时也要避免接触其他的有害物质。取病理组织和皮肤及消化道上皮细胞时容易带菌，为减少污染可用抗生素处理。

①无菌取材　取材时应严格遵守无菌操作。从消化道或周围有坏死组织等污染因素的区域取材时，可用含青霉素500～1 000U/mL、链霉素500～1 000μg/mL的平衡盐溶液漂洗5～10min再做培养。

②避免化学和机械损伤　取材过程中要用锋利的器械如手术刀片切碎组织，并尽可能减少对细胞的机械损伤，同时尽量避免紫外线照射和接触化学试剂（如碘、汞等）。

③及时培养　取材组织应尽快培养，若不能及时培养，应将组织浸泡于培养液内，置于4℃冰箱中或冰浴。也可低温保存，但时间不能超过24h。

④剔除与培养细胞无关的成分　取材时要除去血液、脂肪、神经组织、结缔组织和坏死组织。

⑤避免组织干燥　修剪和切碎过程中，可将其浸泡于少量培养液中。

⑥保存组织材料及信息　为方便鉴别原代组织的来源和观察细胞体外培养后与原组织的差异性，原代取材时要同时留好组织学标本和电镜标本。对组织的来源、部位及供体情况做详细记录，以备查询。

（2）原代细胞的分离

①机械分散法　不同组织材料可使用的处理方法不同，对于肌纤维组织可用剪刀剪碎，而对于脑组织、脾脏、胸腺等可隔纱布用镊子钝端捣碎，用20目钢网过滤得到单细胞悬液。用此法制备单个细胞简单、方便，但对细胞易造成破坏。

②酶消化法　使用酶制剂消化组织要根据组织特性选择不同的酶及浓度，胰蛋白酶适合消化间质少的组织，胶原酶适合消化富含纤维组织、上皮组织及肿瘤组织等。酶消化组织分为热消化法和冷消化法，热消化是在室温或37℃消化，冷消化是在4℃条件下缓慢消化。消化细胞时，应注意消化时间对细胞的影响，时间短往往不能使细胞充分解离为单个细胞，而时间长则易造成细胞损害。

③螯合剂　螯合剂很少单独用于消化组织，常与胰蛋白酶联合应用。

（3）原代细胞的培养　用血细胞计数板对单细胞悬液进行计数，然后用培养液将细胞悬液进行适当比例稀释，使其浓度为 5×10^5 个/mL，然后分装培养瓶。将培养瓶置于37℃ 5%的 CO_2 培养箱中，每天观察，一般 2～3d，细胞即可长成单层，更换维持液或再传代后供试验使用。

2. 传代细胞制备与培养

（1）二倍体细胞制备与培养　二倍体细胞是指其染色体仍保持二倍体特性，尚属于正常细胞，但此类细胞不能无限地连续传代，一般只能传 50 代左右，而且随着代数的增高，敏感性逐渐降低。许多病毒对二倍体细胞敏感，因此可用于病毒的分离鉴定。同时，因其属于正常细胞，非常安全，常被用于研制疫苗及用于其他病毒的研究工作。常用的有 2BS、WI-38、WI-26 等二倍体细胞。

二倍体细胞经过原代培养，传代后才能建立细胞株。当原代细胞培养成功以后，需要将培养物重新接种到新的培养瓶内，再进行培养，这个过程就称为传代。细胞传代可根据不同细胞采取不同的传代方法。贴壁生长的细胞用消化法传代，部分轻微贴壁生长的细胞直接吹打即可传代，悬浮生长的细胞可采用直接吹打或离心分离后传代，也可采用自然沉降法吸除上清液后，再吹打传代。一般常用胰酶对贴壁细胞进行消化传代，因为胰蛋白酶可以破坏细胞与细胞、细胞与培养瓶之间的连接或接触，经胰蛋白酶处理后的贴壁细胞在外力作用下（如吹打）可分散成单个细胞，再经稀释和接种后就可以为细胞生长提供足够的营养和空间，达到细胞传代培养的目的。贴壁细胞的传代培养过程见图 5-1。

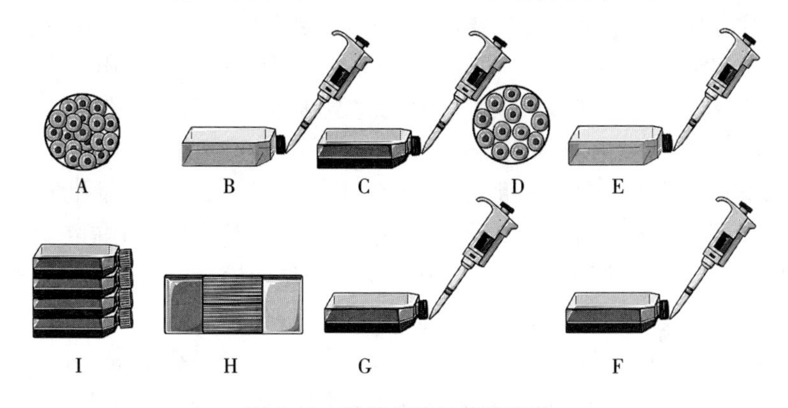

图 5-1　贴壁细胞的传代培养

A. 消化前细胞状态　B. 吸弃培养液　C. 加入适量消化液　D. 消化后细胞　E. 吸弃消化液　F. 加培养液终止消化　G. 温和吹打制成细胞悬液　H. 计数　I. 分装

①单层细胞消化　弃去原来的培养液，PBS 洗一次，用 0.25%胰酶覆盖单层细胞消化1～3min（不同细胞、细胞不同状态下，胰酶消化时间有所差异，切勿过度消化）。在倒置显微镜下观察细胞的消化情况，当有细胞圆缩、细胞间隙增大时，立即吸弃胰酶消化液。

②制备单细胞悬液　细胞消化好后，加入细胞培养液，用移液器反复温和吹打细胞团块，使其分散制成细胞悬液。

③分瓶培养　不同细胞要求不同，一般传代细胞可按 1∶2 的比例分成两瓶培养，一般 2～3d 即可长成单层细胞，其又可用于后续传代。

（2）传代细胞培养　传代细胞能无限制地传代下去，易于保存，且使用方便。传代细胞是由原代细胞连续传代或肿瘤细胞培养而来，建立起来有一定难度。不同的病毒对不同传代细胞的敏感性存在很大差异，可根据不同用途选择不同的传代细胞，用于分离鉴定病毒、抗病毒药物筛选等。

取生长良好的贴壁细胞（如 HeLa 细胞），用移液器弃去旧的培养基，加入 Hank's 液轻轻摇动后，弃去 Hank's 液。加入适量 0.25%的胰酶（加入的量以覆盖整个细胞培养面为宜），轻轻摇动，同时观察似有流沙样或镜下观察到细胞质回缩，胞间间隙增大时停止消化。1～3min 后迅速将消化液吸出。取培养基加入细胞，反复轻轻吹打培养皿壁，制备细胞悬液，可按 1∶2 比例传代培养。HeLa 细胞接种 48h 后更换生长液，一般 3～4d 可长成单层细胞，形成单层后可更换维持液供试验使用。

六、细胞的冻存

为了保持细胞生物学性状的稳定，一般在 10 代以内即需要对细胞进行冷冻低温保存。当需要使用细胞时，再对冻存的细胞株进行复苏。在－70℃以下时，细胞内的酶活性全部停止，代谢活动停止，可以长期保存。在细胞冻存过程中，为了保护细胞不受严重损伤，需要加入冷冻保护剂。细胞冷冻保护剂可分为渗透性和非渗透性两大类。

1. 细胞冷冻保护剂

（1）渗透性保护剂　一般是小分子物质，主要包括甘油、DMSO、乙酰胺、甲醇、丙二醇、乙二醇等。这类保护剂易与水分子结合，易于穿透细胞，可以减轻冰结晶对细胞的机械性损伤作用。此外，借助其弥散作用，又可置换细胞内的水分，避免细胞因脱水而发生皱缩。目前 DMSO 的应用广泛，尽管其在常温下对细胞的毒性作用较大，但在 4℃时，其毒性作用大大减弱，且仍能以较快的速度渗透到细胞内。因此，冻存时 DMSO 平衡多在 4℃下进行，一般需要 40～60min。

（2）非渗透性冷冻保护剂　一般是大分子物质，主要包括聚乙烯吡咯烷酮（PVP）、葡聚糖、蔗糖、聚乙二醇、白蛋白以及羟乙基淀粉等。本类保护剂不能渗透到细胞内，冰晶形成之前，聚乙烯吡咯烷酮等大分子物质可以优先结合溶液中水分子。同时，由于其分子质量大，使溶液中电解质浓度降低，从而减轻溶质损伤。

一般使用两种以上冷冻保护剂组成的保护液。由于许多冷冻保护剂（如 DMSO）在低温下能保护细胞，但在常温下却对细胞有害，故在细胞复温后应及时洗涤去掉冷冻保护剂。

2. 操作方法

（1）细胞冻存液的配制　一般由基础培养基、胎牛血清及 DMSO 组成。冻存液配制比例：10% DMSO、30%胎牛血清、60%基础培养基（可根据实际情况调整血清含量）。在 DMSO 溶于培养基时，会释放大量热量。因此，必须提前配制冻存液并将其置于室温或 4℃预冷备用，切勿向细胞悬液中直接加入 DMSO，以免 DMSO 溶液产生潜热，损伤甚至致死细胞。

（2）离心并重悬细胞　将已长成或即将长成单层且生长旺盛的贴壁细胞按常规消化方法消化分散成细胞悬液（悬浮细胞直接离心），以 600r/min 离心沉淀 5min，弃去上清液，于沉淀细胞内加入含 10% DMSO 的冻存液，温和悬浮细胞并作必要的稀释，将细胞悬液调至每毫升 $(3～5)\times10^6$ 个细胞。

（3）分装　将细胞悬液分装入 2mL 冻存管中，每支 1.0mL，密封，标记细胞名称、冻存日期、传代次数，将装有细胞的冻存管置于冻存盒后进行细胞冻存。

（4）细胞的冻存　细胞需缓慢冻存，原则上要使冻存管的温度每分钟下降1℃，待降至−70～−60℃时，再将细胞浸没在液氮中，各实验室的操作方法根据细胞的种类和经验略有不同。通常将细胞管事先放置于4℃冰箱20min、−20℃冰箱放置2h、−80℃冰箱放置2h（或隔夜），再浸入液氮中长期贮存，同时做好冻存记录。

七、细胞的复苏

细胞复苏的原则是快速融化。冻存细胞较为脆弱，细胞复苏时，必须将冻存在−80℃冰箱或液氮中的细胞直接转至37℃水浴中40～60s内快速融化。

1. 试验前准备

（1）开启恒温水浴锅，将水浴锅预热至37～38℃。

（2）用75％酒精擦拭超净工作台台面，紫外线照射30min。

（3）在超净工作台中提前摆放好已消毒的离心管、移液器、培养瓶等。

（4）提前30min将配制好的10％ FBS培养基放置于室温（或者置于37℃复温）。

2. 细胞的复苏

（1）根据细胞冻存记录，按标签、编号找到待复苏的细胞。

（2）从液氮罐中取出所需细胞，核对标签和编号。

（3）迅速解冻　取出液氮中的冻存管，快速没入37℃水浴锅中快速解冻（确保细胞冻存管全部没入37℃水中），用镊子夹紧并不时摇动，使之迅速融化。

（4）平衡离心　将融化后的细胞加入15mL离心管，再加入9mL培养基混匀，平衡后，在离心机中600r/min离心5min。

（5）制备细胞悬液　小心吸弃上清，留细胞沉淀，向离心管内加入培养液，再次温和吹打悬浮细胞，制成细胞悬液。

（6）将细胞转接入培养瓶内，置于37℃、5％ CO_2的恒温培养箱培养，次日更换培养液继续培养。

八、细胞污染的防控

细胞培养物污染往往是细胞培养实验室中最常见的问题，有时会造成非常严重的后果。细胞培养污染物可分为两大类，一类是化学污染物，如培养基、血清和水中的杂质，包括内毒素、增塑剂和洗涤剂；另一类是生物污染物，如细菌、霉菌、病毒和支原体，以及其他细胞系的交叉污染。虽然污染无法完全消除，但可通过全面了解其来源并遵循良好的无菌技术来降低污染的发生频率和严重性。可通过以下方法防控细胞污染。

（1）严格进行无菌操作及规范操作。

（2）对已建立的未污染细胞株注意冷冻保存，定期检测是否存在污染。

（3）选择无特定病原体动物作为血清的提供者。

（4）血清分装时可选择用0.22μm滤器过滤后，再对血清进行分装冻存。

（5）PBS或其他培养基可分装后再使用，避免操作过程污染培养基或PBS。

（6）短期内加入抗生素以预防和控制微生物污染。

（7）选择无菌动物或无特定病原体动物的组织作为体外细胞系或细胞株建立的来源。

（8）从值得信赖的细胞库中获取细胞系，定期检查细胞系的特性，避免细胞交叉污染。

（9）通过荧光染色、ELISA、PCR、免疫染色或微生物测定法等方法检测是否有支原体污染。

（10）利用电子显微镜观察、免疫染色、ELISA 或 PCR 扩增以检测病毒感染与否。

》第二节　病毒样本的采集、处理与保存《

一、样本的采集

1. 样本采集时间　一般在发病早期进行采样，越早越好，但有些病毒性疾病则需在早期和晚期采集样本。感染晚期机体易产生抗体，病毒释放减少，分离病毒比较困难。此外，感染晚期可能发生继发感染，进而增加诊断难度。病毒血清学检验时，宜根据不同病毒选择不同的采集时间和抗体类型。特异性抗体检测需采集急性期与恢复期双份血清，第一份血清尽可能在发病初期采集，第二份在发病后 2～3 周采集。

2. 常用于病毒检验的样本类型　通常根据流行病学分析，结合临床症状，初步判断感染病毒及采集样本的种类，见表 5－2。

采集血液样本时，有的需加抗凝剂，有的不加抗凝剂。猪繁殖与呼吸综合征病毒存在于血清中，一般不用加抗凝剂，血液凝集后，离心取上清液即可用作接种材料。牛瘟病毒在白细胞内增殖，而痘病毒主要吸附在红细胞上，因此采血时需要加入抗凝剂，或将血液放入盛有消毒玻璃球的瓶内，振荡脱纤。利用棉拭子采集样本时，应立即将拭子浸泡于肉汤或含有犊牛血清和青、链霉素的 Hank's 液或 MEM 培养基内。有些病毒（如疱疹病毒、流感病毒等）抵抗力较差，采样后应尽快接种敏感细胞或动物。无菌采集的组织、体液、细胞培养物或鸡胚液可不做任何预处理，直接作接种用。

表 5－2　常用于病毒检验样本的采集

采集样本类型	常见病毒种类
鼻咽拭子、痰液、咽漱液、支气管灌洗液	流感病毒、副流感病毒、腺病毒、合胞病毒等
脑脊液	柯萨奇病毒、埃可病毒、腮腺炎病毒等
粪便或直肠拭子	腺病毒、轮状病毒、诺如病毒等
疱疹液、病灶棉拭子、咽拭子	疱疹病毒、人乳头瘤病毒、麻疹病毒等
脑脊液、粪便或肛拭子、咽拭子	柯萨奇病毒、埃可病毒等
尿液及尿道拭子	单纯疱疹病毒、巨细胞病毒等
咽拭子、咽漱液	EB 病毒
血液	肝炎病毒、疱疹病毒等
血液、脑脊液	虫媒病毒

二、样本的处理

为防止病毒样本污染，提高病毒的分离效率，病毒样本在分离之前一般需要处理。样本处理主要有两个目的：一是除菌，二是将样本中的病毒游离出来。病毒含量较高的样品浸出液或体液，可不用病毒分离直接用于诊断鉴定。对于病毒含量较少的样本，则需通过病毒的分离、增殖来提高检出率。无菌的体液（腹水、骨髓液、脱纤血液、水疱液等）可不做处理，直接接种于培养的组织细胞、鸡胚或实验动物，用于分离病毒。污染样本进行病毒分离前，首先要进行适当处理，然后才能接种。检测抗体的血清样本试验前，应在56℃处理 30min 以除去非特异性物质及补体。

某些病毒为杀细胞性病毒，在病毒感染细胞时，细胞被破坏后绝大多数病毒粒子被释放至细胞外。因此，可吸取少量病料悬液上清液或细胞培养物，接种于新的细胞培养瓶中即可。某些病毒寄生在细胞内，或为细胞结合性病毒，应将细胞反复冻融几次，使细胞裂解，并充分吹打制成悬液直接用于接种。

1. 各种样本采集处理的具体方法

（1）鼻、咽等拭子样本　用无菌棉拭子涂擦咽喉部，然后将棉拭子放入盛有 2mL Hank's 液或生理盐水的试管内。将鼻、咽等各种拭子在试管壁上挤干，往液体中加入终浓度为 1 000U/mL 的青、链霉素，4℃作用 4h 后，3 000r/min 离心 15～30min，取上清备用。

（2）直肠拭子　用无菌棉拭子浸入 Hank's 液或生理盐水，塞入直肠内，略加转动，待其沾有肠内容物，取出置于盛有 2mL Hank's 液或生理盐水的试管中，3 000r/min 离心 30min，取上清加双抗，置 4℃作用 4h 或过夜，用作病毒分离。

（3）血液样本　用于病毒分离的血液样本需要抗凝血，在疾病早期（发病后 2～5d 内）静脉无菌取血 2～5mL，置于含肝素的试管中混匀，将全血 3 000r/min 离心 15～30min，取血浆备用。若为血块时，在乳钵中磨碎，加等量 Hank's 液制成乳剂用于分离病毒。

（4）粪便样本　粪便样本应及早处理，称取 2～5g 新鲜粪便加 4mL Hank's 液（预先用 $NaHCO_3$ 调整 pH 至 7.2～7.4）；用竹签搅拌捣碎粪便即成 20%悬液。将悬液置－20℃冰箱冷冻保存至少一夜；在病毒分离前将粪便悬液取出，3 000r/min 离心 30min，取上清，加入双抗，置 4℃冰箱 4h 或过夜，以 3 000r/min 低温离心 30min，取上清 8 000～10 000r/min 离心 15～30min，取上清，经 450nm 微孔滤膜过滤后直接用于病毒分离。为除去粪便内的毒性物质，可用植物活性炭处理样品。具体方法如下：事先配制好 5%活性炭 Hank's 悬液，充分混匀后，每管按 4mL 分装。每管加 1g 粪便，制成 20%悬液，于 4℃放置 2～4h 以吸附活性物质，其间摇动几次，吸附后再置于－20℃冰箱保存，后续步骤同前。

（5）组织器官样本　以无菌操作取一小块样本，充分剪碎，置入钵中研磨或用组织研磨器制成匀浆，随后加入 1～2mL Hank's 液制成组织悬液，再加入 1～2mL Hank's 液继续研磨，制成 10%～20%的悬液并移入灭菌试管中，以 8 000r/min 离心 15min，取上清液用于病毒分离。也可将其置于预冷至－20℃以下的酒精中迅速冷冻，并迅速置 37℃温水中融化，使病毒充分释放，再以 2 000r/min 离心 10min 后，取上清液进行病毒分离。

（6）尸检样本　尸体解剖时，可无菌采集各种脏器样本放入无菌小瓶中（或加 50%中性甘油盐水）备用。取出样本后，以无菌蒸馏水洗去甘油，用无菌乳钵磨碎，再用 Hank's 液制成 10%悬液，3 000r/min 离心 30min 后，取上清加双抗 4℃过夜孵育，次日进行病毒分离。

（7）脑脊液　正常无菌，如怀疑有细菌污染时，可向样品中加入双抗，4℃过夜备用。

（8）尿液样本　尿液样本需要加入终浓度为 1 000U/mL 的双抗，4℃作用 4h 后，直接用于病毒分离。也可根据研究目的，3 000r/min 离心 15～30min，取沉淀或上清备用。

（9）疱疹液　疱疹液经双抗处理后直接用于病毒的分离。

（10）生物样本　生物样本类似于组织样本，可按组织样本的处理方法处理。

（11）水体样本　当从各种水体中分离病毒时，样本处理可按尿液样本的处理方法进行。

2. 样本采集注意事项　样本经过上述除菌处理一般即可用于病毒分离，如有些样本用一般方法难以除去污染时，则应配合以下方法进行处理。

（1）过滤除菌　可用陶瓷、石棉滤器或 200nm 孔径的混合纤维素酯微孔滤膜等除菌。

（2）离心除菌　用低温高速离心机以 18 000r/min 离心 20min，可除去细菌，而病毒保留在上清液中，必要时转移离心管重复离心一次。

（3）乙醚除菌　对乙醚有抵抗力的病毒（如肠道病毒、呼肠孤病毒、腺病毒等），可将冷乙醚加入等量样品悬液中充分振荡，置于 4℃过夜，取下层水相分离病毒。

（4）样本中脂类物质和非病毒蛋白的去除　有些样本中脂类和非病毒蛋白含量很高，必要时在浓缩病毒样品之前可用有机溶剂抽提。将预冷的有机溶剂等量加入样品中，强烈振荡后，1 000r/min 离心 5min，脂类和非病毒蛋白保留在有机相，病毒则保留在水相（对有机溶剂有抗性的病毒方可这样处理）。

三、样本的运送与保存

大多数病毒对热不稳定，病毒离开活体组织后在室温下容易失活。因此，样品最好立即接种细胞或机体。如需运送，一般应将病料置于 50％的甘油中 2～8℃保存、迅速送检。如无法立即送检，需较长时间保存，最好置于－20℃以下、干冰或液氮内保存以保持病毒活性。

1. 样本的运送、保存注意事项

（1）标注样本信息　采集的所有的样本都应有详细记录和标签，包括采样时间、样本来源和种类、疑似病毒或确诊病毒的名称、保存液或缓冲液的种类等信息。

（2）采样容器的选择　采集的样本应放入适当的容器，以不易损坏和泄漏为准则，特别是烈性病原体样本，应加金属套管，派专人专车运送。采集的样本除了防止扩散，也应防止被污染，包括生物性、化学或其他样本的污染。

（3）样本保存温度的选择　采集的病毒样本保存后应保证不影响检测结果，即在任何时间检测都可获得一致的结果。同时，保存的温度不一定越低越好，应根据所采集样本的性质选择合适的保存温度。反复冻融会引起病毒的感染滴度严重下降，从而降低病毒的分离效率。血液样本室温运送，其他样本在 2～8℃下转运，若运送时间超过 24h，样本宜在－70℃ 或更低温度下保存和转运。一般不怕冷冻的样本保存的温度越低越好，而冷冻后影响检测的样本则应保存于 4℃。用于病毒分离和核酸检测的样本应尽快检测，实验室收到样本后应立即处理。24h 内检测的样本可置于 4℃保存，24h 内无法检测的样本则应置于－70℃或以下保存。血清样本可在 4℃存放 3d，在－20℃以下长期保存。

通常，－20～－10℃的冷冻会导致大多数病毒的感染性严重下降。如长期保存，可冻存于－30℃或更低温度，－30℃保存的病毒材料（除少数例外）可以存活几个月以上，而－70℃ 低温保存的病毒甚至几年不见毒力降低。将病料磨碎后置于－20℃的甘油或脱脂牛乳中，则可保存几个月，而感染力并无明显下降。需要注意的是，怀疑为某些如犬、猫疱疹病毒的感染材料，置于－50℃或4℃保存，因为这些疱疹病毒在－20℃的存活时间反而不如在4℃的。

（4）病毒保存液的选择　用于病毒培养和抗原检验的样本在运送过程中宜保存在适当的病毒转运液（VTM）或其他相应的缓冲液中。

2. 常用的病毒保存方法

（1）低温及超低温保存　超低温（－70℃以下）冰箱或液氮罐（－196～－150℃）是适用范围最广的微生物保存法，也是目前保存病毒较理想的方法。低温条件可降低病毒变异率和长期保持原种的性状，温度越低，保存时间越长。这种方法需要加保护剂，常用脱脂牛奶、5%蔗糖、血清等保护剂配制病毒悬液，无菌分装，然后置低温冰箱或液氮罐中保存。

（2）冷冻干燥保存　含水物质首先经过冷冻，然后在真空中使水分升华、干燥，在这种低温、干燥和缺氧环境下，微生物的生长和代谢暂时停止，因而保存期较长，便于运输。该法需要冻干机等设备和保护剂（如脱脂牛奶或血清等）。真空冻干病毒比较稳定，可于室温短期保存，4～8℃长期保存。此法综合利用各种有利毒种保存的因素，具有成活率高、变异性小等优点，是较理想的毒种保存方法之一。

第三节　病毒的分离与鉴定技术

一、病毒分离、培养及鉴定的一般程序

病毒分离、鉴定的一般程序见图5－2。

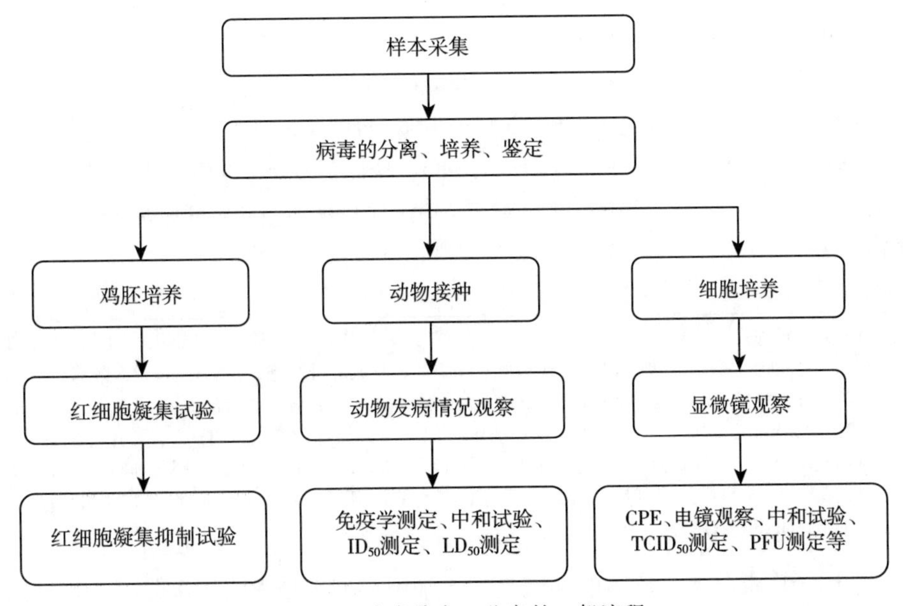

图5－2　病毒分离、鉴定的一般流程

二、病毒的分离培养方法

病毒分离培养与鉴定是实验室诊断的“金标准”，在病毒感染性疾病的诊断、预防和控制中起着重要作用。但由于病毒是严格的细胞内寄生的微生物，缺乏完整的酶系统、无核糖体。因此，需根据目的病毒种类、生物学特性的不同，选用适合的细胞培养法、鸡胚接种法或动物接种法等对特定病毒进行分离培养。在病毒致病性、致病机理、疾病模型、免疫血清的制备、疫苗研发和抗病毒药物开发等研究中，鸡胚培养技术和动物接种技术具有重要的应用价值。

1. 细胞培养 包括组织块培养和细胞培养，是指将机体组织或细胞，在体外模拟体内生理条件，使之生存或分裂繁殖。细胞培养技术就是将离体的活组织或分散的活细胞进行体外人工培养，在培养的过程中细胞不再形成组织。由于细胞的一致性较好，培养重复性好且受其他因素干扰少，被广泛应用于病毒的分离培养。此外，组织培养技术也在新病毒的发现、病毒研究、疫苗研制、抗病毒药物筛选等方面发挥了重要作用。

（1）病毒敏感细胞的选择 不同种类病毒的易感细胞往往不同。因此，分离培养病毒时，首先要选择合适的敏感细胞。通常，一种病毒可能对多种细胞敏感，如单纯疱疹病毒的分离培养可用兔肾、人胚肾或人胚肺、地鼠肾等原代细胞，也可用 MRC－5、WI－38、HeLa 及 Vero 等传代细胞，见表 5－3。例如，MDCK 常用于分离甲型和乙型流感病毒；Vero 细胞对多种病毒都比较敏感，常用于肠道病毒的分离培养；Hep－2 细胞常用于分离呼吸道腺病毒。

表 5－3 常用于病毒培养的细胞

病毒种类	细胞种类
流感病毒	MDCK，MA－10，WI－26，HuEF，MK，BK，HEK，CEF
冠状病毒	HeLa，WI－38，HuEK，Huelu
腺病毒	HeLa，KB，LI，HuEK，MK，HEK，Hep－2，WI－38
呼吸道合胞病毒	HeLa，Hep－2，KB，Huelu
狂犬病病毒	Vero，BHK－21，MDCK，PHKC，WI－38，CHO
单纯疱疹病毒	Hep－2，HeLa，HuEK，BSC－1，Vero，REK，CEF
轮状病毒	MA－104，AGHK，CA－1，CMK，Vero，MARC－145
登革热病毒	LLC－MK2，Vero，BHK－21/31
汉坦病毒	Vero，Vero E6，Hep－2，293

注：MDCK：犬肾细胞；MA－10：人胚肾细胞；WI－26：人胚肺二倍体细胞；HuEF：人胚成纤维细胞；MK：猴肾细胞；BK：牛肾细胞；HEK：地鼠胚肾传代细胞；CEF：鸡胚成纤维细胞；HeLa：人子宫颈癌传代细胞；WI－38：人胚肺二倍体细胞；HuEK：人胚肾细胞；Huelu：人胚肺细胞；KB：鼻咽癌传代细胞；LI：人胚肝细胞；Hep－2：人喉癌传代细胞；Vero：非洲绿猴肾传代细胞；BHK－21：地鼠肾传代细胞；PHKC：原代仓鼠肾细胞；CHO：中国仓鼠卵巢细胞；BSC－1：绿猴肾传代细胞；REK：兔胚肾细胞；MA－104：恒河猴胚肾细胞系；AGHK：原代非洲绿猴肾细胞；CA－1：非洲绿猴肾细胞；CMK：猴原代肾细胞；MARC－145：猴胚胎肾上皮细胞；LLC－MK2：恒河猴肾传代细胞；BHK－21/31：乳仓鼠肾细胞；293：人肾上皮细胞系。

（2）常用于病毒分离、培养的细胞类型 细胞类型也是影响病毒分离、培养的重要因素。根据细胞的来源、染色体特征及传代次数，可将细胞培养类型分为原代细胞、二倍体细胞、传代细胞。在病毒分离时，主要根据病毒的细胞嗜性选择用何种细胞培养，对于未知病毒的分离，要根据疾病的临床表现推测病毒种类，从而选择敏感细胞。虽然，分离病毒时，原代细胞敏感性较强，对原有组织更具代表性，但原代细胞不能多代培养，制备技术烦琐，应用受限。因此，二倍体细胞和传代细胞在病毒分离培养方面应用更为广泛。

（3）标本接种与培养

①敏感细胞单层培养　选择病毒的敏感细胞株，将其培养为单层细胞。以 HeLa 细胞为例，选择生长良好单层细胞，吸弃陈旧培养基，用 1×PBS 洗涤细胞两次，弃去 PBS；用 0.25%胰蛋白酶消化 1～2min，吸弃胰酶；然后加入适量培养液轻微吹打细胞，制备细胞悬液。然后将细胞悬液分装为两瓶，置于 CO_2 培养箱中，37℃培养 24～48h，细胞即可长成单层，用于标本接种。

②标本接种　吸弃细胞培养瓶中营养液，将病毒悬液接种于单层细胞培养瓶中，同时以 Hank's 液代替病毒悬液作对照，37℃放置 1h，使病毒吸附到细胞上，每隔 15min 轻摇培养瓶，以利于病毒均匀接触细胞。然后加入适量维持液培养，逐日观察细胞病变情况。

2. 鸡胚接种法　鸡胚接种的主要优点是鸡胚来源充足、操作简单、管理容易、结果易判断、条件易控制且对接种病毒不产生抗体，只要选择适当的接种部位，病毒很容易增殖。鸡胚培养适用于病毒分离、疫苗生产、抗原制备、抗病毒药物等研究，其比用动物更加经济、简便。目前，鸡胚接种主要用于痘类病毒、黏病毒、疱疹病毒等的分离鉴定。此外，不同病毒在鸡胚的不同部位的生长特性差异很大，因此选择适当的接种途径是病毒分离成功的关键。根据病毒的特性可将鸡胚接种法分为绒毛尿囊膜接种、尿囊腔接种、羊膜腔接种、卵黄囊接种等，除了上述接种方法外，还有鸡胚静脉接种、鸡胚脑内接种、鸡胚胚体接种等，见图 5-3 和表 5-4。

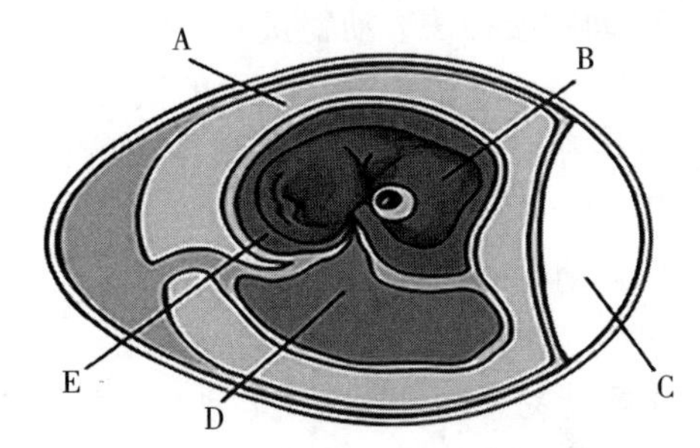

图 5-3　鸡胚尿囊腔培养病毒示意
A. 尿囊腔　B. 鸡胚　C. 气室　D. 卵黄囊　E. 羊膜腔

表 5-4　病毒在鸡胚内的增殖

病毒	胚龄	接种部位	表现	收集材料
流感病毒	9～12d	尿囊腔、羊膜腔	血凝	尿囊液、羊水
水痘病毒	10～13d	绒毛尿囊膜	痘疱	绒毛尿囊膜
单纯疱疹病毒	10～13d	绒毛尿囊膜	痘疱	绒毛尿囊膜
新城疫病毒	9～11d	绒毛尿囊膜、羊膜腔	死亡、血凝	绒毛尿囊膜
禽腺病毒	6～9d	卵黄囊接种、尿囊膜接种	死亡	绒毛尿囊膜和尿囊液
鸭肝炎病毒	9～11d	尿囊腔	死亡	尿囊液
禽流感病毒	9～11d	尿囊腔	死亡、血凝	尿囊液

（1）绒毛尿囊膜接种　可用于接种天花病毒、牛痘病毒、新城疫病毒、单纯疱疹病毒、水痘-带状疱疹病毒、狂犬病病毒、口蹄疫病毒等多种病毒，一般选取10～12d胚龄的鸡胚。上述病毒可在绒毛尿囊膜上增殖并形成清晰可见的斑点状或痘疱状病灶，不同病毒所形成的痘疱的大小，形态特征有所差异。因此，可用于病毒的分离和初步鉴定。感染性病毒颗粒的数目可以通过产生的斑点或痘疱数目来计算，即在有抗体存在的情况下，痘疱形成受到抑制，因此该方法还可用于抗病毒血清滴定试验。

（2）尿囊腔接种　可用于流感病毒、新城疫病毒、腮腺炎病毒、马脑炎病毒等病毒的分离培养，这些病毒可在绒毛尿囊膜的内胚层细胞增殖，并能将复制的病毒释放到尿囊液中。因此，收获尿囊液可获高滴度的病毒，用于血凝、血凝抑制试验及电镜观察等。

（3）羊膜腔接种　可用于接种流感病毒、腮腺炎病毒、新城疫病毒等，病毒可在羊膜腔的内壁细胞中增殖，并能进入胚胎的各种组织和器官，导致全胚感染后排泄到尿囊腔中。因此，在羊水和尿囊液中均可收获高滴度的病毒。

（4）卵黄囊接种　可用于接种流行性乙型脑炎病毒、黄热病毒、狂犬病病毒等，如有病毒增殖，鸡胚则发生异常变化或羊水、尿囊液出现红细胞凝集现象。这些病毒可在卵黄囊中增殖，收获卵黄囊、羊水、绒毛尿囊膜、鸡胚等可获得高滴度的病毒。

3. 动物接种法　动物接种试验是研究病毒致病过程中必不可少的病毒分离培养方法。动物接种可用于测定病毒的侵袭力，在病毒性疾病的形成、预后和治疗效果评价，疫苗效果和安全性评价，抗病毒药物的筛选，抗体制备，病毒致病机制等方面发挥重要作用。

（1）动物的选择　选择接种动物时一般要注意其病毒易感性、健康状况、品系、性别、年龄、体重等因素。

①病毒易感性　这是实验动物选择的首要条件。

②动物健康状况　选择敏感动物后，还应注意动物的健康状况。

③动物的品系　动物的品系往往决定病毒易感性和实验一致性。因纯系动物的遗传特性相似，个体差异相对较小。因此，分离病毒时，纯系动物所得结果较为准确、可信。

④动物的性别、年龄、体重　一般选择年龄、体重适中的动物，小鼠选择18～22g，家兔选择1.8～2.5kg，而分离乙型脑炎病毒时则需要乳鼠才易成功。分离鉴定病毒一般选用雄性动物，而制备抗体一般选择雌性动物。

（2）接种部位　根据不同病毒，应选择合适的接种部位，可根据各种病毒对组织的亲嗜性而定，如鼻内、皮内、皮下、脑内、腹腔或静脉接种等，见表5-5，接种后逐日观察实验动物的发病情况。

（3）动物接种注意事项

①动物实验室必须达到所要求的安全等级，不同病毒的分离要求不同安全等级的实验室，如流行性出血热病毒等都要求在BSL-3实验室中进行，而埃博拉病毒则要求更高，需要在BSL-4实验室中进行。

②操作人员应进行严格的培训后方能进行操作，并严格执行消毒隔离制度，在规定的房间和区域之内操作，并穿着相应的防护服装。

③实验结束后，实验动物和相关物品均须彻底消毒或灭菌，防止病毒扩散，污染环境。消毒或灭菌后的动物要焚烧或深埋处理。

④患有人兽共患病的动物不得进行动物实验，以免影响结果的准确性。

⑤动物实验室定期消毒或灭菌，并保持整洁。

⑥用动物分离鉴定病毒时，应排除动物自发性病毒病的可能性，如鼠脑脊髓炎病毒、鼠巨细胞病毒等。

表 5－5　病毒常用实验动物及接种部位

病毒种类	实验动物	接种途径
流感病毒	小鼠、雪貂	鼻内
水痘病毒	恒河猴、家兔	脑内、睾丸
单纯疱疹病毒	家兔、豚鼠	角膜、脑内、肉趾
新城疫病毒	鸭、鸽、鹅、麻雀	脑内
流行性出血热病毒	乳鼠	脑内
狂犬病病毒	家兔	脑内、皮下
登革热病毒	恒河猴	脑内
柯萨奇病毒	小鼠	肌内、脑内、腹腔、皮下

三、病毒的常用鉴定方法

病毒的分离培养方法包括细胞培养、鸡胚培养和动物接种，其中细胞培养为病毒分离培养最常用方法，可通过病毒在培养细胞中增殖指标（CPE、红细胞吸附、干扰现象、细胞代谢改变）以及感染性指标（红细胞凝集、中和试验、空斑形成、$TCID_{50}$）等对病毒进行鉴定。

1. 病毒增殖的鉴定

（1）细胞病变　病毒在其敏感细胞内增殖可引起受感染细胞退行性病变，细胞出现皱缩、变圆、空泡，聚集、脱落、融合形成包涵体，甚至损伤、死亡的现象，可在低倍显微镜下直接观察，这些特征性的改变称为细胞病变（Cytopathic effect，CPE）。CPE 常随病毒种类及所用细胞的类型不同而异。因此，可根据细胞病变对病毒种类进行初步鉴定，尤其是感染细胞中的特征性包涵体检测可辅助诊断某些病毒感染。如疱疹病毒、副黏病毒感染所致的 CPE 以细胞融合形成多核巨细胞为主；呼吸道合胞病毒可引起细胞融合形成合胞体；肠道病毒、鼻病毒、痘病毒等感染所致的 CPE 常引起细胞圆缩、分散、溶解为主的溶细胞病变现象；腺病毒感染细胞所致的 CPE 可引起细胞肿胀、颗粒增多，病变细胞聚集成葡萄串状，并可在细胞核内形成嗜碱性包涵体；狂犬病病毒可在神经细胞的胞质内形成嗜酸性包涵体。此外，不同的病毒感染细胞 CPE 出现的时间也有差异，如脊髓灰质炎病毒、单纯疱疹病毒感染的细胞一般 1～2d 内出现 CPE；而巨细胞病毒、风疹病毒等生长较慢的病毒感染的细胞则在 1～3 周后才会出现 CPE。但需要注意的是，不是所有病毒株感染细胞后均产生 CPE，如在非洲绿猴肾细胞（AGMK）上，风疹病毒不能使细胞产生病变。

（2）红细胞吸附试验　有些病毒能感染细胞，但不引起细胞病变或病变不明显，可借助感染细胞具有吸附某些红细胞的特性进行鉴定。某些包膜病毒（如流感病毒和副黏病毒）感染单层细胞培养24～48h后可在细胞膜上表达血凝素（HA），能与豚鼠、鸡等脊椎动物及人的红细胞结合，即发生红细胞吸附现象。若加入特异性的抗血清，可中和病毒血凝素，从而抑制红细胞吸附现象的发生，称为红细胞吸附抑制试验。这一现象常用以检测具有血凝素的包膜病毒的存在，不仅可作为这类病毒增殖的指征，还可用于病毒种和型的初步鉴定。相反，一些无包膜病毒尽管也具有血凝素抗原，如腺病毒等，但其受染细胞无红细胞吸附作用。

（3）细胞代谢的改变　病毒感染细胞可使培养液的pH改变，是因为病毒感染后致使细胞的代谢发生变化。这种培养环境的生化改变也可作为判断病毒增殖的指征。

（4）干扰试验　一种病毒感染细胞后，可以干扰另一种病毒在该细胞内的增殖，这种现象称为干扰现象。利用干扰现象可检查出一些不引起细胞病变、血凝的病毒。

（5）中和试验（NT）　观察分离的病毒能否被特异性标准血清所中和，以此来鉴定病毒。用待测病毒悬液与已知特异性抗病毒血清混合，在室温下作用一定时间后接种敏感的细胞或宿主，经培养后观察CPE或红细胞吸附现象是否消失，若未出现CPE或红细胞吸附现象消失，说明特异性抗血清能中和病毒，使之失去感染性，则该病毒为特异性抗体的同型病毒，该方法对于病毒分型鉴定具有特异性。具体分组方法为：①细胞＋抗血清；②细胞＋病毒；③细胞＋（病毒＋抗血清），如果①③组细胞存活，而②组出现细胞病变，则表明病毒与标准血清相对应。如用不同浓度的病毒抗血清进行中和试验，还可根据抗体的效价对待测病毒液进行半定量检测。

2. 病毒感染性的定量测定　病毒定量主要分两种类型，一种是基于核酸拷贝数进行检测，如实时荧光定量PCR法；另一种则是基于病毒的颗粒数进行检测。

（1）蚀斑测定　是一种检查和准确滴定病毒感染性的方法。将不同稀释浓度的病毒悬液接种于单层细胞上，使病毒吸附于细胞，然后在其上覆盖一层半固体营养琼脂培养基，使病毒在单层细胞培养中有限扩散。结果是每一个有感染性的病毒在单层细胞中可产生一个局限性的感染灶。用活性染料（如中性红）染色，则活细胞着色，受病毒感染而破坏的细胞不着色，形成肉眼可见的蚀斑。每个蚀斑是由一个感染性病毒颗粒形成的，称为蚀斑形成单位（plaque forming unit，PFU）。病毒悬液中的感染性病毒量的滴度可用PFU/mL表示。因此，蚀斑试验可作为定量测定病毒感染力的方法。

（2）$TCID_{50}$测定　$TCID_{50}$是病毒半数组织感染量，即能使50%的组织培养细胞发生感染的最小量。一般是将病毒悬液做10倍的系列稀释，分别接种细胞，经一定时间后观察CPE、血细胞吸附等现象，以最高稀释度能感染50%细胞的量为终点。最后用统计方法计算出$TCID_{50}$。具体操作方法如下：

①制备单层细胞　将细胞培养瓶中生长良好的细胞消化下来，制备细胞悬液，并将细胞浓度调整到10^6个/mL，加入到96孔细胞培养板中，制成单层细胞。

②病毒的系列稀释　在1.5mL离心管中将病毒液做连续10倍稀释：10^{-3}、10^{-4}、10^{-5}、10^{-6}。

③接种系列稀释病毒　将稀释好的病毒接种于96孔细胞培养板中，每一浓度病毒液至少接种4孔细胞，每孔接种100μL。

④设置阴性对照　以正常细胞孔作为阴性对照（每孔接种100μL生长液）。

⑤观察细胞病变　每日观察细胞病变，以正常细胞孔不出现病变、加有病毒液孔的细

胞病变不再继续发展为观察时间终点。

⑥50%终点法计算　有半数细胞发生病变的孔视为 1 个病变孔。常用 Reed - Muench 法等方法计算病毒的 $TCID_{50}$，见表 5 - 6。

表 5 - 6　细胞病变 50%计算法

病毒稀释度	细胞培养 CPE 孔数/接种孔数	累计孔数		累计病变细胞数	
		出现 CPE 孔	不出现 CPE 孔	比例	%
10^{-3}	4/4	↑9	0	9/9	100
10^{-4}	3/4	5	1	5/6	83
10^{-5}	2/4	2	3	2/5	40
10^{-6}	0/4	0	↓7	0/7	0

由表 5 - 6 看出，能使半数细胞出现病变的病毒稀释度为 10^{-5}～10^{-4}，其中间距离比例按 Reed - Muench 公式计算。

$$\text{距离比例}=\frac{\text{高于 50\% CPE 的百分数}-50\%}{\text{高于 50\% CPE 的百分数}-\text{低于 50\% CPE 的百分数}}=\frac{83\%-50\%}{83\%-40\%}=0.767$$

$$\lg TCID_{50}=\text{高于 50\%感染的病毒稀释度的对数}+\text{距离比例}\times\text{稀释系数的对数}=(-4)+0.767\times(-1)=-4.767\approx-4.8$$

故能使 50%细胞发生病变的病毒稀释度为 $10^{-4.8}$，即 $TCID_{50}$ 为 $10^{-4.8}$/0.1mL。查反对数，得该病毒 63 095 倍稀释液 0.1mL 等于 1 个 $TCID_{50}$。

》第四节　病毒形态结构的观察技术《

掌握病毒的形态结构，在认识和发现新病毒、病毒学诊断及病毒致病机制等研究方面发挥着重要作用。由于绝大多数病毒的大小为 20～200nm，若要了解病毒的形态结构等信息，必须借助电子显微镜技术。电镜技术不仅可以判断病毒颗粒存在与否，而且可以通过直接观察病毒颗粒的形态、结构大致判定其种属。

一、病毒大小的测定

病毒大小可用电子显微镜直接测量法、过滤法等进行测量，其中最常用的是电子显微镜直接测量法。

1. 电子显微镜直接测量法　将标本悬液置于载网膜上，进行负染色观察，对照电镜视野标尺，可以直接算出病毒颗粒的实际大小。

2. 过滤法　将病毒液通过不同孔径大小的滤膜，根据通过与滞留病毒的孔径和滤过病毒的感染滴度可间接测定出病毒的大小。

二、病毒包涵体的检查

包涵体是细胞被某些病毒感染后，通过普通光学显微镜，在胞质和（或）胞核内看到的大小和数量不等的圆形或不规则小体，由完整的病毒颗粒或尚未装配的病毒亚基聚集而成，可分为核内包涵体和胞质包涵体。一般在细胞核中复制、装配的病毒（常见DNA病毒）产生核内包涵体，而在细胞质中复制装配的病毒（常见RNA病毒）产生质内包涵体。核内包涵体呈圆形、卵圆形或无定形的结构，与核膜之间常有一圈空晕。胞质包涵体常呈不规则小片块状，分界不清，不如核内包涵体容易辨认。通常，根据病毒包涵体的大小、形态，染色特性和存在部位等特征可对感染的病毒做出辅助诊断。

DNA病毒一般多在胞核内形成包涵体，部分可在胞质内形成嗜酸性包涵体。如单纯疱疹病毒（HSV）感染的细胞多核簇集，在胞核内形成嗜酸性包涵体；水痘-带状疱疹病毒感染也于上皮细胞核内形成嗜酸性包涵体；腺病毒也可在胞核内形成嗜碱性包涵体，用电子显微镜可以看出是许多病毒粒子呈结晶形积聚的集团；牛痘苗病毒在胞质内可见嗜酸性包涵体，又称“顾氏小体”，在诊断上具有一定意义。

RNA病毒通常形成胞质内包涵体，包括呼肠孤病毒、呼吸道合胞病毒、狂犬病病毒、副流感病毒、新城疫病毒、冠状病毒、犬瘟热病毒等，均可在胞质内形成嗜酸性包涵体。呼肠孤病毒感染可形成胞质内嗜酸性包涵体，围绕在细胞核外边，用电子显微镜可看到很多病毒粒子呈结晶形积聚的结构。狂犬病病毒可在脑神经细胞胞质内形成特征性嗜酸性包涵体，又称内基小体（Negri body）。新城疫病毒感染的典型病变是合胞体的形成，并在胞质内形成形状不规则的嗜酸性包涵体。此外，冠状病毒、犬瘟热病毒等感染细胞后，也可形成嗜酸性包涵体，主要见于胞质内，胞核内偶可查见。

有些病毒感染宿主细胞后，可同时在胞核内和胞质内形成包涵体。其中，以巨细胞病毒（CMV）感染最为典型，CMV感染宿主细胞后，主要在细胞核内形成周围有轮晕状的嗜酸性包涵体，犹如“猫头鹰眼”状；胞质内形成的包涵体体积很小，常呈不规则片块状，周围无明显空晕，容易被忽视。麻疹病毒感染细胞后，不仅可以形成包涵体，还可以融合形成多核巨细胞，经HE染色可在胞核内和胞质内看到嗜酸性包涵体；而汉坦病毒不形成嗜酸性包涵体。

由于病毒种类繁多，并非所有病毒感染细胞都能形成包涵体，而且很多包涵体特异性不强，难以确定特定病毒种类，因此病毒包涵体检查只能作为病毒感染的一种辅助诊断方法。可辅以特殊染色、免疫组化、原位杂交、基因检测或电子显微镜等，进一步确定病毒类型。

三、病毒形态的观察

在初步怀疑某种病毒感染时，最直接的病毒鉴定方法是对病毒进行成像，根据观察到的病毒形态即可首先将其确定为某一病毒科，在特定情况如流行病学背景清楚、临床表现典型及病理变化特殊时，甚至可以迅速确定病毒的种。下面每一技术的具体操作步骤详见第一章。

1. 直接电镜观察 根据形态特征检测、鉴定病毒是最为快速的诊断方法之一。电镜观察的主要优点是能够直接、准确地看到病毒形态，且在收到病料后10min内即可得到结果。此外，电镜观察还适用于检测不能培养的病毒，如人的乙型肝炎病毒、朊病毒等。

（1）超薄切片技术 也称正染法，基本程序类似普通的组织病理性切片，包括取材、固定、漂洗、脱水、浸透、包埋、聚合、切片、染色等过程。但所用的固定液和包埋材料不同，要求切片超薄，厚度在 100nm 以下。该标本可长期保存，并可通过透射电镜观察病毒的大小、形态结构、排列方式，病毒在细胞内的生物合成过程以及被病毒感染细胞的超微变化。

（2）负染色技术　负染色技术具有操作简单、反差强、分辨力高、染色本身不改变生物样本的活性，可在较短时间内得出结果等特点，可对腺病毒、疱疹病毒、呼肠孤病毒、小 RNA 病毒、细小病毒和痘病毒等多种病毒做出诊断，见图 5－4 和图 5－5。然而，负染技术敏感性低，难以区分同科病毒，要求被检病毒有典型的形态特征。

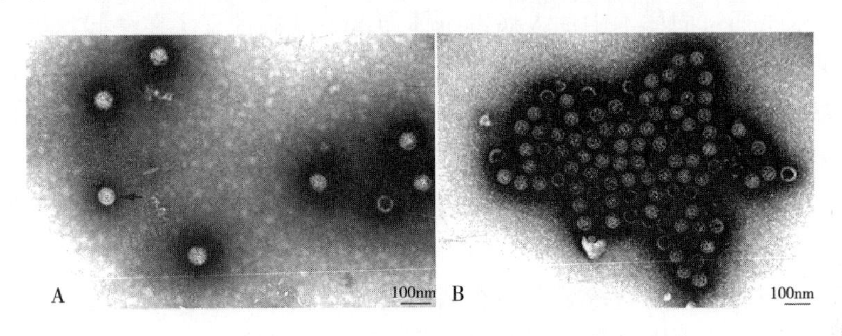

图 5－4　轮状病毒的形态（负染色）

A. 猴轮状病毒（SA11 株）的形态　B. 鼠轮状病毒（EDIM 株）的形态

（洪涛等，2016）

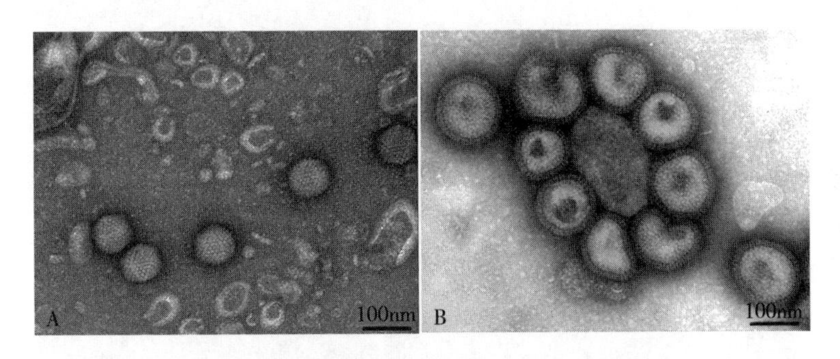

图 5－5　无囊膜病毒和有囊膜病毒负染色结果

A. 二十面体病毒（腺病毒）（Goldsmith Cynthia S 等，2009）

B. B 型流感病毒（Courtesy of Frederick A. Murphy，CDC）

提高负染样本检测效率的方法：对于负染技术制作的病毒电镜样本，吸附于载网支持膜上的病毒数量及病毒的分布情况直接影响病毒检测的灵敏度。载网支持膜吸附病毒颗粒的数量一般受两个因素影响：样本内病毒的浓度和载网支持膜的吸附能力。透射电子显微镜检测的病毒浓度下限为 10^5～10^6 颗粒/mL，因此用电镜观察病毒颗粒前，必须对标本进行浓缩处理。浓缩标本的方法有：①超速离心是一种常用的高效浓缩病毒的方法，可以将样本浓缩 100 倍甚至更高。一般需要 40 000～100 000r/min 以上的转速离心，才可获得病毒。通过冻融或超声波等处理以充分释放样品中的病毒；3 000r/min 低速离心 15～20min 以去除较大的颗粒（如细胞碎片、细菌等），取上清液；40 000r/min 离心 20min 后移除上清，用 10～20μL 蒸馏水或缓冲液重悬沉淀，2%磷钨酸负染后电镜观察，见图 5－6。

②琼脂过滤适用于少量样本的浓缩，可将样本浓缩 5～9 倍。该方法是将液体样本滴在凝固的 2%琼脂表面，通过凝胶吸收水分而达到浓缩病毒的目的，当液体快被吸干时将载网漂浮于样本之上，将病毒吸附于载网上。该方法在吸收样本中水分的同时，还可以去除样本内的部分盐离子，避免盐类结晶对样本观察产生影响。③超滤浓缩。通过超滤管利用离心作用去除样本内水分、盐类和小于超滤管过滤孔径的物质，从而达到浓缩病毒的目的。超滤完成后，以少量蒸馏水充分洗涤滤膜，收集洗涤液进行负染。④离子交换捕捉。一般认为是通过磷酸氢钙的静电引力将悬浮样品中的病毒颗粒吸附住，再以溶解剂 EDTA 将磷酸氢钙溶解，使病毒颗粒游离下来进行观察。本方法可用于粪便等样品中的病毒纯化。⑤免疫凝集技术是通过向样本中加入病毒抗体使低浓度病毒聚集在一起，提高病毒检测的灵敏度，以便发现和观察到病毒颗粒，并能通过已知抗体的信息确定病毒信息，已被用于识别无法在细胞培养中生长的病毒或检测未知病毒。具体步骤：将适当比例稀释的病毒抗体（如单克隆抗体、多克隆抗体或抗血清）与样本混合，两者于 37℃反应 1～1.5h（或 4℃过夜），取反应液进行负染制样。如果抗体识别病毒，则在免疫复合物中形成病毒颗粒聚集体，从而浓缩并特异性识别颗粒。值得注意的是，若抗体过量，许多分子可能会在病毒颗粒之外包裹病毒颗粒，导致病毒形态结构变得模糊。因此，进行免疫凝集试验时，应选择合适的抗体浓度，否则会影响观察效果。

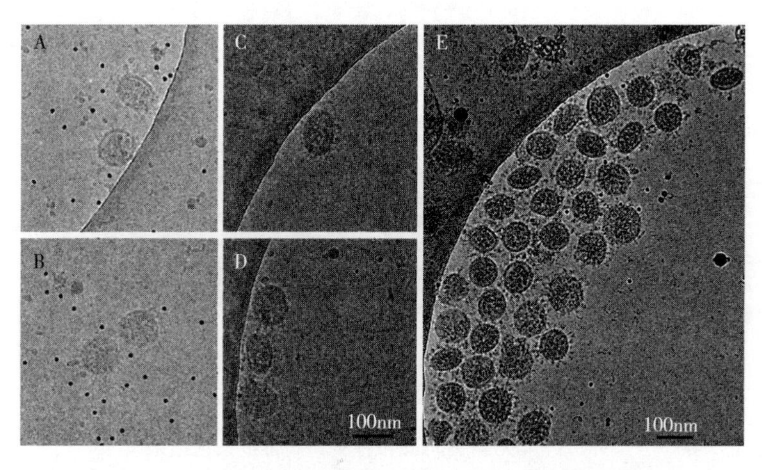

图 5-6　未浓缩和浓缩的 SARS-CoV-2 病毒粒子的比较
A～D. 感染 Vero 细胞上清液中的病毒粒子　E. 超速离心浓缩的病毒粒子
（姚航平等，2020）

2. 免疫电镜观察　免疫电镜（immunoelectron microscopy，IEM）是利用特异性抗体首先将病毒粒子凝聚在一起，使病毒更容易辨认的一种技术。免疫电镜是增加电镜检测敏感性和增强特异性的一种途径，尤其适用于①样品中的病毒颗粒数量少时；②存在不同形态的病毒如疱疹病毒、小 RNA 病毒等时；③在某种疾病暴发时，经负染鉴定病原后，可采用免疫电镜做进一步确诊。

（1）免疫负染电子显微镜技术　免疫电镜技术的敏感性和特异性均高于负染电镜技术，而且同样具有快速、简便、经济，易于显示病毒立体结构的优点。利用该技术鉴定了许多重要人类致病病毒，如甲肝病毒、轮状病毒等。

（2）免疫超薄切片电子显微镜技术　把免疫组织化学等技术与 TEM 技术结合起来，是在超微结构水平上研究抗原抗体反应，进行抗原定性和定位的一种技术。包括免疫酶标抗体技术、胶体金标记免疫电镜技术（图 5－7）等多种方法。

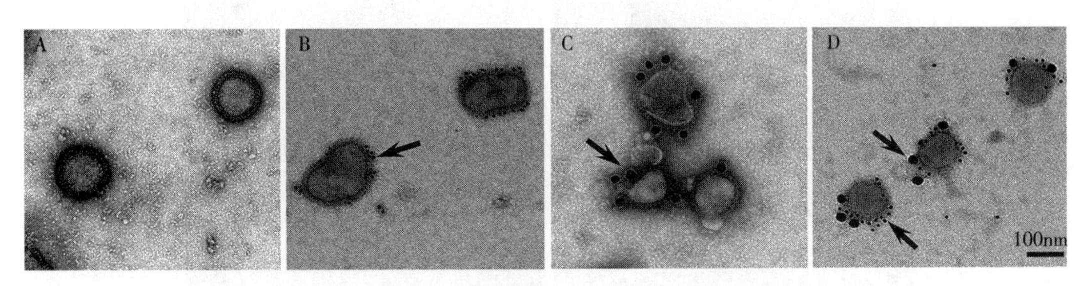

图 5－7　MDCK 细胞中 H1N1 流感病毒的免疫电镜观察

A. 流感病毒　B. 10nm 胶体金标记的 H1N1 流感病毒

C. 25nm 胶体金标记的 H1N1 流感病毒　D. 10nm 和 25nm 胶体金双标记病毒

（Gulati 等，2019）

3. 扫描电镜观察　扫描电镜（scanning electron microscope，SEM）主要用来直接观察病毒粒子的外貌和样品表面的特征。扫描电镜样品制作简单方便、景深大、分辨率高、图像立体感强等特点。标本的初步处理主要包括取材、表面清洁、固定、漂洗、脱水、干燥、喷金等过程。标本的预处理和干燥等过程是扫描电镜生物样品制备中的关键环节。常用的干燥方法主要有临界点干燥法、冷冻干燥法、真空干燥法、自然干燥法、氮气干燥法、烘干干燥法和微波干燥法等。目前最理想的干燥方法是临界点干燥法，其次是冷冻干燥法、真空干燥法和自然干燥法。但具体情况需根据不同样本选择适宜的干燥方法，以便获得更接近真实的结果。扫描电镜对病毒颗粒进行成像，见图 5－8、图 5－9。

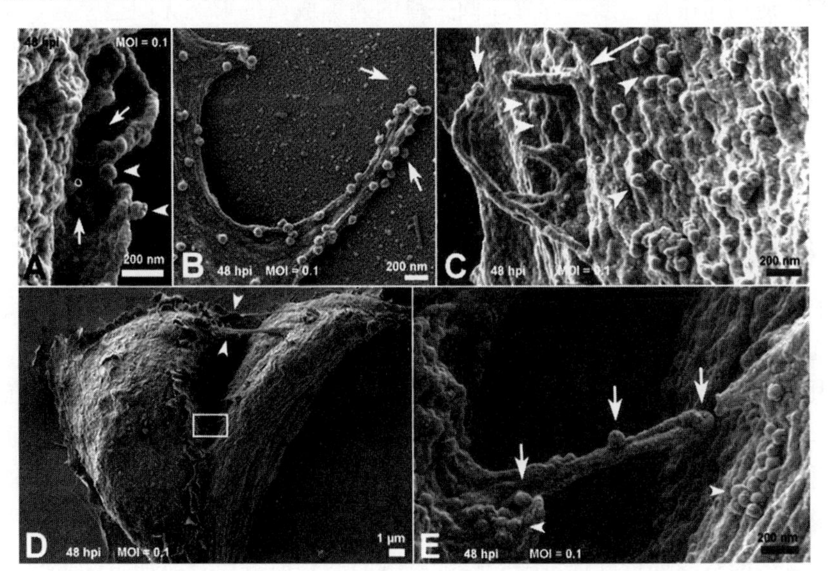

图 5－8　SARS－CoV－2 感染 Vero 细胞 48h

A～C，E. SARS－CoV－2 颗粒（箭头）　D. Vero 细胞

（Caldas L A 等，2020）

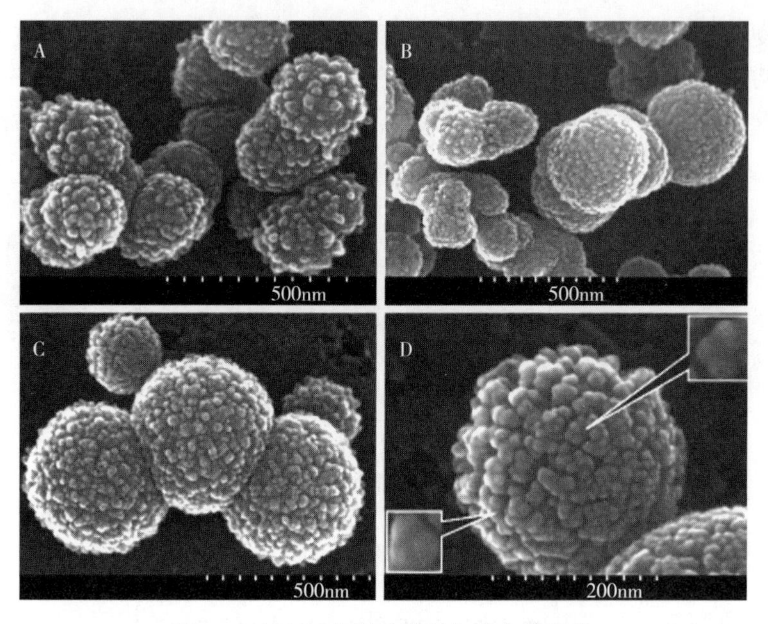

图 5－9　SARS 冠状病毒的扫描电镜观察

A～C. 大小各异的 SARS 冠状病毒的病毒粒子　D. 表面突起的超微结构

（Lin Yun 等，2004）

》第五节　病毒的非培养检验技术《

虽然病毒分离培养是病毒病原学诊断的金标准，但该方法要求严格，操作烦琐。因此，无法广泛应用于临床诊断。此外，同一科的病毒成员的形态无明显差异，鉴定仅能达到科或属的水平。将病毒形态检测结果与分子生物学或免疫学等其他技术相结合，才能获得更为准确的结果。免疫学技术可直接从标本中检出病毒抗原成分和特异抗体，分子生物学技术可直接检测病毒微量核酸，具有快速、敏感、特异的优点，已成为快速诊断病毒性疾病的重要方法。

一、病毒抗原的检测

样品中病毒抗原的直接检测有多种方式，但总的原则是利用已知抗体，检测样品中待检的病毒抗原。

1. 利用标记的抗体检测抗原　利用免疫标记技术直接检测标本中的病毒抗原，具有操作简单、特异性强、敏感性高等优点。特别是用标记质量高的 McAb 可检测到 ng 至 pg 水平的抗原或半抗原。

（1）酶联免疫吸附试验（ELISA）　将特异性抗体包被到固相载体上，标本中相应抗原与其结合后，加入酶标特异性抗体，再加入酶的底物后显色，从而检测标本中病毒抗原的量。因其成本较低、敏感性接近放射免疫分析技术，且可同时对大批样本进行检测，现已被广泛应用于多种病原的大规模筛查和检测。但是，标准 ELISA 操作步骤烦琐、耗时较长，因此该方法不适用于临床快速筛查。

（2）免疫胶体金技术（ICGT） 具有操作简单、方便快捷、灵敏、特异性高、安全、成本低、检测结果可视化等优点。该技术是以胶体金为标志物，用于免疫组织化学及免疫分析中，对细胞或某些标本中的多糖、糖蛋白、蛋白质、多肽、激素和核酸等生物大分子进行定位及定性检测的一种免疫学技术。胶体金本身带有紫红色，可成为标记物，在一定的条件下与病毒抗原或抗体稳定结合后，可用肉眼直接观测结果，见图 5-10。

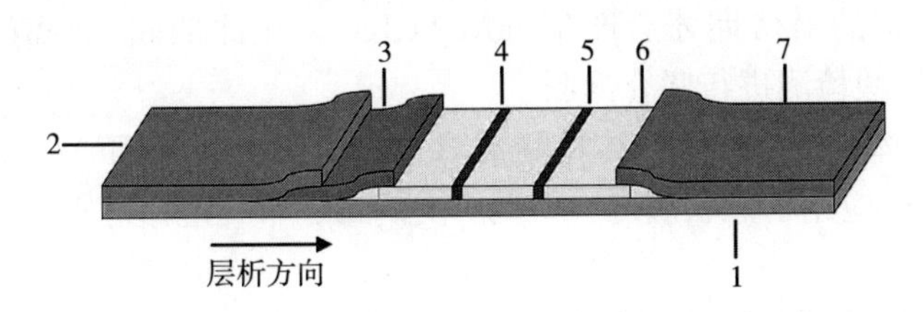

图 5-10 胶体金免疫层析法试纸条

1. PVC 底板 2. 样品垫 3. 金标垫 4. 检测线（T 线） 5. 质控线（C 线） 6. NC 膜 7. 吸水垫

目前，IgG/IgM-胶体金技术已经广泛应用多种病毒的快速筛查，但该技术也存在准确度较低、对不同感染阶段样品的敏感度不一、结果易受环境因素影响等不足。因此，该技术通常和 RT-PCR 技术联合，用于病毒的大规模快速筛查。

（3）免疫荧光测定（IFA） IFA 是用荧光素标记特异性抗体以检测病毒抗原。可用于细胞培养病毒的鉴定，用荧光显微镜观察细胞核和细胞质内的荧光，从而检测病毒抗原在受感染细胞内的分布情况，具有快速、特异性好等优点。IFA 可分为直接免疫荧光技术和间接免疫荧光技术。

（4）放射免疫测定法（RIA） RIA 用同位素标记的抗体或抗原与标本中病毒的抗原或抗体结合后，测定其放射活性，从而得知抗原或抗体的量。RIA 分为竞争 RIA 和固相 RIA 两种方法。RIA 是最敏感的方法，但由于其耗时，操作烦琐且有放射污染性，不易广泛应用。

（5）发光免疫技术（LIA） 具有灵敏度高、特异性强、检测快速及无放射危害的优点。根据标记物不同，可分为化学发光免疫分析和电化学发光免疫分析两种。用化学发光物质或酶标记抗原或抗体，与标本中病毒的抗体或抗原结合形成化学发光物质或酶标记的抗原抗体免疫复合物，再加入氧化剂或酶的发光底物，经反应形成激发态的中间体，随后便释放出光能，发光强度可以利用发光信号测量仪器进行检测。目前常用于检测肝炎病毒、冠状病毒及肠道 RNA 病毒。

2. 利用非标记的已知特异性抗体检测抗原

（1）免疫沉淀试验 有些病毒和相应的抗体发生反应后，在一定的介质中可出现肉眼可见的变化，如鸡马立克氏病病毒、禽流感病毒等的免疫沉淀试验。用于诊断的免疫沉淀试验，主要是利用已知抗体检测病料中的待检抗原，多采用凝胶沉淀试验，将抗原与抗体加在凝胶中，呈胶体微粒状向四周弥漫性扩散，当扩散的抗原与抗体分子相遇并达到适当比例时，就会互相结合凝聚，出现混浊的沉淀线。

（2）凝集试验 分为两类，即直接凝集试验和间接凝集试验。前者是指颗粒抗原或抗体与相应抗体或抗原直接结合所出现的凝集现象；后者是指吸附在颗粒状物质（如红细胞、碳素颗粒等）上的抗原或抗体与相应的抗体或抗原在电解质存在下凝集成团的反应。

二、病毒感染后抗体的检测

病毒侵入机体后，机体通常会产生相应的特异性抗体，其中特异性抗体 IgM 最早产生并进行早期防御，随后产生 IgG 抗体。血清学检测就是通过检测血液样本中特异性抗体 IgM 和 IgG 的存在及含量，来间接判断机体内有无病毒及病毒感染情况。但由于抗原进入机体需经过一定的潜伏期才会产生 IgM 与 IgG，在此期间，血清无法检出 IgM 与 IgG，这时则需要核酸检测进行联合诊断。

1. IgM 特异抗体检测 IgM 抗体检测常用方法有 ELISA 和 IFA。ELISA 中又以 IgM 捕获法最为特异，已应用于冠状病毒、甲型肝炎病毒、单纯疱疹病毒、轮状病毒等多种病毒的早期诊断。

2. IgG 特异抗体检测 IgG 抗体虽较 IgM 抗体出现晚，但 IgG 检测对尚无病毒分离培养方法或难以分离培养的病毒仍具有辅助诊断价值。IgG 抗体检测常用方法为 ELISA、IFA 等方法。

3. 免疫印迹试验 若某些病毒感染在初筛阳性后尚需用免疫印迹法进行确认试验，可先将提纯的病毒裂解后经 SDS - PAGE，再电转印至硝酸纤维素膜上，脱脂奶粉过夜封闭后，加一抗（待检血清）、二抗分别 37℃孵育 1h，经显色后，若血清中含有抗病毒抗体则可与膜条上相应的病毒蛋白质条带结合，即可确诊。

4. 中和试验 采用已知的病毒或病毒抗原，可测定感染动物体内中和抗体的存在及其水平，这种测定方法称为中和试验。中和试验具有高度的免疫特异性，通常作为评价其他血清学技术的标准方法。如果动物在病毒感染后，体内产生抗体，该抗体能与相应的病毒粒子特异性结合，并使病毒丧失感染力，这种抗体就称为中和抗体。中和抗体一般是针对病毒的蛋白衣壳或囊膜抗原产生的，并不针对病毒粒子的内部成分。

三、病毒核酸的检测

按照对病毒基因组或核酸片段检测方式的不同，可将病毒核酸的检测方法分为直接检测法、杂交检测法和扩增检测法 3 类，每一类方法的基本原理相似，但操作上存在较大差异。目前，前两类方法在诊断中已很少应用，这里重点介绍扩增检测法。核酸扩增检测法具有灵敏度高、漏检率低、缩短窗口期检测时间、监测病毒变异等优点，因而成为临床病原体感染的重要诊断方法。

1. 聚合酶链式反应 聚合酶链式反应（polymerase chain reaction，PCR）是一种体外快速扩增特异性 DNA 片段的技术。选择病毒的特异、保守片段作为靶基因，用设计的特异引物扩增病毒特异序列，使需要检测的目的基因或片段在短时间内扩增至数十万至数百万倍。因此，具有敏感、特异、快速、重复性好及易自动化等优点，可对分离培养难度大的微量病毒进行快速和准确鉴定。

2. 实时荧光定量 PCR 实时荧光定量 PCR（quantitative and real - time PCR，qPCR）是一种在 DNA 扩增反应中，以荧光化学物质实时监测和连续分析荧光信号，并通过绘制标准曲线来分析聚合酶链式反应不同时期扩增产物的量。该技术不仅实现了从 PCR 的定性到定量的测定，而且与常规 PCR 相比，具有特异性更强、自动化程度更高、可实时检测结果等特点，目前已得到广泛运用，也适用于日常监测和疫情暴发时的应急诊断。但其缺点是成本较高，耗时长，且需要完备、精密的实验室设备和操作熟练的技术员。

3. 数字PCR法 数字PCR（digital PCR，dPCR）是第三代PCR技术，是一种核酸分子的绝对定量技术。当前核酸分子的定量有3种方法，即①光度法，基于核酸分子的吸光度来定量；②qPCR基于Ct值来定量，Ct值是可以检测到荧光值对应的循环数；③dPCR是基于单分子PCR来进行计数核酸分子的定量方法。

微滴式数字PCR（droplet digital PCR，ddPCR）技术具有高灵敏度、高精确性、高耐受性、高特异性和重复性、可绝对定量等特点，适用于病毒载量低时核酸的绝对定量。但ddPCR比较昂贵，需要使用专门的仪器和耗材。

4. 环介导等温扩增技术 环介导等温扩增技术（loop-mediated isothermal amplification，LAMP）可在恒温条件下和短时间内将目标DNA从几个拷贝扩增到10^9～10^{10}拷贝，是特异性高、敏感性强的一步法扩增技术。通常等温扩增是在恒定温度（42℃或65℃）下借助特定的引物，对病毒核酸片段实现体外扩增。该扩增过程中不需要高精密的PCR仪，普通的水浴锅就可以完成。等温扩增后的目的基因，可以通过凝胶电泳或紫外灯照射或胶体金试纸条等读取。

5. 基因芯片技术 基因芯片（gene chip）技术是基于核酸杂交原理的检测技术，使用固定在载玻片或其他载体上的探针分子与标记的样品分子进行杂交，通过检测杂交信号强度获取样品分子的数量和序列信息。

第六章　兽医寄生虫学检测技术

由于蠕虫病缺少特异性的临床症状，常常需要对畜禽的粪、尿、血液等进行实验室检查，寻找虫体、虫体碎片、虫卵、幼虫等，根据发现的病原做出正确的诊断。但是对于寄生虫病的诊断仅仅依据发现了某某寄生虫或其虫卵就做出诊断是远远不够的，还要根据流行病学、临床症状、病理变化等各个方面进行全面的、综合的分析判断，才能确诊。

》第一节　寄生虫标本的采集和保存《

对动物生前进行寄生虫病的检查常不能发现一些寄生虫病原体，更无法查明动物体内各类寄生虫的种类及其数量。动物尸体剖检是寄生虫病诊断最可靠的方法，从中可以发现动物体内所有的寄生虫。

一、剖检畜禽时寄生虫标本的采集法

1. 哺乳动物寄生虫学完全剖检法　将家畜宰杀后，首先制作血涂片，染色检查，观察血液中有无锥虫、梨形虫、住白细胞虫、微丝蚴、附红细胞体等。然后仔细检查体表，观察有无吸血虱、毛虱、虱蝇、蚤、蜱、螨等，如有则收集之。再进行剥皮，观察皮下组织中有无副丝虫（马、牛）、盘尾丝虫、贝诺孢子虫、皮蝇幼虫等的寄生。

取出各内脏器官前，先收集腹水、胸水，沉淀后观察其中有无寄生虫。然后取出全部消化器官及其所附的肝脏、胰脏等。再取出呼吸系统、泌尿系统和生殖系统器官，心脏和大的动脉和静脉血管。上述各种器官的检查方法可分为两种：一种是有大量内容物的腔道如肠、胃，应在生理盐水中剖开，将内容物洗入液体中，后对黏膜仔细检查；洗下的内容物反复加生理盐水沉淀，直至液体清亮为止，然后取沉渣进行检查。另一种如肝脏等实质器官，先将其撕碎成小块，置37℃温水中，待其虫体自行蠕动出，再用手在水中挤压组织块，将组织中残留的虫体挤出，最后将液体经过反复沉淀，检查沉渣。为了检查沉渣中纤细的较小虫体，可在沉渣中滴加浓碘液，使粪渣和虫体均染成棕黄色，再以5%硫代硫酸钠溶液脱色，粪渣及纤维均脱色，但虫体不易被脱色，仍保持棕黄色。

现将各系统的检查法分述如下：

（1）消化系统　先取下肝、胰，再将食管、胃（反刍动物应将4个胃分开处理）、小肠、大肠分别结扎后分离。剖开食管，检查食管黏膜下有无虫体寄生，如有无筒线虫和皮绳幼虫（牛），检查浆膜面有无肉孢子虫。胃和各肠段分别置于不同容器内，剖开，加生理盐水将内容物洗下。仔细检查洗净的胃及肠黏膜上是否附有虫体，并用小刀刮取胃、肠

黏膜，将刮下物置解剖镜下检查。洗下物多加生理盐水，反复多次洗涤、沉淀，至液体清亮后，去上清留沉渣，分批取少量沉渣，在光亮处置于黑色的背景下寻找虫体。

肝和胰用剪刀分别沿胆管或胰管剪开，检查其中虫体，而后将其撕成小块，用贝尔曼法分离虫体，并用手挤压组织，最后在液体沉淀中寻找虫体。

（2）呼吸器官　用剪刀沿喉、气管、支气管剪开，寻找虫体。用小刀刮气管黏膜，刮下物在解剖镜下检查，肺组织的处理方法同肝脏。

（3）泌尿器官　切开肾，先肉眼检查肾盂，再刮取肾盂黏膜检查，最后将肾实质切成薄片，压于两玻片间，在放大镜或解剖镜下检查。剪开输尿管、膀胱和尿道检查其黏膜，并注意黏膜下有无包囊。收集尿液，用反复沉淀法处理。

（4）生殖器官　切开并刮下黏膜，压片检查，怀疑为马媾疫或牛胎儿毛滴虫时，应涂片染色后油镜检查。

（5）脑　先用肉眼检查有无多头蚴，再切成薄片，压片检查。

（6）眼　结膜和结膜腔以搔刮法处理检查，剖开眼球，将前房水收集于器皿中，在放大镜下检查。

（7）心和主要血管　剖开将内容物洗于生理盐水中，用反复沉淀法检查。

（8）膈肌　特别是猪，应先肉眼检查，如有小白点状可疑物，剪取小白点置玻片间压薄，在显微镜下检查。

2. 禽类寄生虫学完全剖检法　禽类寄生虫学剖检与哺乳动物的剖检在操作细节上，甚至于剖检步骤是不完全相同的。在进行禽类寄生虫完全剖检之前先进行褪毛，并观察皮肤，用肉眼仔细注意皮肤内有无寄生的虫体，然后剥皮，检查皮下组织内有无丝虫目线虫以及寄生于小结节内的螨类。

在完成上述检查后，除去尸体的胸骨片打开胸腔，将其全部内部器官暴露。其方法是：用小解剖刀切开固着在背肩部的肌肉，再用右手在颈后抓住胴体，用左手撕开胸骨，剥离胸骨上的肌肉，仔细观察胸骨，检查其内面有无寄生虫，在有的禽类可能发现丝状线虫，然后将胴体背位放置，取出各内脏进行分离，再按一般顺序检查：

（1）气囊　在气囊内可能发现寄生的丝虫和吸虫，也可见到螨类。

（2）呼吸器官　用外科手术刀的刀柄小心地插入相邻肋骨之间肺的背面之下，将深藏于肋骨突起间的肺脏分开并进行检查。

（3）法氏囊　常寄生有前殖吸虫及其他吸虫。

（4）消化器官　依次检查口腔、食管、嗉囊、腺胃、肌胃、十二指肠及其后段胰腺周围形成的肠袢、小肠、盲肠、直肠和泄殖腔。

可以分开单独检查食管及嗉囊，观察有无毛细线虫和华首线虫的寄生。

剖开腺胃，将其内容物倒在搪瓷盘内，反复冲洗，检查沉淀物内有无虫体，再检查黏膜，观察黏膜上是否可见到紫红色斑点，如有则是钻入腺胃组织内的四棱线虫的雌虫（这种线虫的雄虫不侵入组织深部），腺胃黏膜可用搔刮法刮取黏液检查。

纵向切开肌胃，倒出内容物，冲洗到搪瓷盘内，然后将角质膜与固有黏膜用手小心地分开，注意观察在黏膜上或分开的角质膜内面，有无裂口线虫寄生。将胃黏膜放在两张玻片之间，用放大镜进行观察，一些野禽肌胃的角质膜很薄，胃腔内饲料柔软，可能会发现蛔虫。

将分开的肠道放在不同的搪瓷盘内，用剪刀纵向剪开，黏膜可用小解剖刀的背面或载玻片进行刮取。其检查方法和检查哺乳动物的肠道相同。

（5）泌尿器官　禽类的肾脏位于髋骨窝内，先用镊子取出，再用干燥法压薄检查，肝脏与肾脏检查方法相同，在肾、肝内可发现吸虫。

在进行上法剖检时，尸体一定要新鲜，死后不得超过 10h，因为有一部分虫体（主要是绦虫）在肠管冷却之后很快死亡。

需要注意的是：无论进行哪类动物的剖检法，最好在剖检前，先采取粪便进行虫卵检查，以其粪检结果作为参考。但也不要只根据粪检结果而不做仔细剖检。

3. 个别器官的寄生虫学剖检法　如果为了检查某地区某种动物某一器官中寄生虫寄生的情况时，可仅对某一器官进行检查，而对其他器官则不进行检查。

4. 某一种寄生虫的采集法　检查某一地区某种动物的某种寄生虫时，先明确该寄生虫的专性寄生部位，然后只检查该部位即可。

二、蠕虫标本的采集和保存

（一）畜禽体表及体内蠕虫标本的采集和固定

1. 吸虫

（1）采集　在各脏器中或其冲洗物沉淀中，如发现吸虫时，应以弯头解剖针或毛笔将虫体挑出（注意：不应采用镊子夹取，因为镊子夹住的虫体部位会损伤变形，影响以后的观察）。挑出的虫体，体表常附有粪渣、黏膜等污物，应先放入生理盐水溶液中。较小的虫体，可放入有盐水的小试管中，加塞，充分振荡将污物除去洗净，较大的虫体可用毛笔刷洗。有些虫体的肠管内含有大量的食物，可在生理盐水中放置过夜，等其食物消化或排出。

（2）固定　制作较小的虫体标本，可先在薄荷脑溶液中使虫体松弛，然后投入固定液中固定。制作较大、较厚的虫体标本时，可将虫体先压入两载玻片间，为了不使虫体压得过薄可在玻片两端垫以适当厚度的纸片，而后以橡皮筋扎紧玻片两端。

吸虫常用的固定液如下：

①劳氏固定液　适用于小型吸虫。取饱和升汞溶液（约含升汞 7%）100mL，加冰醋酸 2mL，混合即成。固定虫体时，将虫体放于一小试管中，加入生理盐水，达试管的 1/2 处，充分摇洗，再加入劳氏固定液摇匀，12h 后，将虫体取出移入加有 0.5%碘的 70%的酒精中，并更换溶液数次，直到碘酒精溶液不再褪色为止，再将虫体移到 70%酒精溶液中保存，若欲长期保存应在酒精中加 5%甘油。

②酒精-福尔马林-醋酸固定液（AFA 固定液）　本液以 95%酒精、福尔马林（实含甲醛 40%）、醋酸、水混合而成。已夹于玻片间的大型虫体可浸入此固定液中过夜。小型虫体可先放于充满 2/3 生理盐水的小瓶内，用力摇振，待虫体疲倦而伸展时，再将盐水倾去 1/2，之后加入本固定液，放置过夜。次日将虫体取出，保存于加有 5%甘油的 70%酒精中。

③福尔马林固定液　将小型吸虫虫体或夹于玻片间的虫体投入固定液中，经 24h 即固定完毕。夹于两玻片间的较大吸虫，固定液渗入较难，可在固定数小时后，将两玻片分开，这时虫体将贴附于一玻片上，将附有虫体的玻片继续投入固定液中过夜。最后将虫体

置3%～5%的福尔马林溶液中保存。

2. 绦虫

（1）采集　绦虫大部分寄生于肠管中，并以头节牢固地附着于肠壁上。采集标本时，为了保证虫体完整，切勿用力猛拉，而应将附着有虫体的肠段剪下，连同虫体浸入水中，5～6h后，虫体会自行脱落，体节也自行伸直。

（2）固定　将收集到的虫体，浸入劳氏固定液或70%酒精或5%福尔马林液中固定。准备做瓶装陈列的标本，以福尔马林溶液固定较好。如欲制成染色装片标本以观察其内部结构，则以劳氏固定液或酒精固定为好。

有的绦虫很长（可达数米），易于断裂且又易于相互缠结，故固定时应注意。不太长的虫体，可提住虫体后端，将虫体悬空伸长，而后将虫体下放，逐步地浸入固定液内。过长的虫体，可先绕于一玻璃瓶上，连瓶浸入固定液内。亦可在大烧杯中，先放入以固定液浸润的滤纸一张，提取虫体后端，使虫体由头节始，逐步放在滤纸上，加盖一层湿滤纸；再以同样操作，放上第2条虫体；如是操作，全部放好所有虫体，最后将固定液轻轻注满烧杯内，固定24h后取出。

保存于瓶内的标本应登记并加标签，其注意事项同吸虫。

3. 线虫

（1）采集　在剖检家畜时，按寻找虫体的方法，发现虫体后，以弯头解剖针或毛笔将虫体挑出，移入生理盐水中，洗净；寄生于肺部的线虫和丝虫目线虫，在略微洗净后应尽快放于固定液中固定，否则虫体易破裂。一些有较大口囊的线虫（如圆线虫、夏伯特线虫、钩口线虫等）和有发达交合伞的线虫，其口囊或交合伞中常包含有大量杂质，妨碍以后的观察，应在固定前用毛笔洗去，或充分振荡以洗去，而后固定。

（2）固定　可采用酒精或福尔马林固定。用酒精固定时，将70%酒精加热到70℃左右（在火焰上加热时，酒精中有小气泡升起时即约为70℃），将洗净的虫体移入热固定液中固定，待酒精冷却后，将虫体移入含5%甘油的80%酒精中，加标签保存。标签的书写内容同吸虫。

福尔马林固定液是将3mL福尔马林加入100mL生理盐水中配制而成。固定虫体时也应先将固定液加热到70℃，再投入虫体。固定后标本即保存于固定液内，也可移入含5%甘油的80%酒精中，加标签保存。

以上三类蠕虫的病理组织标本或含虫病理标本可直接固定保存于10%福尔马林液中。

在采集蠕虫标本时，将标本采集时的有关情况，按标本编号，记于登记本上。

（二）外界环境中蠕虫标本的采集和固定

1. 水中蠕虫虫卵和幼虫的采集和固定

（1）采集　为了检查牲畜和其他动物的饮水被寄生虫虫卵和幼虫的污染情况，防止其经饮水被感染，应从供动物的饮水处或可能被其饮入的河水、池水、雪水等取样。采样地点可在河水沿岸、贮水池、排水沟、闸门上下、沼泽地带等处，通常在水面和不同深处采取样本，1份水样量一般为0.5～10L，还可按每5min采样0.5～1L，30～60min平均采样10L，为了监测蠕虫虫卵和幼虫对其污染率，除在早、中、晚三次采样外，还必须在全年各季进行水样检验。

（2）固定　固定方法同畜禽体表及体内蠕虫标本的固定方法。

2. 土壤中蠕虫虫卵和幼虫的采集和固定

（1）采集　为了查明蠕虫虫卵和幼虫对土壤的污染情况，土壤样品取自动物圈舍附近、牧场和其他不同地方的表面及其2～3cm深处，每个检查点的面积约为$25m^2$，按照对角线采集5～10个土壤样本，各点间距不超过10m。取自一个检查点的样本深度应一样，每个样本约50g土壤；将同一个地区采集来的全部样本混匀，每一份样本50～100g。

畜舍刮下物可按两个对角线取自不同的地面，刮取点的距离不超过5m，每一点刮取15～25g，一个畜舍的刮下物混合成一个样本供检。

（2）固定　固定方法同畜禽体表及体内蠕虫标本的固定方法。

3. 牧草上蠕虫虫卵和幼虫的采集和固定

（1）采集　主要为检查青草上存在的圆线虫虫卵和幼虫以及水生植物上附着的吸虫囊蚴。可按其种类、大小和部位进行抽样，线虫虫卵和幼虫检查所取的样本，可采用横切法，即在草根上部距地面3～5cm处割取（主要是草根和茎叶），每一份样本为250～500g，青草样本取自牧场和厩肥堆附近10～100cm处，干草可取自干草堆。

（2）固定　固定方法同畜禽体表及体内蠕虫标本的固定方法。

（三）蠕虫虫卵的保存法

1. 虫卵材料的采集

（1）自患畜粪便中收集虫卵　可参照蠕虫虫卵收集法。自家畜粪便中收集虫卵的缺点在于多数家畜体内常有多种寄生虫同时寄生，不易获得单一种的虫卵。

（2）生理盐水收集虫卵　将解剖家畜时所采集的每种寄生虫挑入生理盐水中，此时虫体尚未死亡，常可在盐水中继续产出一部分虫卵，而后将虫体取出，将此盐水静置沉淀，待虫卵集中于底部后收集。本法所得虫卵，因未经肠道与粪便混合而呈无色，与粪便中所见虫卵的颜色有所不同，为此可将取得的虫卵混入粪便中，存放数天，使之染色。

2. 虫卵标本的保存　将含有虫卵的沉淀倾入一小烧杯中，加入70～80℃的巴氏液，冷却后，保存于小口试剂瓶中，用时吸取沉淀，放于玻片上检查。

三、昆虫和蜱螨的采集和保存

（一）采集

采集昆虫和蜱螨标本前，应了解其发育规律和生活习性，要知道昆虫和蜱螨都是雌雄异体的，尤其是蜱，雌雄虫体的差异极大，雌虫较雄虫要大得多。

1. 畜禽体上昆虫和蜱螨的采集　在畜禽体表，常有吸血虱、毛虱、虱蝇、蚤和蜱类寄生，在检查发现后用手或小镊子捏取或将附有虫体的羽或毛剪下，置于培养皿中，再仔细收集。

（1）蜱类的采集　寄生在畜体上的蜱类，常将假头深刺入皮肤，如不小心拔下，则其口器可能折断而留于皮肤内，致使标本不完整，且留在皮下的假头还会引起局部炎症。拔取时应使虫体与皮肤垂直，慢慢地拔出假头，或以煤油、乙醚或氯仿，抹在蜱身上和被叮咬处，而后拔取。

采集时，除采集吸血饱满的雌蜱之外，也要采集雄蜱、若蜱、幼蜱。

（2）螨的采集　家畜疥螨、痒螨多寄生于体表或皮内，通常在健康皮肤与病灶交界处，用刀蘸50%甘油水溶液后垂直皮肤刮取痂皮皮屑，直到微见血为止；对潮湿的痒螨病痂皮，可用镊子撕下痂皮，或连背毛拔下；对猪、牛蠕形螨，可用力挤压病灶，挤出脓液；对鸡膝螨，可把隆起的鳞片用镊子掀起拔下；对禽羽螨，可在禽背、翅、尾上拔下老羽毛，有螨的羽干可变成暗黄色不透明，剪开羽干并挤出内含物。

对于捕获的野生动物，如不进行养殖，可将其放入白布袋内，然后再将布袋放入密闭的容器内，用乙醚熏杀，一般熏 20min 即可，打开布袋检查脱落的螨；对活的动物可用牙刷、篦子等梳刷，也可达到效果；对耳道、鼻腔内的螨可剖开检查，将黏液刮下放入水盆内漂洗后观察。

（3）蝇蛆的采集

①皮蝇类的采集　常见皮蝇类有牛皮蝇及鹿皮蝇，通常采集幼虫、虫卵。主要采集区域是动物背部皮下，剥皮后可发现幼虫，也可以从活的动物背部肿瘤内挤出幼虫，为了取得成熟的幼虫，可以把纱布粘在动物背部肿瘤小孔的皮肤上，待幼虫成熟自动落入纱布内。虫卵产在被毛上，可连同被毛一起剪下制成标本。

②狂蝇类的采集　狂蝇类（鼻蝇）大多数寄生在鼻腔、喉头、额窦等处，其中羊狂蝇、马鼻蝇、驼喉蝇常见，它们的第一期幼虫多在鼻腔产出，很小、白色，有时在眼结膜也能发现。第二期、第三期幼虫多半寄生在额窦、咽喉、鼻窦等较深部位，羊狂蝇寄生在额窦，马鼻蝇寄生在额窦、咽喉头，驼喉蝇寄生在鼻窦中。采集成虫可在早晨和傍晚，羊舍附近避风处，如墙壁、帐篷上，可用手采。为了孵化收集成熟的第三期幼虫，可在牲畜打喷嚏时收集成熟的第三期幼虫，也可在春天给羊、马戴上纱布口罩，以收集喷出的幼虫。

③胃蝇类的采集　主要是指寄生在马属动物的马胃蝇。马胃蝇成虫的采集通常可以在马厩附近，对飞翔的成虫可用手或捕虫网捕捉。幼虫采集多在解剖马时进行，第二期幼虫常在咽头软腭，第三期幼虫主要在胃内和十二指肠，比较成熟的第三期幼虫可在肛门内或从粪便中采集。

成虫的孵化多利用成熟的第三期幼虫，选择幼虫被排出季节，幼虫孵化方法与牛皮蝇的相似，放在盛有潮湿沙土的广口瓶中，即可自动孵化，化蛹后一月余便羽化出成虫，雌雄成虫孵出后很快交配，在瓶中放一些马毛，它们就可在马毛上产卵，带有卵的毛可以在温箱中孵出第一期幼虫。

（4）昆虫的采集

①虱的采集　家畜体表吸血虱通常不离开畜体，分开被毛，用镊子取下活动的虱，此外也可以用梳子梳下被毛，放在白色搪瓷盘内采集。吸血虱多寄生于颈部、腋下、鼠蹊、耳后、耳壳内等避光的部位，有些虱有固定的寄生部位，如羊脚虱仅发现于羊的蹄部两趾之间，人的头虱仅寄生于头发内，体虱则在衣缝及被褥上，阴虱主要寄生于阴毛上。如此可根据采集对象决定采集部位，采集虱卵可连同被毛一起剪下，采到的虱可立即固定，如欲饲养可连同兽毛放入试管中。

毛虱主要寄生于哺乳动物，羽虱则寄生于鸟类，均不吸血，以皮屑为食。多在动物体上采集毛虱，或将梳下或拔下的被毛、羽毛，经热水洗烫，取出漂浮的毛，然后利用清水反复洗净沉淀，水清后借助放大镜检查。

②蚤类的采集　蚤类种类繁多，对家养犬猫可分开被毛，用镊子采集蚤卵。对活动性较强、捕捉困难的蚤类，可用撒有樟脑的布将畜体包裹，数分钟后，取下布来，蚤即落于布内。也可用杀虫药喷洒畜体，待其死亡后采集。

③蝇类的采集　腐败动物主要招引丽蝇、绿蝇、麻蝇，牲畜身上主要是吸血蝇。牲畜身上的吸血蝇可直接用手捕捉，或用标本管扣捕，对飞翔的蜂蝇，可用捕虫网捕捉。牲畜的体表伤中常有寄生的蝇蛆，可用镊子采集。

2. 周围环境中昆虫和蜱螨的采集

（1）双翅目吸血昆虫成虫的采集　在畜舍内，白天常有大量蚊类栖息，采集时可用一大口径试管扣捕。夜间可在畜体上用试管扣捕。吸血的蝇可在畜舍内或动物体上用试管扣捕，也可以用捕虫网在畜舍周围捕取。但捕虫网不应在家畜附近挥舞，以免造成家畜惊跑。居室内外活动的蝇种主要为舍蝇、腐蝇、厕蝇。室内有鱼虾、韭菜等时，可引来麻蝇和绿蝇。采集成虫可用诱蝇笼诱捕，诱蝇笼多用铁纱制成，形状为圆柱状，下面为口向上的锥形漏斗，上盖可以开启，脚距地面 5～6cm，诱捕时可在笼下放置诱饵，如腐鱼肉、烂水果等，白天捕蝇笼放在室外，晚间可收集捕获的昆虫。可以在厕所、畜舍附近的土壤中挖取幼虫及蛹，有些则生存于粪堆及腐败食物中，可用镊子采集。

（2）畜舍地面和墙缝内昆虫和蜱螨的采集　在畜舍和运动场疏松潮湿的土中，常可找到牛皮蝇、马胃蝇或羊狂蝇的成熟幼虫（应考虑其季节性）或蛹。如欲获得其成蝇，则应连同沙土收集于广口瓶中，罩以纱布，待其在瓶中羽化。有些蜱类生活于畜禽舍内，采集时要仔细检查天花板、墙缝等，蜱用镊子采集，卵堆要用羽毛扫下。在牛舍的墙边或墙缝中，可找到璃眼蜱。在鸡的窝巢中，可找到软蜱和皮刺螨。

（二）保存

1. 浸渍保存　适用于虱、虱蝇、蚤和蜱，以及各种昆虫的幼虫和蛹。如采集的标本饱食有大量血液，则采集后应先存放一定时间，待体内吸食的血液消化吸收后再固定。固定液可用 70%酒精或 5%～10%的福尔马林，但用专门的昆虫固定液效果更好。将较大虫体浸入 75%酒精中，于 24h 后，应将原浸渍的酒精倒去，重换 70%酒精。在昆虫固定液中固定的虫体经过一夜后，也应将虫体取出，换入 75%酒精中保存。在保存标本用的 70%酒精中，最好加入 5%甘油。浸渍标本加标签后，保存于标本瓶或标本管内，每瓶中的标本约占瓶容量的 1/3，不宜过多，保存液则应占瓶容量的 2/3，加塞密封。

2. 干燥保存　本法主要是保存有翅昆虫，如蚊、虻、蝇等的成虫。又分为针插保存和瓶装保存 2 种。

（1）针插保存　本法保存的昆虫，能使其体表的毛、刚毛、小刺、鳞片等均完整无缺，并保有原有的色泽，是较理想的方法。其具体步骤如下：

①插制　对死后的大型昆虫，如虻、蝇等，可将虫体放于手指间，以 2 号或 3 号昆虫针自虫体的背面中胸的偏右侧垂直插进。针由虫体腹面穿出，并使虫体停留于昆虫针上部的 2/3 处，注意保存虫体中胸左侧的完整，以便鉴定。对死后的小型昆虫，如蚊、蠓等，应采用二重插制法。先将二重针插入一硬纸片或软木条（硬纸片长 15mm、宽 5mm）的一端，并使纸片停留于二重针的后端，再将此针向昆虫胸部腹面第 2 对足的中间插入，但不要穿透。再以一根 3 号昆虫针在硬纸片的另一端，针头与二重针的平行但相反的方向插入即可。

②标签　标签用硬质纸片制成，长 15mm、宽 15mm，以黑色墨水写上虫名、采集地点、采集日期等，并将其插于昆虫针上、虫体的下方。

③整理与烘干　将插好的标本，以解剖针或小镊子将虫体的足和翅等的位置加以整理，使保持生活状态时的姿势，再插于软木板上，放入 20～35℃温箱中待干。

④保存 将烘干的标本，整齐地插入标本盒中，标本盒应有较密闭的盖子，盒内应放入樟脑球（烧热大头针，插入球内，再将其插在标本盒的四角上），盒口应涂以防虫蛀的油膏。标本盒应放于干燥避光的地方。

（2）瓶装保存 大量同种的昆虫，不需个别保存时，可将经毒瓶毒死的昆虫放在大盘内，在干燥箱内干燥，待全部干燥后，放于广口试剂瓶中保存。在广口试剂瓶底部先放一层樟脑粉，在樟脑粉上加一层棉花压紧，在棉花上再铺一层滤纸。将已干的虫体逐个放入，每放入少量虫体后，可放一些软纸片或纸条，以使虫体互相隔开，避免挤压过紧。最后在瓶塞上涂以木馏油，塞紧。在瓶内和瓶外应分别贴上标签。

》第二节 兽医蠕虫学粪便检测技术《

畜禽感染蠕虫后将严重影响其生产性能，从而造成巨大的经济损失。大多数蠕虫病缺少特异性的临床症状，仅依靠症状很难对其做出准确的诊断，因此蠕虫病的诊断很大程度上依赖于实验室检查。由于大多数的蠕虫是在消化道或与消化道相通的器官内寄生的，它们的卵、节片、幼虫或成虫是随宿主粪便排至外界的。因此，粪便检查是畜禽生前诊断蠕虫病的重要方法。检查所使用的粪便应是新鲜的。因为在室温时，粪便中的虫卵会发育，并且有的蠕虫虫卵中的幼虫还会从卵中孵化出来。如不能即刻检查，应把待检粪便放在5℃以下的环境。如需转寄至别处检查时，可浸于等量的5%～10%福尔马林液或石炭酸中。但是，这仅能阻止大多数蠕虫虫卵的发育及幼虫自卵内孵出。为了完全阻止虫卵的发育，可把浸于5%福尔马林液中的粪便加热到50～60℃，此时，卵即丧失了生命力。

一、蠕虫虫卵

各种虫卵都有其特有的形态特点，蠕虫虫卵主要从虫卵大小、虫卵颜色和形状、卵壳厚度、卵内结构等方面来观察。

（一）吸虫虫卵

多数呈卵圆形或椭圆形，为黄色、黄褐色或灰褐色，见图6-1。卵壳由数层卵膜组成，厚而坚实。大部分吸虫虫卵的一端有卵盖，卵盖和卵壳之间有一条不明显的缝。当毛蚴发育成熟时，顶盖而出；有的吸虫虫卵无卵盖，毛蚴破壳而出。新排出的吸虫虫卵内，有的含有卵黄细胞所包围的胚细胞，有的则含有成形的毛蚴。

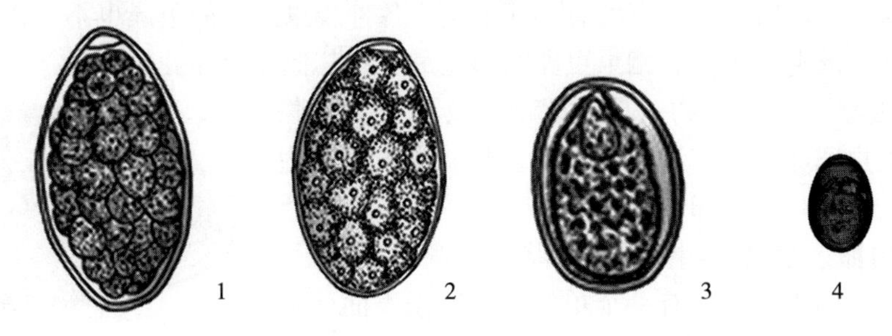

图6-1 吸虫虫卵

1. 肝片形吸虫虫卵（林宇光） 2. 姜片吸虫虫卵（林宇光）

3. 日本分体吸虫虫卵（Wiliam Ober） 4. 矛形双腔吸虫虫卵

对于吸虫虫卵的鉴定，必须注意虫卵的大小和形状，虫卵内是否含有毛蚴，卵盖呈简单的帽状或位于卵壳的凹陷或边缘位置，卵壳上是否有与卵盖对应的结构，如突起或小棘。血吸虫虫卵没有卵盖，随粪便排出时即含有完全发育的毛蚴，在卵壳的一端常具有不同类型的刺突，因不同的种类而异。吸虫虫卵的密度大，在一些密度较小的漂浮溶液中不能漂浮。在蔗糖溶液中，吸虫虫卵通常会破裂，呈现一空的褐色卵壳，并可能在其一侧塌陷。

(二) 绦虫虫卵

通常随粪便排出（如裂头属），而其他更多的绦虫则是以节片形式排出。对于后者，在收集之前，节片就可能从粪便中爬走了，难以在粪便里发现虫卵或卵袋。圆叶目绦虫的虫卵实际上并非虫卵，而是卵中胚胎，中央有一椭圆形具三对胚钩的六钩蚴，具特征性。六钩蚴被包在一层紧贴着蚴体的内胚膜里；还有一层膜位于内胚膜之外，称外胚膜。内外胚膜之间呈分离状态，中间含有或多或少的液体，并常含有颗粒状内含物。有的绦虫虫卵的内层胚膜上形成突起，被称为梨形器（灯泡样结构）。绦虫虫卵大多数无色或灰色，少数呈黄色、黄褐色，见图 6－2。

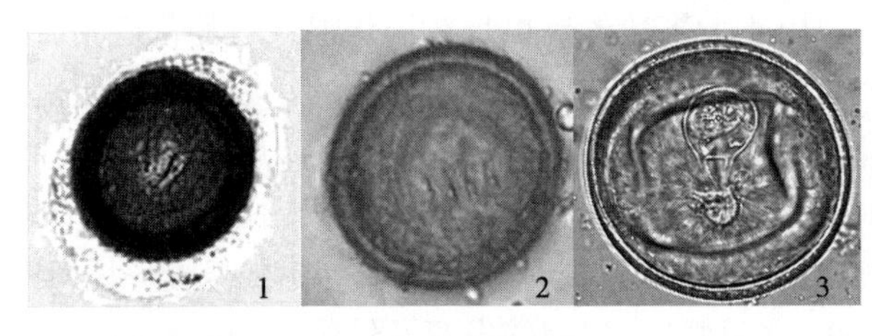

图 6－2 绦虫虫卵

1. 具卵壳的带绦虫虫卵 2. 无卵壳的带绦虫虫卵 3. 有梨形器的绦虫虫卵

假叶目绦虫的虫卵非常近似于吸虫的，它随粪便排出时尚未发育到幼虫阶段，并且具有卵盖，因此，常与吸虫虫卵混淆。

(三) 线虫虫卵

有四层膜（光学显微镜下只能看见两层）所组成的卵壳，壳内为受精卵细胞。依据寄生虫种类不同，虫卵排出时受精卵有的处于单细胞阶段，有的分裂到桑葚胚阶段，有的已发育到一期幼虫，有的一期幼虫在宿主体内已经孵化出来并随粪便排出。线虫虫卵直径一般在 30～100μm，常见椭圆形、卵形或近于圆形。根据虫卵的形态可以鉴定出蛲虫虫卵、蛔虫虫卵、旋尾线虫虫卵、杆状线虫虫卵、圆线虫虫卵、毛尾线虫虫卵等。卵壳的表面，有的完全光滑，有的有结节，有的有小凹陷等。各种线虫虫卵的色泽也不尽相同，从无色到黑褐色。卵壳的薄厚不同，蛔虫虫卵的卵壳最厚；其他多数卵壳较薄。

1. 蛲虫虫卵 反刍动物、马属动物以及灵长类动物粪便中的蛲虫虫卵卵壳厚、无色；绝大多数蛲虫虫卵一边较平，一边较鼓，一端有卵塞，见图 6－3。

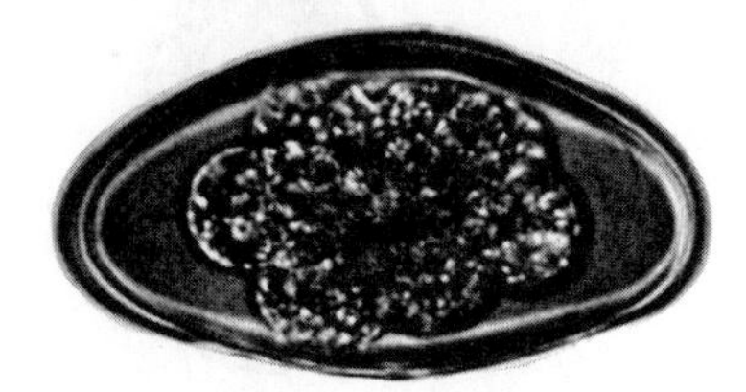

图 6－3 蛲虫虫卵

2. 蛔虫虫卵 蛔虫虫卵壳厚，形状为椭圆形至球形，随粪便排出时，卵内一般含有一个单细胞。卵壳表面覆盖一层雌虫分泌的蛋白质外膜，该蛋白质层可能是光滑的，如弓蛔属虫卵；也可能是粗糙的，如蛔属、副蛔属的虫卵；这些物质有时可从卵壳上脱落，此时虫卵将呈现光滑的外壳。蛔虫虫卵一般较大，直径为 80～100μm，见图 6－4。

3. 旋尾线虫虫卵 粪便中旋尾线虫虫卵至少有两种基本类型。一种是泡翼线虫和旋尾线虫为代表的虫卵，大约 30μm 长，卵壳厚而无色，内含一个胚胎。另一种是以柔线属和德斯属为代表的虫卵，卵壳非常薄，可因其内部的幼虫而变形，见图 6－5。

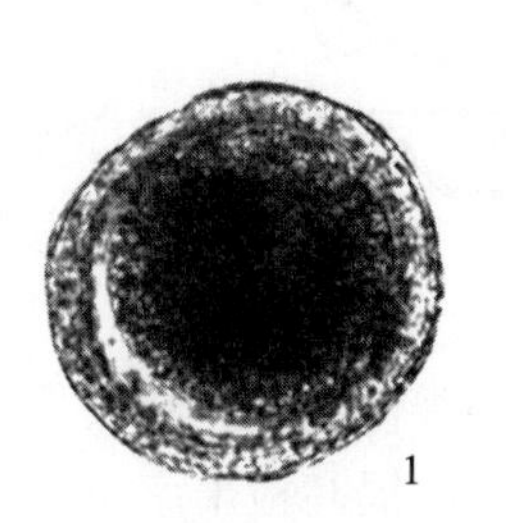
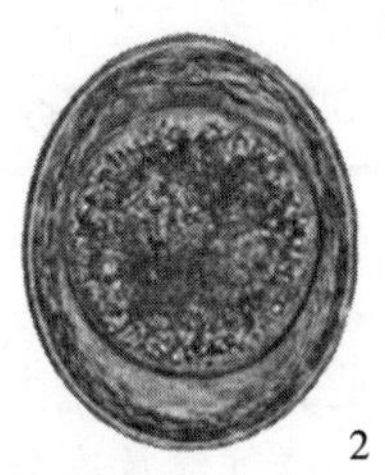

图 6－4 蛔虫虫卵

1. 犬弓首蛔虫虫卵 2. 狮弓蛔虫虫卵

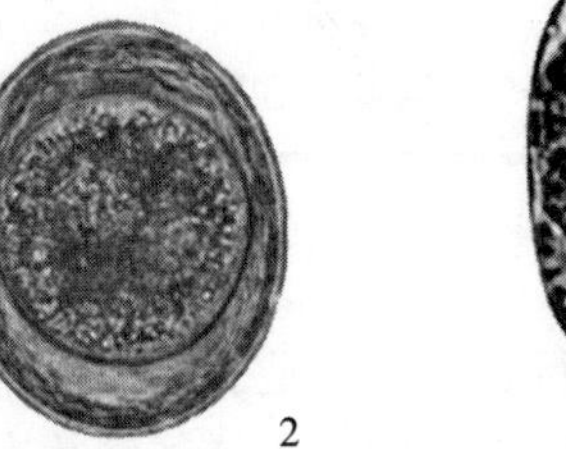

图 6－5 旋尾线虫虫卵

4. 杆状线虫虫卵 草食动物粪便中的杆状线虫虫卵，卵壳薄、无色，内含幼虫，其长度不超过 50μm，这也是与发育的圆线虫虫卵相区分的依据之一，见图 6－6。

5. 圆线虫虫卵 除少数圆线虫（细颈线虫、马歇尔线虫）虫卵形态特征明显，可以鉴别，许多圆线虫虫卵的形态非常相似：卵壳薄，椭圆形，内含一个桑葚胚，仅仅依靠显微镜检查不能鉴定到属，见图 6－7。

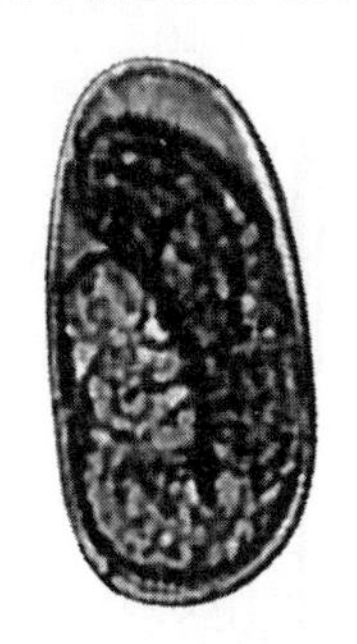

图 6－6 杆状线虫虫卵

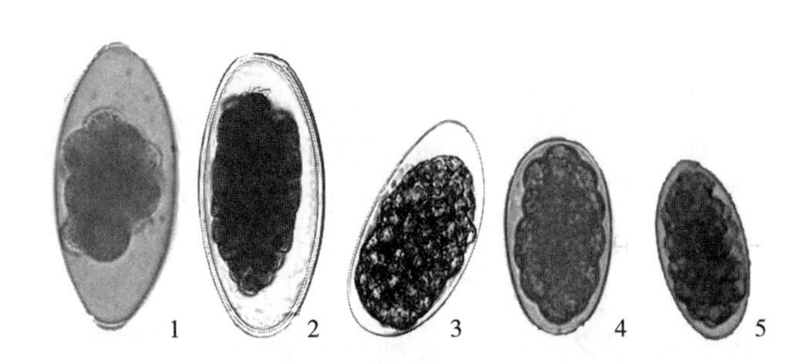

图 6－7 圆线虫虫卵

1. 细颈线虫虫卵 2. 马歇尔线虫虫卵 3. 毛圆线虫虫卵
4. 捻转血矛线虫虫卵 5. 奥斯特线虫虫卵

6. 毛尾线虫虫卵 毛尾科线虫的虫卵都具有典型的褐色卵壳，两端有卵塞，呈长形或桶状。毛尾线虫只寄生于哺乳动物，虫卵卵壳光滑、厚，见图 6－8。

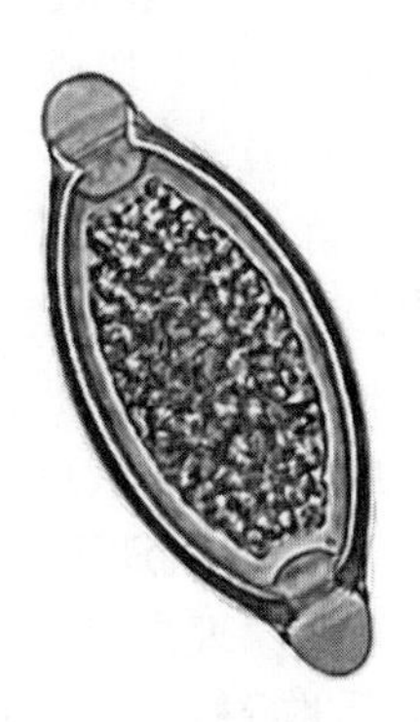

图 6－8 毛尾线虫虫卵

二、蠕虫虫卵检查方法

（一）直接涂片法

在清洁的载玻片上滴 1～2 滴水或 1 滴甘油与水的等量混合液，其上加少量粪便，使其混匀。再用镊子去掉大的杂质，之后加盖玻片，置光学显微镜下观察虫卵或幼虫，见图 6－9。注意涂片的厚度以载玻片下面垫的纸上的字迹隐约可见为宜。检查虫卵时，先用低倍镜顺序检查盖玻片下所有部分，发现疑似虫卵时，再用高倍镜仔细观察。因一般虫卵色彩较淡，镜检时视野宜稍暗一些。

图 6-9　直接涂片法示意

直接涂片法的优点是简便易行、快速、适合于虫卵量大的粪便检查，缺点是对虫卵含量低的粪便检出率低。因此在实际工作中，需增加涂片次数，以提高检出率。

（二）漂浮法

其原理是采用密度高于虫卵的漂浮液，使粪便中的虫卵和粪便渣子分开而浮于液体表面，然后进行检查。本法对大多数线虫虫卵、绦虫虫卵及球虫卵囊均有效；但对吸虫虫卵、后圆线虫虫卵和棘头虫虫卵效果较差。漂浮液通常多采用饱和盐水。

1. 方法　取 2g 新鲜粪便放在平皿中，用镊子或玻璃棒压碎，加入 10 倍量的饱和盐水，搅拌混合，用粪筛或纱布过滤到平底管中，使管内粪汁平于管口并稍隆起为好，但不要溢出。静置 30min，用盖玻片蘸取后，放于载玻片上，镜下观察；或用载玻片蘸取液面后翻转，加盖玻片后镜检；也可用特制的铁丝圈进行蘸取检查，见图 6-10。

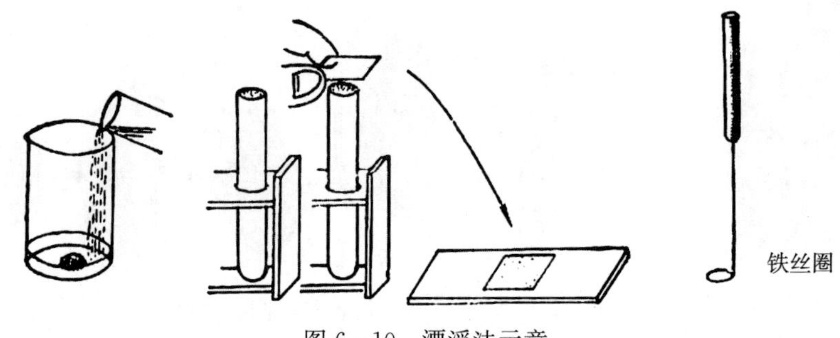

图 6-10　漂浮法示意

2. 注意事项　漂浮时间约为 30min，时间过短（少于 10min）漂浮不完全；时间过长（大于 1h）易造成虫卵变形、破裂，难以识别；检查多例粪便时，用铁丝圈蘸取一例后，再蘸取另一例时，需先在酒精灯上烧过后再用，以免相互污染，影响结果的准确性。

除饱和盐水以外，其他一些漂浮液也可用于特殊虫卵的检查。如饱和硫酸锌溶液漂浮力强，检查猪肺丝虫虫卵效果较好；饱和硫酸镁溶液多用于结肠小袋纤毛虫包囊的检查；饱和蔗糖溶液性温和，可适于多种虫卵和卵囊的漂浮；饱和硫代硫酸钠溶液可以检出棘头虫虫卵和多种吸虫虫卵。

（三）沉淀法

其原理是利用虫卵密度比水大的特点，让虫卵在重力的作用下，自然沉于容器底部，然后进行检查。沉淀法可分为离心沉淀法和自然沉淀法。

1. 离心沉淀法　通常采用离心机进行离心，使虫卵加速集中沉淀在离心管底，然后镜检沉淀物。方法是取 5g 被检粪便，置于平皿或烧杯中，加 5 倍量的清水，搅拌均匀。经粪筛和漏斗过滤到离心管中离心，倾去管内上层液体，再加清水搅匀，再离心。这样反复进行 2～3 次，直至上清液清亮为止，最后倾去大部分上清液，留约为沉淀物 1/2 的溶液量，用吸管吹吸均匀后，吸取适量粪汁（2 滴左右）置载玻片上，加盖玻片镜检。

2. 自然沉淀法 沉淀容器可用大的试管进行，每次沉淀时间为 0.5h 以上。自然沉淀法缺点是所需时间较长，优点是不需要离心机，因而在基层乡下操作方便。沉淀法对各种蠕虫虫卵及幼虫的检查均适用，特别适用于检查密度大的虫卵（如吸虫虫卵等）。

（四）虫卵计数法

虫卵计数法主要用于了解畜禽感染寄生虫的强度及判断驱虫的效果。方法有多种，这里介绍麦克马斯特氏法。

麦克马斯特氏计数板是由两片载玻片组成，其中一片较另一片窄一些（便于加液）。在较窄的玻片上有 1cm×1cm 的刻度区两个，每个正方形刻度区中又平分为 5 个长方格。另有厚度为 1.5mm 的几个玻璃条垫于两个载玻片之间，以树脂胶粘合。这样就形成了两个计数室，每个计数室的容积为 0.15cm^3。

计数方法：取 2g 粪便混匀，放入装有玻璃珠的小瓶内，加入饱和盐水 58mL 充分振荡混合，通过细的粪筛过滤，后将滤液边摇晃边用吸管吸出少量滴入计数室内，置于显微镜台上，静置几分钟，用低倍镜将两个计数室内见到的虫卵全部数完，取平均值，再乘以 200，即为每克粪便中的虫卵数（EPG）。

注意做虫卵计数时，所取粪便应干净，不能掺杂砂土、草根等；操作过程中，粪便必须彻底粉碎，混合均匀；用吸管吸取粪液时，必须摇匀粪液，再进行深度吸取；采用麦克马斯特氏法计数时，必须调好显微镜焦距（计数时刻度线条可被看到）；计数虫卵时，不能有遗漏和重复。

为了取得准确的虫卵计数结果，最好在每天的不同时间检查 3 次，并连续检查 3 天，然后取其平均值，这样就可以避免结果受寄生虫在每昼夜间排卵不均衡的影响。将每克粪便虫卵数乘以 24h 粪便的总重量（g），即是每天所排虫卵的总数，再将此总数除以已知成虫每天排卵数，即可得出雌虫的大约寄生数量。如寄生虫是雌雄异体的，则将上述雌虫数再乘以 2，便可得出雌雄成虫寄生总数。

由于粪中虫卵的数目与宿主机体状况、寄生虫的成熟程度、雌虫数目及排卵周期、粪便性状（干湿）、是否经过驱虫及其他多种因素有关，因此虫卵计数只能是对寄生虫感染程度的一个大致推断。

三、蠕虫幼虫培养与分离技术

（一）幼虫培养法

幼虫培养的方法很多，这里介绍最常用的一种。取新鲜粪便若干，弄碎置培氏皿中央堆成半球状，顶部略高出，然后在培氏皿内边缘加水少许（如粪便稀可不必加水），加盖盖好使粪与培氏皿接触。放入 25℃ 的温箱内培养。每日观察粪便是否干燥，要保持适宜的湿度，经 7～15d，三期幼虫即可出现，它们从粪便中钻出，爬到培氏皿的盖上或四周。可用胶帽吸管吸上生理盐水把幼虫冲洗下来，滴在载玻片上覆以盖玻片，在显微镜下进行观察。在观察幼虫时，如幼虫运动活跃，不易看清，可将载玻片通过火焰或加碘液将幼虫杀死后，再做仔细观察。

下面以捻转血矛线虫虫卵体外发育过程为例，观察其发育过程，见图 6－11。

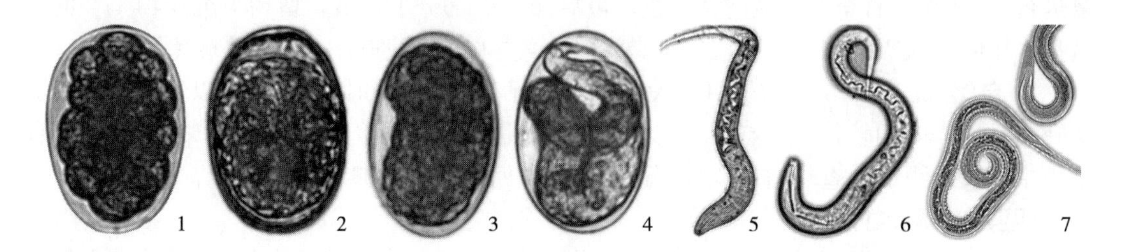

图 6－11　捻转血矛线虫虫卵体外发育

1. 桑葚胚期　2. 囊胚期　3. 原肠胚期　4. 蝌蚪期　5. 一期幼虫　6. 二期幼虫　7. 三期幼虫

捻转血矛线虫的新鲜虫卵发育到三期幼虫的过程中有明显的七个发育阶段，分别是桑葚胚期、囊胚期、原肠胚期、蝌蚪期、一期幼虫、二期幼虫、三期幼虫。桑葚胚期：虫卵为椭圆形，大小为（60～85）μm×（45～60）μm，卵胚由大约 32 个细胞构成，状似桑葚，胚状体与卵壳的四周间隙都较大。囊胚期：胚细胞经过多次分裂，形成许多小的胚细胞，这些细胞组成一个中空的球状体，虫卵的两端有一定的间隙。原肠胚期：此时最明显的特点就是形成一个肾状结构的胚体，虫卵一边的中部有明显的间隙。蝌蚪期：卵壳壁明显变薄，可清晰地看见幼虫在卵的内部活动，幼虫的形态粗而短，状似蝌蚪。一期幼虫：虫体刚从卵壳出来，粗而短，长度 250～350μm。幼虫刚开始孵出来的时候见不到肠细胞，大约 6h 后见到 16 个三角形状肠细胞分别交错分布于体壁的两侧，幼虫的尾较短，约 60μm，食管短而粗，比较模糊。二期幼虫：虫体长 350～500μm，从尾端向前有长方形的细胞结构，尾短而尖，约 80μm，食管短而粗，清晰可见。三期幼虫：虫体长 500～1 000μm，肠细胞呈 16 个尖三角形，尾鞘细长，约 150μm。

对于吸虫、绦虫、棘头虫和大多数线虫的虫卵，可用水或生理盐水做培养基，最好的培养基是灭菌的粪便或粪汁，尤以后者为佳。因为用粪汁培育虫卵或幼虫时，可以直接将培育有虫卵或幼虫的平皿放于显微镜下，观察虫卵或幼虫的发育情况。粪便和粪汁的灭菌方法是 100℃下煮沸 2h。

（二）幼虫分离法

本法又称为贝尔曼氏法。主要用于生前诊断一些肺线虫病，即从粪便中分离肺线虫的幼虫，建立生前诊断；也可用于从粪便培养物中分离第三期幼虫或从被剖检畜禽的某些组织中分离幼虫。

1. 操作方法　用贝尔曼氏装置进行，见图 6－12。一根乳胶管两端分别连接漏斗和小试管，然后置漏斗架上，通过漏斗加入 40℃的温水，水量约达到漏斗中部。之后漏斗内放上置有被检材料的粪筛。静置 1h，拿下小试管，弃掉上清液，吸取管底沉淀物，进行镜检。

图 6－12　贝尔曼氏幼虫分离装置示意

（鲍曼等，2013）

2. 注意事项　如被检物为检查组织器官材料，应尽量撕碎；但检查粪便时，应将完整粪球放入，不必弄碎，以免渣子落入小试管底部，镜检时不易观察；温水必须充满整个小试管和乳胶管，并使其浸泡被检材料，中间不得有气泡或空隙；为了静态观察幼虫形态构造，可用酒精灯加热或滴入少量碘液，将载片上的幼虫杀死后进行观察。

四、畜禽消化道线虫幼虫的形态特征

三期幼虫的鉴定主要依据幼虫的大小（必要时可用测微尺进行测量），口囊的大小和形状，食道长短及形态构造，肠细胞的数目、形状，幼虫尾部的特点（尖、圆、有否结节）及尾长，有无外鞘、尾鞘长、鞘延伸（幼虫末端至鞘末端）等方面。

在显微镜下观察三期幼虫时，先在低倍镜下检查确定有多少属，并对相似形态的幼虫进行分类，初步确定有多少种幼虫。接着，挑选每个种类的代表在高倍镜下检查。类圆属幼虫比其他虫体更为细长，缺鞘，有一长圆柱状食道（占体长1/3以上的长度）和平截的尾端。仰口属幼虫因肠管呈成团的颗粒状，虫体较小可以与其他圆线虫披鞘幼虫区分开来。其他属的披鞘幼虫可以根据它们尾鞘延伸长度进行分类，短的为毛圆属和奥斯特属，中等大小的为血矛属和古柏属，长的为食道口属和夏伯特属。下面是九属三期幼虫的具体描述：

1. 类圆属 虫体细长，大小为（0.5～0.65）mm×（0.014～0.017）mm。肠细胞无形，为成团的颗粒状。食道长而透明，占体长1/3以上的长度。尾短，长0.08mm，无尾鞘。

2. 夏伯特属 羊夏伯特线虫长为0.71～0.88mm。肠细胞为32个，呈不规则的圆柱形。有细长的尾鞘，长丝状，长为0.1mm。

3. 食道口属

（1）微管食道口线虫和粗纹食道口线虫 此两种形态相似，虫体长0.8～0.88mm，尾鞘较长，呈长丝状，为0.23～0.25mm，约占全长的1/3。肠细胞在肠管的前、中部近于五角形，在肠管后部近于三角形，数量32个。

（2）辐射食道口线虫和哥伦比亚食道口线虫 形态相似，虫体大小和尾鞘长接近于微管。肠细胞少，为20个，形态不一，呈三角形。

4. 仰口属 虫体粗短，大小为（0.52～0.63）mm×（0.02～0.032）mm，肠细胞无形，为成团的颗粒状。食道后部有1个小而膨大的食道球，尾鞘呈丝状。

5. 毛圆属 虫体小，长0.65～0.77mm，肠细胞为16个，呈尖三角形。尾鞘短，呈尖锐形，长0.08～0.1mm。其尾端有个小刺状结构。排泄孔位于食道后1/3处之上。

6. 奥斯特属 虫体长0.83～0.95mm。肠细胞为16个，呈尖三角形。尾鞘呈尖锐形，长0.12～0.14mm。尾端无小刺状结构。排泄孔位于食道后1/3处之下。

7. 古柏属 虫体长0.83～0.99mm。肠细胞为16个，呈尖三角形。尾鞘细长，呈长丝状，长0.16～0.18mm。阴门靠近肛门，排泄孔位于食道后1/3处之下。

8. 血矛属 虫体长0.7～0.8mm。肠细胞为16个，呈尖三角形。尾鞘长丝状，长0.15～0.18mm。排泄孔朝前方倾斜，位于食道后1/3处之上。

9. 细颈属 虫体长1～1.2mm。肠细胞为8个，呈长圆形。尾鞘呈长丝状，并逐渐变细，长0.3～0.37mm，尾短，长0.05mm，其末端有3个小刺状结构。

》第三节 动物球虫病诊断技术《

球虫病是由复顶门、孢子虫纲、真球虫目、艾美耳科的各种球虫引起的。家畜、野兽、禽类、爬行类、两栖类、鱼类及某些昆虫都有球虫的寄生，其中对鸡、兔的危害较为严重，给畜禽养殖业造成巨大的经济损失。

一、球虫的形态特征

球虫卵囊近似圆形或椭圆形，壁由两层组成，外层为保护性膜，内层为类脂质。有些种类在卵囊的锐端有卵膜孔，还有的卵膜壁内膜突出于卵膜孔外形成极帽。刚刚随粪便排出的球虫卵囊为未孢子化卵囊；在自然界完成孢子生殖后的球虫卵囊，称为孢子化卵囊。孢子化卵囊的一端有1～3个折光性的极粒，卵囊内有几个橄榄形的孢子囊，在其锐端有栓塞状结构，即斯氏体。有时在孢子囊外有外残体，即卵囊残体。每个孢子囊内有几个香蕉形的子孢子，核位于中央。子孢子的钝端有大折光体，锐端有小折光体，有时在两个子孢子中间有内残体，即孢子囊残体。见图6－13。

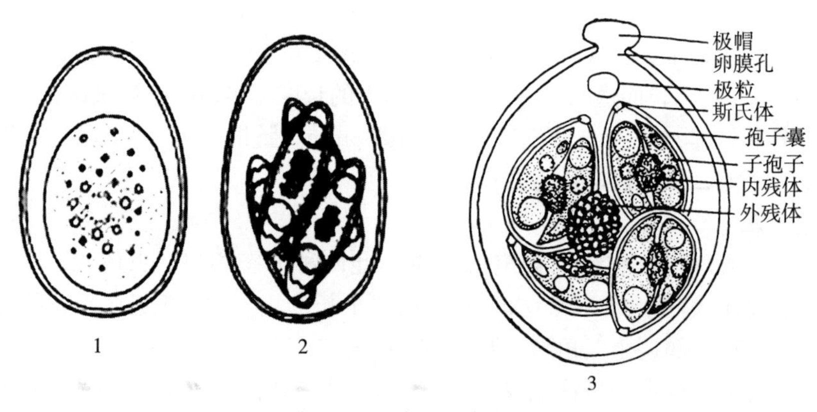

图6－13 球虫卵囊模式

1. 未孢子化卵囊 2～3. 孢子化卵囊

（Joyner等，1966）

（一）畜禽常见的球虫种类

1. 鸡球虫 均为艾美耳属球虫，鸡球虫卵囊见图6－14。

（1）柔嫩艾美耳球虫 卵囊多为宽卵圆形，少数为椭圆形，平均大小为22.0μm×19.0μm。形状指数为1.16。原生质呈淡褐色，卵囊壁为淡黄绿色。最短孢子化时间为18h。最短潜隐期为115h。主要寄生于盲肠，是致病力最强的球虫，又称盲肠球虫。

（2）毒害艾美耳球虫 卵囊为卵圆形，平均大小为20.4μm×17.2μm。形状指数为1.19。卵囊壁光滑、无色，最短孢子化时间为18h。致病力强，主要寄生于小肠中段。

（3）早熟艾美耳球虫 卵囊呈卵圆形或椭圆形，平均大小为21.3μm×17.1μm。形状指数为1.24。原生质无色，囊壁呈淡绿色。最短潜隐期为83h。寄生于小肠前1/3部位，致病性不强。

（4）巨型艾美耳球虫 卵囊大，卵圆形，一端圆钝，一端较窄；平均大小为

30.76μm×23.9μm。形状指数为1.47。卵囊黄褐色，囊壁浅黄色。最短孢子化时间为30h。主要寄生于小肠中段。

（5）堆型艾美耳球虫　卵囊卵圆形，平均大小为18.3μm×14.6μm。卵囊壁淡黄绿色。最短孢子化时间为17h。寄生于十二指肠和空肠。

（6）和缓艾美耳球虫　小型卵囊，近球形，平均大小为15.6μm×14.2μm。形状指数为1.09。卵囊壁为淡黄绿色，原生质团呈球形，几乎充满卵囊。最短孢子化时间为15h。主要寄生于小肠后半段。

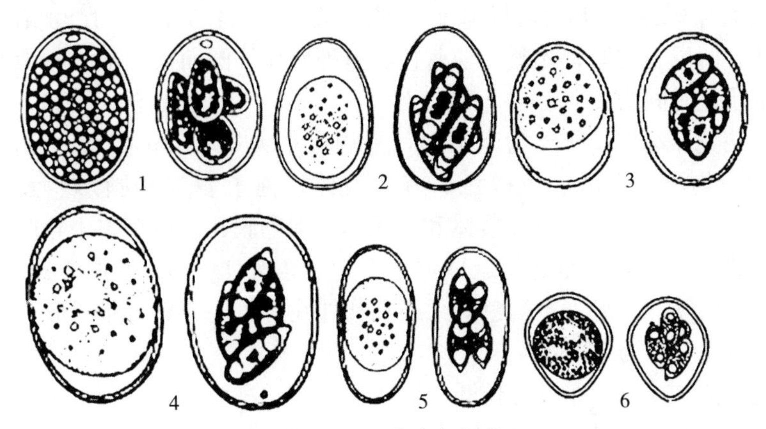

图6-14　鸡球虫卵囊

1. 柔嫩艾美耳球虫卵囊　2. 毒害艾美耳球虫卵囊　3. 早熟艾美耳球虫卵囊　4. 巨型艾美耳球虫卵囊　5. 堆型艾美耳球虫卵囊　6. 和缓艾美耳球虫卵囊

（Joyner等，1966）

2. 兔球虫　兔球虫种类多，兔球虫卵囊见图6-15。

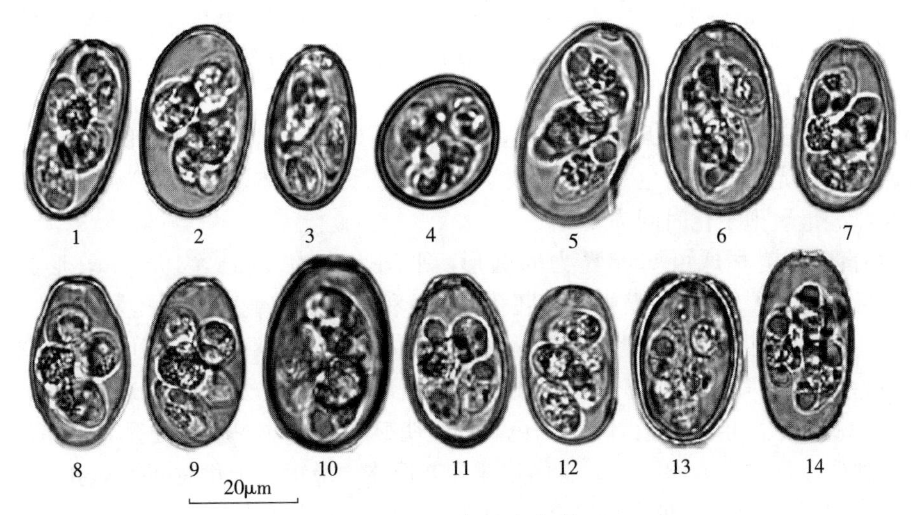

图6-15　兔球虫卵囊

1. 中型艾美耳球虫卵囊　2. 兔艾美耳球虫卵囊　3. 穿孔艾美耳球虫卵囊　4. 小型艾美耳球虫卵囊　5. 新兔艾美耳球虫卵囊　6. 无残艾美耳球虫卵囊　7. 松林艾美耳球虫卵囊　8. 梨形艾美耳球虫卵囊　9. 盲肠艾美耳球虫卵囊　10. 大型艾美耳球虫卵囊　11. 肠艾美耳球虫卵囊　12. 那格甫尔艾美耳球虫卵囊　13. 黄艾美耳球虫卵囊　14. 斯氏艾美耳球虫卵囊

（1）斯氏艾美耳球虫　卵囊为椭圆形，平均大小为35.3μm×20.3μm，形状指数为1.74。壁两层、均厚、光滑、黄色。胚孔明显、稍凸出，宽为2.3μm～3.4μm。无外残体。有内残体和斯氏体，在子孢子的宽端有大而明显的折光体。最短孢子化时间为36h。寄生于肝胆管，是兔的最主要致病虫种。

（2）中型艾美耳球虫　卵囊为椭圆形，平均大小为30.1μm×18.5μm，形状指数为1.63。壁两层、均厚、光滑、淡蓝色，外层在胚孔处中断，内层连续。有外残体、内残体，卵膜孔稍凸出，呈“金字塔”形。最短孢子化时间为36h。

（3）兔艾美耳球虫　卵囊为椭圆形，平均大小为34.6μm×21.8μm，形状指数为1.59。壁较薄，两层、均厚、光滑、淡蓝色。有外残体、圆而大，孢子囊为卵圆形，有内残体。最短孢子化时间为45h。

（4）穿孔艾美耳球虫　卵囊为卵圆形，平均大小为23.5μm×16.1μm，形状指数为1.46。壁两层、均厚、光滑、黄褐色。有外残体，孢子囊为卵圆形，大小为（5.5～8.8）μm×（3.5～5.1）μm，有内残体和斯氏体，无卵膜孔。最短孢子化时间为25h。

（5）小型艾美耳球虫　卵囊为近球形，平均大小为14.7μm×12.9μm，形状指数为1.14。壁两层、均厚、光滑、黄褐色，无胚孔和外残体。孢子囊为卵圆形，无内残体和斯氏体。最短孢子化时间为32h。

（6）新兔艾美耳球虫　卵囊为长椭圆形或长卵圆形，平均大小为40μm×22.5μm，形状指数为1.78。壁两层、均厚、光滑、淡蓝色。胚孔端窄，胚孔明显。无外残体，折光体明显，内残体大而明显，有斯氏体。最短孢子化时间为45h。

（7）无残艾美耳球虫　卵囊为卵圆形，平均大小为36.7μm×24.5μm，形状指数为1.5。壁两层、均厚、光滑、淡蓝色。胚孔明显。有外残体但较小。有内残体和斯氏体。最短孢子化时间为55h。

（8）松林艾美耳球虫　卵囊为卵圆形，平均大小为26.7μm×19μm，形状指数为1.4。壁两层、均厚、光滑、淡蓝色。胚孔明显、稍凹陷。外残体明显，圆形，有内残体和斯氏体。最短孢子化时间为40h。

（9）梨形艾美耳球虫　卵囊为梨形，平均大小为31μm×19μm，形状指数为1.63。壁两层、均厚、光滑、淡蓝色。胚孔明显，稍凹陷。无外残体。孢子囊为卵圆形，有内残体和斯氏体。最短孢子化时间为46h。

（10）盲肠艾美耳球虫　卵囊为卵圆形，平均大小为34μm×19.7μm，形状指数为1.75。壁两层、均厚、光滑、黄褐色。胚孔明显，稍凸出，卵囊壁在胚孔处显著加厚成环。有外残体，圆形且较大。孢子囊为卵圆形，有内残体和斯氏体。最短孢子化时间为36h。

（11）大型艾美耳球虫　卵囊为椭圆形或卵圆形，平均大小为39μm×26μm，形状指数为1.5。壁两层、均厚、光滑、黄褐色。胚孔明显，卵囊壁在胚孔处显著加厚成环。外残体大、圆形。孢子囊为卵圆形，有内残体和斯氏体。最短孢子化时间为25h。

（12）肠艾美耳球虫　卵囊为梨形或卵圆形，平均大小为30.7μm×19μm，形状指数为1.55。壁两层、较厚、光滑、淡蓝色。窄端的胚孔明显。外残体明显。孢子囊为卵圆形，有内残体和斯氏体。最短孢子化时间为45h。

（13）那格甫尔艾美耳球虫　卵囊为椭圆形或桶状，在卵囊的中段两侧平行，平均大小为22.8μm×12.7μm，形状指数为1.8。壁两层、均厚但较薄、光滑、淡蓝色。有胚孔但不明显。有外残体但较小。有内残体和斯氏体。最短孢子化时间为 40h。

（14）黄艾美耳球虫　卵囊为倒梨形，平均大小为 30μm×22μm，形状指数为 1.36。在宽端有明显的胚孔、凹陷。卵囊壁由窄端向宽端逐渐加厚，呈黄色，无外残体，有内残体和斯氏体。最短孢子化时间为 38h。

3. 牛球虫　牛球虫卵囊见图 6－16。

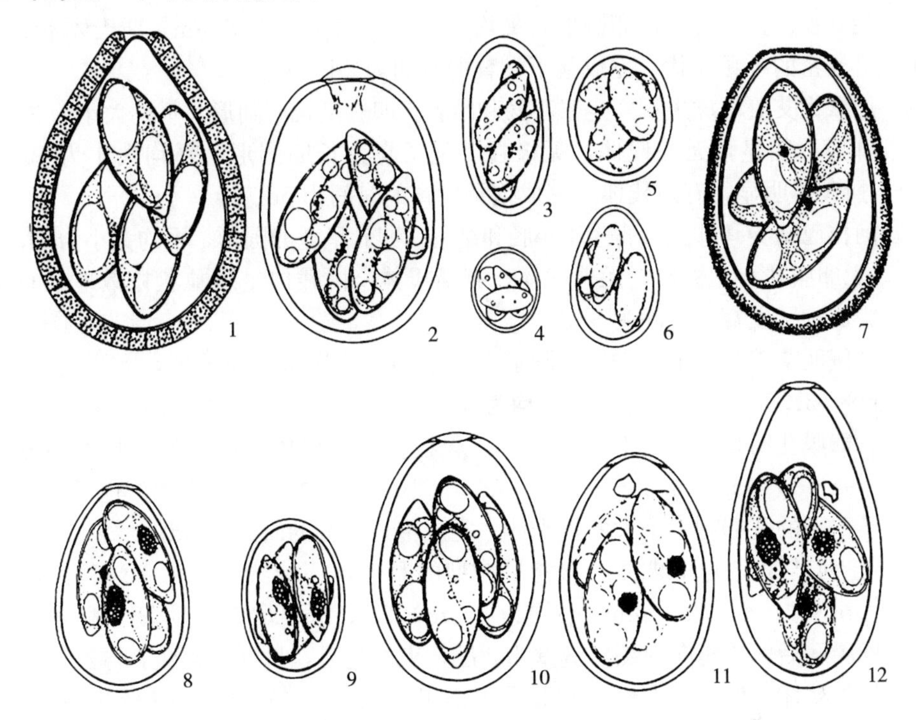

图 6－16　牛球虫卵囊

1. 波克朗艾美耳球虫卵囊　2. 巴西利亚艾美耳球虫卵囊　3. 柱状艾美耳球虫卵囊　4. 亚球形艾美耳球虫卵囊　5. 邱氏艾美耳球虫卵囊　6. 阿拉巴艾美耳球虫卵囊　7. 皮利他艾美耳球虫卵囊　8. 牛艾美耳球虫卵囊　9. 椭圆艾美耳球虫卵囊　10. 怀俄明艾美耳球虫卵囊　11. 加拿大艾美耳球虫卵囊　12. 奥本艾美尔球虫卵囊

（Joyner 等，1966）

（1）邱氏艾美耳球虫　是牛球虫中致病力最强的，可引起血痢。寄生于整个大肠和小肠。卵囊为亚球形或卵圆形，光滑，淡黄色，平均大小为 18μm×15μm，无卵膜孔。最短孢子化时间为 24h。

（2）牛艾美耳球虫　牛艾美耳球虫致病力较强，寄生于小肠和大肠。卵囊为卵圆形，光滑，大小为 28μm×20μm。最短孢子化时间为 48h。

（3）亚球形艾美耳球虫　寄生于小肠和结肠。卵囊呈球形或近似球形。无卵膜孔，无外残体和极粒。卵囊大小为（9.9～14.4）μm×（9.8～13.2）μm。孢子囊呈椭圆形，平均大小为 10.29μm×5.64μm。斯氏体不明显，无内残体。完成孢子发育的时间为 5d。

（4）椭圆艾美耳球虫　寄生于小肠上皮细胞。卵囊呈椭圆形，平均大小为 21.29μm×13.86μm。无卵膜孔，无极粒，无外残体。孢子囊呈卵圆形，平均大小为 14.02μm×5.68μm，斯氏体不明显，有内残体。完成孢子发育的时间为 3d。

（5）柱状艾美耳球虫　寄生于小肠和结肠。卵囊呈长椭圆形，两边稍平直，平均大小为23.76μm×13.35μm。无卵膜孔，无外残体，无极粒。孢子囊呈长椭圆形，平均大小为12.33μm×5.52μm。有斯氏体和内残体。完成孢子发育的时间为3d。

（6）皮利他艾美耳球虫　卵囊呈宽卵圆形。囊壁为2层，呈暗褐色，其表面均匀地散布着许多小而钝的隆起。卵囊窄端稍平，有卵膜孔，平均大小为40.64μm×27.44μm。无外残体，无极粒。孢子囊呈长卵圆形，平均大小为18.5μm×7.84μm。斯氏体不明显；有内残体，呈致密的小颗粒状。完成孢子发育的时间为6d。

（7）加拿大艾美耳球虫　寄生于小肠和结肠。卵囊呈长卵圆形，平均大小为32.5μm×23.4μm。卵膜孔明显，无外残体，无极粒。孢子囊为长卵圆形，平均大小为19.8μm×7.95μm，斯氏体明显，有内残体。完成孢子发育的时间为5d。

（8）阿拉巴艾美耳球虫　寄生于小肠和结肠。卵囊呈宽卵圆形，平均大小为21.11μm×13.69μm。无卵膜孔，无极粒，无外残体。有斯氏体。内残体呈颗粒状松散地散布于子孢子之间。完成孢子发育的时间为5d。

（9）怀俄明艾美耳球虫　寄生于肠道上皮细胞。卵囊呈宽卵圆形，大小为（34.78～40.67）μm×（21.56～26.95）μm，平均为36.75μm×24.3μm。囊壁为2层，厚约2μm，呈淡黄色。卵膜孔明显，宽4.9～5.39μm。无极粒和外残体。孢子囊呈长卵圆形，大小为（17.15～22.1）μm×（6.86～8.82）μm，有小的斯氏体，无内残体。孢子囊壁上有一排颗粒。子孢子的宽端有1个大的折光体。完成孢子发育的时间为6d。

（10）巴西利亚艾美耳球虫　卵囊呈典型的梨形，一端圆形，另一端稍锐，大小为（30～35）μm×（22.5～25）μm，平均为33μm×23.3μm。卵膜孔明显，宽4.5～5μm，稍隆起。卵膜孔后两边稍向内缩。囊壁为2层，表面光滑，呈淡黄褐色，厚约1.5μm。无极粒。未见外残体，但有的卵囊在卵膜孔下面可见到2～4个颗粒，其形状和大小不一。孢子囊为长卵圆形，大小为15.0μm×7.5μm，有1个小的斯氏体；有内残体呈细颗粒状。完成孢子发育的时间为5d。

二、球虫卵囊的孢子化与分离

根据球虫的生活史，球虫发育过程一般经历三个阶段，即孢子生殖、裂殖生殖和配子生殖。

（一）卵囊的孢子化

孢子生殖是球虫发育最先经历的阶段。卵囊随粪便排出后，在一定温度、湿度和有氧条件下，发育成感染性卵囊。感染性卵囊具有4个孢子囊，每个孢子囊含有2个子孢子。子孢子继续发育，最终折光体出现。折光体的出现标志着子孢子发育成熟，也标志着孢子生殖过程完成。由未孢子化卵囊发育成孢子化卵囊，即卵囊的孢子化过程，见图6-17。

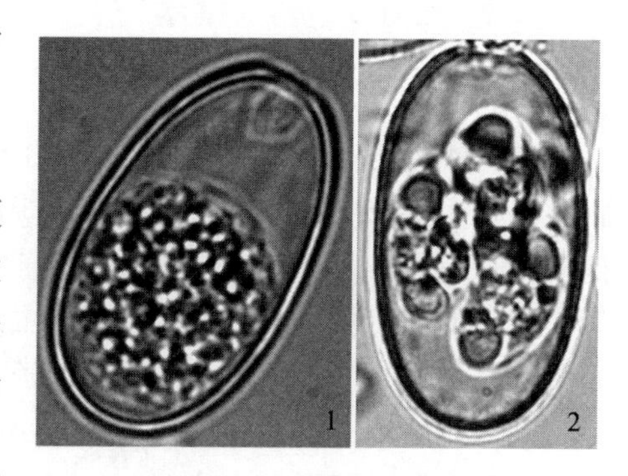

图6-17　球虫孢子生殖
1. 未孢子化卵囊　2. 孢子化卵囊

（二）球虫卵囊的分离

1. 粪便中卵囊的收集　将收集的动物粪便加清水浸泡，研碎，过100目筛，将滤液离心（3 000r/min、10min）取沉淀，加饱和盐水漂浮，离心（2 000r/min、10min）取上清，加清水（1∶5），离心（3 000r/min、10min），沉淀即是收集的球虫卵囊，置显微镜下观察，如有太多杂质可重复上述步骤，直至洗去多量杂质为止。将收集的球虫卵囊加2.5%重铬酸钾液混匀，置于大平皿中，重铬酸钾液深度以不超过5mm为宜，盖上皿盖于25～28℃温箱培养5d，每天摇动平皿2次。直到80%以上的球虫卵囊孢子化，收集孢子化卵囊，于4℃冰箱保存备用。

2. 组织中卵囊的收集

（1）铬硫酸分离法　适用于从肠黏膜、肝组织、肾组织及其他组织中分离的球虫卵囊。卵囊的分离：将组织或肠内容物放在乳钵中充分研碎，加水充分搅拌后离心（1 500r/min、5min）；向沉淀物中加入4～5倍铬硫酸溶液，冰浴条件下充分搅拌，然后立即离心（1 500r/min、5min）；将浮液中的卵囊用吸管吸出，加入20倍以上的冰水，离心（1 500r/min、5min），沉淀物即为卵囊。

铬硫酸溶液的制备：先配好100mL 20%的重铬酸钠溶液于500mL锥形瓶中，然后在冰浴条件下逐渐加入浓硫酸100mL，边加边充分搅拌。用玻璃过滤器或离心法除去其他结晶，即为所需铬硫酸液。

（2）蛋白酶消化法　在捣碎的组织中加入0.5%～1%胰蛋白酶，将pH调至8.0，39℃下消化20min；或者加入0.2%胃蛋白酶，将pH调至2.0，在39℃下消化1h，使卵囊分散游离出来，再依次用200目、300目和400目网筛过滤，滤液经2 000r/min离心10min，弃掉上清液，在沉淀中加入1mol/L蔗糖溶液，2 000r/min离心10min，管上层漂浮的白色似塞子状的物质即为卵囊。将其移入装有0.5mol/L蔗糖溶液的小离心管中，2 000r/min离心10min沉淀，重复几次充分洗涤除去密度较小的杂质，然后加入5%次氯酸钠，在4℃下作用10min，最后在低浓度（0.5mol/L）的蔗糖溶波中离心洗涤除去小的杂质和次氯酸钠，即可得到纯化的未孢子化卵囊。将收集的球虫卵囊加2.5%重铬酸钾液混匀，置于大平皿中，重铬酸钾液深度以不超过5mm为宜，盖上皿盖于25～28℃温箱培养5d，每天摇动平皿2次。直到80%以上的球虫卵囊孢子化，收集孢子化卵囊，于4℃冰箱保存备用。

3. 单卵囊分离与扩增　单卵囊分离法是指从混合虫种的卵囊中分离出单个卵囊。具体操作过程如下：将玻璃纸剪成0.5cm×0.5cm的小片，灭菌，用无离子水浸泡小块玻璃纸；在高温消毒的载玻片上滴加25%的甘油水溶液，每滴约10μL；用小镊子夹取浸泡过的玻璃纸放于载玻片的甘油上。在显微镜下选出单个成熟完好的孢子化卵囊滴在玻璃纸上，后用镊子卷起玻璃纸，经口人工接种无球虫动物，随后口服少量蒸馏水，保证卵囊进入胃内。从感染第2天开始，每天检查粪便，观察有无卵囊排出，确定最早排出卵囊的时间。收集感染后排卵高峰期的粪便或组织，按照上述的方法分离出卵囊，即是克隆卵囊，并将克隆卵囊培养至孢子化。

将上述克隆得到的卵囊按一定数量（视具体某种球虫而定）再次感染同种无球虫动物，操作步骤同上，经过这一过程即可得到大量克隆卵囊，即为纯株卵囊，于2.5%重铬酸钾液中混匀，按上述方法培养至孢子化。

三、鸡球虫病的诊断技术

成年鸡和雏鸡的带虫现象极为普遍，因此不能只根据从粪便和肠壁刮取物中发现卵囊，就确定为球虫病。正确的诊断须根据卵囊特征、粪便检查、临床症状、流行病学调查和病理变化等多方面因素加以综合判断。

1. 卵囊鉴定 对球虫卵囊的鉴定可确定引起感染的艾美耳球虫虫种，主要根据卵囊的大小、形状、颜色、孢子化时间、寄生部位等方面综合判定。鉴定球虫的种类，可将病鸡的粪便或病变部位的少许刮取物，放在载玻片上与 1～2 滴甘油水溶液（等量混合液）混匀，加盖玻片，置显微镜下观察。可根据卵囊特征做出初步鉴定。也可用饱和盐水漂浮法检查粪便中的卵囊。

（1）大小 用目镜测微尺测量卵囊（至少 50 个）的长、宽，并计算平均值。

（2）形状 除和缓艾美耳球虫是亚球形外，其他几种多是椭圆形到卵圆形。卵囊形状指数是卵囊平均长度与宽度的比值；比值越接近 1 说明卵囊近于球形，越大于 1 则卵囊呈椭圆形。

（3）颜色 巨型艾美耳球虫卵囊在鸡球虫中是体积最大的，且呈醒目的金黄色，可与其他种区分（浅绿色或无色）。

（4）孢子化时间 虫种之间的孢子化时间应该在标准温度（28～30℃）下进行测定。粪便必须在排出 1h 内收集，经过饱和盐水漂浮后卵囊迅速从粪便中分离出来，后悬浮在盛 2.5%重铬酸钾溶液的平皿中，按规定的时间间隔在镜下检查，记录第一个卵囊完成孢子化的时间。

2. 卵囊计数 该法主要用于计算克粪便和克垫料中球虫的卵囊数值（OPG）或实验室收集的卵囊悬液和球虫疫苗保存液中的卵囊数值。常用方法是麦克马斯特氏法，方法同前面虫卵计数法。

3. 病理组织学检查 从最显著的感染区域取样，每一病例中至少取两个样品，一个取自黏膜表层，显微镜观察是否有卵囊或其他阶段虫体；另一个取自黏膜的深处，观察是否有滋养体、裂殖体等。

（1）卵囊 呈圆形、椭圆形、卵圆形。囊壁两层，个别种较小端有卵膜孔。组织中的卵囊内有颗粒状的孢子体。

（2）子孢子 呈香蕉形，通常有 2 个较为明显的折光体，结构致密、均质、无界膜。光镜下观察，折光体发亮，不透明，染色后，折光体着色深而均匀。

（3）滋养体 呈圆球形，单个细胞核，吉姆萨染色时，核着色较深呈暗红色。

（4）成熟裂殖体 呈圆球形，由许多香蕉形裂殖子紧凑地排列组成，类似于剥皮后的橘子外观。裂殖子一端钝圆，一端稍尖，单个细胞核位于偏中部，胞质呈颗粒状结构，内有空泡。吉姆萨染色后核呈深红色，胞质呈淡红色。

（5）配子体 大配子呈亚球形，细胞质中含有一层或两层嗜酸性颗粒，由黏蛋白组成，细胞质呈大理石状外观。成熟小配子体近似球形，内含近千个深紫色眉毛状小配子，成熟后小配子向外散出，中央留有残体。吉姆萨染色涂片上见到的成熟配子体的胞质内含紫色颗粒，大小不等，白色颗粒散在核的周围，核浅红色。

（6）合子 呈亚球形，大小与大配子相似，大、小配子结合后形成合子，此时大配子细胞质中的嗜酸性颗粒开始向周边膜下迁移，由于颗粒状物位于膜下即可与大配子区别。

4. 鸡球虫病的分子检测技术 分子检测技术是鸡球虫病快速、灵敏、特异、稳定的检测方法，同样也是种、株鉴定及耐药株与敏感株间差异分析的有效方法。目前用于球虫分类、鉴定和检测的 DNA 多为 18S rDNA、28S rDNA、ITS-1、ITS-2 等。

第四节 兽医寄生虫驱虫药药效评价

寄生虫病的病原很多，常呈混合感染，一种家畜可能会同时感染线虫、吸虫、绦虫，因此，寄生虫病的防治工作必须以流行病学调查为基础，实施综合性防治措施。驱虫是指用特效的药物将寄生于动物体内或体表的寄生虫驱除或杀灭的过程，是综合防治中的重要环节。这种驱虫措施具有双重意义：一是在宿主体内或体表驱除或杀灭寄生虫，使宿主得到康复；二是通过驱虫，可以减少病原体向自然界的散布，达到保护健康动物的目的。驱虫可分为治疗性驱虫和预防性驱虫两种。治疗性驱虫指当动物感染寄生虫之后出现明显的临床症状，要及时用特效驱虫药对患病动物进行治疗；而预防性驱虫指按照寄生虫病的流行规律，定时投药，而不论其发病与否。应根据寄生虫区系调查和诊断结果，有针对性地选择高效、广谱、低毒、价格便宜、使用方便的驱虫药，进行有计划的定期预防性驱虫和治疗。

一、驱虫方法

1. 动物分组 选择经粪便检查自然感染有线虫、吸虫、绦虫的动物，按性别、年龄、体重等，随机分成试验组和对照组，每组至少 10 个动物。

2. 驱虫前检查 驱虫投药前 3d，每天对逐个动物定时收集两次粪便，混匀，采用麦克马斯特法计数各个实验动物粪便中寄生虫虫卵的数量，计算出克粪便虫卵数（EPG），并统计驱虫前动物感染数。

3. 投药驱虫 按照药物说明书上的推荐剂量给试验组动物投药。对照组动物不给药。

4. 投药驱虫后检查

（1）每天定时观察驱虫动物的精神状况、饮水食欲状况和粪便状况等。

（2）将投药后 2～5d 所排出的粪便用粪兜收集起来，对粪便进行水洗沉淀，用挑虫针挑出虫体，统计驱出虫体的数量和种类。

（3）用药后第 7～8 天，剖检 50％的试验组和对照组动物，收集、统计残留在动物体内的各种蠕虫的数量。

（4）在投药 10d 后，每天对各组剩余动物逐个收集两次粪便，混匀，采用麦克马斯特法计算克粪便虫卵数（EPG）。

5. 驱虫效果评定 驱虫药药效主要是通过驱虫前后动物各方面情况对比来评定，为了比较准确地评定驱虫效果，驱虫前后粪便检查时所用的器具、粪样数量及操作中每一步骤所用的时间要一致。一般采用虫卵转阴率、虫卵减少率、精计驱虫率、粗计驱虫率和驱净率等来评定驱虫效果（表 6－1）。

虫卵转阴率＝虫卵转阴动物数/试验动物数×100％

虫卵减少率＝(驱虫前 EPG－驱虫后 EPG)/驱虫前 EPG×100％

精计驱虫率＝排出虫体数/(排出虫体数＋残留虫体数)×100％

粗计驱虫率＝(对照组平均残留虫体数－试验组平均残留虫体数)/对照组平均残留虫体数×100％

驱净率＝驱净虫体的动物数/全部试验动物数×100％

表 6-1 驱虫效果评定

检查项目		实验组		对照组	
		驱虫前	驱虫后 10d	驱虫前	驱虫后 10d
EPG	阳性动物头数				
	阴性动物头数				
	克粪便虫卵数				
	虫卵转阴率				
	虫卵减少率				
驱虫率统计	平均驱出虫数				
	平均残留虫数				
	精计驱虫率				
	粗计驱虫率				
	驱净虫体动物数				
	实验动物数				
	驱净率				

二、注意事项

1. 选准驱虫时机 驱虫效果与驱虫时机密切相关。一般要赶在虫体成熟前驱虫，因为这样可以在产卵之前驱除虫体而又不会向外界散播病原。

2. 确定驱虫对象 根据寄生虫病流行病学资料并结合临床症状，抽检一定数量的病畜；一般对于有严重疾病或在怀孕期间的孕畜暂时不要驱虫。

3. 驱虫药的选择和使用 选择驱虫药应考虑药物的安全、高效、广谱、使用方便、价格低廉、药源丰富等条件。要注意选择广谱驱虫药或采取两种以上驱虫药的复合疗法。此外，驱虫药都是按体重来计算用药量的。

4. 试验性驱虫 驱虫药物都有一定的毒副作用，不同种类药物其毒性大小不同，同种药物不同产地其毒副作用也不完全一样，因此在大批畜禽驱虫之前，应该先选择有代表性的各类不同年龄、性别的动物进行小范围的安全性试验，取得经验后再进行全面驱虫，以免发生中毒事故。

5. 驱虫动物的管理 应在专门的场所驱虫，对驱虫后的动物应有一定的隔离时间，直到虫体排完为止；一般驱虫后 5d 内排出的粪便应利用堆积发酵的办法进行无害化处理，另外，在驱虫期间还应加强动物的饲养管理，随群观察动物驱虫后的反应，对中毒畜禽及时抢救。

第七章　兽医分子生物学检测技术

分子生物学是以核酸、蛋白质等生物大分子为研究对象的学科。分子生物学技术被广泛地运用于科学实验、临床疾病的诊断与治疗、药物的作用机理与新药的研发等领域。

》第一节　病原微生物核酸与质粒的制备《

一、病原微生物 DNA 的提取

脱氧核糖核酸（DNA）是病原微生物的遗传物质，主要存在于细胞核（拟核）中。盐溶法是提取 DNA 的常规技术之一。然而，从细胞中分离的 DNA 常常混有大量的 RNA 和蛋白质。因此，如何有效地将这两种成分从提取物中去除是 DNA 提取技术的关键环节。本小节以盐溶法提取 DNA 为例，介绍 DNA 提取的实验原理及步骤。

（一）原理

DNA 不溶于 0.14mol/L 的 NaCl 溶液，而 RNA 则能溶于 0.14mol/L 的 NaCl 溶液，利用这一特性就可以将二者从破碎细胞质中分开。在提取缓冲液中加入适量的柠檬酸盐和 EDTA，既可抑制 DNA 酶的活性又可使蛋白质变性而与核酸分离，再加入 0.15%的阴离子去垢剂 SDS，或用氯仿-异丙醇除去蛋白，通过离心使蛋白质沉淀而除去，得到的是含有核酸的上清液。用两倍体积的 95%乙醇溶液可将 DNA 钠盐沉淀出来，见图 7－1。

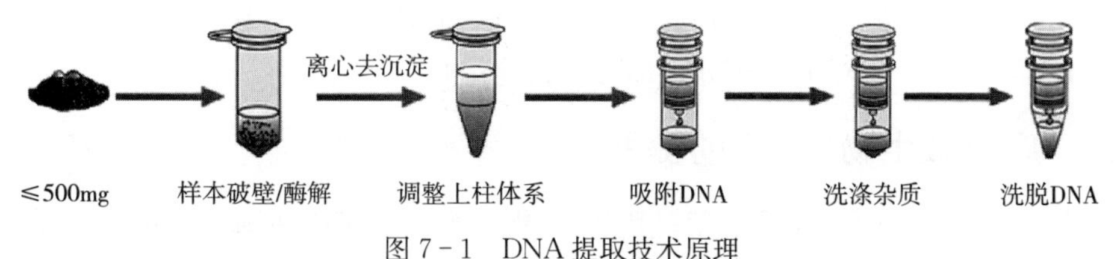

图 7－1　DNA 提取技术原理

（二）步骤

1. 细菌培养物

（1）细菌菌体制备　取菌体培养物于灭菌的 1.5mL EP 管中，12 000r/min 离心 1min，弃上清液。

（2）菌体裂解　加入 50mg/mL 的溶菌酶 6μL，37℃作用 2h，再加 2mol/L NaCl 50μL、10% SDS 110μL、20mg/mL 的蛋白酶 K 3μL，50℃作用 3h 或 37℃过夜（此时菌液应为透明黏稠液体）。

（3）抽提　裂解液均分到两个 1.5mL EP 管，加等体积的酚：氯仿：异戊醇（25：24：1），混匀，室温放置 5～10min。12 000r/min 离心 10min，抽提两次（上清很黏稠，吸取时应小心，最好剪去吸头尖）。

（4）沉淀　加 0.6 倍体积的异丙醇，混匀，室温放置 10min，12 000r/min 离心 10min。

（5）洗涤　沉淀用 75%乙醇洗涤。

（6）在室温下晾干后，溶于 50μL ddH_2O 中，取 2～5μL 电泳。

2. 病料样品

（1）称取病料 10g 左右，剪碎置研钵中，加 10mL 预冷研磨缓冲液并加入 0.1g 的 SDS，置冰浴上研磨成糊状。

（2）将匀浆转入 25mL 试管中，加入等体积的氯仿-异戊醇混合液，加上塞子，剧烈振荡 30s，转入离心管，静置片刻以脱除组织蛋白质。以 4 000r/min 离心 5min。

（3）离心形成 3 层，小心地吸取上层清液至试管中，弃去中间层的细胞碎片、变性蛋白质及下层的氯仿。

（4）将试管置 72℃水浴中保温 3min（不超过 4min），以灭活组织的 DNA 酶，然后迅速取出试管置冰水浴中冷却，加 5mol/L 高氯酸钠溶液（提取液∶高氯酸钠溶液＝4∶1），使溶液中高氯酸钠的终浓度为 1mol/L。

（5）再次加入等体积氯仿-异戊醇混合液至大试管中，振荡 1min，静置后 4 000r/min 离心 5min，取上清液置小烧杯中。

（6）用滴管吸 95%的预冷乙醇，慢慢地加入烧杯上清液的表面上，直至乙醇的体积为上清液的两倍，用玻璃棒轻轻搅动。此时核酸迅速以纤维状沉淀缠绕在玻璃棒上。

（7）加入 0.5mL 左右的 10×SSC，使最终浓度为 1×SSC。

（8）重复（6）和（7）步骤即得到粗提的 DNA 样品。

（9）加入已处理的 RNase 溶液，使其作用浓度为 50～70μg/mL，并在 37℃水浴中保温 30min，以除去 RNA。

（10）加入等体积的氯仿-异戊醇混合液，在三角瓶中振荡 1min，再除去残留蛋白质及所加的 RNase，室温下以 4 000r/min 离心 5min，收集上层水溶液。

（11）再按（6）和（7）步骤处理即可得到纯化的 DNA 液。

二、病原微生物 RNA 的提取

RNA 的提取对于检测和了解某基因在转录水平上的表达和 cDNA 的合成都是必需的，RNA 的纯度和完整性对于 Northern blot、RT-PCR 和 cDNA 文库的构建等分子生物学实验都至关重要。本小节以 Trizol 法提取 RNA 为例，介绍 RNA 提取的实验原理及步骤。

（一）原理

Trizol 试剂是由苯酚和硫氰酸胍配制而成的单相快速抽提总 RNA 的试剂，在匀浆和裂解过程中，能破碎和降解细胞其他成分的同时保持 RNA 的完整性。在氯仿抽提、离心分离后，RNA 处于水相中，将水相转管后用异丙醇沉淀 RNA。用这种方法得到的总 RNA，很少被蛋白质和 DNA 污染。

（二）步骤

（1）液氮研磨样品，每 1.5mL 试管分装 0.1g 样品。

（2）每管加 1mL Trizol 试剂（样品体积不超过 Trizol 试剂体积的 10%），迅速混匀（若样品较多可先将混好的样品置于冰上）；室温下静置 5～10min 以利于核酸蛋白质复合体的解离。

（3）加 200μL 的氯仿，用手剧烈摇荡 15s，在室温下静置 5min。

（4）4℃、12 000r/min 离心 10～15min。

（5）将水相（上清）转入一个新的离心管中，加 0.5mL 异丙醇室温下沉淀 10min。

（6）4℃，12 000r/min 离心 15min。

（7）弃上清，加 1mL 75%乙醇清洗 RNA，振荡片刻后（务必使沉淀悬浮起来，以确保洗涤干净），7 500r/min 离心 5min，小心弃上清。

（8）室温静置 5～15min，使 RNA 沉淀恰好干燥，加入 20μL DEPC 水溶解，取 2μL 进行琼脂糖电泳实验以检测 RNA 质量。采用分光光度计测定 RNA 浓度，将样品保存于－70℃ 冰箱中备用。

（三）注意事项

（1）抽提 RNA 中要谨防 RNase 的污染，因此操作 RNA 的试剂及器皿都要进行相应的处理。

（2）研钵用 0.4mol/L NaOH 浸泡过夜，DEPC 水洗涤 3 遍；玻璃器皿 180℃烘烤 3h 以上。塑料制品用 DEPC 水浸泡清洗，再用蛋白质变性剂处理。

（3）抽提 RNA 应戴口罩和手套保持环境洁净。

三、质粒 DNA 的提取

质粒是一种存在于细菌染色体之外的稳定遗传因子，大小为 1～200kb，是双链闭合环状结构的 DNA 分子，携带多种基因，作为一种可转移的 DNA 分子，与病原微生物的耐药性和毒力密切相关。质粒既可以独立游离在细胞质内，也可整合到细菌染色体中，具有自主复制和转录能力，能使子代细胞保持恒定的拷贝数，可表达携带的遗传信息。本小节主要介绍质粒提取的实验原理及步骤。

（一）原理

提取质粒的方法有很多，大多包括 3 个主要步骤：细菌的培养、细菌的收集和裂解、质粒 DNA 的分离和纯化。碱裂解法的原理：在 pH 12 的碱性环境中，细菌的染色体 DNA 变性分开，而共价闭环的质粒 DNA 虽然变性但仍处于拓扑缠绕状态。将 pH 调至中性并有高盐存在及低温的条件下，大部分染色体 DNA、大分子质量的 RNA 和蛋白质在去污剂 SDS 的作用下形成沉淀，而质粒 DNA 仍然为可溶状态。通过离心沉淀，可除去大部分细胞碎片、染色体 DNA、RNA 及蛋白质，质粒 DNA 在上清中，然后用酚、氯仿抽提进一步纯化质粒 DNA。

（二）步骤（按试剂盒说明书操作）

（1）取含有 pUC18 质粒的大肠杆菌菌液于 LB 固体培养基上 37℃过夜培养。

（2）用无菌牙签挑取单菌落，接种于含有 Amp 的 LB 液体培养基中，37℃摇床 250r/min 过夜培养。

（3）吸取 1.5mL 菌液，12 000r/min 离心 2min，收集菌体，弃上清；再加 1.5mL 菌液，再次收集菌体，弃上清。

（4）加入 300μL 溶液Ⅰ振荡混匀。

（5）加入 300μL 溶液Ⅱ，轻柔颠倒混匀，放置至清亮，一般不超过 5min。

（6）加入 300μL 溶液Ⅲ颠倒混匀，置于冰上 10min，使杂质充分沉淀。

（7）12 000r/min 离心 10min。

（8）吸取 800μL 上清液（注意：不要吸取到漂浮的杂质）至另一离心管中，加入 2/3 体积的异丙醇，室温下放置 5min。

（9）12 000r/min 离心 15min。

（10）弃掉上清液，加 75％乙醇浸洗（离心 3min 后弃掉上清液）。

（11）室温放置或超净台上风干 DNA。

（12）加 40μL 灭菌超纯水或 TE 溶解。

（13）质粒的检测分析：采用电泳检测法。质粒电泳一般有 3 条带，分别为质粒的超螺旋、开环、线型。吸光度值检测：采用分光光度计检测 260nm 和 280nm 波长下的吸光度值（OD），若 OD_{260} 与 OD_{280} 的比值为 1.7～1.9，表明提取的质粒样品质量较高，1.8 为最佳，低于 1.8 表明存在蛋白质污染，而大于 1.8 表明存在 RNA 污染。

》第二节　PCR 检测技术《

PCR 技术又称聚合酶链式反应，是 20 世纪 80 年代发展起来的一种体外核酸扩增技术。PCR 技术针对目的基因设计特异性引物，以目的基因为模板，在体外合成核酸片段。该技术能在短时间内将目的基因或核酸片段扩增至上百万倍，并具有敏感、简便、高效、重复性好、易自动化等优点。目前，该技术应用于生命科学多个领域，如食品检测、临床检验、疾病控制、检验检疫、科学研究、食品安全、化妆品检测、环境卫生等。

一、原理

PCR 由变性、退火、延伸 3 个基本反应步骤构成，见图 7－2。

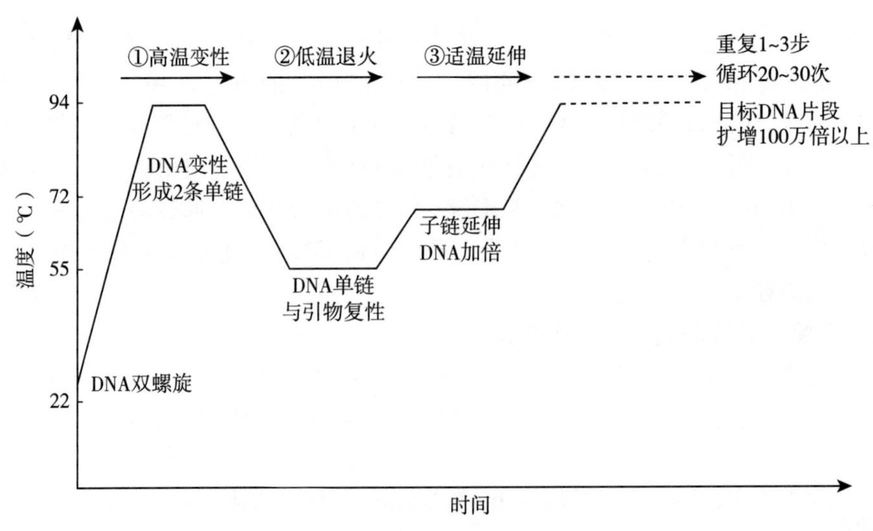

图 7－2　PCR 技术原理

1. 模板DNA的变性 模板DNA就是需要复制的DNA片段，模板DNA加热至95℃左右一定时间后，连接碱基的氢键在高温下断裂，使DNA双链或经PCR扩增形成的双链DNA解离，使之成为单链，并成为下一步扩增反应的模板。

2. 模板DNA与引物的退火（复性） 引物是一小段人工合成的含20～30个碱基的单链DNA或RNA，也是PCR中人工合成的复制起始点，每一条引物都与待扩增的靶区域特异互补。PCR反应体系中需加入一对引物。一般在55℃左右，引物就会与模板DNA单链的互补序列配对结合。

3. 引物的延伸 DNA模板与引物结合后，在DNA聚合酶的作用下，以dNTP为反应原料、靶序列为模板，按碱基配对原理，合成一条新的DNA互补链。新合成的DNA链并不是整个DNA链，而是由引物界定的、生物体特异的靶序列。

4. DNA扩增 重复以上变性、退火、延伸三个过程，就可获得更多的DNA链，这一过程中合成的新链又可成为下次循环的模板，使产物的数量按2^n方式增长。

5. PCR体系 PCR体系主要包含以下主要成分：模板DNA、dNTPs、引物、DNA聚合酶及缓冲液。

二、PCR技术分类

从检测者的角度看，PCR技术分为常规PCR和荧光定量PCR两大类。常规PCR是进行定性检测，一般使用琼脂糖凝胶电泳对扩增产物进行定性分析，无法对PCR扩增反应进行实时检测，也无法对起始模板准确定量。荧光定量PCR是进行定量检测，是在PCR的反应体系中加入荧光基团，利用荧光信号累积实时监测整个PCR进程，然后对未知模板进行定量分析。

（一）常规PCR检测技术

1. PCR的反应条件 PCR反应一般采用三温度点法：94℃变性、55℃退火与72℃延伸。

（1）变性温度与时间 在第一轮循环反应前，通常先94℃ 5min进行预变性使模板DNA完全解链，以后每轮变性温度与时间一般为90～95℃ 1min，变性温度取决于模板DNA的GC含量，对于GC含量丰富的序列适当提高变性温度。但变性温度过高或时间过长都会使酶活性降低。

（2）退火（复性）温度与时间 退火温度取决于引物的T_m值，一般较T_m值低5℃。较高的退火温度会减少引物二聚体和非特异性产物的形成。退火温度一般在55℃左右，引物与模板结合即复性，复性时间一般为30～60s。

（3）延伸温度与时间 延伸温度一般为72℃左右，延伸时间根据扩增片段的长度而定，一般≤1kb的片段延伸时间≤1min，3～4kb的扩增片段需要3～4min。此外为了获得尽可能完整的产物，在扩增反应完成后，需要一步较长时间（10min）的延伸反应。

（4）循环次数 当其他参数确定之后，循环次数主要取决于模板DNA浓度。循环次数一般为25～30次。循环次数过多，会使非特异性产物增加。

2. 步骤

（1）配制20μL反应体系 2μL模板DNA、1μL上游引物、1μL下游引物、1.5μL dNTP、2μL 10×buffer、12μL ddH_2O、0.5μL DNA聚合酶，总体积为20μL。混匀瞬时

离心。

（2）PCR仪的程序设定　PCR反应条件（93℃预变性3～5min，进入循环扩增阶段：93℃，40s；58℃，30s；72℃，60s；循环30～35次；最后在72℃保温7min）确定后，根据PCR仪的程序设定方法（参照使用说明）设定好程序后，把分装好的反应样品放入样品池，启动程序运行即可。

3. 扩增产物分析　由于研究内容与研究目的不同，对PCR扩增产物采用不同的分析方法。

（1）凝胶电泳　是分析PCR扩增产物最常用方法。该方法能迅速判定有无预期大小的扩增产物。DNA分子在偏碱性的电泳缓冲液中带负电荷，将PCR产物加样于负极的加样孔，在电场作用下，DNA分子泳向正极。迁移率与线性DNA分子大小呈负相关，即DNA分子越小，电泳迁移率越大。凝胶电泳主要有琼脂糖凝胶电泳和聚丙烯酰胺凝胶电泳两种。

①琼脂糖凝胶电泳　该方法优点是操作简单，是最常用的PCR产物检测方法，可以对扩增产物的长度进行大致的鉴定（表7-1）。在电泳过程中，凝胶中的溴化乙锭（EB）嵌入DNA分子中，在紫外线照射下DNA-EB复合物发出橙红色荧光；缺点是存在EB污染。

表7-1　琼脂糖浓度与线性DNA分子的有效范围

琼脂糖浓度（%）	有效分离范围（kb）
0.5	1～30
0.7	0.8～12
1.0	0.5～10
1.2	0.4～7
1.5	0.2～3
2.0	0.1～2

②聚丙烯酰胺凝胶电泳　该法中的聚丙烯酰胺凝胶具有机械强度好、化学性质稳定的特点，是一种较好的电泳支持介质，可分离长度小于2kb的DNA或RNA片段。与琼脂糖凝胶电泳相比，该法分辨力高，可分开长度仅相差1bp的DNA分子，多用于多重PCR、限制性片段长度多态性分析等。其浓度与分离的线性DNA分子的有效范围见表7-2。

表7-2　聚丙烯酰胺浓度与分离的线性DNA分子的有效范围

聚丙烯酰胺浓度（%）	有效分离范围（bp）	溴酚蓝位置（bp）
3.5	1 000～2 000	100
5.0	80～500	65
8.0	60～400	45
12.0	40～200	20
15.0	25～150	15
20.0	5～100	12

（2）酶切分析PCR产物　限制性内切酶可以特异性识别DNA特定序列，因此用特定的限制性内切酶对PCR扩增产物进行酶切消化，得到的酶切片段的大小和数量可以反映出目的DNA分子的序列信息，即限制性片段长度多态性分析（RELP）。PCR-RELP是传染病病原体基因分型的常用方法。

（3）PCR产物测序　PCR产物测序是检测产物特异性最可靠的方法，分直接测序和PCR产物经克隆后再测序两种方式。在研究工作中，测序可准确地发现不同毒株或菌株的分子流行病学趋势以及耐药毒株或菌株的变异情况。

此外，PCR扩增产物还可以进行核酸探针杂交分析、PCR-单链构象多态性分析等。

4. 注意事项　在进行PCR操作时，操作人员应严格遵守操作规程，最大限度地降低可能出现的污染。

（1）划分操作区　常规PCR的前处理和后处理要在不同的隔离区内进行：①标本处理区；②PCR扩增区；③产物分析区；④产物处理区。各工作区要有一定的隔离，操作器材专用，要有一定的方向性，如标本处理区→PCR扩增区→产物分析区→产物处理区，产物分析区的产物及器材不要拿到前两个工作区。

（2）操作过程中

①在样品的收集、抽提和扩增的所有环节都应戴一次性手套，若不小心溅上反应液，立即更换手套。

②使用一次性吸头，严禁与PCR产物分析室的吸头混用，吸头不要长时间暴露在空气中。

③避免反应液飞溅，开盖前稍离心收集液体于管底。若不小心溅到手套或桌面上，应立刻更换手套并用稀酸擦拭桌面。

④操作多份样品时，制备反应混合液，先将dNTP缓冲液、引物和酶混合好，然后分装，这样既可以减少操作，避免污染，又可以增加反应的精确度，最后加入反应模板，盖紧反应管。

⑤操作时设立阴阳性对照和空白对照。

⑥由于加样器最容易受产物气溶胶或标本DNA的污染，最好使用可替换或高压处理的加样器。

⑦PCR仪工作环境的温度不能过高或过低，最好在有空调的房间使用；并且其工作电压不能波动过大，否则会造成电子器件损坏。

⑧在使用PCR仪前要详细阅读使用说明书，遇到不能解决的问题不要随意拆卸机器。

（二）RT-PCR检测技术

RT-PCR即逆转录PCR，是将RNA的逆转录和cDNA的PCR相结合的技术。RT-PCR技术灵敏而且用途广泛，可用于检测细胞或组织中mRNA的表达水平、细胞中RNA病毒的含量和直接克隆特定基因的cDNA序列等。

1. 原理　提取RNA病毒感染的动物组织或细胞中的总RNA，以其中的mRNA作为模板，采用Oligo（dT）或随机引物利用逆转录酶反转录成cDNA。再以cDNA为模板进行PCR扩增，从而获得目的基因或检测基因表达。RT-PCR使检测的灵敏性提高了几个数量级，可检测到极为微量的RNA样品。

2. 步骤

（1）cDNA第一链的合成（RT反应）　目前，生物公司有多种cDNA第一链试剂盒出售，其原理基本相同，但操作步骤不一。无试剂盒可购买单个试剂进行配制。现以 Super Script™ Pre－amplification System for First Strand cDNA Synthesis 试剂盒为例。

10μL 反应体系：2μL 5×RT buffer、1μL 10mmol/L dNTP Mix、2μL 0.1mol/L DTT、1μL RNase inhibitor、1μL 反转录酶 Superscript Ⅱ、1μL RNA 模板、2μL ddH_2O，轻轻混匀，离心。42℃水浴中孵育 50min 后，于 70℃加热 15min 以终止反应。将管插入冰中，加入 1μL RNase H，37℃孵育 20min，降解残留的 RNA。－20℃保存备用。

（2）PCR 扩增　20μL 反应体系：2μL 模板 DNA、1μL 上游引物、1μL 下游引物、1.5μL dNTP、2μL 10×buffer、12μL ddH_2O、0.5μL DNA 聚合酶。

3. RT－PCR 注意事项

（1）防止 RNA 的降解　由于 RNA 酶无处不在，RNA 降解的可能性很大。操作过程要在超净工作台中进行。

（2）防止 DNA 污染　细胞裂解后离心，在取 RNA 上清液时要小心，以防取到中间层引起 DNA 污染。

（3）保证 RNA 完整性　鉴定 RNA 完整性可使用琼脂糖凝胶电泳。但在电泳时，需要使用专用的电泳槽及 TAE/TBE 缓冲液，以防电泳过程 RNA 降解。

（4）所有 RT 试剂都应该没有核酸酶的污染，操作过程中应戴手套。

（5）试剂配制所用的水溶液应使用 DEPC 水。

（6）试剂或样品准备过程中应使用灭菌的塑料瓶和反应管，玻璃器皿应洗涤干净并高压灭菌。

（三）荧光定量 PCR 技术

实时荧光定量 PCR（RTFQ PCR，简称 qPCR），是 1996 年研制出的一种新的核酸定量技术，是通过荧光染料或荧光标记的具有特异性的探针，对 PCR 产物进行标记跟踪，可以实时在线监控反应过程，结合相应的软件对产物进行分析，计算待测样品模板的初始浓度。该技术是在常规 PCR 基础上将 PCR、杂交及光谱技术结合在一起，实现了对目的基因的准确定量检测，成为病原微生物的重要检测技术。与常规 PCR 相比，qPCR 实现了 PCR 从定性到定量的飞跃，而且具有操作方便、快速、高效，特异性更强，结果稳定可靠，自动化程度高等优点。

1. 原理　qPCR 技术是指在 PCR 反应体系中加入荧光基团，利用荧光信号累积实时监测整个 PCR 进程，最后通过标准曲线对未知模板进行定量分析的方法。根据使用荧光物质的不同，常见以下两类。

（1）TaqMan 荧光探针　PCR 扩增时在加入一对引物的同时加入一个特异性的荧光探针，该探针为一寡核苷酸，两端分别标记一个报告荧光基团和一个淬灭荧光基团。探针完整时，报告基团发射的荧光信号被淬灭基团吸收；PCR 扩增时，DNA 聚合酶的 5′→3′外切酶活性将探针酶切降解，使报告荧光基团和淬灭荧光基团分离，从而荧光监测系统可接收到荧光信号，即每扩增一条 DNA 链，就有一个荧光分子形成，实现了荧光信号的累积与 PCR 产物形成的同步，从而实现了 PCR 的定量。常用的荧光基团有 TET、HEX、FAM 等。

（2）SYBR 荧光染料　SYBR Green Ⅰ是一种能结合所有双链 DNA 双螺旋小沟区域

的具有绿色激发波长的染料，在游离状态下不会发射荧光，一旦与双链DNA结合则发射荧光信号。因此，SYBR Green Ⅰ的荧光信号强度与双链DNA的数量相关，可以根据荧光信号强度检测出PCR体系存在的双链DNA的数量。

2. 相关技术术语

（1）扩增曲线　PCR扩增反应过程中产生的DNA拷贝数是呈指数方式增加的，随着反应循环数的增加，最终PCR反应不再以指数方式生成靶DNA分子，而是进入平台期，整个扩增曲线为S曲线，分成基线期、指数期和平台期三个阶段。

①基线期　PCR反应的早期阶段，产生荧光的水平与背景区分不明显。

②指数期　是荧光信号指数扩增阶段，此时PCR产物量的指数值与起始模板量之间存在线性关系，因此这个阶段可以进行定量分析。

③平台期　扩增产物不再呈指数级增加，即PCR的终产物量与起始模板量之间没有线性关系，根据最终的PCR产物不能计算出起始DNA拷贝数。

（2）荧光阈值　荧光阈值是在荧光扩增曲线上人为设定的一个值，可以设定在荧光信号指数扩增阶段任意位置上（图7-3）。

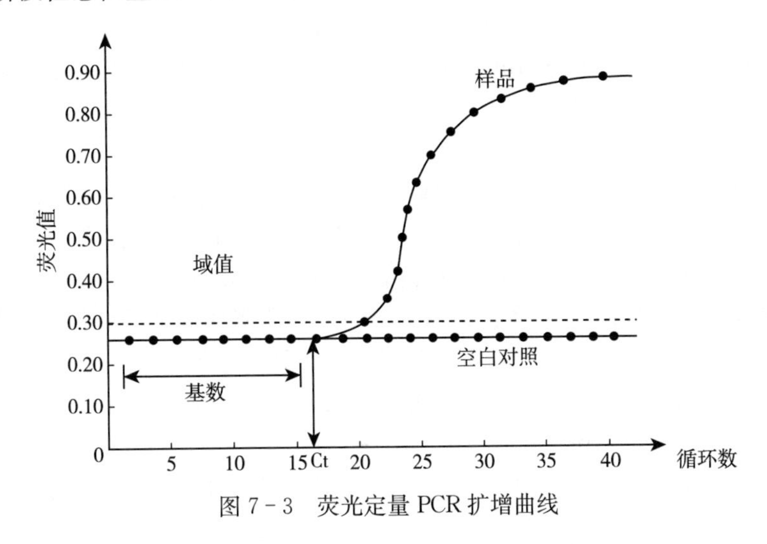

图7-3　荧光定量PCR扩增曲线

（3）Ct值　Ct值就是荧光PCR扩增每个反应管内的荧光信号达到设定的阈值时所经历的循环数。研究表明，每个模板的Ct值与该模板的起始拷贝数的对数存在线性关系，起始拷贝数越多，Ct值越小。利用已知起始拷贝数的标准品可做出标准曲线。因此只要获得未知样品的Ct值，即可从标准曲线上计算出该样品的起始拷贝数。

3. 步骤　下面以RNA为初始模板，通过反转录得到cDNA，然后再将cDNA作为模板进行实时荧光PCR分析，借助标准曲线计算出起始模板数量，从而达到定量的目的。

（1）样品RNA的抽提

①取冻存已裂解的细胞，室温放置5min使其完全溶解。

②两相分离　在每毫升TRIZOL试剂裂解的样品中加入0.2mL氯仿，盖紧管盖。手动剧烈振荡管体15s后，于15～30℃孵育2～3min。4℃、12 000r/min离心15min。离心后混合液体将分为下层的红色酚-氯仿相、中间层及上层的无色水相，RNA全部被分配于水相中。

③RNA 沉淀　将水相上层转移到一干净无 RNA 酶的离心管中。加等体积异丙醇混合以沉淀其中的 RNA，混匀并于 15～30℃孵育 10min 后，于 4℃、12 000r/min 离心 10min。

④RNA 清洗　除去上清液，在每毫升 TRIZOL 试剂裂解的样品中加入至少 1mL 的 75％乙醇（用 DEPC 水配制），清洗 RNA 沉淀。混匀后，4℃ 7 000r/min 离心 5min。

⑤RNA 干燥　小心吸去大部分乙醇溶液，使 RNA 沉淀在室温空气中干燥 5～10min。

⑥溶解 RNA 沉淀　溶解 RNA 时，先加入无 RNA 酶的水 40μL，用移液器反复吹打几次，使其完全溶解，将获得的 RNA 溶液保存于－80℃待用。

（2）样品 cDNA 的合成　10μL 反应体系：2μL 逆转录 Buffer、0.2μL 下游引物、1μL dNTPs、2μL RNA 模板、4.8μL DEPC 水，轻弹管底，将溶液混合，瞬时离心。混合液于 70℃水浴 3min 后，再放入冰水浴，至其与管内外温度一致，加 0.5μL 逆转录酶，于 37℃水浴 60min。取出后立即置于 95℃水浴 3min，保存于－80℃待用。

（3）阳性标准品与反应体系

①阳性标准品梯度制备　阳性模板的浓度为 10^{11}，反应前取 1μL 按 10 倍稀释为 10^{10}，依次稀释至 10^{9}、10^{8}、10^{7}、10^{6}、10^{5}、10^{4}，备用。

②50μL 反应体系　10μL SYBR Green Ⅰ染料、0.5μL 阳性模板上游引物 F、0.5μL 阳性模板下游引物 R、0.5μL dNTP、1μL DNA 聚合酶、5μL 阳性模板 DNA、32.5μL ddH_2O，轻弹管底将溶液混合，6 000r/min 短暂离心。

（4）待测样品反应体系　50μL 反应体系：10μL SYBR Green Ⅰ染料、0.5μL 内参照上游引物 F、0.5μL 内参照下游引物 R、0.5μL dNTP、1μL DNA 聚合酶、5μL 待测样品 cDNA、32.5μL ddH_2O，轻弹管底将溶液混合，6 000r/min 短暂离心。

（5）标准品及待测样品的实时定量 PCR　制备好的阳性标准品和检测样品同时上机，置于 Real－time PCR 仪上按照设置好的条件进行 PCR 扩增反应。

4. 常用实时荧光定量 PCR 仪及使用注意事项　实时荧光定量 PCR 仪有美国应用生物系统公司生产的 ABI 荧光 PCR 仪系列；罗氏公司生产的全自动荧光定量 PCR 仪（LightCycler 系列），及其他公司生产的实时荧光定量 PCR 仪。以 LightCycler@480 系统为例进行简单介绍。

（1）LightCycler@480 系统主要特点

①高灵敏　可检测单拷贝基因。

②高分辨率　可区分 1 000 拷贝以下 2 倍浓度差异。

③快速　40min 完成 40 个 PCR 循环。

④灵活　分析模式多样，绝对定量、相对定量及融解曲线分析等几乎适用所有的检测模式。

⑤模块化　可互换的 96 孔、384 孔加热模块，用户可以自主更换模块。

⑥自动化平台　配以 LIMS 系统及自动进样机械臂，可实现远程操作及全自动化运作。

⑦用户界面友好　软件直观简洁，易操作。

（2）LightCycler@480 系统的操作　操作完全依靠计算机软件，仪器启动电源和计算机后，打开主菜单进入运行程序，自检通过后表明一切正常，处于待命状态。将样本和试剂加入毛细管，将毛细管和合金套一起放入离心机内离心数秒。然后将毛细管放入管架，置入仪器内。调出已编号的程序，样本编号，运行程序。仪器先自检测样本的数目是否正确，确认无误后，进入实时监测状态，这时可以观察到各个样本管反应过程。30min 后完成全部反应，采集到所有数据，从主菜单进入数据分析程序。

（3）使用注意事项

①按照正确的开关机顺序操作　有助于延长仪器的使用寿命，减少仪器出故障的频率。开机顺序：先开计算机，待计算机完全启动后再开启定量 PCR 仪主机，等主机面板上的绿灯亮后即可打开定量 PCR 的收集软件，进行试验。关机顺序：确认试验已经结束后，首先关闭信号收集软件，然后关掉定量 PCR 仪主机的电源，最后关闭计算机。

②定期备份实验数据　备份频率推荐每周一次。同时也应该备份定量 PCR 仪的各种纯荧光光谱校正文件、背景文件和安装验证数据。

③操作者必须戴干净手套　荧光定量 PCR 仪对荧光信号的采集是通过 96 孔板来进行的，任何污染都可能产生非特异性荧光信号，干扰定量的准确性。因此，操作时全程要戴干净手套。

④判断加热块是否被污染　方法如下：一种是运行背景校正反应板，当一个或多个反应孔连续显示不正常的高信号时，表明该孔可能被污染；另一种是在不放任何物品到样本块上的前提下，执行 ROI 的校正，当某个孔的信号明显高出其他孔时，表明该孔被污染。清除样本加热块污染的步骤为：用移液器吸取少量乙醇并滴入每个污染的反应孔中，吹打数次，然后将废液吸入废液杯中；重复以上步骤（乙醇 3 次，去离子水 3 次）；确认反应孔中的残留液体蒸发完。

⑤扩增曲线异常　如某样品的某一基因无扩增曲线出现或出现扩增曲线异常，而该基因的标准样品扩增正常，提示可能是样品在 RNA 提取或 cDNA 保存过程中发生了降解。

5. 实时荧光定量 PCR 的应用

（1）定量分析核酸　主要用于与医学相关的研究，如病原体的含量检测、疾病的临床早期诊断、合理用药分子水平的疗效研究、疾病的发病监控研究、肿瘤相关基因与耐药基因的检测、转基因动物及植物研究等。

（2）分析组织或培养细胞中 mRNA 表达差异　基因表达差异通常是指一个基因在两个不同条件下表达水平有一定差异，具有统计学意义，同时也具有生物学意义。可用于比较特定基因经过不同处理（如药物处理、物理处理、化学处理等）后的表达差异，特定基因在不同时相的表达差异以及 cDNA 芯片或差显结果的确证。实时荧光定量 PCR 不但能有效地检测到特定基因的表达量，还可用于检测特定基因在不同条件下的表达差异，如比较染病组织与正常组织中各种 mRNA 含量差异、各种处理对细胞 mRNA 含量变化的影响。

》第三节　LAMP 检测技术《

环介导等温扩增（loop - mediated isothermal amplification，LAMP）技术由 Notomi 在 2000 年首次发明。与 PCR 扩增技术相比，LAMP 主要是通过链置换进行的等温核酸扩增技术，无需温度循环变化。LAMP 技术具有以下优点：特异性强（可以检出一个碱基差异的序列）、灵敏度高（能检测到比 PCR 至少低 10 倍的拷贝数）、速度快（一般在 30min 内即可完成反应）、实验条件要求低（只需一个简单的恒温器且对操作人员的技能要求不高）、易于推广（在基层医疗单位和食品检测部门推广应用）、可视化检测等（肉眼即可观察）。因此，LAMP 广泛用于病原体检测、疾病的快速诊断和食品、化妆品安全检查及进出口快速诊断中。

一、原理

根据靶基因的特定区域进行引物设计，在链置换 DNA 聚合酶的作用下进行核酸扩增。扩增主要分两个阶段：

第一阶段：起始阶段。任何一个引物向双链 DNA 的互补部位进行碱基配对延伸时，另一条链就会解离，变成单链。上游内部引物 FIP 的 F2 序列首先与模板 F2c 结合，在链置换 DNA 聚合酶的作用下向前延伸启动链置换合成。外部引物 F3 与模板 F3c 结合并延伸，置换出完整的 FIP 连接的互补单链。FIP 上的 F1c 与此单链上的 F1 为互补结构，自我碱基配对形成环状结构。以此链为模板，下游引物 BIP 与 B3 先后启动类似于 FIP 和 F3 的合成，形成哑铃状结构的单链。迅速以 3′末端的 F1 区段为起点，以自身为模板，进行 DNA 合成延伸形成茎环状结构。

第二阶段：扩增循环阶段。以茎环状结构为模板，FIP 与茎环的 F2c 区结合。开始链置换合成，解离出的单链核酸上也会形成环状结构。迅速以 3′末端的 B1 区段为起点，以自身为模板，进行 DNA 合成延伸及链置换，形成长短不一的 2 条新茎环状结构的 DNA，BIP 引物上的 B2 与其杂交，启动新一轮扩增，且产物 DNA 长度增加一倍。在反应体系中添加 2 条环状引物 LF 和 LB，它们也分别与茎环状结构结合启动链置换合成，周而复始。扩增的最后产物是具有不同数量的茎环结构、不同长度 DNA 的混合物，产物 DNA 为扩增靶序列的交替反向重复序列。

二、步骤

1. 临床病料样品 DNA 的提取 以检测猪圆环病毒 2 型为例，按照常规方法对实验室收集的猪场临床病料样品进行 DNA 的提取。取 50～100mg 的动物组织加入约 3 倍体积的生理盐水进行匀浆，充分匀浆后 10 000r/min 离心 2min 去除残余组织。取 150μL 上清液至新的洁净离心管中。加入 500μL DNA 提取液至上清液中，颠倒混匀，室温静置 5～10min 裂解病毒。把 DNA 吸附柱装在 2mL 收集管中，把裂解后的液体全部转移至 DNA 吸附柱中，10 000r/min 离心 1min。弃掉滤液，把 DNA 吸附柱装回收集管中，加入 400μL 洗涤液至 DNA 吸附柱中，10 000r/min 离心 1min。弃掉收集管中的滤液，把 DNA 吸附柱装回收集管中，10 000r/min 离心 3min。把 DNA 吸附柱装在新的洁净离心管中，加入 30～50μL 洗脱液至吸附柱中央，静置 1～2min，10 000r/min 离心 1min，所得即为 DNA 溶液，保存于－20℃。

2. LAMP 引物的设计 根据猪圆环病毒 2 型 ORF1 的基因保守序列，运用在线生物网站 Primer Explorer V5（https：//primerexplorer.jp/）设计一组特异性 LAMP 扩增引物。

3. LAMP 检测 以 pT－ORF1 质粒（含有目的基因的质粒）为阳性对照，灭菌

ddH_2O为阴性对照，LAMP反应体系（25μL）：2×LAMP Master Mix 12.5μL，内部引物FIP和BIP（40mmol/L）各1.0μL；外部引物F3和B3（10mmol/L）各1.0μL，环状引物LF和LB（10mmol/L）各1.0μL，DNA聚合酶0.5μL，DNA模板1.5μL，加超纯水补至25μL。反应条件：64℃、60min；80℃、10min。反应结束后，取5μL扩增产物经2%琼脂糖凝胶电泳进行检测。

三、LAMP技术特点

1. 引物设计原则

（1）T_m值要求　F1c与B1c为64～65℃，F2与B2为59～61℃，F3与B3为59～61℃，LF与LB为64～65℃。

（2）GC含量　尽可能保证引物的GC含量在40%～65%。

（3）引物间距见图7-4。F2的5′末端到B2的5′末端为120～160bp；F2的5′末端到F1c的5′末端为40～60bp；F3的3′末端到F2的5′末端为0～60bp；LF位于F2c的3′末端和F1c的5′末端之间；LB位于B1的3′末端和B2的5′末端之间。

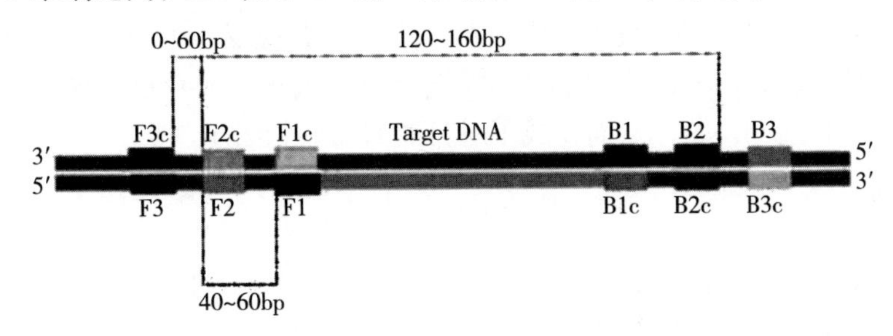

图7-4　LAMP引物间距模式

（4）引物设计软件　使用在线软件Primer Explorer（http：//primerexplorer.jpelamp4.0.0/index.htmL）进行LAMP引物的设计。

2. LAMP技术特点

（1）优点

①操作简单　LAMP扩增是在等温条件下进行，产物检测用肉眼观察或浊度仪检测浊度即可判断。对于RNA的扩增只需要在反应体系中加入逆转录酶就可同步进行，不需要特殊的试剂及仪器。

②快速高效　LAMP扩增不需要预先的双链DNA热变性，避免了温度循环而造成的时间损失；扩增在1h内均可完成，添加环状引物后时间可以节省1/2，多数情况在20～30min可检测到扩增产物。产物可以扩增至10^9倍。

③特异性强　LAMP扩增是针对靶序列6个区域设计的4种特异性引物。6个区域中任何区域与引物不匹配均不能进行核酸扩增。

④灵敏度高　对于病毒扩增模板可达几个拷贝，比PCR高出1个数量级的差异。

（2）缺点　LAMP扩增是链置换合成，靶序列长度最好在300bp以内。500bp以上的序列较难扩增，故不能进行长链DNA的扩增。由于灵敏度高，极易受到污染而产生假阳性结果。此外，引物设计要求比较高，有些基因可能不适合使用LAMP扩增。

》第四节　RPA 检测技术《

重组酶聚合酶扩增（recombinase polymerase amplification，RPA）是 2006 年由英国 TwistDx Inc 公司研发的一种核酸恒温扩增技术，该技术可以在 25～42℃恒温条件下快速完成核酸 DNA 的扩增，并且扩增产物可以通过探针法进行实时监测。与常规 PCR 相比，RPA 技术不但具有敏感性高、特异性强、操作简便、反应时间短、不需复杂仪器设备等优点，并且可与侧流层析检测技术（lateral flow assay，LFA）相结合，可实现检测结果的可视化，在病原学检测领域上具有广泛的应用前景。RPA 技术已广泛应用于病原微生物检测、基因检测、遗传分析、疾病诊断、流行病学监测、食品安全检测、生物安全检测等领域。

一、原理

在目的 DNA 片段扩增的过程中，引物与重组酶形成复合物，并与 DNA 结合，沿着 DNA 链寻找引物的同源序列，当完成定位后，发生链置换反应并打开 2 条 DNA 单链间的氢键，单链绑定蛋白（SSB）与单链 DNA 链结合，阻止形成双链；聚合酶从发生链置换反应的位置开始复制 DNA，从而完成了对目的 DNA 片段的扩增。

二、步骤

1. Bh 基因组 DNA 的制备　以 RPA - LFA 检测汉赛巴尔通体为例，取 30mL 汉赛巴尔通体（Bh）对数生长期培养物于 50mL 离心管，6 000r/min 离心 15min，收集菌体，弃上清，菌体用 TE 缓冲液悬浮后，用细菌基因组 DNA 提取试剂盒提取基因组 DNA，测定提取 DNA 的浓度及纯度，待用。

2. Bh RPA 引物的设计与合成　下载 GenBank 公布的 Bh 分离株 *gltA* 基因，通过 Blast N 和 DNAMAN 软件对 Bh *gltA* 基因进行序列比对，筛选高度保守的序列作为扩增的靶序列。参考 RPA 引物设计的基本原则，使用 Primer 5.0 软件设计 3 对特异性引物，通过试验筛选出具有高特异性和敏感性的检测 RPA 引物。同时，合成常规 PCR 方法使用的特异性引物。引物名称及序列见表 7 - 3。

表 7 - 3　Bh RPA - LFA 特异性引物

引物名称	引物序列（5′- 3′）	扩增长度（bp）
RPA - FP1	GATCGCTGTATTATGCAGCATACGATGGTTCACGA	230
RPA - RP1	ATAGGCCATAGCGGCAAGAGTTGGGACCTTTGAAAT	
RPA - FP2	AGCATTGGACAAGCATTTGTTTATCCACGTAATGA	226
RPA - RP2	GCAAATGGATTAGCACCTGATGAACCTGCAAGACG	
RPA - FP3	GTATTGCAGCAGGTGTTGCATGCCTTTGGGGACCA	221
RPA - RP3	ATGGCAGGTTTGTTGCATGATTTTTGCGCGTGGAT	
PCR FP	ACCTCAACTGCTTCGTGTGA	210
PCR RP	CTGTTCGTGAACCATCGTAT	

3. RPA 反应体系的配制及操作程序

（1）配制 50μL RPA 反应体系　包括 RPA－FP 和 RPA－RP（浓度均为 10μmol/L）各 2.5μL，Rehydration Buffer 29.5μL，ddH_2O 12.0μL，模板 1μL，280mmol/L 醋酸镁 2.5μL。

（2）操作程序　将模板和醋酸镁之外的所有试剂预混后，转入预添加 exo 冻干酶制剂的 0.2mL PCR 反应管中，并充分混匀。将 1μL 模板加入反应管中，并将 2.5μL 醋酸镁加在反应管盖中，盖紧后瞬时离心并涡旋后，放入 40℃水浴锅中进行 RPA 反应。

4. RPA 反应条件的优化

（1）最佳反应时间的确定　为了确定 RPA 最佳反应时间，配制 7 管 50μL RPA 反应体系，以 Bh 基因组 DNA 为模板，分别进行 10min、15min、20min、25min、30min、35min、40min 的 RPA 扩增，根据产物量来确定 RPA 最佳反应时间。结果发现，在 40℃ RPA 反应时间为 20min 时，即可扩增得到一条大小为 220bp 的特异性条带；当 RPA 反应 30min 时，得到的扩增产物量约为 20min 时条带的 3 倍，而反应 40min 时 RPA 产物量没有显著增加。因此，Bh RPA 最佳反应时间确定为 30min。

（2）最佳反应温度的确定　为了确定 RPA 最佳反应温度，配制 5 管 50μL RPA 反应体系，分别放入 25℃、30℃、35℃、40℃和 45℃水浴箱内进行扩增反应，15min 后分别从各管中取 10μL 扩增液，根据产物量来确定 RPA 最佳反应温度。结果发现，在 25～45℃的温度范围内 RPA 均可有效进行，其中 40℃时扩增效果最佳，RPA 产物量最大。因此，RPA 最佳反应温度确定为 40℃。

（3）RPA 最佳引物的筛选　为了筛选出 RPA 最佳引物，以 Bh 基因组 DNA 为模板，分别用 3 对 Bh RPA 引物（RPA FP1－RP1、RPA FP2－RP2、RPA FP3－RP3）进行 RPA 扩增，随后对扩增产物进行 2%琼脂糖凝胶电泳，根据特异性、敏感性和产物量筛选出 RPA 最佳引物。结果 3 对引物均能扩增出目的基因片段，但 RPA FP3－RP3 引物对的特异性、敏感性和产物量最高。因此，RPA FP3－RP3 引物对确定为 Bh RPA 最佳引物。

5. 可视化 RPA－LFA 检测方法的建立

（1）胶体金标抗体的制备　采用柠檬酸钠还原法制备平均颗粒直径为 40nm 的胶体金溶液。吸取 1mL 胶体金溶液加入试管中，向其中加入 5μg 兔抗地高辛抗体 IgG，恒温缓慢振荡 30min。4℃、13 000r/min 离心 40min，弃去上清液，沉淀溶解于 0.1moL/L 的 Tris－HCl 缓冲溶液中（pH 8.0），即得到胶体金标记的兔抗地高辛抗体 IgG，将制备好的溶液置于 4℃密封保存，备用。

（2）RPA－LFA 试纸条的制备方法　RPA－LFA 试纸条结构分为加样垫、结合垫、吸收垫、硝酸纤维素膜（NC 膜）、检测线（T 线）、质控线（C 线）和 PVC 塑料垫。将制备的胶体金标记兔抗地高辛抗体 IgG 用移液器均匀加到 NC 膜上，放在真空干燥箱中 37℃干燥 10min，取出，作为结合垫（金标垫）。在 NC 膜上，T 线上包被经 PBS（0.01moL/L，pH 7.4）缓冲液稀释至 2mg/mL 的链霉亲和素，C 线上包被 2mg/mL 的羊抗兔 IgG，室温下干燥 30min。组装的顺序依次为：在 PVC 塑料垫的中间区域先贴上 NC 膜，金标垫贴在 NC 膜的前方区域，为保证良好的接触，金标垫压 NC 膜 2mm，再在金标垫的前方贴上加样垫，加样垫压金标垫 2mm，最后将吸收垫贴在 NC 膜的后方，吸收垫压 NC 膜 2mm。将试纸板切割为 4mm 的试纸条。将制备好的试纸条置于放有干燥剂的锡箱袋内（图 7-5），4℃保存备用。

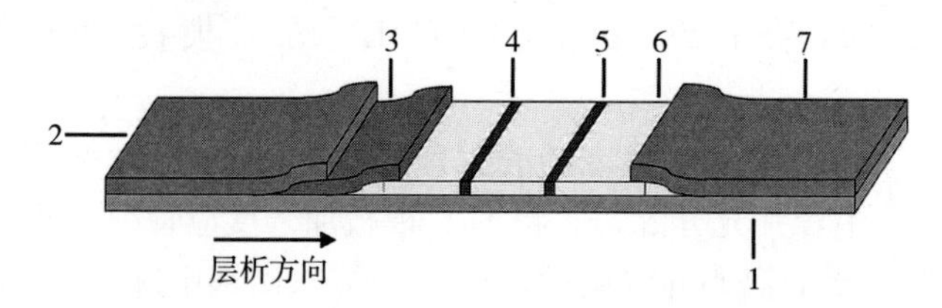

图 7-5　Bh RPA-LFA 检测试纸条的组装示意

1. PVC 塑料垫　2. 加样垫　3. 结合垫　4. 检测线（T 线）　5. 质控线（C 线）　6. NC 膜　7. 吸收垫

（3）RPA-LFA 检测的结果判定　在 RPA 扩增结束后，用微量移液器取 5μL RPA 产物，稀释至 80μL，滴加于 RPA-LFA 试纸条加样垫上，将加样完毕的装置放入 37℃水浴箱内，孵育 10min。取出 RPA-LFA 试纸条，用肉眼观察，若 C 线和 T 线均显色，则检测结果判为阳性；若仅 C 线显色，则检测结果判为阴性；若 C 线不显色，则检测结果判为无效。

6. Bh RPA-LFA 特异性试验　分别将金黄色葡萄球菌、大肠杆菌、枯草芽孢杆菌、乳房链球菌、沙门氏菌、杆菌样巴尔通体、五日热巴尔通体、汉赛巴尔通体等病原的培养物，6 000r/min 离心 15min，收集菌体，弃上清，菌体用 TE 缓冲液悬浮后，用细菌基因组 DNA 提取试剂盒提取基因组 DNA，分别按照 RPA 反应操作步骤进行 RPA 扩增，然后将 RPA 产物用制备的试纸条进行检测，每种细菌基因组 DNA 样品重复检测 3 次，分析 RPA-LFA 检测方法的特异性。只有汉赛巴尔通体（Bh）基因组 DNA 样品 RPA-LFA 检测方法为阳性，其他病原基因组 DNA 样品 RPA-LFA 检测结果均为阴性，证实所建立的 RPA-LFA 检测方法具有良好的特异性。

7. Bh RPA-LFA 检测方法的敏感性试验　将提取的 Bh 基因组 DNA 样品稀释为 100ng/μL，然后进行 10 倍梯度的稀释，共配制 100、10、1、0.1、0.01ng/μL 5 种不同的稀释浓度，然后以其为模板进行 RPA 扩增，扩增结束后进行 RPA-LFA 检测。当 Bh 基因组 DNA 稀释浓度为 10ng/μL 时，可以检测出清晰胶体金阳性条带，表明该检测方法的灵敏度可达到 10ng/μL。

三、RPA 技术特点

1. 引物设计　RPA 分析的关键在于扩增引物和探针的设计。PCR 引物多半是不适用的，因为 RPA 引物比一般 PCR 引物长，通常需要达到 30～38 个碱基。引物过短会降低重组率，影响扩增速度和检测灵敏度。在设计 RPA 引物时，变性温度不再是影响扩增引物的关键因素。但 RPA 的引物和探针设计不像传统 PCR 那样成熟，需进行试验不断优化条件。

2. 优点

（1）常规 PCR 必须经过变性、退火、延伸 3 个步骤，而 RPA 反应的最适温度在 37～42℃之间，无需变性，在常温下即可进行。此外，由于不需要温控设备，RPA 可实现快速核酸检测。

（2）操作过程简单　RPA 不需要复杂的样品处理过程，适用于无法提取核酸的实地检测。如全血、唾液、脱落细胞、游离细胞等样品在 37～42℃恒温扩增 15～20min 即可完成核酸扩增和检测。但对于复杂样品需进行样品前处理，加上核酸扩增及检测，整个过程不超过 30min。

（3）检测的灵敏度高，从单个模板分子得到大约 10^{12}的扩增产物。

（4）此技术既可以扩增 DNA 也可以扩增 RNA，还省去了额外的 cDNA 合成步骤。

（5）反应速度快，一般 15～20min 扩增即可检测出结果，也可通过试纸条读取检测结果。

》第五节　基于 CRISPR/Cas 的检测技术《

成簇规律间隔短回文重复序列/成簇规律间隔短回文重复序列关联蛋白（CRISPR/Cas）系统是细菌降解入侵的噬菌体或外源性遗传物质形成的获得性免疫防御机制。当噬菌体感染细菌时，细菌捕获外来遗传物质的片段并将其整合到 CRISPR 基因座中，在遭到二次入侵时，在前导区的调控下，CRISPR 序列经转加工生成 CRISPR 来源 RNA（CRISPR RNA，crRNA），crRNA 通过碱基配对与反式激活 CRISPR 来源 RNA（trans-acting crRNA，tracrRNA）合成向导 RNA（guide RNA，gRNA），引导 Cas 酶靶向切割目的片段，抵抗噬菌体入侵。Harrington 等通过分析宏基因组数据库，在古细菌基因组中发现最小 Cas 蛋白——Cas14。

一、原理

CRISPR/Cas9 系统在 gRNA 引导下识别目的 DNA 原间隔物序列并在特定位点对其进行切割。Cas9 系统的基因编辑原理为 crRNA 与 tracr RNA 配对形成复合物，crRNA 上存在一段序列与靶标双链 DNA 的某段碱基序列互补，在合适的条件下，Cas9 蛋白与 tracrRNA-crRNA 组装成复合物，Cas9 发挥其核酸内切酶活性，对靶双链 DNA 进行剪切。tracrRNA 和 crRNA 通过人工设计，两部分融合表达后，也可形成具有引导作用的 gRNA。

Cas12a 切割目标双链 DNA 后，继续切割其他单链 DNA（ssDNA）。在 crRNA 的引导下，一旦识别到靶向的特定 DNA 序列并与目标序列结合后，Cas12a 便转换为激活状态，不加区分地切割系统内其他单链 DNA。结合 RPA 技术，在反应体系中加入含有荧光淬灭报告基团的底物，激活后的 Cas12a 切割报告基团，使其释放荧光信号（图 7-6A）。

Cas14a 蛋白切割靶向单链 DNA 且能附带切割其他单链 DNA 分子。用含硫代磷酸酯（PT）的引物扩增目标 ssDNA，再加入 T_7 核酸外切酶，未经修饰的链被降解，留下可被 Cas14a 检测到的 ssDNA 底物。在反应体系中加入含有荧光淬灭基团的单链 DNA 底物，在 gRNA 的引导下，Cas14a 结合并切割靶标 DNA 序列，同时附带切割含有报告基团的单链 DNA，释放荧光信号（图 7-6A）。

Cas13a 可用于切割细菌细胞中的特定 RNA 序列，切割靶序列后 Cas13a 保持活性，继续任意切割其他非靶向 RNA。利用 PCR 或者 RPA 等技术扩增 DNA，再利用 T_7 体外转录，使 DNA 模板转录成可被 Cas13a 直接结合的靶标 RNA。在 crRNA 的引导下，

Cas13a 识别并结合靶标 RNA，同时它的附带切割活性被激活，切割早前在反应体系中加入的带有荧光基团的 RNA 分子，使其释放荧光信号，指示目标核酸的存在（图 7-6B）。

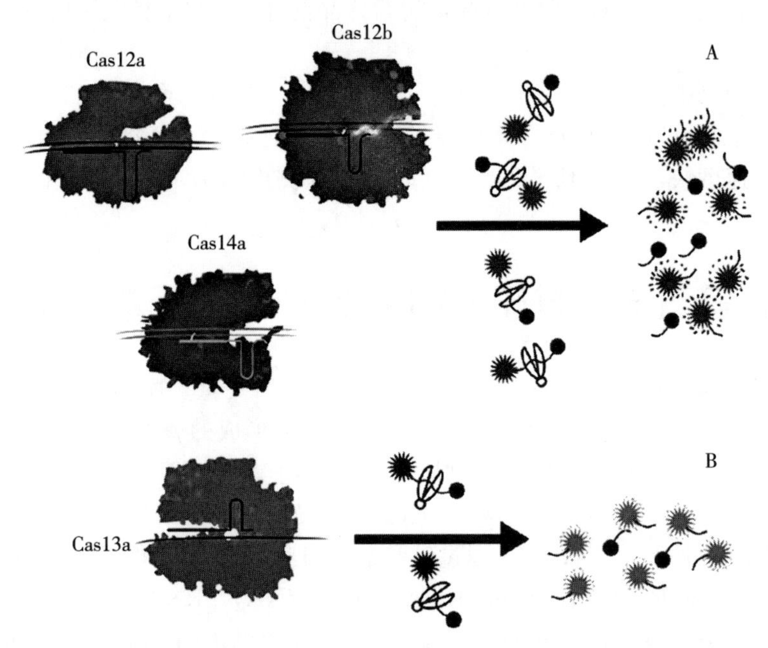

图 7-6　基于 CRISPR/Cas 系统的核酸检测技术原理
A. DNA 作为靶向基因的 CRISPR/Cas 检测技术　B. RNA 作为靶向基因的 CRISPR/Cas 检测技术

二、步骤

以 RPA-CRISPR/Cas12a 检测猪胸膜肺炎放线杆菌（APP）为例，根据 App *apx IVA* 基因 3′末端保守区，设计 CRISPR/Cas12a 特异性 gRNA，在 gRNA 序列与靶序列结合位点的上下游区域内，利用 Primer Premier 5.0 设计 RPA 引物，利用 RPA 引物扩增靶基因 *apx IVA*，通过 gRNA 识别特异性靶基因序列，激活 Cas12a 蛋白单链 DNA 酶的切割活性，以免疫层析试纸条检测原理设计单链 DNA 报告分子，根据报告分子是否被切割进而实现对靶基因的检测。

1. 病料样品 DNA 的提取　对收集的病料样品进行 DNA 的提取。取 50～100mg 的动物组织加入约 3 倍体积的生理盐水进行匀浆，之后 12 000r/min 离心 2min 去除残余组织。取 150μL 上清液至新的洁净离心管中，用基因组 DNA 提取试剂盒提取 DNA，保存于−20℃。

2. gRNA 及 RPA 引物的设计与合成　根据 App 的 *apx IVA* 基因序列（HM 021153.1），选择其 3′末端保守区 442bp 作为 APP 的检测靶标。根据检测靶标序列设计 PCR 引物 P1/P2，见表 7-4。在 CRISPR/Cas 系统中，Cas 蛋白可识别带有原型间隔子相邻基序（PAM）（TTTN，N 为任意一个核苷酸）并和 gRNA 靶向位点匹配的双链 DNA，根据这一特点利用网页 CRISPR RGEN Tools 软件针对检测靶标中的 PAM 设计 gRNA（表 7-4），参考上述 gRNA 序列与 *apx IVA* 基因序列的结合位点，在其上下游区域内，利用 Primer Premier 5.0 设计 RPA 引物。根据免疫层析试纸条说明书设计并合成 ssDNA 报告分子，序列为5′-FAM-TTATT-Biotin-3′，引物、gRNA及ssDNA报告分子送生物公司合成。

表7-4 引物及gRNA序列

用途	名称	序列（5′-3′）
PCR	P1	GCTTGCATGCCTGCAGTGGCACTGACGGTGAT
	P2	CTGAATTCGAGCTCGGTACCGGCCATCGACTCAACCAT
	P3	ATACGGTTAATGGCGGTAATGG
	P4	ACCTGAGTGCTCACCAACG
RPA	185-F	ATATTAATTTATCCGAACTTTGGTTTAGCCGAGA
	185-R	CGACTGAACCATCTTCTCCACCTGAGTGCTCAC
gRNA	Seq7	AACCGUGACUUUAUCCUCAC

3. RPA-CRISPR/Cas12a检测体系 RPA 50μL扩增体系：将RPA上游引物2.4μL（10μmol/L），RPA下游引物2.4μL（10μmol/L），ddH_2O 11.2μL，Rehydration Buffer 29.5μL预混后转入含有冻干酶制剂的0.2mL反应管中，混匀后加入2μL基因组模板及2.5μL醋酸镁（280mmol/L）混匀并瞬离后置于37℃反应15min。用于扩增靶基因。

CRISPR 20μL检测体系：2μL RPA扩增产物，2μL gRNA（1μmol/L），1μL Cas12a（1μmol/L），1μL ssDNA报告分子（10μmol/L），2μL 10×NE Buffer，2μL ddH_2O补齐至20μL，恒温37℃反应30min。然后将20μL反应体系转移到80μL 10%聚乙二醇中，充分混匀后将试纸条Milenia HybriDetect 1 Dipstick放入其中，室温孵育10min后观察检测线是否显色（阴性对照样品均仅有质控线显色）。

三、注意事项

CRISPR/Cas系统的核酸检测技术灵敏度高、特异性强、经济且高效，在传染性疾病的快速检测、癌症的早期诊断和基因分型中具有重要的临床应用价值。然而，该检测技术还需要不断地研究和完善。

第一，该检测技术存在脱靶效应。所谓脱靶效应，是指CRISPR/Cas系统识别目标位点以外的其他位点，引起插入缺失或转位等后果。当CRISPR技术用于核酸检测时，脱靶效应的存在可造成检验结果的假阳性或假阴性，影响临床诊断的准确性，脱靶效应是影响CRISPR技术应用于临床的主要限制因素。近年来，研究者对影响脱靶效应的因素进行深入研究后发现，目前解决脱靶效应的策略以预测脱靶位点和优化gRNA的设计策略、Cas酶的结构为主。利用CRISPOR、CHOPCHOP等工具可在线设计gRNA，分析潜在脱靶位点，尽可能选择脱靶效应低的gRNA；第二，Cas13a的检测技术和Cas14-DETECTR技术都依赖T_7体外转录，使得反应体系更加复杂。此外，基于CRISPR/Cas系统的诊断平台作为新兴的诊断工具，其现场检测能力是否受到周围环境条件的影响有待进一步研究。

第六节 核酸杂交技术

一、Southern blot

1. 原理 将待检测的DNA分子通过琼脂糖凝胶电泳进行分离，继而将其变性并按其在凝胶中的位置转移到硝酸纤维素膜或尼龙膜上，固定后再与同位素或其他标记物标记的DNA或RNA探针进行反应。如果待检物中含有与探针互补的序列，则二者通过碱基互补的原理进行结合，游离探针洗涤后用自显影或其他合适的技术进行检测，从而显示出待检片段及其相对大小。该检测技术之一用于检测样品中的病原的DNA，见图7-7。

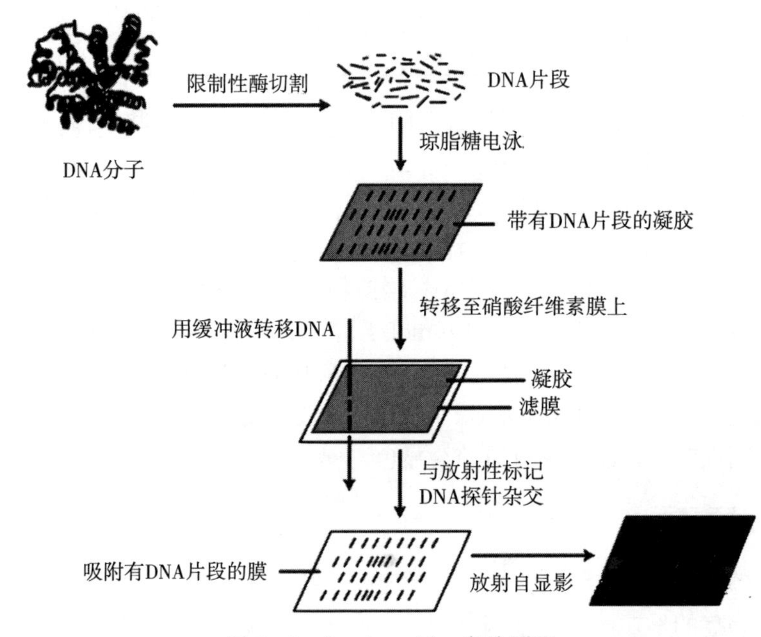

图7-7 Southern blot实验原理

2. 步骤

（1）制备0.8%琼脂糖凝胶，然后将DNA样品点样，在1～1.5V/cm的条件下进行电泳。

（2）转膜前的准备 按照凝胶大小，每块凝胶准备两张比胶稍大的滤纸（11cm×12.5cm），两张用作盐桥的滤纸，一张与胶同样大小的尼龙膜（10cm×10.5cm），两个玻璃盘、两块有机玻璃板、一根玻璃棒，比尼龙膜稍大的一叠吸水纸等。

（3）玻璃盘中加入足量的0.4mol/L NaOH，放上洗净的玻璃板。

（4）凝胶的预处理

①从电泳槽中移出凝胶置于塑料板上，用切胶板把胶切成适当大小，切去右上角（最后一个样品的最前端）作为电泳方向记号。

②把凝胶翻面，放入加有足量的0.2mol/L HCl的玻璃盘中，轻轻摇动10min，使指示剂变黄色为止。

③倒去 HCl 溶液，加蒸馏水漂洗凝胶。

④倒去蒸馏水，加 0.4mol/L NaOH 中和。

⑤同时在盐桥滤纸上洒 0.4mol/L NaOH 少许，立即将胶放在盐桥上（忌气泡）。

（5）胶的四周用塑料片与胶紧紧相连，防止短路（吸水纸与盐桥相接）。

（6）在胶面上倒足够量 0.4mol/L NaOH，小心放置膜（预湿 0.4mol/L NaOH），使膜覆盖整块胶（不能移动）。

（7）膜上放 2 张滤纸，滤纸大小为 15cm×12cm。

（8）放不少于 5cm 厚的吸水纸，放上玻板，其上压约 500g 的重物，转膜 12h 左右。

（9）转膜完毕，用 2×SSC 漂洗膜两次，各 5min。用 EB 染胶以检测转移效果。

（10）用两张滤纸包住膜，置于 80～100℃的真空干燥箱中，干燥 2～4h。

二、Northern blot

1. 原理 与 Southern blot 基本相同，但因 RNA 是单链分子，必须消除局部区域形成的二级结构。因此，需使用变性胶进行电泳，此时在电场中 RNA 的泳动距离可反映其本身的大小。在操作过程中，应特别注意防止 RNA 的降解。

2. 步骤

（1）制胶 准备 1%～1.2%琼脂糖凝胶、1×MOPS buffer。

（2）准备电泳液 小号槽约配 500mL 1×MOPS buffer，中号槽约配 900mL 1×MOPS buffer。

（3）制样 测好浓度后加样：15μg RNA＋灭菌的 DEPC 水 10μL，Sample buffer 8μL，Loading buffer 2μL，EB（10mg/mL，专用于 RNA）0.03μL。65℃水浴变性 10min，立即放冰上，直至点样。

（4）点样 点样要仔细，不要漏出，并记录点样顺序。

（5）电泳 中号槽：电压 100V 电泳 1h 左右，至溴酚蓝离点样孔 3.5～4cm（凝胶在紫外灯下可看到 28S 和 18S 刚好分开即可）。

（6）转膜 转膜液用 500mL 加 27mL 37%甲醛（终浓度为 2%）的 4×SSC，转膜步骤同 Southern blot。注意加溶液后一切操作均在通风橱内进行，以避免甲醛对人体的伤害。

（7）照相 将胶及膜取下，分别在凝胶成像系统下看胶上 RNA 是否有残留，膜上 RNA 效果是否完好。

（8）风干 在超净工作台上吹干。

（9）杂交 在杂交管内加约 50mL 杂交液，将膜卷起放入，注意 RNA 面朝内，于 64℃预杂交 1～4h。

（10）探针准备 测定回收的 PCR 产物或酶切产物的浓度，跑胶验证后按以下反应体系加入：DNA 3μL、ddH_2O 10μL、dNTP（1.67mmol/L）4μL、杂交 buffer 10μL、Klenow Fragment 2μL、$\alpha-^{32}P$-dCTP 5μL。

先加入 DNA 和 ddH_2O，100℃变性 10min，冰上放 5min，再加入 dNTP 和杂交 buffer，加酶时注意低温操作，先加在管壁上，立即到同位素室加同位素，混匀离心，于室温下反应 30min。

（11）探针纯化　在原反应体系中继续加入 66μL ddH_2O、10μL 醋酸钠和 250μL 无水乙醇。混匀离心（12 000r/min、5min），倒去上清后加 500μL 无水乙醇洗，12 000r/min、离心 2min，倒去上清，检测信号，再加 40μL ddH_2O 和 400μL 杂交液之后混匀离心，于 100℃变性 10min，冰上放置 5min。

（12）杂交　取出杂交管倒去杂交液，加入 15mL 杂交液，将探针加入，盖紧，于 64℃杂交过夜。

（13）洗膜、压片　将杂交管中液体倒出，先加少量洗膜液Ⅰ，冷洗 5min，倒出；再加洗膜液Ⅰ，冷洗 10min，将膜取出检测信号，根据信号大小决定是否热洗，若信号高，用洗膜液Ⅱ、Ⅲ继续洗，直到信号值达到适宜值为止，即膜上某一区域信号强，而其他区域信号弱代表杂交上了，然后包膜压片，放于－20℃或－80℃ 3d 左右即可冲洗胶片。

（14）结果观察与分析　RNA 所在位置表示其分子质量的大小，而其显影强度则代表目标 RNA 在所测样品中的相对含量（即目标 RNA 的丰度）。

三、注意事项

1. 杂交效率的影响因素　杂交温度、离子强度、双链长度（形成杂交物长度）、探针的复杂程度（重复性探针可以增加杂交率）和 pH 等因素均可影响杂交效率。

2. 影响杂交稳定性因素　离子强度、碱基组成、去稳定剂、碱基错配、双链长度（探针杂交物）均可影响杂交稳定性。

3. 其他因素　转膜质量、操作规范、杂交灵敏度（信号强度）、探针量及标记量（探针变性）可影响杂交效果。

》第七节　基因芯片技术《

基因芯片技术的出现和应用为基因表达谱研究、新基因的发现、基因突变检测、多态性分析、功能基因组研究等提供了强有力的工具，被认为是生命科学的重大突破之一。目前，基因芯片技术主要包括基因芯片的制作和基因芯片的使用两个方面。

一、原理

基因芯片是按照预定位置将固定在固相载体上很小面积内的千万个核酸分子组成的微点阵阵列。在一定条件下，载体上的核酸分子可以与来自样品的序列互补的核酸片段杂交。如果把样品中的核酸片段进行标记，在专用的芯片阅读仪上就可以检测到杂交信号。

二、步骤（以基因谱表达芯片为例）

1. 总 RNA 提取

（1）将超低温保存的样品除去样品袋，在电子天平上称重后，转移至用液氮预冷的研钵中，研磨组织，其间不断加入液氮，直至研磨成粉末状。

（2）将粉末状样品转移至已经加入适量 TRIZOL 试剂的匀浆管中，把匀浆管置于冰浴中，在组织匀浆粉碎机上进行匀浆，至匀浆液不黏且无颗粒即可。

（3）将匀浆液转移至15mL离心管中，于4℃、12 000g离心10min。

（4）小心吸取上清液转入新的15mL离心管，在15～30℃放置5min。

（5）向匀浆液中加入氯仿，盖紧离心管盖，用力振荡离心管，在15～30℃放置3min。

（6）于4℃、12 000g离心15min。

（7）从离心机中小心地取出离心管，吸取上清至另一15mL离心管。

（8）向上清加入异丙醇，轻轻颠倒离心管充分混匀液体，在15～30℃放置10min。

（9）于4℃、12 000g离心10min。

（10）弃去上清，缓慢地沿管壁加入5mL 75%乙醇，轻轻颠倒洗涤离心管管壁，小心弃去乙醇。

（11）再加入10mL 75%乙醇，在涡旋器上短暂涡旋；于4℃、8 000g离心10min。

（12）小心弃上清，短暂离心，用移液器吸去所有上清，在超净工作台中干燥沉淀5min。

（13）加入无RNA酶的Milli-Q水完全溶解RNA沉淀后，-80℃保存。

2. 探针标记与杂交

（1）标记探针（在冰浴中进行）

①于灭菌的1.5mL Eppendorf管内依次加入以下试剂（均为RNase-free）：23μL ddH_2O，5μL逆转录引物，50～100μg总RNA。振荡混匀，置于70℃水浴10min。取出后，迅速置于冰上。

②再分别加入以下试剂：10μL逆转录酶缓冲液、5μL DTT、4μL dNTPs。

③在暗室中加入以下试剂：2μL逆转录酶、3μL Cy5-dCTP或Cy3-dCTP。

④用手指弹打管壁以混匀样品后置于42℃水浴2h。

⑤依次在Eppendorf管中加入4μL标记试剂Ⅰ，65℃水浴10min后加入4μL标记试剂Ⅱ。混匀，合并对照组、实验组。避光，真空抽干至50μL左右。

⑥使用DNA纯化柱（或乙醇沉淀）纯化DNA。

⑦剧烈振荡摇匀柱体，将柱顶端的小帽旋松1/4圈，掰断柱下端的密封头。

⑧将柱置于1.5mL的Eppendorf管中，以3 000r/min离心1min，将柱置于另一个新的1.5mL Eppendorf管中，去掉顶端的帽，将样品慢慢加到树脂上表面的中间，注意不要搅动柱体。以3 000r/min离心2min，经纯化的样品流出，收集在Eppendorf管中。

⑨加入8μL标记试剂Ⅲ，真空抽干。

（2）预杂交

①配制预杂交液　杂交试剂Ⅰ加入Eppendorf管中，振荡混匀后，加入杂交试剂Ⅱ混匀。

②将配制好的预杂交液放入95℃水浴锅内变性2min，将待预杂交的玻片放入95℃水浴锅内变性30s，玻片取出后即放入无水乙醇中30s，晾干。

③将已变性的预杂交液加到玻片的点样区域内，盖上盖玻片，放入杂交箱内42℃预杂交5～6h。

（3）杂交

①在抽干的探针管中加6.5μL杂交试剂Ⅰ，充分混匀，使探针溶解。再加入6.5μL

杂交试剂Ⅱ，混匀备用。

②将预杂交的玻片取出，用 ddH_2O 冲去盖玻片。

③将探针置于95℃水浴中变性2min，取出后迅速置于冰上，玻片置于95℃水浴中变性30s，取出浸入无水乙醇30s。

④将探针置于芯片上，用盖玻片覆盖，置于杂交舱中，用Parafilm密封，放入42℃杂交箱内杂交过夜（16～18h）。

（4）洗片

①用0.5%的洗涤液1冲洗玻片，去除盖玻片。

②准备两个染色缸，分别装有0.5%的洗片试剂1＋2%的洗片试剂2、5%的洗片试剂3，放入60℃水浴锅中。

③将玻片依次浸入以上两个染色缸中洗涤10min。

④用0.5%的洗涤液1冲洗玻片，晾干后扫描。

三、基因芯片技术的特点

1. 芯片制备 目前制备芯片主要以玻璃片或硅片为载体，采用原位合成和微矩阵的方法将寡核苷酸片段或cDNA作为探针按顺序排列在载体上。芯片的制备除了使用微加工工艺外，还需要使用机器人技术。以便能快速、准确地将探针放到芯片上的指定位置。

2. 样品制备 生物样品往往是复杂的生物分子混合体，除少数特殊样品外，一般不能直接与芯片反应，有时样品的量很小。因此，必须将样品进行提取、扩增，获取其中的蛋白质或DNA、RNA，然后用荧光标记，以提高检测的灵敏度和使用者的安全性。

3. 杂交反应 选择合适的反应条件能使生物分子间反应处于最佳状况，减少生物分子之间的错配率。

4. 信号检测和结果分析 杂交反应后，芯片上各个反应点的荧光位置、荧光强度可经芯片扫描仪和相关软件分析，将荧光转换成数据，即可以获得有关的生物学信息。

》第八节　常用分子生物学软件《

一、序列综合分析软件

1. DNAMAN 该软件是美国Lynnon Biosoft公司推出的一款高度集成化的综合性分子生物学软件。该软件可用于多序列比对、引物设计、限制性酶切分析、质粒绘图、蛋白质分析等，几乎包含了所有分子生物学分析工作。

2. DNAStar 该软件由著名的Lasergene Suite公司开发，由EditSeq、MegAlign、GeneQuest、MapDraw、PrimerSelect、Protean、SeqMan Ⅱ 7个模块组成。该软件的MegAlign模块可以对多达64 000的片段进行拼装，整个拼装过程即时显示，并提示可能的完成时间，拼装结果采用序列、策略等方式显示。

3. Omiga 该软件是对核酸、蛋白的序列进行分析的软件，界面非常友好，还兼有引物设计的功能。主要功能：①用Clustal W进行同源序列比较，发现同源区，实现了核酸序列与其互补链之间的转化，序列的拷贝、删除、粘贴、置换以及转化为RNA链，以不同的读码框、遗传密码标准翻译成蛋白质序列。②查找核酸限制性酶切位点、基序（motif）及开放阅读框（ORF），设计并评估 PCR 测序引物。③查找蛋白质裂解蛋白位点、基元、二级结构等。结果以图谱及表格显示，表格设有多种分类显示形式。利用 Mange 快捷键，用户可以向限制性内切酶、蛋白质或核酸基元、开放阅读框及蛋白位点等数据库中添加或移去某些信息。每一数据库中都设有多种查询参数，可供选择使用。用户也可以添加、编辑或自定义某些查询参数。可从 MacVectorTM、Wisconsin PackageTM 等数据库中输入或输出序列。

4. DNATools 该软件与 Omiga、DNAsis、PCgene 等软件属于同一类的综合性软件，操作简单、功能多。DNATools 可以快速、方便地获取、贮藏和分析序列的相关信息。DNATools 包容性较好，能把几乎所有文本文件打开作为序列。当程序不能辨别序列的格式时，会显示这个文件的文本形式，以便编辑生成正确的蛋白质或 DNA 序列，编辑后可以再被载入程序。若序列（DNA 或寡核苷酸序列）是 DNATools 格式时，程序不加注解的载入序列，程序模式调整成可以接受载入的数据类型（蛋白质、DNA 和寡核苷酸引物序列）。在一个项目中，可以加入上千个序列或引物，并在整个项目中分析这些序列及标题。这个程序的一个特点是给每个序列或引物添加文本标题，这样就可以用自定义的标题识别序列，而不必通过它们的文件名。

5. Vector NTI Suite 该软件具有良好的数据库管理（增加、修改、查找）功能，对要操作的数据放在一个界面相同的数据库中统一管理。软件中的大部分分析可以通过在数据库中进行选定（数据）、分析、结果（显示、保存和入库）三步完成。在分析主界面，软件可以对核酸蛋白分子进行限制酶分析、结构域查找等操作，生成重组分子策略和实验方法，进行限制酶片段的虚拟电泳，新建输入各种格式的分子数据，加以注释，输出高质量的图像。

二、引物设计与分析软件

1. Primer Premier 该软件主要功能是进行引物设计，可以通过手动拖动鼠标以扩增出相应片段所需的引物，此时软件中可显示各种参数的改变和可能的二聚体、异二聚体、发夹结构等。也可以设定条件，使软件自动搜索引物，并将引物分析结果显示出来。

2. Oligo 这是一款引物设计与分析的软件，主要应用于核酸序列引物分析设计，同时可计算核酸序列的杂交温度（T_m）和分析理论预测序列的二级结构。

三、限制性内切酶酶切位点分析

1. DNAssist 该软件既能对线性序列进行分析，也能对环状的序列限制酶切位点进行分析。此外，该软件在输出上除了图形、线性外，还有类似 DNAsis 的列表方式，列出有的位点（按酶、碱基顺序排列）。

2. Vector NTI 该软件输入文件格式广泛，能识别各种数据库应用格式软件：EMBL、GenBank、FASTA、Sequence files，可以查找特定序列，描述载体、限制酶位点、一些功能序列等。整个界面由文本、图形和序列三部分构成，点击任意的序列、基因，图形和序列均会自动标记到相应位置，非常直观方便。载体以圆形或线形表示。

3. SnapGene SnapGene软件支持分析酶切位点、标签、启动子、终止子和复制子等质粒原件，生成详细的DNA序列文件。在SnapGene中可完成所有克隆，并且能优化改善构建策略，快速创建质粒图谱，并提供信息丰富的窗口，可用于模拟各种常见的克隆和PCR方法。SnapGene软件容易操作，可预测可能发生的错误，提醒用户进行改善，并可以通过.dna文件与同事共享丰富的带注释的序列，按名称、长度、颜色、结合位点、方向或解链温度对杂交引物列表进行排序。

四、质粒绘图

1. Gene Construction 这是一个较好的质粒构建软件包。与大多数分析的软件不同，它制作并显示克隆策略中的分子构建过程，包括质粒构建、模拟电泳条带；还可以质粒作图（有无序列均可）。通过该软件绘出来的图可继续用于构建克隆策略图谱。

2. Winplas 该软件可绘制发表高质量的质粒图，广泛应用于论文、教材的质粒插图。其特性包括：

（1）无论是否知道序列结构均能绘制质粒图。

（2）可读入各种流行序列格式文件引入序列信息。

（3）自动识别限制位点，可构建序列结构，功能包括从文件插入序列、置换序列、序列编辑、部分序列删除等。

（4）绘图功能强大，包括位点标签说明、任意位置插入文字、生成彩图、线性或环形序列绘制、可输出到剪贴板。

（5）限制酶消化分析报告输出与序列输入报告功能。

3. Plasmid Premier 该软件是由加拿大的Premier Biosoft公司推出的用于质粒绘图的专业软件，主要用于质粒绘图、质粒特征分析和质粒设计。其主要界面分为序列编辑窗口、质粒绘图窗口、酶切分析窗口和纹基分析窗口。打开程序就可进入序列编辑窗口，可以直接打开Genbank或Vector数据库中已知质粒的序列文件，将序列读入，并将有关于质粒的各种特征，包括编码区、启动子、多克隆位点以及参考文献等信息保存在Header中；也可以直接输入序列进行未知质粒的设计。

4. Redasoft Visual Cloning 该软件是用来绘制专业级质粒载体图的软件，主要性能包括①快速生成一个清晰、色彩鲜明的环行或线性的载体图，可自动识别和解析序列文件。②新增的Web浏览功能允许链接到数据库站点，并支持下载和自动将序列文件转换成载体图。③拥有1 000余种来自REBASE的限制性内切酶。④片段的删除和插入完全模拟克隆实验并和其他图形兼容。⑤所看即所得的编辑环境使打印结果和屏幕上看到的保持一致。⑥自动标记各种区段的碱基位置以避免重叠，并且允许质粒图拷贝到剪贴板并粘贴到其他Windows应用程序，还可用e-mail传递载体图。

5. SimVector 该软件是质粒图绘制专用软件，可绘制发表质粒图与序列、载体图。

6. Clone Manager 该软件是研究人员常使用的辅助克隆工具，主要功能是限制酶切割分析、分子重组分析、质粒绘图等。

五、蛋白二级结构分析

1. ANTHEPROT 该软件是法国的蛋白质生物与化学研究院用十多年时间开发出的

蛋白质研究软件包，包括蛋白质研究领域的大多数内容，功能非常强大。使用个人电脑应用此软件包时，能进行各种蛋白序列分析与特性预测。更重要的是该软件能够提供蛋白序列的二级结构信息，使用户有可能模拟出未知蛋白的高级结构。

2. Peptool 该软件可进行氨基酸序列的二级结构预测、motif 的寻找、酶切片段的分析以及转录后的甲基化分析，是为数不多的蛋白分析软件。

3. VHMPT VHMPT 是螺旋状膜蛋白拓扑结构观察与编辑软件，可以自动生成带有跨膜螺旋的蛋白的示意性二维拓扑结构，并可对拓扑结构进行交互编辑。

4. MACAW MACAW 软件是一个用来构建与分析多序列片段的交互式软件。MACAW 的特点：①新的搜索算法查询类似区消除了先前技术的许多限制。②应用最新发展的数学原理计算 block 类似性的统计学显著性。③使用各种视图工具，可以评估一个候选 block 包含在一个多序列中的可能性。④可以很容易地编辑每一个 block。

六、基因芯片分析软件

1. 基因芯片综合分析软件

（1）ArrayVision 这是一种功能较强的基因芯片分析软件，不仅可以进行图像分析，还可以进行数据处理，方便 protocol 的管理，功能强大。

（2）J - express 这是一个用 JAVA 语言写的应用程序，界面清晰，用来分析微矩阵实验获得的基因表达数据，需要下载安装 JAVA 运行环境 JRE 后，才能运行。

2. 基因芯片阅读图像分析软件 ScanAlyze 软件是斯坦福大学开发的基因芯片阅读软件，可进行微矩阵荧光图像分析，包括半自动定义格栅与像素点分析。输出为分隔的文本格式，可很容易地转化为任何数据库。

3. 基因芯片数据分析软件

（1）Cluster 该软件是由斯坦福大学开发的对大量微矩阵数据组进行各种簇（cluster）分析与其他处理的软件。

（2）SAM 该软件是由斯坦福大学开发的用于微矩阵显著性分析（significance analysis of microarrays）的软件。

4. 基因芯片聚类图形显示软件

（1）TreeView 该软件是斯坦福大学开发的用来显示 Cluster 软件分析的图形化结果。现已和 Cluster 成为了基因芯片处理的标准软件。

（2）FreeView 该软件是基于 JAVA 语言的系统树生成软件，接收 Cluster 生成的数据，比 TreeView 增强了某些功能。

5. 基因芯片引物设计软件 Array Designer 与 DNA 微矩阵软件用于批量设计 DNA 和寡核苷酸引物。

七、RNA 二级结构预测软件

1. RNA Structure 该软件提供了一些模块以扩展 Zuker 的算法，使之成为一个界面友好的 RNA 折叠程序，且允许同时打开多个数据处理窗口。主窗口的工具条提供一些基本功能：打开文件、导入文件、关闭文件、设置程序参数、重排窗口等。

2. RNAdraw 该软件是一个进行 RNA 二级结构计算的软件，是 Windows 下的多文档窗口软件，允许同时打开多个数据处理窗口。主窗口的工具条提供一些基本功能：打开文件、导入文件、关闭文件、设置程序参数、重排窗口等。

八、进化树分析

1. Phylip 该软件是最为通用的进化树分析软件。功能主要包括5个方面：

（1）DNA和蛋白质序列数据的分析。

（2）序列数据转变成距离数据后，对距离数据分析。

（3）对基因频率和连续的元素分析。

（4）把序列的每个碱基/氨基酸独立看待（碱基/氨基酸只有0和1的状态）时，对序列进行分析。

（5）按照DOLLO简约性算法对序列进行分析。

2. Mega Mega（molecular evolutionary genetics analysis）是一个界面友好、操作简便、功能强大的分子进化遗传分析软件，也是文献中经常用到的分子系统树构建软件。该软件的新版本对使用界面做了优化，并改进了许多统计学和遗传学算法，其支持的文件格式很多，可以直接从测序图谱中读取序列。另外，该软件还内嵌了一个Web浏览器，能直接登录NCBI网站。该软件操作起来很方便，其界面与传统的Windows界面相似，初学者也容易上手。

Mega软件提供多种计算距离的模型，包括Jukes－Cantor距离模型、Kimura距离模型、Equal－Input距离模型、Tamura距离模型、HEY距离模型、Tamura－Nei距离模型、General reversible距离模型、无限制距离模型等。该软件可以计算个体之间的遗传距离，还可估算群体间的遗传差异及群体间的净遗传距离；还可以估算一个群体或整个样本基因分歧度的大小。另外，Mega还提供了多种构建分子系统树的方法，包括算术平均的不加权对群法（UPGMA）、邻接法（NJ）、最大简约法（MP）、最小进化法（ME）等。在此基础上，Mega软件还提供了对已构建系统树的检验，包括自展法（Bootstrap Method）检验和内部分支检验等。

九、凝胶分析软件

1. BandScan 该软件是常用的电泳凝胶条带定量分析软件，可手动或自动找到条带，手动的条带可以是无规则的，可以清除背景，从而进行分子质量、百分比、质量、波峰等方面的定量分析。该软件直接使用扫描仪，将数据输出到excel文件。

2. TotalLab 该软件是一个全智能化的凝胶分析软件，对DNA、蛋白凝胶电泳、dot－blots与colonies等图像可以进行很方便的处理，功能齐全，容易上手。

十、三维结构显示软件

1. RasMol 该软件是在计算化学、分子图形学以及信息产业的基础上研发的，使工作人员在个人电脑上就可以从Internet上的各种免费数据库中，下载所需观察与研究的分子坐标文件，进而通过RasMol以各种模式、各种角度观察分子微观三维立体结构，了解分子结构和各种微观性质与宏观性质之间的关系。RasMol最大的特点是界面简单，基本操作简单，运行非常迅速，对机器的要求较低，对小的有机分子与大分子，如蛋白质、

DNA 或 RNA 均适用，且显示模式非常丰富。该软件显示窗口可通过选择相应的菜单来显示分子的三维结构。

2. POV－Ray 该软件是一个高质量、完全免费创造三维图像的工具，在分子生物学上，可用它生成高质量的三维大分子图像。修改该软件 POV 格式文件，可设置光源、摄像机、材质、阴影等因素，把生物分子的表面用材质填充，根据光源、摄像机得到分子三维图。分辨率最大可达 1 280×1 024，显示的图像质量高。

3. Cn3D 该软件是用于观察蛋白质三维结构的软件，主要目的是为 NCBI 在其站点中的蛋白质结构数据库 MMDB 提供专业的结构观察，其主要的操作界面分为两个窗口，一个为结构窗口，另一个为序列窗口。Cn3D 主要的特点是能够将两个蛋白放在一起直观地进行三维结构上的比较。此外，在结构比较方面 Cn3D 也能利用其内嵌的 Blast 搜索引擎直接访问 GenBank 数据库，找到具有局部相似性的结构数据，并在三维结构图中显示出二者相似的结构区域。

与其他软件（如 RasMol 等）相比，Cn3D 在结构观察方面的主要功能基本相似，但是图形格式上比 RasMol 要差一些。在与网络连接上，该软件能依托 NCBI 所建立的 MMDB 结构数据库，直接根据输入的序列号从数据库中利用其内嵌的 Entrez 搜索引擎调出蛋白结构来进行观察，比其他软件要简便。

4. Swiss－PdbViewer 这是一个界面友好的应用程序，可以将几个蛋白叠加起来分析结构类似性、比较活性位点或其他有关位点。通过菜单操作与直观的图形，可以很容易获得氢键、角度、原子距离、氨基酸突变等数据。该软件与 Swiss－Model 服务器（蛋白立体结构构建服务器）紧密关联，可以直接连到 Swiss－Model 服务器进行理论蛋白立体结构构建。此外，该软件可以调用 POV－Ray 软件生成高质量的蛋白图像。

第八章　兽医影像学检测技术

兽医影像学是研究动物体形态学改变的一门学科，是兽医临床诊断领域中的一种特殊诊断方法，借助多种影像技术对病患动物进行诊断。随着现代医学影像设备和技术的发展，目前已有许多影像设备、技术应用于兽医临床诊断中。虽然各种影像技术的成像原理与方法不同，诊断价值与应用范围各异，但都能够直观地显示动物机体内部组织结构和器官成像，以此了解机体的影像解剖结构与生理机能状况以及病理变化，达到诊断和治疗的目的。

》第一节　高频X线机《

目前兽医使用的X线机主要以宠物医院的固定式X线机（图8-1）、养殖场的携带式X线机和移动式X线机。

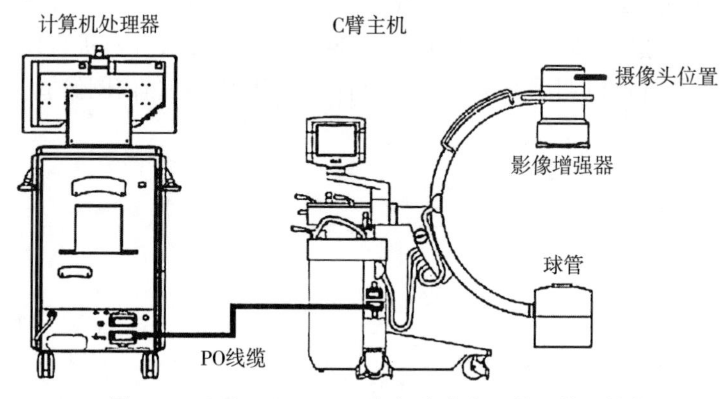

图8-1　Ziehm Vario 3D高频移动式X线机外观结构

（罗小明，2016）

一、特点

X线是一种波长很短的电磁波，诊断常用的X线波长为0.008～0.03μm。在电磁辐射谱中，居于伽马射线与紫外线之间，裸眼无法看见。

1. 穿透性　X线波长很短，能量大，能够穿透一般可见光不能穿透的各种不同密度的物质，并在穿透过程中受到一定程度的吸收。X线的穿透力与X线管电压密度相关，电压越高，所产生的X线的波长越短，穿透力越强；相反，电压越低，所产生的X线波长越长，穿透力越弱。同时，X线的穿透力还与被照射物质的厚度和密度有关。物质原子序数越大，X线穿透力越弱；原子序数越小，X线穿透力越强。

2. 荧光效应 X线能激发荧光物质使之产生肉眼可见的荧光，荧光的强弱与X线量成正比，使波长短的X线转换成波长长的荧光，这种转换称为荧光效应。

3. 摄影效应 涂有溴化银的胶片，经X线照射后，可以感光，产生潜影，经显、定影处理，感光的溴化银中的银离子（Ag^{+}）被还原成金属银（Ag），并沉淀于胶片的胶膜内。此金属银的微粒在胶片上呈黑色，而未感光的溴化银，在定影及冲洗过程中，从X线胶片上被洗掉，因而显出胶片片基的透明本色。依金属银的沉淀量，便产生了黑和白的影像。因此，摄影效应是X线成像的基础。

4. 电离效应 X线通过任何物质都可产生电离效应，空气的电离程度与空气所吸收的X线量成正比，因而通过测量空气电离的程度可计算出X线量。X线进入人体，也产生电离作用，使人体产生生物学方面的改变。

二、工作原理

X线透过机体不同组织结构时，能量衰弱的程度不同，因此到达荧光屏或胶片上的X线量不同，在荧光屏或X线片上就形成了明暗或黑白对比不同的影像。

机体各种组织结构的密度不同，可归纳为三类：高密度结构的骨组织和钙化灶，中等密度的软骨、肌肉、神经、实质器官、结缔组织和体液等，低密度的脂肪组织以及存在于呼吸道、胃肠道和鼻窦等处的气体。

当能量均匀的X线穿透厚度相等而密度不同的组织结构时，由于吸收程度不同，则会出现黑、白、灰亮度不同的影像。在荧光屏上亮的部分表示该部组织结构密度低，如空气、脂肪等，吸收X线能量少，穿透过的能量多；黑影部分表示该组织结构密度高，如骨骼、金属和钙化灶，对X线的吸收多，穿透过的能量少。在X线片上透光强的部分代表组织结构密度高，透光弱的部分代表组织结构密度低，与荧光屏上的影像相反。

病变机体组织的结构密度会发生改变，如肺肿瘤病变可使肺组织由低密度造影向中等密度转变。

机体组织结构和器官形态不同，厚度也不同。厚的部分吸收X线能量多，穿透过的X线少，薄的部分则相反，于是在X线片上和荧光屏上显示出黑白对比和明暗差异的影像。

三、使用方法

（1）选择投照体位 根据检查目的和要求，选择正确的投照体位，方便检查。

（2）测量体厚 测量投照部位的厚度，以便查找和确定投照条件。

（3）选择胶片尺寸 根据确定的投照范围选用适当的遮线器和胶片尺寸。

（4）照片标记 诊断中X线片用铅字号码标记，将号码顺序放在片盒的边缘。X线片必须进行标记，否则容易出现错拿造成事故。

（5）确定三位一体 根据投照部位和检查目的摆好体位，保证X线管、被检机体和片盒三者在一条直线上，使X线束的中心应在被检机体和片盒的中央。

（6）选择曝光条件 根据投照部位的位置、体厚、生理、病理情况和机器条件，选择大小焦点、管电压（kV）、管电流（mA）、时间（s）和焦点到胶片的距离（FFD）。

（7）在动物安静时曝光，以免造影不清晰。

（8）曝光后的胶片送暗室内冲洗，晾干后剪角装套。

四、注意事项

（1）X线诊断工作者必须熟悉机器的性能、使用方法及操作规程，在此之前严禁拨动控制台面、摄影台及点片架等处的各个旋钮和开关。

（2）X线机是严格要求电源供电条件的电器设备，在使用中应多采用“高电压、低电流、小射野、厚过滤”条件，必须调整电源电压至标准位置。

（3）在曝光过程中，不可临时调动各调节旋钮。因为在X线照射过程中各调节器都影响高压的发生，高压初级接触点有较大的电流通过，此时调动旋钮，可使接触点发生较大电弧，产生瞬间高电压，损坏X线机主要部件。

（4）为了正确使用X线管并延长其寿命，必须严格按X线管的规格使用。在条件允许的情况下，尽可能利用低电流投照。每次投射后，要有必要的间歇冷却时间。连续工作时，要注意X线管的热量储存，X线管套表面的温度不得超过50℃。

（5）操作过程中，注意控制台各仪表指示的数值，熟悉各电器部件的工作声音，有无其他异味。

（6）携带式、移动式X线机在运输前应将X线管及各种活动部位固定，避免搬运中受损。

（7）注意机器清洁及保养，避免潮湿、污渍影响机器的寿命。

（8）高压电缆的弯曲弧度不宜过小，一般弧度直径不得小于15cm。同时严禁与油类物质接触，以免电缆橡胶受侵蚀变质而损坏。

五、高频X线机检查中的防护措施

（1）检查室门外应设警示标牌，同时操作间除工作人员外，不得有闲杂人员驻留。

（2）可以根据具体情况，利用各种保定辅助器材进行摆位保定，必要时对动物进行镇静或麻醉，尽量避免人工保定。

（3）保定和操作人员尽量远离机头和原射线以减弱射线，避免检测效果不佳。

（4）X线机检查的工作人员应穿铅围裙、戴铅手套，透视时还应戴铅眼镜。利用检查室内的活动屏风遮挡散射线。

（5）为减少X线的用量，应尽量使用高速增感屏、高速感光胶片和高千伏摄影技术。正确应用投照技术条件表，提高投照成功率，减少重复拍摄。

（6）在满足投照要求的前提下，尽量缩小照射范围，并充分利用遮线器。

六、应用

胸部的X线检查，在临床上已经成为应用最普遍的诊断手段，不仅对呼吸系统疾病的诊断有价值，而且对循环系统、消化系统（胸部食管）某些疾病的诊断也有帮助。同时许多肺部病变可借助X线检查显示其部位、形状及大小，诊断效果明显，方法简单。肺内含有空气，使它与周围组织器官之间形成不同的密度差异；对于体型较小的动物或小动物检查起来比较方便，可做正、侧位检查，诊断的准确性较高。体型较大的动物尤其是大动物则只能取站立姿势进行侧位检查，由于不能保证动物安静，容易出现影像重叠、清晰度差等问题。小动物多采用透视和摄影进行胸部X线检查，具体的方法应根据临床诊断需要确定。

1. 胸部透视

(1) 透视准备 准备做透视检查的动物，在其进入暗房之前，首先将动物身体清洁干净，避免污物干扰影像造成误诊。待透视动物应提前做好暗适应，对透视检查和正确诊断都非常重要，也关系到检查者和X线机的安全使用。

(2) 透视方法 对小动物可进行自然的侧位透视，也可选择做背腹位、侧位和斜位透视；还可进行倒卧下的侧位、背腹位透视。大动物由于体型过大，只做采用站立的侧位透视。由于侧位的影像重叠，决定病变存在于哪一侧时，须进行两个侧位的透视比较。因为投照物在荧光屏上的清晰度受投照物与荧光屏距离的影响，距离近者成像清晰，若在两侧位透视比较时，左-右侧位检查病变阴影清晰度高于右-左侧位检查，则病变在右侧肺内。透视时应先观察一下整个胸部和肺野的透明度，然后按一定顺序进行排查。先观察心脏的位置、形态、边界，进而观察肺门、后腔静脉、主动脉和横膈。对肺野和肺纹理的观察，若为背腹位检查，应从肺野的上方向下观察，再从肺野的外侧向心脏方向观察。大家畜的肋骨长而宽，侧位检查时两侧肋骨都在荧光屏上形成影像。因其密度较高会遮挡大片肺野，因此在检查时可通过多角度的检查，将被遮挡的肺部暴露出来。这一过程应与曝光同时进行，此种方法也有助于检查心膈三角区内有无液体的存在。透视用的X线机头上应装有可变孔隙遮线器，以便随时调节透视范围。

2. 胸部摄影

(1) 胸部摄影的技术要求 由于呼吸运动胸部始终处于运动状态，除非在麻醉状态下，动物不会控制自己的呼吸动作，更不能与检查人员配合，因此为避免呼吸的影响而降低胸片的清晰度，胸部摄影的曝光时间应在0.04s以下。一般中型机器的管电流可达200mA，曝光时间可以短到0.04s以下，而小型机器达不到这个条件，故难以保证X线片的质量。因此有条件者应使用中型以上的X线机拍摄胸片。滤线器可减少散射线在胶片上产生的雾影，动物胸厚超过15cm时就应使用滤线器；如怀疑有较大面积的肺实变或胸水时，应将胸厚标准降低为11cm。

(2) 常规摄影体位 小动物胸部摄影的标准位置是左侧位或右侧位和背腹位。侧位投照时应将怀疑病变的一侧靠近胶片。拍摄侧位片时，动物取侧卧姿势，用透射线软垫将胸骨垫高使之与胸椎平行。颈部自然伸展，前肢向前牵拉以充分暴露心前区域，X线中心对准第4肋间。拍摄背腹位X线片时，动物取俯卧姿势，前肢稍向前拉，肘头向外侧转位，背腹位能较准确地表现出心脏的解剖位置。腹背位投照时两前肢前伸，肘部向内转，胸骨与胸壁两侧保持等距离，胸骨与胸椎应在同一垂直平面。

(3) 大动物胸部摄影 一般进行站立姿势下的水平侧位投照，摄影时注意将胶片中心、被照部位中心和X线中心束对准在一条直线上。由于大动物的胸廓大，一次投照不可能把整个胸部拍全，因此可分区拍摄。如分别拍摄前胸区、后胸区或前胸区、中胸区和后胸区。在读片时再将它们拼接起来进行观察。对大动物拍胸片要使用滤线器，尽量在吸气终末曝光，投照条件力求准确。

3. 胸部造影检查方法

(1) 支气管造影 为通过支气管导管注入造影剂，非选择性或选择性地使两肺或某一肺叶显影的方法。可直接显示支气管的病变，如支气管扩张、狭窄及梗阻等。

（2）心血管造影　将造影剂快速注入心脏或大血管，从而显示其内部的解剖结构、运动及血流情况。心血管造影检查可分为常规造影和选择性造影。数字减影心血管造影术所获得的影像，无心血管以外的组织结构影像干扰，可进行心脏大血管壁的形态、功能及腔内结构的运动和血流动力学研究。

》第二节　计算机断层扫描仪《

计算机断层扫描仪（CT）是电子计算机控制技术和X线检查摄影技术相结合的产物。CT检查是用细窄的X线束穿过受检部位，按细窄X线束厚度在不同角度上的扫描，一层一层地切层检查，穿过受检部位的X线是被机体不同组织厚度和密度衰减后的X线，又被与X线管相对位置上的探测器接收，变成电流信号，再由A/D转换器转换成数字信号送入数字计算机进行运算，再通过转换器变成电流信号，采用不同灰阶形式显示在监视器上或用照相机摄成照片，以供诊断。

一、特点和局限性

1. CT的特点

（1）真正的断面图像　与常规X线体层摄影比较，CT得到的横断面图像层厚准确、图像清晰、密度分辨率高，无层面以外结构的干扰。另外，CT扫描得到的横断面图像还可通过计算机软件的处理重建，获得诊断所需的多方位（如冠状面、矢状面）的断面图像。

（2）密度分辨率高　与常规影像学检查相比，CT的密度分辨率高。其原因：①CT的X线束透过物体到达检测器经过严格的准直，散射线少；②CT采用了高灵敏度的接收器；③CT利用计算机软件对灰阶的控制，可根据诊断需要，随意调节适合人眼视觉的观察范围。一般CT的密度分辨率要比常规X线检查高约20倍。

（3）可做定量分析　CT能够准确地测量各组织的X线吸收衰减值，通过各种计算，可做定量分析。

（4）CT检查的操作简单安全　CT与普通X线检查一样，均不需要破坏体表，即可完成检查。经过测量，动物在CT检查全过程中所接收的照片均在安全允许范围内。

2. CT的局限性

（1）CT的空间分辨率仍低于常规X线检查　目前，中档CT机的空间分辨率约10LP/cm，高档CT机分辨率约14LP/cm或以上。常规X线摄影的屏-胶组合系统的分辨率可达7～10LP/mm。无屏单面乳剂膜胶片摄影的极限分辨率最高可达30LP/mm。

（2）CT并不适合所有脏器的检查　对空腔性脏器胃肠道而言，CT扫描就不如常规X线检查，更不如内窥镜。螺旋CT扫描的血管造影（CTA），其图像质量不及常规的血管造影。

（3）CT的定位、定性诊断准确性受各种因素的影响　在定位方面，CT对于体内小于1cm的病灶，常常容易漏诊。在定性方面，CT常受病变的部位、大小、性质、病程的长短、体形和配合程度等诸多因素的影响。

（4）不能反映脏器功能和生化信息　CT图像基本上只反映解剖学方面的情况，几乎没有脏器功能和生化方面的信息。当体内的某些病理改变其X线吸收特性与周围正常组织接近时，或病理变化不大，不足以对整个器官产生影响，CT检查不到。

二、工作原理

CT成像需经过4个过程：数据采集、数据处理、图像重建和显示图像。

1. 数据采集 数据采集系统的基本组成部分，由X线管、滤过板、准直器、探测器、A/D转换器构成。在进行扫描时，当一束分布均匀的X线束从各个角度通过质量或厚度分布不均匀的被检部位时，由于被检部位对X线束的吸收不一致，穿过机体后被衰减的X线信号由探测器阵列所接收。这些信号经放大后进行模数转换，变成数字信号，获取大量的数据。此数据为原始数据。从X线的产生到信息数据的获得过程为数据采集。

2. 数据处理 均匀的X线穿过扫描部位后，形成按扫描部位不同密度和厚度的不均匀“X线图像”。此“X线图像”经探测器接收，转换成为与X线量成比例的电流，这就是模拟信号。若要用数字计算机处理这些信号数据，须把这些模拟信号经过A/D转换器转换成数字，成为数字数据。在进行图像重建之前，为了得到准确的重建图像数据，要对这些数字数据进行处理。

（1）减除空气值和零点漂移值 因为探测器不是在真空中工作，必须把空气值减除。在收集数据和转换数据过程中，探测器存在着零点漂移，为使重建图像数据准确必须把这个漂移值进行修正。

（2）X线束硬化效应 由于X线在同一密度和厚度部位中的有效衰减随穿过部位厚度增加而增加，低能X线将很快被衰减。这种低能X线较高能X线衰减快的现象，称为X线束硬化效应。

（3）正常化 正常化处理就是对扫描数据的总和进行检验和校正，得到较准确的表示扫描部位密度和厚度的用于重建图像的数据。

3. 图像重建 动物不同组织对X线的吸收系数不同。当各个位置像素的μ值已被求出，即掌握了该处组织的性质，如进一步将各个单元的μ值转换成不同灰度，将体层各组织的状态显示在屏幕上，通过数学的运算方法求出各点的μ值。求μ值的方法实质上就是图像的重建。

CT用专门的计算机将收集到的原始数据经复杂的运算过程，而得到一个显示数据的矩阵。CT的本质是图像重建，它运用重建的图像克服了常规X线设备线积分测量的局限性。

目前主要的CT图像重建方法有解析法、直接反投影法、迭代法。

（1）解析法 是CT图像重建技术中应用最广泛的方法，建立在傅里叶变换的基础上。主要有3种方法：二维傅里叶变换重建法、空间滤波反投影法、褶积反投影法。

（2）直接反投影法 这种方法的基础点是将测量所得的各个方向上对物体剖面的投影，在反方向上进行反投影，由此再组成该物体的剖面图像。

（3）迭代法 是在一次迭代过程中，将近似重建得到的图像的投影同实际测的剖面进行比较，然后将比较得到的差值反投到图像上，每一次反投影之后得到一幅新的近似图像。当对所有的投影方向进行上述处理后，一次迭代便完成，用前一次迭代的结果为下一代迭代的初始值，继续做迭代，直到做了一定次数的迭代后，认为迭代的结果已经足够准确，则重建过程结束。迭代重建技术有3种方法：联立迭代重建法、代数重建法和迭代最小二乘法。

4. 显示图像 数字图像经跟踪球或窗宽控制使有意义部位显示得更清晰，这些数字图像可以被记录在磁带或磁盘上，还可以用激光型多幅摄影机投照在胶片上。数字图像经显示控制器被转换成模拟图像，即每个像素数字转换成电流就可显示在黑白视频监视器上。

CT成像的基本过程：在计算机的控制下，X线发生器产生X线，根据机体各组织结构对X线吸收不同，将数据传输到数据采集系统开始收集探测器采集到的数据。同时，计算机控制探测器围绕机体旋转，全方位地改变取样的位置。收集系统得到数据后，一方面以硬盘存储，另一方面以阵列处理器进行重建。经列阵处理器处理后的显示数据被计算机硬盘存储，同时也可以被传入图像存储器，经过窗宽、窗位的调整后，在监视器显示，可以送入多幅相机、激光打印机拍照或打印成影片，也可以存入磁带、光盘、磁光盘、软盘等进行长期保存。

三、使用方法

1. 开机 开机过程中按照内设程序进行自检。自检过程中，不得对机器进行指令操作。待自检完成，监视器屏幕上显示人机对话时，方可根据对话窗的提示，进行后续操作。

2. 球管加温 由于刚开机时，X线球管温度低，直接使用会造成冷高压对X线管的损坏或对灯丝的熔断。因此每次开机后，应对X线球管进行加温，亦称球管训练。通过扫描视野内没有任何物体的情况下，用空气扫描方式曝光数次使球管温度上升。在开机运行期间，若3h内没有进行病患扫描，则应重新对球管进行加温训练。

3. 空气校准 CT采集信息过程中，精确的数据才能保证重建图像的准确性。信息采集是由探测器完成的。由于不同探测器之间存在参数和余辉时间的差异，同时球管输出的变化，导致下一次扫描时通道输出的值各异。通道数值可能为零，为正或为负称为探测器的零点漂移。通过扫描空气的方法，得到探测器通道的零点漂移值，可保证采集数值的精确性。一般开机时球管预热曝光数次，前几次曝光为球管加温，最后一次曝光可以作为空气校准。

4. 清磁盘 由于采集的数据及重建图像都将储存在磁盘中，定时检查磁盘的剩余存储容量，保证扫描工作的顺利进行。同时，根据当日工作量考虑，磁盘储存容量不足时，应先把处理完毕的病例图像数字进行删除。

5. 扫描 操作人员根据申请单的检查项目和扫描技术要求，在医生的指导下有步骤地对病患进行扫描工作。

6. 关机 关机应严格遵守操作说明书中要求。关机应注意两点：①CT机如果具备冷却系统功能，扫描结束至少等待30min再关机，以免因冷却系统停止工作而导致球管过热，损伤球管及阳极靶面；②如因突然断电停机，不能立即再启动，否则易损伤机器。

四、注意事项

CT机属于大型的精密医疗设备，机器的维护保养使CT设备能够在日常使用中处于良好工作状态，避免在使用时出现故障。维护与保养工作有以下几个方面：

1. CT 设备的工作环境 应保证 CT 机在合适的工作环境中，保持机房、操作间的干净卫生，更重要的是保证操作环境中温湿度的变化。CT 机运行时，其温度比周围环境的温度高，为避免超过仪器中零件的最高承载热容量，必须对其热量进行散发，因而要检查机房的空调设备，保证其正常工作状态，使操作间温度控制在 18～22℃为宜。湿度对于 CT 设备也是很重要的。湿度过低，会导致零件的物理性质改变，如扭曲、断裂。湿度过高，会导致易氧化的部件生锈，精准度降低。要定期检查机房内除湿机，确保机房的湿度保持在 40%～65%。

2. 设备的清洁与设备部分的润滑 由于静电效应可将空气中灰尘吸附到元器件表面，导致元器件的散热和电气性能减弱，注意做好设备的清洁工作。定期做好 CT 机的日常保养工作，对机器的表面进行清洁，包括操作台、显示器、扫描机架等。同时，还要清理机架和控制台内部的灰尘，对某些电路板、插头、插座进行除尘、清洁等，应该勤更换机架和计算机的空气滤过器。清洁检修过程中关闭电源并佩戴防静电手环。定期检查 CT 机可以运动的机件（机床、机架），对滑道部分进行润滑，避免磨损。

3. 电路的检查与调整 电路检查中首先要注意测量各部分的电源数值及纹波。要定期检查与校正部分重要电路，如数据采集系统各通道的增益和线性、机架旋转速度的控制电路等。要经常监视电源状态，调整好稳压器的工作状态，确保 CT 机所需的稳定工作频率，免受外界突变电压的影响。

4. CT 机的性能测定及质量检查工作 定期对 CT 机图像进行质量检测，通过扫描标准的模型（如水模、层模、分辨率模），进行 CT 值、平均值、标准差及像素噪声的测定，以及空间分辨率和密度分辨率的测定。

5. 科学正确的日常操作维护 应严格按照机器操作说明中的步骤进行操作，如启动机器和关闭机器。CT 机开机后必须进行球管的预热，这一步能够保证 X 线球管使用更长的时限。同时，开机后在进行训练 X 线球管的过程中，可以进行空气校准，校准的目的是对探测器及前置放大器工作点校准，而训练球管目的是使球管逐步加温到工作状态。训练 X 线球管过程中，应该遵守由小电流、低电压到大电流、高电压逐步进行。切忌高电压大电流长时间曝光，这样可能会使处于冷却状态的 X 线球管靶面温度骤升，导致球管靶面龟裂，或产生游离气体降低 X 线管耐压，或冷却油炭化，绝缘性能下降引起放电，从而降低 X 线球管的使用寿命。

CT 机的维护保养应按周、月、季度和年度计划进行制定，并应做好维护工作的记录和故障解决记录。必须记录扫描模型的原始数据和显示数据的数据，从而进行数据的分析；记录出现的故障问题及出现的原因和解决的方法，以便做好维护保养工作。

五、应用

头颈部逐层横断面 CT 扫描，可清晰显示鼻腔、副鼻窦、鼻咽、喉、气管等形态特征。脑部、延髓部和第 1 颈椎扫描，可显示舌骨、喉软骨及周围软组织。甲状腺紧靠气管、口腔、咽、食管等上消化道系统，可在鼻、眼眶、眼眶后部、颧弓中部扫描中显示。眼眶后部、额部、颧弓中部、顶颞部、脑部、延髓部和第 3 颈椎区域扫描可显示中枢神经系统结构。此外，颌骨、颅骨、椎骨的孔和管道均可显示。

胸部逐层横断面 CT 扫描，可清晰显示气管支气管树、肺叶、心脏、大血管、胸肌等形态特征。

腹部与骨盆部的逐层横断面扫描，可从肝脏前侧开始至耻骨联合为止。从肝脏前侧扫描至右肾中部，可显示肝叶等结构。与正常肝实质比较，充盈液体的胆囊呈 X 线透明区，可显示食管、胃、小肠、大肠及直肠等消化道的软组织结构。造影剂可增强食管、胃、小肠的分辨率。麻醉前或麻醉后给予造影剂，几乎不影响胃肠的显示。大肠内的气体可增强大肠显示，还可显示子宫、膀胱、尿道和阴道。

1. 脑肿瘤　犬头部肿瘤 CT 扫描，可显示脑膜瘤、星状细胞瘤、间胶质瘤、脉络丛瘤、垂体瘤、原始神经外胚层瘤、室管膜瘤、神经胶质瘤等影像。脑膜瘤为外周肿瘤，有宽基，造影时均匀增强。星状细胞瘤与间胶质瘤边界不清，造影时环状不均匀增强。脉络丛瘤边界清晰，造影时均匀增强。垂体瘤边界清晰，周围水肿小，造影时均匀增强。

2. 椎间盘脱出　椎间盘脱出时，做横断面 CT 扫描，脱出的椎间盘出现 CT 值不同程度的增加。如脊髓轻微受压，脱出的椎间盘 CT 值为 59Hu±17Hu，略高于正常犬脊髓的 CT 值（31.3Hu±8.6Hu）。如脊髓严重受压，脱出的椎间盘 CT 值为 219Hu±95Hu。如复发性椎间盘脱出，脱出的椎间盘 CT 值可高达 745Hu±288Hu。

3. 脂肪瘤　多见于老龄犬，其大小不一，单发或多发。脂肪瘤可因侵入肌肉间而边界不清，可复发。恶性脂肪癌较罕见，虽为局部浸润，但几乎不迁移。由于普通脂肪瘤和浸润性脂肪瘤的细胞学与组织学特征相同，因而活检不能准确诊断浸润性脂肪瘤。CT 可对浸润性脂肪瘤的范围做充分评价。浸润性脂肪瘤内可显示细微的软组织条纹。

4. 常规扫描步骤

（1）患病动物的基本信息

①输入患病动物的信息，如名字、性别、年龄、出生日期和 CT 号等。

②输入或选择床动方向，即头先进还是足先进，进床还是退床。

③输入患病动物的位置，如仰卧、俯卧、左侧卧或右侧卧。

（2）摆体位　顺序如下：

①根据不同的扫描部位，选择适当的辅助工具，并将其固定在相应的位置。

②选择合适的体位将病患安全放置在扫描床上。

③把床面升高到扫描所需高度。

④开启定位灯，向扫描孔内移动载有病患的扫描床面，根据定位灯的光标线指示，使床达到一定位置。

⑤熄灭定位灯，即关闭定位灯电源的同时，按动床位复“零”键，使床位的数码显示器指示数恢复到“0”值，以使扫描时床动指示数有一固定的参照值。

（3）确定扫描定位　目前人们多采用两种形式扫描，一是先扫一个定位片，在定位片上确定出横断扫描的起始线与终止线；二是通过摆体位时，利用定位指示灯直接从病患体表上定出扫描的起始位置或机架倾角，这种方式节省时间，免除一次定位片的扫描，但从定位的准确度和可靠性方面来看，尚不及第一种方法精确。采用定位片定位的过程：

①做定位片扫描。

②选择并输入需要的定位片的扫描条件，或选用指定的功能键。

③曝光扫描，获得一张定位片。

④使用定位工具如电阻盘、电子笔、鼠标等，直接在监视器屏幕的定位图像上确定出横断扫描的起始线和终止线。

（4）做横断层扫描　是指按确定的扫描范围逐层扫描完所要观察的部位，并将所获得的影像留档照相的整个过程。横断层扫描根据机器设计结构的不同，大致分为两种方式，即手动扫描和自动扫描。

①手动扫描操作程序　A. 选择并输入一组适当的横断层扫描条件；B. 按动曝光按钮，开始第一层曝光扫描；C. 当第一层的图像在监视器上显示，表示第一层扫描程序完毕；D. 根据设置的扫描顺序是需床退或床进，按动相应的床动指令，床面便带动病患移到第二层扫描位置；E. 再按动曝光按钮进行第二层扫描，扫描完毕，当原始数据和影像数据存入相应的存储器后，第二层图像显示；F. 第三层、第四层等按照上述操作步骤循环执行，直至完成欲扫描范围。

②自动扫描操作程序　选用该功能后，只要执行一次曝光按键，从曝光、动床、扫描负载条件的变换等，均会按扫描设计步骤自动进行。

（5）转贮影像数据　这一步是把获得的影像数据从临时存储器上转贮到长期存储器上的过程。临时存储器一般是一个存储量较大的硬磁盘，长期存储器可以是磁带、软盘等。影像转贮后，以备后期诊断、科研、教学等使用。

》第三节　核磁共振成像仪《

核磁共振成像仪（MRI）可以使人们从三维空间多层面、多方位地检查机体的变异和病变。磁共振在波谱学、生化分析及血管造影等方面的发展，使医学及兽医影像学技术向立体、动态、纵深方向不断延伸。

一、特点和局限性

1. MRI 的特点

（1）多参数灰度图像　可反应 MRI 信号强度的不同或弛豫时间 T1 与 T2 的长短。

（2）信号稳定　组织的 MRI 信号相对固定。

（3）流空效应　心血管的血液在 T1WI 和 T2WI 中均呈黑影。

（4）多平面成像及三维成像　可直接获得机体任何方向的断面图像。

（5）功能性磁共振成像　可提供机体的功能信息。

（6）磁共振波谱分析（MRS）　可检测机体组织代谢物的化学成分和含量。

2. MRI 的局限性

（1）由于 MRI 的性质，检测机体时不能携带含有铁磁性物质，如携带心脏起搏器。

（2）病情严重的病患不建议进行检查。

（3）对钙化的显示远不如 CT。

（4）对于质子密度低的结构的细节显示不清晰，如肺。

（5）超高场强设备的噪声、伪影和特殊吸收率引起的问题有待进一步解决。

（6）与 CT 相比，MRI 检查需要时间长、设备造价高、检查费用高。

二、工作原理

在强大的外界磁场的作用下，动物体内的氢原子也发生一系列变化，便可获得 MR 图像。在自然状态下（无外界磁场干扰），机体内氢原子是无序的排列，由于外加强大磁场的作用，自旋质子的磁矩将按量子力学规律纷纷从原本无序排列向外磁场磁力线方向有序地排列。同时，许多处于较低能级质子的磁矩与外界磁场的磁力线同向，少数高能级质子磁矩与外界磁场磁矩方向相反，最后达到动态平衡。当通过线圈从与外界磁场磁力线垂直的方向施加射频脉冲时，受检部位的氢质子从中吸收能量并向 XY 平面偏转，这一过程称为激励；射频磁场中断后氢质子释放出所吸收的能量而重新回到 Z 轴的自旋方向上，这一过程称为弛豫，释放的电磁能量以无线电波的形式发射出来并转化为 MR 信号。在梯度磁场的辅佐作用下，MR 信号形成 MR 图像。

三、使用方法

以小腿 MR 检查技术为例：

1. 线圈选择 可选用矩形表面线圈，视具体病变而定。

2. 体位及采集中心 将矩形表面线圈平置于床面上，长轴与床面一致。病患取仰卧位，小腿置于线圈上，长轴与线圈一致，并尽可能靠近床面中线。足踝部用沙袋加以固定，线圈应至少包括一端关节，但使用环形表面线圈应将线圈中心对准病变区中心。开定位灯并移动床面，使定位灯横轴线对准线圈横中线。

3. 扫描方位 常规扫描方位多为矢状位、冠状位及横断位扫描，使用快速扫描技术采集相应的定位图像。

（1）矢状位扫描 取冠状位作定位图像，选矢状扫描方位及序列，移动采集中心至小腿中线，并沿前后方向（AP）轴转动层面使其与胫骨长轴平行。根据病变要求设定适当的层厚、层间距及扫描层数。相位编码方向取 AP 向，再取矢状位作定位图像，校正采集中心，设定矩形成像范围（FOV）。

（2）冠状位扫描 取矢状位作定位图像，选冠状扫描方位及序列，移动采集中心至小腿中线，并沿左右方向（LR）轴转动层面使其与胫骨长轴平行。根据病变要求设定适当的层厚、层间距及扫描层数。相位编码方向取 LR 向，再取冠状位作定位图像，校正采集中心，并设定 FOV。

（3）横断位扫描 取冠状位作定位图像，选横断扫描方位及序列，待横断位模拟层面出现后，沿 AP 轴转动层面使其与胫骨长轴垂直。根据病变大小、范围及要求设定采集中心位置和扫描范围。相位编码方向取 AP 向，再取矢状位作定位图像，沿 LR 轴转动层面，使其与胫骨长轴垂直。然后取横断面作定位图像，校正采集中心，并设定合适的 FOV。

四、注意事项

磁共振成像是一种使用磁场及射频脉冲进行的特殊检查，安全、准确、无创伤、对动物体无害。由于磁共振的操作是在强大的磁场下进行检测，如含有心脏起搏器、血管术后金属夹、气管插管、避孕环、金属异物等，应提前申明，以确认能否进行此项检查。否则，可能会因磁体的吸引力而使金属异物的位置移动，造成危害。进入磁共振室的人员亦不可以携带任何金属物品和电磁物品，如手表、项链、手机、戒指、信用卡及其他磁卡等。

五、应用

1. 被检动物的准备 被检动物及操作人员必须严格按照要求进入磁共振室。

（1）详细询问病史，结合临床症状、实验室检查的结果等，确定扫描部位并进行层面选择，以准确查出病变的部位、性质和范围。

（2）询问动物体内是否有植入金属物品或电磁物品，这些物品不能进入磁共振室。

（3）动物须经麻醉方可移入监察室，防止动物移动造成运动性伪影或影像缺失，也防止人、动物和机器损伤。

（4）心电监护仪、心电图机、心脏起搏器等仪器设备不能进入检查室。

2. 应用

（1）中枢神经系统病变 MRI 对中枢神经系统病变的适应证常见的有：

①脑血管病变，如缺血性中风、出血性中风、双重性中风、动脉瘤、动静脉畸形、静脉窦血栓等。

②感染与炎症，如各种脑炎、脑膜炎、肉芽肿等。

③脑部退行性病变，如脑萎缩等。

④脑白质病变，如多发性脑硬化、视神经脊髓炎等。

⑤颅脑肿瘤。

⑥颅脑外伤，如脑挫伤内的软化坏死、血肿、出血等。

⑦脑室与蛛网膜下腔病变，如梗阻性或交通性脑积水、蛛网膜囊肿、室管膜囊肿、脑室内肿瘤、脑室内囊虫、蛛网膜下腔内囊虫等。

⑧脑先天性发育畸形，如大脑或小脑发育不良、脑灰质异位症、结节性硬化、神经纤维瘤等。

⑨脊柱与脊髓病变，如脊椎骨折、椎间盘损伤、椎管狭窄、脊髓结核、脊髓肿瘤、脊髓空洞、脊髓静脉畸形、髓内出血、硬膜内外血肿、蛛网膜囊肿等。

（2）其他部位适应证

①五官与颈部病变。

②肺与膈病变，如肺炎、结核、脓肿、空洞、胸腔积液、支气管扩张等。

③心脏与血管病变，如主动脉瘤、心肌肥厚、心包积液、心肌梗死、房室隔缺损等。

④肝胆系统病变，如肝囊肿、肝癌、肝硬化、肝炎、胆囊炎、胆囊癌、胆结石、梗阻性黄疸、胆囊扩张、胆汁淤滞等。

⑤胰脏病变，如胰腺癌、胰岛细胞癌、急慢性胰腺炎等。

⑥肾脏与泌尿系统病变，如肿瘤、囊肿、肾盂积水、结石、输尿管与膀胱病变等。

⑦盆腔病变，如淋巴结肿大、前列腺炎等。

⑧关节肌肉病变，如关节软骨、韧带和肌肉损伤、关节炎、关节病、骨折及各种骨病等。

》第四节　兽用超声诊断技术《

兽医超声诊断是根据动物机体不同组织对入射超声波的吸收、散射及反射的程度不同来诊断动物疾病的。超声有A型、M型、D型和B型，在兽医领域中主要使用的还是B型超声诊断。

一、B型超声诊断的特点和局限性

1. B型超声成像的特点

(1) 超声成像显示的图形真实、直观，而且可以呈现实时动态的图像。

(2) B型超声能够清晰地显示病灶的大小、范围及性质。如肝脏内肿物的性质，可以判断肿物实性、囊性及囊实性，为临床诊断提供依据。

(3) 能够显示出病灶与周围组织器官之间关系，可为临床诊断及治疗提供依据。

(4) 能够对病灶进行拍照、录像、标记，可以保存作为科研资料，为教学、讨论、会诊提供素材。

2. B型超声成像的局限性

(1) B型超声仪造价昂贵，仪器显示清晰图像仍然需要一定的时间去提升。

(2) B型超声技术操作较为复杂，对操作者要进行一定的培训。操作人员必须具备一定的经验，才能通过显示的图像对病灶做出诊断。

(3) 虽然B型超声目前在很多方面都可以使用，并且具有一定优势，但是对于含有气体器官中病灶的诊断具有一定的局限性。

二、B型超声成像的工作原理

B型超声又称超声实时断层显像法或二维超声，是将超声波物理性质、电子技术、计算机技术共同组合的诊断方法。

超声成像仪是运用脉冲回声原理进行工作，包括面板接口、探头、发射接收单元及数字扫描转换器等器件。先通过面板打开仪器，并进行相关程序的设定，将控制信号传递到组件中的放大器及增益控制。当高频脉冲超声波进入机体时，反射脉冲遇到机体内不同界面便会产生回声信息，探头内的晶片表面产生振动，将信息转换为高频电信号，根据信号强弱形成了辉度调制的时间基线，由于超声成像仪的时间基线电压加在垂直偏转板上，故回声信号通过转换信号，在显示器上形成了有规律的光点图，点与点之间的距离表示界面离开探头的深度或界面之间的距离，显示器上点的明暗表示回声信号的强弱。当探头沿着探查区表面做周线运动时，通过接收装置深度扫描线与探头同步移动，探查部位的断层图像就在显像管荧光屏上显示。为了使整幅声像图展现在荧光屏上，通常采用长余辉显像管或存储器把整幅图像信号存储起来，这样就可以显示整幅声像图。

三、使用方法

(1) 电压必须稳定在190～240V。

(2) 选用合适的探头。

（3）打开电源，选择超声类型。

（4）调节辉度及聚焦。

（5）保定动物，剪、剃毛，涂耦合剂（包括探头发射面）。

（6）扫查。

（7）调节辉度、对比度、灵敏度视窗深度及其技术参数，获得最佳图像。

（8）存储、编辑、打印。

（9）关机、断电源。

四、注意事项

1. 电源稳压 为了避免电源电压突然升高而引起电子元件损坏，或电压过低而导致示波管阴极老化，应配备交流电子稳压器。稳压器刚开启时，应等待电压稳定之后再打开仪器。

2. 防止潮湿 B超机器属于精密电子仪器，应保持环境的相对湿度为30%～80%，这样可以有效保证电子元件的正常工作。

3. 避免强光 强光长时间照射仪器会加速仪器的老化。结束工作后，应用相应的保护套对仪器进行保护。

4. 避免反复开机 如果仪器在一段时间内未进行工作，后续还会使用，切勿关机。反复开机可能造成晶体管、集成电路块的损坏。

5. 合理使用仪器 保证仪器相关配件的完整性，不可将不同仪器的配件在不同仪器上使用，应保持配件与主机匹配。

6. 保护探头 探头是仪器中比较重要且贵重的配件，因此在使用时应做到轻拿轻放，切勿撞击探头；探头在使用完后，应擦拭干净并进行消毒，切勿将探头与腐蚀剂或热源接触。

五、B超诊断在兽医临床上的应用

B超诊断技术应用广泛，常应用于心脏、肝脏、胆管、胃肠道、脾脏、肾脏、膀胱、眼部、甲状腺等部位疾病的诊断。

1. 心脏超声检查 心脏超声检查可以从动物的胸腔右侧进行探查，由于大动物体积过大，也可以从左侧或右侧胸壁进行探查。特殊情况下也可进行胃内导入的探查，这样做可以更直接地观察到心脏与周边组织器官之间的解剖关系，更有利于临床诊断。

2. 肝脏、胆囊超声检查及声像图 肝脏的扫查部位在腹中剑状软骨处，探头常以30°～40°角向前背正中线偏右方向探查。正常犬肝脏的回声是均质的，可见肝实质、胆囊、后腔静脉、右叶正中肝静脉、右叶静脉、左叶正中肝静脉、左叶侧静脉、左叶门静脉、右叶正中门静脉等。肝脏常见疾病有脂肪肝、胆囊炎、胆结石及胆囊黏液肿等。

3. 肾脏、膀胱超声检查及声像图 肾脏位于腰侧两旁，在进行超声探查时可以在腰侧两旁左后右前移动。小动物肾脏向下可下垂至腹部正中线上下，体位的摆放将会改变位置。因此在对小动物进行肾脏超声探查时，需要进行大范围的扫射，这样才能更仔细地观察肾脏的变化。也可以先进行体壁的触诊找到肾脏的位置，再进行探查。

正常肾脏声像图可见肾包膜、肾脂囊、皮质、髓质及肾盂等。肾脂囊、肾包膜声像中为强回声光点，且侧边缺口；皮质属于实质性，无回声或回声弱；髓质的正中间为哑铃形液性暗区，暗区侧边的强回声区是肾盂。肾脏常见疾病有肾炎、肾结石、肾积液、肾出血等。

膀胱位于盆腔内，正常声像图可见膀胱壁为 3 层，从外向内分别是浆膜层、肌理层、黏膜下层。膀胱常见疾病有膀胱积液、膀胱炎、尿结石及出血。

4. 卵巢超声检查及声像图 卵巢的扫查部位在腹侧壁。卵巢位于同侧肾脏的后方，正前方是膀胱，被肠袢包围。卵巢边缘轮廓清晰，声像图显示上有许多大小不等的规则的卵泡或黄体暗区。卵巢常见疾病有囊肿、肿瘤、卵巢炎、卵巢坏死等。

》第五节 腹腔镜《

腹腔镜外科的发展史经历了 4 个阶段：腹腔镜的起源时代、诊断性腹腔镜时代、治疗性腹腔镜时代及现代腹腔镜时代。随着现代科学技术的不断进步，新材料、新技术越来越多的应用在医学的各个领域，都为腹腔镜外科的发展提供了很好的基础。

一、特点和局限性

1. 特点

（1）切口小 腹腔镜手术需要的切口小，可以降低神经、肌肉的损伤。目前先进的腹腔镜手术器械可使切口缩小至 2～3mm，避免了因开放手术切口而引起的切口裂开、积液、积血、感染等并发症。

（2）美观效果 传统手术切口愈合后会形成瘢痕，而腹腔镜手术后腹部可基本不留瘢痕。

（3）术后恢复快 术后切口愈合快，无并发症和后遗症。

（4）手术操作更全面 清晰的图像、多角度的视野使腹腔镜手术解剖更精确、操作更精细、探查更全面。

（5）视野清晰 腹腔镜手术需要操作空间中无干扰物质，能够通过探测镜看到病灶。原则上是无血手术，通常采用高频电刀、超声刀等取代普通手术刀，使组织蛋白凝固或汽化，从而达到止血、切割、分离的目的。

（6）手术人员安全 内镜手术因使用长臂内镜器械，手术人员因操作中自伤和误伤的概率减小，同时避免了长时间直接接触病患血液、体液，减少了人兽共患传染性疾病对手术人员感染的风险。

（7）便于教学和科研 手术中，实习生在教室可同步观看正在进行的同一术野图像，手术细节一目了然，便于实践和教学，同时可对图像资料录像存档，以便学术交流和科研使用。

2. 局限性

（1）成像技术的局限性 腹腔镜手术由于使用内窥镜对病灶进行观察，与开放性手术相比，腹腔镜手术对于病灶的观察并不能直接地显示，需要操作者多方位地进行观察。同时，由于目前成像技术的局限性，放大后的视野，难免会出现失真现象。

（2）对技术者要求高 由于腹腔镜手术没有开放性的切口，手术的全部过程都依赖于机械钳来完成。对于病灶的触感只能依赖经验和其他诊断设备辅助，这就对术者有了更高的要求。

（3）对设备器械要求高　腹腔镜外科设备器械具有精密易损、结构复杂、重量轻的特点，成像设备、内镜器械受损或缺失，都会影响到内镜手术的顺利开展。

二、工作原理

腹腔镜手术通过向腹腔通入CO_2，使腹腔膨胀，为后面的手术提供操作空间。使用冷光源进行手术视野照明，将腹腔镜镜头插入病患腹腔内，将腹腔镜镜头拍摄的图像，实时显示在专用显示器上。手术操作者可以通过显示器屏幕上所显示的图像，对病患的病情进行分析、判断，并且运用特殊的长柄机械钳经腹壁通道伸入腹腔，进行分离、结扎、缝合等各种手术操作。

三、使用方法

（1）根据病患相关信息，准备腹腔镜相关器械，气腹机CO_2接口要与CO_2气罐连接牢固，观察CO_2气罐中气体的剩余量，确保手术能够顺利完成。

（2）打开摄像主机操作页面，录入病患的相关信息。

（3）将准备的手术中使用的器械放置在无菌手术台上，与手术操作者核对腹腔镜手术器械和物品，严格遵守无菌操作原则。

（4）对切口处皮肤消毒，连接气腹管、导光束摄像头，依次打开摄像显示器、摄像主机、冷光源，调节光源强度至30%，设置气腹机气体流量为16～20L/min，压力为10～15mmHg*。

（5）准备超声刀手柄，打开超声刀主机开关，待超声刀主机自检完成后，调至工作模式。打开手控开关，调节合适工作模式，低输出为2或3，高输出为5，音量调至适当处。

（6）调整内窥镜摄像白平衡、对焦距，手术操作者检测超声刀刀头是否良好。

（7）建立气腹，待术者气腹针穿刺成功，连接气腹管，打开进气开关，观察进气是否正常，并告知术者（气腹压力从0或者负数开始，气体流量达到1L/min以上），当气腹压力达到12mmHg，告知术者并暂停进气，穿刺器穿刺成功后再次正常进气。

（8）术者探查腹腔的同时开始录像。

（9）手术开始，调节体位及手术床的高度。关闭无影灯，适当调节手术间的亮度。

（10）填写腹腔镜用品消毒表和腹腔镜手术器械清单，手术后便于对物品进行清点，确保手术器械不遗漏。

（11）观察手术的进展，助手要准确地投递各种止血钳。术中注意清点各类物品，注意气腹压力和气体流量，根据手术要求准确提供各种缝合器，并做好记录，递给器械师前再次核对。

（12）摘取病灶时，暂时停止进气、录像，将光源强度调至0。

（13）病灶取出后，重新建立气腹，开始录像。

---

* mmHg为非法定计量单位，1mmHg≈133Pa。

（14）手术操作完成后，关闭 CO_2 停止进气，将剩余的气体排出，关闭气腹机、冷光源主机、摄像主机、显示器，关闭超声刀主机，停止录像并保存，关闭摄像工作站。拔出气腹管、导光束摄像头。清点腹腔镜手术中使用的相关器械，清洗消毒，收集整理便于下次手术使用。

四、注意事项

（1）盆、腹腔存在巨大肿块时，肿块妨碍视野，可供手术操作空间受限，建立气腹或穿刺均可能引起肿块破裂。

（2）腹部疝或横膈疝：由于手术需要向腹腔中排入大量气体，导致腹腔压力骤升，可能会造成腹腔内容物进入疝孔，引起腹部疝的嵌顿。除此之外，膈疝也会增加腹腔内容物进入胸腔的风险，影响心肺机能。

（3）弥漫性腹膜炎伴肠梗阻：由于肠梗阻引起肠段明显膨大，在进行气腹针或套管针穿刺时会增加肠穿孔的危险。

（4）缺乏经验的手术操作者，应该在经验丰富的医师陪同下进行手术。

（5）胆囊并发症：胆囊腹腔镜手术通常引发胆汁淤积、胆管损伤，在进行手术过程中应格外注意，不可与术后愈合炎症混淆。

第九章　兽医生物制品制备与检验技术

第一节　灭活疫苗的制备与检验

灭活疫苗又称为死苗，采用加热、灭活等理化方法将病原微生物杀死并加入佐剂进一步加工后制成，如山羊传染性胸膜肺炎灭活疫苗、牛多杀性巴氏杆菌灭活疫苗及鸡新城疫灭活疫苗等。灭活疫苗不在体内增殖，但仍保持免疫原性，因部分抗原成分被破坏，故免疫效果相对较差，想要达到预期的抗体滴度，需接种2～3次甚至更多次，而且每次接种量较大。病变组织、培养的细菌、鸡胚或者细胞培养的病毒经灭活后均可制成灭活疫苗。

一、灭活与灭活技术

兽医生物制品生产中的灭活，是指破坏微生物的生物学活性、繁殖能力和致病性，但尽可能不影响其免疫原性，被灭活的微生物主要用于生产灭活疫苗。灭活的对象不同，采用的方法也不相同。微生物灭活和微生物致弱有本质的区别，微生物致弱是指通过各种方法使病原微生物的致病性降低或丧失，但其他生物学活性以及免疫原性并未发生本质性改变。研制灭活生物制品，选择合适的灭活剂和灭活方法十分重要。

灭活的方法主要有两类，即物理学方法和化学方法。物理学灭活主要包括加热及射线照射，过去用热灭活较多，该法简单易行，但加热杀死微生物的方法比较粗糙，容易造成菌体蛋白变性，而且使其免疫原性也受到明显影响，目前此方法已基本不用。射线照射则主要通过破坏核酸来达到灭活微生物的目的，一般不破坏微生物的免疫原性。化学灭活目前采用最多，用于灭活微生物的化学试剂或药物称为灭活剂，化学灭活剂的种类很多，作用的机制也不同，而且灭活的效果受多种因素影响。

（一）常用灭活剂的灭活机制与应用

1. 甲醛溶液　甲醛是最古老的灭活剂，至今仍是生物制品研究与制造中最主要的灭活剂。甲醛溶液为无色透明液体，有辛辣窒息味，对眼、鼻黏膜有强烈刺激性，较冷温度下久储易变混浊，形成三聚甲醛沉淀，虽加热可变清，但会降低其灭活性能，故一般商品用甲醛溶液添加10%～15%甲醇，以防止其聚合。

甲醛的灭活作用机制是甲醛的醛基作用于微生物蛋白质的氨基产生羟甲基胺，作用于羧基形成亚甲基二醇单酯，作用于羟基生成羟基甲酚，作用于巯基形成亚甲基二醇，上述反应生成的羟甲基胺等代替敏感的氢原子，破坏生命的基本结构，导致微生物死亡。甲醛还可与微生物核糖体中的氨基结合，使两个亚单位间形成交联链，亦可抑制微生物的蛋白质合成。

适当浓度的甲醛可使微生物丧失增殖能力或毒性并保持抗原性和免疫原性。针对不同类型的微生物，甲醛灭活的浓度一般为：需氧菌 0.1%～0.2%，厌氧菌 0.4%～0.5%，病毒 0.05%～0.4%（多数为 0.1%～0.3%）。不论是杀菌还是脱毒，使用的甲醛浓度及处理时间都要根据试验结果来确定。通常以低浓度、处理时间短而又能达到彻底灭活目的为原则，必要时可在灭活后加入硫代硫酸钠，以中断其反应。

2. 烷化剂 烷化剂是含有烷基的分子中去掉一个氢原子基团的化合物，这类化合物的化学性质活泼，其灭活机制主要在于烷化 DNA 分子中的鸟嘌呤或腺嘌呤等，引起单链断裂或双螺旋链交联，因此，这类灭活剂能破坏病毒的核酸，使病毒完全丧失感染力，而又不损害其衣壳蛋白。常用的烷化剂类灭活剂有乙酰基乙烯亚胺、二乙烯亚胺和缩水甘油醛。

（1）乙酰基乙烯亚胺（AEI） AEI 为淡黄色澄明液体，有轻微氨臭味，能与水或醇任意混合，在 0～4℃可保存 1 年，在－20℃可保存 2 年，但在常温下由于分子聚合，外观颜色及流动性均发生变化，从而导致灭活作用的改变。AEI 功能基团是乙烯亚胺基，可用于灭活口蹄疫病毒，生产口蹄疫灭活苗。

（2）二乙烯亚胺（BEI） 市购商品通常为 0.2%的 BEI 溶液，在 0～4℃可保存 1 个月，按 1/10（V/V）（终浓度为 0.02%）加入口蹄疫病毒悬液中，37℃对口蹄疫病毒进行灭活，当灭活结束，加入 2%硫代硫酸钠中断灭活。

（3）缩水甘油醛（GDA） GDA 对大肠杆菌、噬菌体、新城疫病毒和口蹄疫病毒等有灭活作用，灭活效果优于甲醛，其作用机制是环氧烷基与病毒蛋白或核酸发生反应，GDA 易挥发，水溶液浓度为 15～31μg/mL，保存于 0～4℃，3 个月含量逐渐下降，6 个月失效，20℃条件下只能保存 10d。

3. 苯酚 又名石炭酸，为五色结晶或白色熔块，有特殊气味，有毒及腐蚀性，暴露在空气中和阳光下易变红色，在碱性条件下更易促进这种变化。当不含水及甲酚时，本品在 4℃凝固、43℃溶解，易溶于乙醇、乙醚、氯仿、甘油及二硫化碳，不溶于石油醚，需密封避光保存。本品对微生物的灭活机制是使其蛋白质变性并抑制特异性酶系统（如脱氢酶和氧化酶）。

4. 结晶紫 结晶紫是一种碱性染料，别名甲基青莲或甲紫，为绿色带有金属光泽结晶或深绿色结晶状粉末，易溶于醇，能溶于氯仿，不溶于水和醚，有的商品为五甲基与六甲基玫瑰苯胺的混合物。结晶紫对微生物的灭活机制与其他碱性染料一样，主要是其阳离子与微生物蛋白质带负电的羟基形成弱碱性化合物，阻止微生物的正常代谢。

5. β-丙酰内酯 又名羟基丙酸-β-内酯，是一种良好的病毒灭活剂，为无色有刺激气味的液体，水溶液有效期为 10℃保存 18h，25℃保存 3.5h，50℃保存 20min，密封于玻璃瓶中 5℃保存较为稳定。水中溶解度 37%，能与丙酮、醚和氯仿任意混合。对皮肤、黏膜及眼有强刺激性，其液体对动物有致癌性。病毒灭活后，能保持良好的免疫原性，主要用于狂犬病灭活疫苗的制备。

（二）影响灭活效果的因素

1. 灭活剂特异性 某些灭活剂仅对一部分微生物有明显的灭活作用，如酚类能抑制和杀灭大部分细菌的繁殖体，5%苯酚溶液于数小时内能杀死细菌的芽孢，真菌和病毒对酚类不太敏感。阳离子表面活性剂抗菌谱广，效力快，对组织无刺激性，能杀死多种革兰氏阳性菌和革兰氏阴性菌，但对细菌芽孢作用弱，因此在选择灭活剂时应考虑其特异性。

2. 微生物种类与特性 不同种类的微生物对各类灭活剂的敏感性并不完全相同，细菌的繁殖体及其芽孢对化学药物的抵抗力不同，生长期和静止期的细菌对灭活剂的敏感程度亦有差别。此外，细菌的浓度也会影响灭活的效果，微生物或毒素的总氮量和氨基氮含量对灭活也有一定影响，一般含氮量越高，甲醛等灭活剂的消耗量就越大，灭活脱毒速度越慢。

3. 灭活剂浓度 以甲醛为例，甲醛浓度越高，灭活越快，但抗原损失亦较大，如经0.5%甲醛溶液灭活的类毒素，其结合力可能仅相当于0.2%甲醛溶液脱毒类毒素结合力的2/3。有时可以采用分次加入甲醛溶液进行灭活的方法，加量由小至大，pH由低而高，温度由室温开始，逐步提高到允许的最高温度，这样对于保护抗原的免疫原性有一定好处。

4. 灭活温度 通常情况下，灭活作用随灭活温度上升而加速。在低温时，温度每上升10℃，细菌死亡率可成倍增加；金属盐类的灭菌作用增加2～5倍；苯酚的杀菌作用增加5～8倍；但是，如果灭活温度超过40℃或更高，对微生物的抗原性将有不利影响。

5. 灭活时间 灭活时间与灭活剂浓度和作用温度密切相关，一般随着灭活剂浓度及作用温度升高，灭活时间则缩短。在生物制品生产中，为保证制品安全和效力，以采用低灭活剂剂量、低温和短时间处理为最佳。

6. pH 一般在微酸性环境灭活速度慢，抗原性保持较好；在碱性环境灭活速度快，但抗原性易受破坏，灭活初期损失较快，以后逐渐减慢，尤其甲醛溶液浓度高时，在碱性溶液中抗原性损失更大。pH对细菌的灭活作用有较大影响，pH改变时细菌的电荷也发生改变，在碱性溶液中，细菌带负电荷较多，阳离子表面活性剂的杀菌作用较大；在酸性溶液中，则阴离子的杀菌作用较强。同时，pH也影响灭活剂的电离度，未电离的分子一般较易通过细菌细胞膜，灭活效果较好。

7. 有机物的存在 被灭活的病毒或细菌液中，如果含有血清或其他有机物，会影响灭活剂的灭活能力，因为有机物能吸附于灭活剂的表面或者与灭活剂的化学基团相结合，受此影响最大的为苯胺类染料、汞制剂和阳离子去污剂，如汞制剂与含硫氨基化合物相遇，季铵盐类与脂类结合均可明显降低这些灭活剂的灭活作用。

二、灭活疫苗的制备

1. 细菌性灭活菌苗制备

（1）菌种与种子 制苗用菌种多数为毒力强、免疫原性优良的菌株，通常使用1～3个品系，各种用于制备菌苗的菌种应按规定定期复壮，并按规程标准进行形态、培养特性、菌型、抗原性和免疫原性鉴定，经鉴定合格的菌种接种于规定的培养基进行增殖培养，经纯粹检查、活菌计数达到标准后即为种子液，用于菌苗生产。种子液通常保存于2～8℃冷暗处，不得超过规程规定的使用期限。

（2）菌液培养 细菌大量培养方法既有手工的，也有自动化的，后者通称为反应缸发酵培养法。可供选择的菌液培养法有固体表面培养法、液体静置培养法、液体深层通气培养法、透析培养法及连续培养法。

（3）灭活 通常根据细菌的特性加入有效的灭活剂，采取最适当的灭活条件进行菌苗灭活。

（4）浓缩　为提高某些灭活菌苗的免疫力，可用离心沉降法、氢氧化铝吸附沉淀法和羧甲基纤维沉淀法使培养后菌液浓缩一倍以上。此外，有些细菌在生长过程中会产生分子质量小的可溶性抗原（如破伤风毒素）也可经氢氧化铝吸附浓缩。

（5）配苗与分装　由于灭活菌苗使用的佐剂不同，其配苗方法也不同。如猪肺疫氢氧化铝菌苗既可在加入甲醛灭活的同时按比例加入氢氧化铝胶配制，也可在菌液经甲醛灭活后再按比例加入氢氧化铝胶配苗，配苗应充分混匀，分装时亦应混匀，并及时压塞、贴签。

2. 病毒性动物组织灭活疫苗制备　病毒在易感动物体内可大量增殖，但在各类器官组织中增殖病毒的量却有很大的差异。利用病毒增殖迅速、含毒量高的组织制备的灭活疫苗称为组织灭活疫苗，动物组织灭活疫苗通常由强毒株制备，所用动物必须符合下列标准：应为清洁级（二级）以上等级实验动物，即无规定的人畜共患病原体而且对所接种的病毒易感，在品种、年龄和体重方面符合要求。

（1）种毒与接种　种毒可用抗原性优良、致死力强的自然毒株的脏器组织毒或强毒株的培养物，经纯粹性、抗原性和免疫原性检查合格后方可使用。当然，生产不同批次的疫苗也可使用同一批检验合格的种毒，以减少疫苗批次间的质量差异。病毒材料接种途径依病毒性质和目的而异，可选脑内注射、静脉注射、肌内注射、皮下注射、腹腔注射等途径进行。

（2）观察与收获　每天观察和检查接种感染后动物的规定指标，指标或项目因不同病毒而异，根据观察的征象和检查的结果选出符合要求的发病动物，并按规定方式剖杀，采取收集含毒量高的器官组织。

（3）制苗　将收获的组织经无菌检测及毒价测定合格后按比例加入平衡液和灭活剂制成匀浆，然后按不同病毒的灭活温度、时间进行灭活或脱毒。

3. 病毒性禽胚培养灭活疫苗制备　受精卵质量是禽胚疫苗的基础，受精卵必须来自SPF鸡群，最低也应来源于未用抗生素的非免疫鸡群，以免除母源抗体的干扰和残留抗生素的影响。从受精卵入孵开始至培养全过程都应尽量保持干净，要求一定的温度和湿度，且需不断翻动。选择一定日龄发育正常的胚用于接毒培养：5～8日龄胚用于卵黄囊接种，9～11日龄胚用于尿囊腔接种，10～12日龄胚用于羊膜腔接种，11～13日龄胚用于绒毛尿囊膜接种。

（1）种毒与毒种继代　目前适应于鸡胚的种毒多系弱毒，包括自然弱毒与人工培育的弱毒两类，也有部分强毒，各种制苗用的种毒多数由指定单位保存，保存的种毒多为冻干毒。冻干毒种需按规定要求在鸡胚继代复壮，通常继代3代以上，经检定符合标准后方可作为生产疫苗的毒种。毒种检定内容包括无菌检验、毒价测定和其他项目的检验等。

（2）接毒与收获　鸡胚接毒涉及接毒途径与接毒量两方面，目的在于获得相对高的毒价。可根据不同病毒与不同疫苗生产程序选择最佳接种途径和最佳接种量。

鸡胚接毒后培养时间、温度、湿度以及收获的标准与内容物依不同的病毒和不同的疫苗而异。如新城疫Ⅰ系疫苗，在接毒后于38.5～39℃、相对湿度60%～70%条件下培养增殖，收集接毒后24～48h内死亡的鸡胚，置0～10℃冷却4～24h，收获胚液，进行无菌检验，供制备湿苗用；也可收获胚液、胎儿和绒毛尿囊膜混合制成乳剂制备冻干苗。

（3）配苗　按规定收获的胚液、胎儿和绒毛尿囊膜乳剂经灭活、无菌检验合格后即可进行配苗。

4. 病毒性细胞培养灭活疫苗制备

（1）种毒与毒种继代　用于制苗的种毒通常为冻干品，应经检验合格，种毒应按规定在细胞继代培养适应后用作毒种，制苗用毒种应按规定控制在一定代数以内，或为湿毒种，或为冻干毒种。

（2）营养液配制　通常分为细胞培养用的生长液和病毒增殖用的维持液，两者不同的只是生长液内含有5%～10%的血清，维持液中血清含量通常为2%～5%，甚至不含有血清。

（3）细胞制备　制备疫苗用的细胞主要为原代细胞和传代细胞两类，根据病毒种类、疫苗性质与工艺流程选择相应细胞。目前常用的细胞培养方法有静止培养、转瓶培养及悬浮培养等。

应强调的是，使用传代细胞用于生物制品生产时应特别注意两个问题，一是使用正常的细胞基质，绝对避免外源因子的污染；二是成品检验要严格，绝对不能含有逆转录病毒及其产物和残留的宿主细胞DNA。用于动物疫苗制造的传代细胞系有地鼠肾细胞、仔猪肾细胞等。

（4）接毒与收获　病毒接种培养有同步与异步之分，前者在细胞分装同时或不久接种毒种并进行培养，如猫、犬传染性肠炎疫苗；后者在细胞形成单层后接种毒种，如猪水疱病弱毒细胞培养疫苗，通常在细胞形成单层后倾去培养液，按1%～2%量接种毒种，经吸附后加入维持液继续进行培养，待出现70%～85%细胞病变时即可收获。

病毒培养液收获时间和方法依疫苗性质而定，有的将培养瓶冻融数次后收集，有的加入EDTA-胰蛋白酶液消化分散收取，有的在病毒增殖培养过程中可收获5～7次毒液。细胞毒液经无菌检验、毒价测定合格后供配苗用。

（5）配苗　不同灭活剂对不同病毒的作用也不同，向细胞毒液内按规定加入灭活剂，然后加入阻断剂中止灭活，有的疫苗尚须加入佐剂，充分混合、分装，制成液体疫苗。

三、灭活疫苗的检验

1. 物理性状检验　灭活苗多为油乳剂灭活苗、铝胶盐类及蜂胶佐剂灭活苗，铝胶盐类灭活疫苗静置后，上层为淡黄色（或黄褐色）澄清液体，下层为灰白色沉淀，振摇后呈均匀悬液。油乳剂苗呈乳白色乳剂，油乳剂灭活疫苗的物理性状检查还包括稳定性和黏度，稳定性检查即疫苗37℃贮存21d不破乳，黏度检查是用1mL吸管（出口内径1.2mm）吸取25℃左右的疫苗1.0mL，令其垂直自然流出，记录流出0.4mL所需的时间，单相苗应在8s以内为合格。

2. 无菌检验　灭活疫苗多含有甲醛、苯酚、汞类等防腐剂或者抗生素，无菌检验时样品必须经过50mL培养基小瓶增菌培养，3d后移植进行无菌检验。

3. 安全检验

（1）安全检验要点　主要用实验动物检验成品是否安全，所有的实验动物均为普通级或清洁级动物，有的制品要求使用SPF动物，凡能以小动物做出正确判断者，则多用实验小动物，禽用疫苗则多以使用对象动物做安全检验。安全检验剂量应大于使用剂量，通常高于免疫剂量的5～10倍，以确保疫苗的安全性，必要时还要用同源动物进行复检。

（2）安全检验判断　安全检验期内死亡的动物经解剖明确非制品所致者可以重检，如检验结果难以判定时，应以加倍头数的该种动物重检；凡规定用多种动物进行安检的制品，多种动物都要合乎检验标准，如有一种动物安检结果不合格，不得出售；用小动物检验不合格者，有的规定可用对象动物重检，但用对象动物检验不合格者，不能再以小动物重检。

4. 效力检验

（1）动物保护力试验　动物保护力试验即用该疫苗免疫同源动物后再以规定种类和数量的病原体攻毒已经免疫动物，同时设对照，观察疫苗对同源动物的保护力。

（2）血清学试验　血清学试验以血清学方法检测生物制品的效力，主要用于灭活疫苗、诊断制剂及免疫血清的检验。制品免疫动物后，可刺激机体产生相应抗体，根据抗体效价判定制品的效力，如鸡产蛋下降综合征灭活疫苗效价检验时用灭活苗注射易感鸡，21d后采血，测定HI抗体，免疫鸡HI抗体应≥1∶128。

5. 甲醛含量测定　制品中残余甲醛含量不得超过0.2%。

（1）对照品溶液的制备　取已标定的甲醛溶液适量，配成每1mL含甲醛1mg的溶液，精密量取5mL于50mL容量瓶中，加水至刻度，摇匀即得，若被测样品为油乳剂疫苗，需再加10mL 20%吐温-80乙醇溶液。

（2）供试品溶液的制备　用5mL吸管量取本品5mL置于50mL容量瓶中，加水稀释至刻度，强烈振摇，静止分层，下层液如不澄清，过滤并弃去初滤液，取澄清滤液即得。若被测样品为油乳剂疫苗，需再加10mL 20%的吐温-80乙醇溶液，分次洗涤吸管，洗液并入50mL容量瓶中。

（3）测定方法　精密吸取对照品溶液和供试品溶液各0.5mL，分别加10mL醋酸-醋酸铵缓冲液、10mL乙酰丙酮试液，置60℃恒温水浴15min，冷水冷却5min，放置20min后，在410nm波长处测定吸光度，按照公式计算：甲醛含量＝0.25×供试品溶液的吸光度/对照品溶液的吸光度×100%。

6. 苯酚含量测定　制品中苯酚含量应不超过0.5%。

（1）对照品溶液的制备　取苯酚适量，加水制成每1mL含0.1mg的溶液。

（2）供试品溶液的制备　取供试品1mL，置于50mL容量瓶中，加水稀释至刻度，摇匀，即得。

（3）测定方法　分别精密量取5mL对照品溶液和供试品溶液，置100mL容量瓶中，加30mL水，分别加2mL醋酸钠试液、1mL对硝基苯胺、亚硝酸钠混合试液，混合后再加2mL碳酸钠试液，加水至刻度，充分混匀，放置10min后，按规定在550nm的波长处测定吸光度，按照公式计算：苯酚含量＝0.5×供试品溶液的吸光度/对照品溶液的吸光度×100%。

7. 硫柳汞含量测定　精密称取干燥至恒重的氯化汞0.135 4g，置100mL容量瓶中，加硫酸液（0.5mol/L）使溶解并稀释至刻度，摇匀，每1mL溶液中含1mg的汞，即为汞浓溶液。精密量取5mL汞浓溶液于100mL容量瓶中，用硫酸液（0.5mol/L）稀释至刻度，摇匀，即为每1mL溶液中含50μg的标准汞溶液。

（1）油乳剂疫苗消化　精密量取1mL摇匀的本品，置25mL凯氏烧瓶（瓶口加小漏斗）中，加 3mL 硫酸、0.5mL 硝酸溶液，小心加热，待沸腾停止，稍冷，加 0.5～1mL 硝酸溶液，再加热消化，如此反复加 0.5～1mL 硝酸溶液消化，加热达白炽化 15min 后，溶液与上次加热后的颜色改变为止，放冷，加 20mL 水，置室温。

（2）其他疫苗消化　精密量取摇匀的本品（相当于汞 25～50pg）置 25mL 凯氏烧瓶（瓶口加小漏斗）中，加 2mL 硫酸、0.5mL 硝酸溶液，加热沸腾 15min，若溶液颜色变深，再加 0.5～1mL 硝酸溶液，加热沸腾 15min，放冷，加 20mL 水，置室温。

（3）滴定　将上述消化液移入 125mL 分液漏斗，用水分多次洗涤凯氏烧瓶，使总体积为 80mL，加 5mL 20%盐酸羟胺溶液，摇匀，用 0.001 25%双硫腙滴定液滴定，开始时每次滴定 3mL 左右，以后逐渐减少，至每次 0.5mL，最后可少至 0.2mL，每次加入滴定液后强振摇 10s，静置分层，弃去四氯化碳层，继续滴定，直至双硫腙的绿色不变，即为终点。

（4）对照品滴定　精密量取 1mL 对照品溶液（含汞 50μg），置 125mL 分液漏斗中，加 2mL 硫酸、80mL 水、5mL 20%盐酸羟胺试液，用双硫腙滴定液滴定，操作同上。

（5）硫柳汞含量的计算　汞类含量＝(供试品滴定毫升数/对照品滴定毫升数)×(0.010 1/供试品毫升数)×100%，该公式用于非油乳剂疫苗，油乳剂疫苗应为上述计算公式结果再除以 0.6，制品中硫柳汞含量应不超过 0.01%。

》第二节　弱毒疫苗的制备与检验《

一、弱毒疫苗概念与分类

1. 弱毒疫苗概念　弱毒疫苗又称为活疫苗，活疫苗可分为强毒活苗和弱毒活苗。强毒活苗曾在早年应用并发挥过一定作用，但因存在散毒的危险，故已不用，现活疫苗主要指弱毒活疫苗，是以通过人工诱变获得的弱毒株、自然减弱的天然弱毒株或者失去毒力的无毒株所制成的疫苗。

2. 弱毒疫苗的分类　弱毒疫苗可分为同源疫苗和异源疫苗。用所要预防的病原体本身、其弱毒或无毒变种所制成的疫苗称为同源疫苗或同种疫苗；利用具有类属保护性抗原的非同种微生物所制成的疫苗称为异源疫苗，如火鸡疱疹病毒疫苗用于预防鸡马立克氏病，鸽痘病毒疫苗用于预防鸡痘。

二、弱毒疫苗的制备

1. 细菌类活疫苗制备　细菌类活疫苗多指弱毒菌苗，基本制备过程如下。

（1）培养菌种　弱毒菌种多采用冻干品，使用前应按规程进行复壮、挑选，并做形态、特性、抗原性和免疫原性鉴定，符合标准后接种于规定的培养基，按规定的条件增殖培养，经纯粹检查及其他相关检查合格者即可作为种子液，种子液通常在 0～4℃可保存 2 个月，在保存期内可作为菌苗生产的批量种子使用。

（2）菌液培养　按 1%～3%量将种子液接种于培养基，然后依不同菌苗要求进行培养。菌液于 0～4℃暗处保存，抽样经纯粹、活菌数检验合格后使用。

（3）浓缩　浓缩可以提高单位活菌数，增强某些弱毒菌苗的免疫效果，常用的浓缩方法有吸附剂吸附沉降法、离心沉降法等。浓缩菌液应抽样做纯粹、活菌计数等检查。

（4）配苗与冻干　经检验合格的菌液，按规定比例加入保护剂配苗，充分摇匀后随即进行分装，分装量必须准确，分装好的菌苗迅速送入冻干柜进行预冻、真空干燥，冻干后立即加塞、封口、移入冷库保存，并抽样检验。

2. 病毒性动物组织活疫苗制备

（1）种毒与接种　同灭活疫苗制备的"种毒与接种。"

（2）观察与收获　同灭活疫苗制备的"观察与收获。"

（3）制苗　无菌操作下剔除脏器上的脂肪与结缔组织等，称重后剪碎，加入适量保护剂制成匀浆，然后滤过扣除残渣量，再按滤液中的实际组织量计算稀释倍数，加入适量保护剂和青、链霉素 500～1 000IU/mL，充分摇匀后置 0～4℃冷暗处一定时间后，作无菌检验与毒价测定。合格者进行分装，冷冻真空干燥制成冻干疫苗。

3. 细胞培养病毒类活疫苗制备　前面步骤同本章第一节"病毒性细胞培养灭活疫苗制备"，最后配苗分装后进行冷冻真空干燥制成冻干活疫苗。

三、弱毒疫苗的检验

1. 物理性状检验　冻干疫苗为海绵状疏松团块，注意检查冻干团块的大小，质地是否均一，表面有无塌陷，是否与瓶壁粘连，有无杂质。打开 1～2 瓶产品加入稀释液，注意观察团块溶解速度和溶解后的溶液有无不溶物质。冻干疫苗多为淡黄色、灰白色或乳白色，组织苗多呈淡红色或暗赤色。液体产品注意检查其在静置时和振摇后的状态，各种液体疫苗均有其规定的外在和内在的物理性状，凡变质、装量不足、外观污秽不洁和标签不符者均应废弃。

2. 无菌检验或纯粹检验

（1）检验用培养基　硫乙醇酸盐培养基（T. G）用于厌氧及需氧细菌检验，酪胨琼脂固体培养基（G. A）用于需氧细菌检验，葡萄糖蛋白胨汤培养基（G. P）用于霉菌及腐生菌检验。

（2）不含防腐剂、抗生素的制品或稀释液的检验　将待检样品接种 T. G、G. A 小管各 2 支，每支 0.2mL，置 37℃、25℃各 1 支；G. P 小管 1 支接种 0.2mL 置 25℃培养。细菌类制品检验时可用 2 支适宜该菌生长的琼脂斜面培养基替代 T. G 和 G. A，培养 5d。

（3）含甲醛、苯酚、汞类等防腐剂或抗生素制品的检验　先将样品 1mL 接种于 50mL T. G 培养基小瓶，放置 37℃培养，3d 后移至 T. G、G. A 小管各 2 支，每支 0.2mL，放置 37℃、25℃各 1 支；再取样品 0.2mL 直接接种 G. P 小管 1 支，置 25℃培养 5d。

（4）结果判断　每批抽检的样品必须全部无菌或纯粹生长，细菌类制品应纯粹，其他制品应无菌生长。若发现个别瓶有杂菌或结果可疑时，可重检；若无菌或无杂菌生长可通过，若仍有杂菌，可抽取加倍数量的样品重检，个别瓶仍有杂菌，则作为不合格处理，若制品允许有一定量非病原菌生长，应进一步做杂菌计数和病原性鉴定。

①杂菌计数　每批有杂菌污染的制品至少抽样 3 瓶，用肉汤或蛋白胨水分别按头份数做适当倍数稀释，接种于含 4%血清琼脂平板上，每个样品接种 2 个平板，置 37℃培养 48h 后，再移至室温 24h，数杂菌菌落，然后分别计算杂菌数。任何 1 瓶每头份疫苗含非病原菌应不超过规定。如污染霉菌时，要做杂菌计算。

②病原性鉴定　检查需氧菌时，将污染需氧性杂菌管培养物移至 1 支 T. G 管或马丁

肉汤，置同条件下培养 24h，取培养物用蛋白胨水稀释 100 倍，接种体重 18～22g 小鼠 3 只，每只皮下注射 0.2mL，观察 10d。检查厌氧菌时，将杂菌管培养时间延长至 96h，取出置 65℃水浴加温 30min 后移至 T.G 或厌气肉肝汤 1 支，在同条件下培养 24～72h。如有细菌生长，将培养物接种体重 350～450g 的豚鼠 2 只，每只肌内注射 1mL，观察 10d。如发现制品同时污染需氧及厌氧细菌，则按上述要求同时注射小鼠及豚鼠。小鼠、豚鼠均应健活，注射部位不应出现化脓或坏死判为合格。如有死亡或局部化脓、坏死，证明有病原菌存在时，判定该批制品不合格。

3. 安全检验 同灭活疫苗的安全检验。

4. 动物保护力试验

（1）定量免疫定量强毒攻击法 疫苗接种动物，经 2～3 周后，用相应的强毒攻击。观察动物接种后所建立的自动免疫抗感染水平，即以动物的存活或不受感染的情况来判定疫苗的效力。此法多用于活菌苗或类毒素的效力检验。如禽多杀性巴氏杆菌病活疫苗效力检验时，用健康易感鸡 4 只，各肌内注射含 1 头份疫苗 1mL，14d 后，肌内注射致死量的强毒菌液，对照鸡全部死亡，免疫组至少保护 3 只为合格。

（2）定量免疫变量强毒攻击法 也称为保护指数测定法。动物经抗原免疫后，其耐受相应强毒攻击相当于未免疫动物耐受量的倍数，称为保护指数。免疫动物均用同一剂量的疫苗接种免疫，经一定时间后，与对照组同时用不同稀释倍数强毒攻击，比较免疫组与对照组的存活率。按 LD_{50} 方法计算，如对照组攻击 10^{-4} 稀释度强毒有 50%动物死亡，而免疫组攻击 10^{-2} 稀释度强毒有 50%动物死亡，即免疫组动物对强毒的耐受力比对照组高 100 倍，表明免疫组有 100 个 LD_{50} 保护力，即该疫苗的保护指数为 100。

（3）变量免疫定量强毒攻击法 也称半数保护量测定法。即将疫苗稀释为各种不同的免疫剂量，并分别接种动物，间隔一定时间待动物的免疫力建立以后，各免疫组均用同一剂量的强毒攻击，观察一定时间，用统计学方法计算能使 50%的动物得到保护的免疫剂量。

（4）活菌计数测定 活菌苗多以疫苗中抗原菌的存活数表示其效力。活疫苗的菌数与保护力之间有密切而稳定的关系，因此可以不用动物来测保护力，只需要进行细菌计数，活菌数能达到使用剂量规定要求者，即可保证其免疫效力。

每批冻干菌苗抽样 3 瓶，恢复原量充分溶解混匀，液体活菌苗用原苗进行。取适宜稀释度接种于最适宜生长的琼脂培养基，37℃培养，计算菌落形成单位（CFU），以 3 瓶中的最低数作为判定标准，低于规定判为不合格。

（5）病毒量的滴定 病毒性活疫苗多以病毒滴度表示其效力。常以 $TCID_{50}$、EID_{50}、ELD_{50}、LD_{50} 或根据规定直接判定或进行蚀斑数统计。如鸡新城疫弱毒活疫苗测定 EID_{50}，每羽份≥10^6 EID_{50} 为合格。多数细胞苗则采用 $TCID_{50}$ 计算病毒滴度。目前鸡马立克氏病活疫苗效力测定采用蚀斑计数，计量单位为蚀斑形成单位（PFU）。

5. 剩余水分测定 冻干制品都要求测定水分含量。每批任抽样品 4 瓶，各样品剩余水分均不应超过 4.0%。其测定方法有真空烘干法和卡氏测定法 2 种。

（1）真空烘干法 取样品置于含有五氧化二磷的真空烘箱内，抽真空度达 133.322～666.61Pa，加热至 60～70℃干燥 3h，2 次烘干到恒重（恒重指物品连续 2 次干燥后质量差异在 0.5mg 以下的重量）为止，减失的重量即为含水量。

含水率计算公式为：含水率=(样品干前重量－样品干后重量)/样品干前重量×100%

(2) 卡氏测定法　卡氏测定法亦称费休氏法，利用化学方法来测定制品的含水量。其原理为碘和二氧化硫在吡啶和甲醇溶液中能与水起定量反应。碘变为碘化物，溶液由原来的棕红色变为无色。因此，可用肉眼来观察终点，根据碘和二氧化硫的用量计算制品的含水量。

6. 真空度检验　对于采用真空密封，并用玻璃容器盛装的冻干制品，可以使用高频火花真空测定器测定其真空度。如果容器内出现白色、粉色和紫色辉光，则真空度为合格。注意放电火花不应指向容器内的制品部分，否则会损伤制品。

7. 支原体检验　每批疫苗取样3～5瓶，混合后需同时用以下2种方法检测。

(1) 液体培养基培养　将疫苗混合物5mL，接种小瓶液体培养基中，再从小瓶中取0.2mL接种于一小管液体培养基中，将小瓶与小管放37℃培养，分别于接种后5d、10d、15d从培养瓶中取0.2mL培养物接种到小管液体培养基内，每日观察培养物有无颜色变黄或变红，若无变化，则在最后一次接种小管后观察14d，停止观察。在观察期内，如果发现小瓶或任何一支小管培养物颜色出现明显变化，在原pH变化达±0.5时，应立即接种于小管液体培养基和固体培养基，观察在液体培养基中是否出现恒定的pH变化，及固体培养基上有无典型的"煎蛋"状菌落。

(2) 接种琼脂固体平板培养　在每次将液体培养物接种到小管培养的同时，取培养物0.1～0.2mL接种于琼脂平板，置37℃、5%～10% CO_2 的潮湿环境培养。此外，若液体培养基颜色出现变化，在原pH变化达±0.5时，也同时接种琼脂平板。每5～7d在低倍显微镜下观察，检查各琼脂平板有无支原体菌落出现，经14d观察，仍无菌落者停止观察。每次检查需同时设阴、阳性对照，在同条件下培养观察。检测禽类疫苗时用滑液支原体作为对照，检测其他疫苗时用猪鼻支原体作为对照。

接种被检物的任何琼脂平板上出现支原体菌落，则疫苗不合格；阳性对照中至少一个平板出现支原体菌落，而阴性对照中无支原体生长，则检验有效。

8. 外源病毒检验

(1) 禽源制品的检验

①鸡胚检查法　取样品2～3瓶混合后，用抗特异性血清中和后作为检品。选9～11日龄SPF鸡胚20个，平均分成2组，第1组尿囊腔内接种0.1mL（至少含10个使用剂量）；第2组绒毛尿囊膜接种0.1mL（至少含10个使用剂量），在37℃培养7d，弃去24h内的死胚，但每组胚至少需存活8/10，试验方可成立。如鸡胚胎儿发育正常，绒毛尿囊膜无病变，取鸡胚液做血凝试验，若为阴性，此批制品判为合格。用鸡胚检查无结果或可疑时，可用鸡检查1次。鸡检查法：用适于接种本疫苗日龄的SPF鸡20只，点眼、滴鼻接种10个使用剂量的疫苗；肌内注射100个使用剂量的疫苗，接种后21d，按上述方法重复接种1次，第1次接种后42d采血，进行有关病原的血清抗体检验。42d内观察鸡的症状。如有死鸡，应做病理学检查，证明是否由疫苗所致。血清抗体检验，除本疫苗所产生的特异性抗体外，不应有其他病原的抗体存在。

②细胞检查法　取2瓶（100mL容量）培养24h左右的CEF细胞，接种中和后的疫苗0.2mL，培养5～7d，观察细胞。上述培养的细胞弃去培养液，用PBS洗3次，加入0.1%鸡红细胞悬液覆盖细胞面，4℃放置60min，用PBS轻轻洗涤细胞1～2次，在显微

镜下检查红细胞吸附情况。

（2）非禽源制品的检验

①绿猴肾传代细胞检查法　疫苗经相应的特异性血清中和后，用3瓶Vero细胞单层（总面积不少于100cm^2），每瓶接种检样1mL，连传2代，每代7d，应不出现细胞病变。同时进行红细胞吸附病毒检查和荧光抗体检查，应无细胞吸附因子和特异性荧光。

②荧光抗体检查法　样品分别经丙酮固定后，以适宜的荧光抗体进行染色、镜检。检查每种病毒时，各用2组细胞单层：1组为被检组，1组为阳性对照。被检组至少取4个细胞覆盖率在75%以上的细胞单层，总面积不少于6cm^2。若被检组出现任何1种特异荧光，为不合格。若阳性对照组不出现特异荧光或荧光不明显，为无结果，可以重检。若被检组出现不明显荧光，必须重检，重检仍出现不明显荧光，为不合格。

③红细胞吸附性外源病毒的检测　取经传代后至少培养7d的细胞单层（每个6cm^2）1个或多个，PBS洗涤细胞单层数次，加入0.2%红细胞悬液适量，以覆盖整个单层表面为准。选2个细胞单层分别在4℃和20～25℃培养30min，用PBS洗涤，检查红细胞吸附情况，若出现外源病毒所致的红细胞吸附现象，判不合格。

④致细胞病变外源病毒的检测　取经传代后至少培养7d的细胞单层（每个6cm^2）1个或多个，对细胞单层进行染色，观察细胞单层，检查包涵体、巨细胞或其他由外源病毒引起的细胞病变。若出现外源病毒所致的特异性细胞病变，判不合格；若疑有外源病毒污染，但又不能通过其他试验排除这种可能性时，则判不合格。

》第三节　亚单位疫苗的制备与检验《

一、亚单位疫苗

亚单位疫苗是由微生物的一种或几种亚单位或亚结构成分制成的疫苗，又称组分疫苗、亚结构苗，此类疫苗没有病原微生物的遗传信息，安全性高。但其免疫原性较低，需与佐剂合用才能产生较好的免疫效果。

1. 常见亚单位疫苗

（1）纯化亚单位疫苗　应用某些化学试剂裂解病原微生物，提取病原微生物或其衍生物的主要抗原成分，加入适当佐剂制成亚单位疫苗。如应用适当浓度的酸、碱或去污剂处理流感病毒颗粒，使囊膜上的可溶性血凝素和神经氨酸酶与核酸分离，再提取具有免疫原性的血凝素或神经氨酸酶，加入佐剂，即可制成流感病毒亚单位疫苗。

（2）合成肽亚单位疫苗　按天然蛋白质的氨基酸顺序人工合成多肽，将多肽与载体骨架分子连接后加佐剂制成的疫苗称为合成肽亚单位疫苗，合成肽亚单位疫苗具有可大规模化学合成、易于纯化、安全、廉价、易于保存和应用等优点，但该类疫苗也存在功效低、免疫原性差、半衰期短等不足，通过在短肽上连接一些化合物作为分子佐剂，可大大提高其免疫效应。

（3）基因工程亚单位疫苗　又称基因重组亚单位疫苗，主要是指通过重组基因工程技术将病原体的保护性抗原基因在宿主工程菌中进行高效的表达，表达的蛋白经分离、纯化或修饰后加入相应佐剂而制成。基因工程亚单位疫苗是现代疫苗学的一个新方向，特别是那些目前还不能培养或培养成本较高的病毒，基因工程亚单位疫苗是首要的选择。

2. 亚单位疫苗应用 目前国内动物生物制品中已有多种亚单位疫苗获得农业农村部批准并投入应用，如猪瘟病毒E2亚单位疫苗、口蹄疫病毒VP1亚单位疫苗、法氏囊病毒VP2亚单位疫苗等。在亚单位疫苗的研究中，基于病毒样颗粒VLP和亚病毒颗粒的纳米颗粒疫苗是目前研究的热点，VLP一般需要在真核细胞或昆虫细胞中才能有效地形成，但研究表明，在细菌中表达出来的一些蛋白或者结构域也能自然地形成多聚体亚病毒颗粒，并且具有很好的免疫原性，这些亚病毒颗粒已成功地用于亚单位疫苗的生产。

二、基因工程亚单位疫苗的制备

1. 目的基因的获取

（1）通过PCR扩增获得抗原基因 聚合酶链式反应（PCR）是一种体外核酸扩增技术，具有反应快速、灵敏、操作简便等优点，已广泛应用于分子生物学的各个领域。

（2）化学合成抗原基因 DNA体外化学合成技术是获得已知目的基因的主要方法之一。其基本原理如下：将欲合成的寡核苷酸链末端的核苷酸（或核苷）固定在高分子固相载体上，然后按顺序依次加入核苷酸单体，在一定的条件下核苷酸单体按特定顺序以3′,5′磷酸二酯键相连形成DNA链，该反应具有高度的定向性和专一性，当链延长到所需长度后，将其从载体上分离并经纯化获得。

2. 重组载体的构建 重组载体的制备过程较简单，表达载体和目的基因携带相同的限制性内切酶位点，用相应的内切酶酶切目的基因和载体，将回收的线性载体和目的基因进行连接，经转化、筛选、鉴定得到重组载体。

（1）抗原基因和载体的连接

①全同源黏性末端连接 待插入DNA片段与表达载体用相同的内切酶切开，两者的两端具有相同的黏性末端，它们的连接称为全同源黏性末端连接，这是最方便的克隆途径，但存在三个弊端，即载体自身环化、多拷贝插入和双向插入。例如，用EcoR Ⅰ可分别切割载体和目的DNA，载体是有方向的，而目的片段可以双向与之相连，这种连接对以克隆为目的的反应没有影响，如果以表达为目的，我们就要对插入片段进行方向鉴定。

②定向克隆 定向克隆是用两个不同的限制性内切酶切割目的DNA片段，使产生两个不同的黏性末端，载体也用同样的两个内切酶切开，载体不能自连，只能与外源DNA片段相对应的末端连接。定向克隆有两种连接形式，“黏-黏”连接和“黏-平”连接，“黏-黏”连接效率非常高，是重组方案中最有效、最简捷的途径，但不是所有的目的DNA都有与载体相同的两个限制性内切酶位点，如果一个酶切位点相同，而另一个不同，我们可以将其中不同的黏性末端补平再进行连接（“黏-平”）。

③平末端连接 有些限制性内切酶切割靶DNA会产生平末端，平端之间的连接效率比黏端之间的连接效率要低，但因平端连接具有普适性，有时比较有用。

（2）重组载体的鉴定 重组载体的鉴定可以在各个水平上进行，如DNA水平、蛋白质水平及基因所表现的功能水平。DNA水平的有酶切、PCR初步鉴定、核酸杂交和DNA序列分析，蛋白质水平有插入失活双抗生素对照筛选和插入失活*LacZ*基因的蓝白斑筛选，表达载体可进行方向鉴定和表达产物的免疫学及生物活性鉴定。

3. 将重组载体导入受体细胞并进行基因表达

（1）大肠杆菌表达系统　利用大肠杆菌表达系统高效表达外源基因是如今应用最为广泛也最成熟的一项技术。但是由于大肠杆菌缺乏针对异源重组蛋白的折叠复性和翻译后加工系统，高效表达的异源重组蛋白在大肠杆菌中形成高浓度微环境，致使蛋白分子间的相互作用增强，容易形成包涵体。

（2）酵母菌表达系统　甲醇酵母表达系统是目前应用最广泛的酵母表达系统，毕赤酵母属应用最多，应用此系统可高水平表达外源蛋白，其具有原核细菌无法比拟的真核生物蛋白翻译后修饰加工系统，不产生内毒素，而且酵母菌大规模发酵工艺简单，成本低廉。

（3）杆状病毒表达系统　该系统具有高效的表达能力且易操作，已成为生产与研究各种原核、真核蛋白的有力工具。该系统在昆虫细胞内已成功表达了大量的外源基因，是制备亚单位疫苗非常好的表达系统。

4. 重组蛋白的提取纯化

（1）分离纯化需要遵循的原则

①了解蛋白质的理化性质　不同的蛋白质理化性质有很大的区别，这是从复杂的混合物中纯化出目的蛋白的依据，应尽可能地利用蛋白质和杂质的不同理化性质选择所用的分离纯化技术，而不是利用相同的技术进行多次纯化。

②减少初始样本的体积　纯化的早期阶段要尽量减少处理样品的体积，以便后续纯化。

③合理安排纯化步骤　一个好的纯化策略可以降低重组蛋白的纯化成本，通常采用三步纯化策略，即重组蛋白的捕获、中度纯化及精细纯化。若对重组蛋白的纯度要求不高，一步纯化或者两步纯化就可以获得想要的结果。

④注意蛋白的生物活性　由于基因重组蛋白大多为生物活性物质，因此在提取纯化过程中不仅要保证一定的回收率，而且还要避免剧烈的纯化条件，以免影响生物活性。

（2）抗原纯化过程中常用的技术

①盐析　蛋白质在水中的溶解度受盐浓度的影响，当加入低浓度的盐离子时，蛋白分子周围所带电荷增加，促进了与溶剂分子间的相互作用，使蛋白的溶解度增加，当盐浓度继续增大时，大量盐离子与蛋白竞争水分子，减弱蛋白的水化作用，使蛋白分子相互聚集而沉淀下来，称为盐析。此法条件温和，且中性盐对蛋白质有保护作用，因此被广泛应用。经过盐析得到的沉淀，含有大量的盐，一般可采用透析、超滤、层析等方法去除。

②透析和超滤　透析和超滤是依据分子质量的差异纯化目的蛋白。透析利用小分子物质可以通过半透膜，大分子物质不能通过半透膜的性质来达到纯化蛋白的目的；超滤以多孔薄膜作为分离介质，依靠薄膜两侧压力差作为推动力来分离不同分子质量的蛋白，超滤膜孔径依据目标蛋白和杂蛋白的分子质量来确定。

③离子交换层析　离子交换层析是以离子交换介质为固定相，根据流动相中的组分离子与交换介质上的平衡离子进行可逆交换时结合力的差别来纯化蛋白质的一种方法。蛋白质是两性物质，在特定的介质中所带的电荷种类和密度不同，这是纯化的理论依据。离子交换介质分为阳离子和阴离子交换介质。阴离子交换介质的电荷基团带正电，可与缓冲溶液中带负电的离子结合，溶液中带负电的蛋白与平衡离子可逆置换，结合到离子交换剂上，而带正电和中性的蛋白质随流动相流出而被去除，实际操作中选择合适的洗脱液和洗

脱方式，如增加离子强度的梯度洗脱，随着洗脱液离子强度的增加，洗脱液中的离子可以逐步与结合在离子交换介质上的蛋白置换，随洗脱液流出。与离子交换介质结合力弱的蛋白先被置换出来，与离子交换介质结合力强的需要较高的离子强度才能被置换出来，这样各种蛋白就会按照与离子交换介质结合力从小到大的顺序依次被洗脱下来，达到分离的目的。阳离子交换介质亦同。

④亲和层析　亲和层析是利用生物亲和作用而纯化重组蛋白的一种技术，其原理是先固定配体于不溶性基质上，利用目的蛋白和配体之间结合的特异性和可逆性，对目的蛋白进行纯化，基因工程亚单位疫苗常带有标签（如组氨酸标签）。具体流程是先将制备的亲和填料装柱平衡，当携带标签的目的蛋白通过填料时，目的蛋白与配体发生特异性的结合而滞留在固定相上，其他物质随洗脱液流出，然后用适当的洗脱液将目的蛋白从配体上洗脱下来。此法具有高度的专一性且操作简便、快速，被广泛应用于亚单位疫苗的纯化中。

⑤凝胶过滤层析　又称排阻层析或分子筛层析，依据分子质量和形状的差异纯化蛋白。凝胶是一种多孔状不带表面电荷的物质，当待纯化的蛋白液通过凝胶时，分子质量大的物质不能进入凝胶孔内而流动较快，分子质量小的物质会进入凝胶孔内滞留一定时间后继续流动。凝胶过滤层析的具体操作步骤包括凝胶的选择、预处理、装柱、加样与洗脱、洗脱液收集、凝胶柱的重复使用与保存。层析柱中的凝胶以葡聚糖凝胶应用最为广泛且型号较多，不同型号的凝胶孔径不同，排阻也有一定的范围，可根据需要选择使用。

⑥疏水层析　疏水层析是以偶联弱疏水基团的疏水性介质为固定相，根据不同蛋白与疏水性介质相互作用的差别来纯化蛋白，其作用机制属于吸附层析。水溶性蛋白的大多疏水侧链包埋在蛋白质内部，其表面的疏水基团形成疏水区域，这些疏水区域构成疏水补丁，疏水补丁可与疏水性固定相表面偶联的弱疏水性基团发生相互作用，从而被固定相吸附，高盐导致疏水性吸附作用加强，低盐导致疏水性吸附作用减弱，通过改变流动相的离子强度，可以按照疏水性吸附作用依次解吸附。

5. 配制疫苗　将纯化的重组蛋白进行效价的检测，并按照一定的比例加入相应的佐剂制成亚单位疫苗。

三、亚单位疫苗的检验

亚单位疫苗的半成品及成品也需按照有关规定进行随机抽样。液体制品，从分装的开始、中间、最后3个阶段随机抽样；冻干制品，在冻干完成后，从每柜的上、中、下各层的4角和中央等位置分别随机抽样。所抽样品均应贴上标签，并做取样记录，每批抽取样品数量为检验用数量的3倍，除用于各项检验外，其余样品用于复检和留样观察。

1. 内毒素检测　基因工程中常用的工具菌株绝大多数为革兰氏阴性菌，纯化的表达产物中会含有大量的内毒素，内毒素可诱发机体产生寒战、高热等症状，并诱导多种细胞因子的表达，致使机体非特异性免疫应答反应增强，因此，疫苗的内毒素检测是非常有必要的。

2. 物理性状检验　冻干疫苗为海绵状疏松团块，注意检查冻干团块的大小，质地是否均一，表面有无塌陷，是否与瓶壁粘连，有无杂质。打开1～2瓶产品加入稀释液，注意观察团块溶解速度和溶解后的溶液有无不溶物质。冻干疫苗多为淡黄色、灰白色或乳白色。液体产品注意检查其在静置时和振摇后的状态，各种液体疫苗均各有其规定的外在和内在的物理性状，凡变质、装量不足、外观污秽不洁和标签不符合者均应废弃。

3. 无菌检验 生物制品一般都不应有外源微生物污染。因此，必须按规定对每个批次进行无菌检验，每批按生产瓶数的百分之一抽样，但不能少于5瓶，不超过10瓶，逐瓶进行检验。

4. 剩余水分检验 参照本章第二节。

5. 真空度检验 参照本章第二节。

6. 安全检验 参照本章第二节。

》第四节 基因缺失疫苗的制备与检验《

一、基因缺失疫苗概念

基因缺失疫苗是利用自然突变或者基因工程去掉病原微生物基因组中的毒力基因或者毒力基因中的某一片段，致使病原微生物的某些毒力基因不能表达，从而致弱病原微生物，同时又保持其较强的免疫原性而制成的一类疫苗。缺失突变株在自然条件下不易返祖成强毒，因此这种突变株是稳定的，用这种方法可制备出有良好免疫原性和安全性的弱毒疫苗株。

二、基因缺失疫苗株的构建

现阶段基因缺失疫苗株的构建可依靠基因敲除技术来制备，与传统的自然突变致弱不一样，基因敲除是一种新型分子生物学技术，通过一定的途径使微生物或者机体特定的基因失活或缺失，以基因缺失技术制作的基因工程疫苗，克服了传统疫苗周期长、特异性差的缺点，可有效控制动物传染病。随着基因敲除技术的发展，如今应用比较成功的主要是自杀性质粒载体系统、Red同源重组及CRISPR/Cas9基因编辑技术。

1. 自杀性质粒载体系统用于构建基因缺失菌株 自杀性质粒载体系统是通过酶切和DNA连接的方法将同源臂克隆入自杀性质粒载体，当自杀性质粒导入细菌后，细菌能够依赖自身的重组功能（即RecA重组系统），进行两次等位基因交换整合，从而使自杀性质粒上的同源臂与细菌的靶基因替换。其中，第一次交换整合是将自杀性质粒全部整合到基因组中，第二次交换整合是将靶基因与自杀性质粒中的同源臂置换，成功置换后，自杀性质粒由于在缺乏相关复制条件的环境中不能进行复制，以此将之清除，最终得到无痕敲除的缺失菌株。

2. Red同源重组用于构建基因缺失菌株

（1）Red同源重组的原理 传统大肠杆菌同源重组利用的是Red重组系统。它由RecA和RecBCD组成。RecA蛋白促进各类DNA分子间的同源联会、配对以及链交换和分支迁移。RecBCD分子质量较大，是由RecB、RecC和RecD组成的复合体，功能多样，具有ATP依赖的外切核酸酶和解旋酶活性，能与双链切口结合解开DNA链，并在chi位点（5′-GCTGGTGG-3′）形成单链，然后由RecA蛋白促进同源重组。

λ噬菌体基因组中，包含一个Red重组编码区段，可启动外源性DNA和细菌染色体的同源重组。主要有3个重组相关的基因，其翻译产物分别为Exo、Beta、Gam。Exo蛋白又称Redα蛋白，属于λ核酸外切酶，在Red同源重组过程中，与DNA双链末端结合，从5′端向3′端降解核苷酸，产生3′突出端，该蛋白是一种三聚体环状分子，中间是“通道”状结构，两端各自分别容纳双链和单链DNA分子。Beta蛋白是一种分子质量为28ku的单体蛋白，可促进互补链的复性，可自发以环状结构与被Exo降解的单链DNA 3′突出端紧密结合，以免其被单链核酸酶降解；同时，Beta蛋白也具有退火蛋白的活性，互补单链DNA的退火也由其介导，退火完成后，Beta蛋白即与DNA双链脱离。分子质量为16ku的Gam蛋白则以二聚物的形态与宿主菌表达的核酸外切酶RecBCD、SbcCD结合使之失活，抑制其降解作用，保护外源性DNA。

（2）Red同源重组法在大肠杆菌中的基因敲除　该方法中主要用到pKD3、pKD4和pKD46质粒，首先，将pKD46质粒转化到目的菌株中。以pKD3或pKD4为模板，合成PCR基因打靶片段产物，制备目的菌株的感受态细胞，加入L-阿拉伯糖诱导重组酶的表达，并将打靶片段电转化到目的菌株，在Red同源重组系统的作用下，细菌染色体基因和融合PCR基因打靶片段进行重组，目的基因被抗性基因取代。其次，用加有相应抗性的LB琼脂平板筛选得到重组菌株，将重组菌株在含卡那霉素的LB平板上划线接种，置于42℃温箱孵育，24h后挑取单菌落依次接种在含卡那霉素的平板和含氨苄西林的平板的对应位置，37℃温箱过夜。次日观察平板，在含卡那霉素平板上生长、含氨苄西林平板上对应位置未生长的细菌，PCR检测确定之后，即是已去除pKD46质粒的克隆。用电转化的方法，将pCP20质粒转入得到无抗性基因的缺失菌株，目的基因即得到敲除。

3. CRISPR/Cas9基因编辑用于构建基因缺失毒株

（1）CRISPR/Cas9系统　1987年人们从细菌基因组中发现了CRISPR/Cas系统，是细菌的一种不断进化的获得性免疫系统，用以抵御噬菌体和质粒基因组的入侵。CRISPR/Cas系统由多个R-S结构［重复序列（repeat）与非重复间隔序列（spacer）］及编码Cas核酸酶家族的基因操纵子组成，其中R-S结构能够特异性识别外源性DNA，并由类似于启动子的CRISPR前导序列起始转录生成CRISPR RNA，即crRNAs前体。Cas基因家族负责编码具有多种功能的CRISPR相关蛋白质，并通过转录激活RNA（tracrRNA）将crRNA前体修饰为成熟的crRNA，并与crRNA协同作用，共同构筑细菌的免疫屏障。在噬菌体等初次入侵时，宿主菌捕获来自外源遗传物质的大约20个碱基的间隔序列，并将其整合到CRISPR区域的两个重复序列中间。当宿主再次遇到该噬菌体时，转录启动，带有间隔序列的CRISPR序列被加工成一系列带有间隔序列的小crRNA，这些小crRNA序列与另一个tracrRNA相互作用，形成RNA复合体或称为引导RNA（gRNA），gRNA能够引导Cas核酸酶识别靶基因中间隔序列的同源序列，并与之结合，构成典型的R环结构。此后，tracrRNA活化Cas核酸酶，在靶基因上游一处保守的Protospacer-adjacent模体（PAM）处切断两条DNA链，形成双链断裂。

（2）CRISPR/Cas9系统用于DNA病毒的基因编辑　病毒基因组在宿主细胞内完成转录、复制、翻译等过程，甚至整合到宿主基因组中。在CRISPR/Cas9基因编辑技术被发现并广泛应用之前，锌指核酸酶（ZFN）与转录激活因子样效应物核酸酶（TALEN）技术是主要的两种病毒基因编辑技术。这两种技术均需要通过蛋白或者氨基酸残基特异性识别DNA序列，再利用*Fok* Ⅰ二聚体的酶切活性对DNA进行定点切割。与ZFN和

TALEN 等相比，CRISPR/Cas9 系统开辟了一种全新的高效快速基因编辑的道路，具有以下优点：①基因敲除效率显著提高，且可以同时实现多个基因的插入或者敲除；②与传统同源重组使用的同源臂（3.0～4.0kb）相比，由 CRISPR/Cas9 介导的同源重组的同源臂（约 1.0kb）长度大大减少，更加有利于后续检测工作的进行；③CRISPR/Cas9 技术应用时，只需要设计 sgRNA，不加任何筛选标记就可以筛选出定点插入或者敲除目的基因的细胞系或者毒株，因此通过 CRISPR/Cas9 技术敲除病毒毒力相关基因，可以快速制备更为安全的弱毒疫苗候选毒株；④CRISPR/Cas9 技术辅以 DNA 同源重组修复或末端连接修复机制，能够通过同源重组或随机修复模式向 DNA 病毒基因组中插入外源基因，制备重组疫苗。

（3）影响 CRISPR/Cas9 系统的效率与特异性的关键因素

①双链断裂的修复机制　双链断裂（double - strand break，DSB）是普遍存在的一种细胞 DNA 损伤模式。受电离辐射、放射（X 射线、γ 射线）、化疗药物和机械损伤等外源性因素，以及活性氧代谢、拓扑异构酶重链缺陷、淋巴细胞类别转换重组等内在因素的影响，细胞内 DNA 持续发生不同程度的损伤，每个细胞每天经历 10～100 次 DSB。DSB 可通过两种途径修复：同源重组（HR）或非同源末端连接（NHEJ）。哺乳动物细胞中的 DSB 修复机制以 NHEJ 修复为主。NHEJ 是真核细胞在不依赖 DNA 同源性的情况下，强行将两个 DNA 断端彼此连接在一起的一种特殊的 DNA 双链断裂修复机制，几乎在整个细胞周期都能发生，但断裂末端的结构容易产生错误，除能引发彼此连接的 DNA 断端核苷酸残基的缺失突变外，还能引起彼此不相干的 DNA 断端的连接，甚至导致染色体之间的重排、基因移位，是 DNA 修复、基因组编辑、免疫球蛋白基因重组等的基础。另外，细胞中还存在不依赖于 Ku70/80 修复蛋白的替代 NHEJ 或后备 NHEJ 途径，如微同源末端连接（MMEJ）途径等。同源重组修复机制以姐妹染色单体为模板，对断裂处进行精确的无错修复，是保护基因组完整性的主要机制，主要发生在 DNA 经历或完成复制的 S 和 G2 期。精确的修饰（如点突变、密码子替换、插入或精确的定点缺失）对于研究准确的基因功能至关重要。然而相比于 NHEJ 信号通路，CRISPR/Cas9 介导的 HDR 修复效率相对较低，需要通过多种措施来提高 HR 介导的精确遗传修饰，如在基因编辑过程中，通过 Scr7 等 DNA 连接酶Ⅳ抑制剂抑制 NHEJ 的发生、直接转导 Cas9 蛋白替代 mRNA 翻译、使细胞进入 S 或 G2 期等。

②脱靶效应　在使用 CRISPR/Cas9 基因编辑技术时，脱靶效应很难避免。CRISPR/Cas9 系统通过一段仅有 20nt 的特异序列识别靶位点，与宿主 DNA 的非特异性识别容易出现假表型和错误的解释，多个对基因编辑细胞系进行突变体全基因组测序也验证了这一结果。PAM 序列、sgRNA 结构与长度、Cas9/sgRNA 的丰度、近 PAM 端 1～12 位碱基序列、染色质特征的影响等因素都与脱靶效应有关。Wang T 等利用新菌株中的 Cas9 替代传统的 SpCas9 蛋白质，由不同细菌来源的 Cas9 蛋白质表现出不同的 PAM 序列，影响了对靶点的专一性，通过检测全基因组范围的结合和切割效率，证明新的 Cas9 蛋白明显提高了靶点专一性。只有一个切口酶活性的突变体 dCas9 也能够有效降低脱靶效应，将 dCas9 与两个相邻 sgRNA 共同识别靶基因并分别形成单链切口，从而造成双链断裂，两条 sgRNA 降低了同时错配的概率，形成双链断裂的脱靶概率很小，极大地提高了靶点专一性；也可以将突变体 dCas9 与核酸酶 *Fok* Ⅰ形成二聚体来降低脱靶。

三、基因缺失疫苗的检验

基因缺失疫苗株构建成功后，经扩大培养后常常用于制备弱毒活疫苗，其检验参考本章第二节。

》第五节　核酸疫苗的制备与检验《

一、核酸疫苗概念与应用

1. 核酸疫苗概念　核酸疫苗也称基因疫苗，是将编码某种抗原蛋白的外源基因（DNA 或 RNA）直接导入动物体细胞内，通过宿主细胞的表达系统合成蛋白，诱导宿主产生对该蛋白的免疫应答，进而达到预防和治疗疾病的目的。根据主要成分的不同，核酸疫苗分为质粒 DNA 疫苗和 mRNA 疫苗。

（1）质粒 DNA 疫苗　把免疫保护性抗原基因克隆到真核表达质粒上，然后将重组的质粒 DNA 直接注射到动物体内，通过宿主细胞的转录系统使外源基因在活体内表达，产生的抗原激活机体的免疫系统，从而诱导宿主产生特异性体液免疫及以 CTL 为代表的细胞免疫应答，以达到预防和治疗疾病的目的。

（2）mRNA 疫苗　mRNA 疫苗是利用抗原编码信使 RNA，通过特定的递送系统使细胞摄取并表达编码的抗原，从而引起体液和细胞介导免疫反应的疫苗。mRNA 疫苗一般分为自扩增型及非复制型。自扩增型 mRNA 疫苗大多数是基于甲病毒基因组，编码抗原的 mRNA 代替甲病毒结构蛋白 RNA，进入体内后自我复制产生编码抗原蛋白的 mRNA；非复制型 mRNA 疫苗通常包括编码抗原蛋白的目的基因及必要的用于稳定 mRNA 和促进转录的功能性元件，如帽子结构、5′和 3′的未翻译区（UTRs）、poly A 尾等，在人体内无法自我复制；非复制型 mRNA 通常结构简单，不存在额外的编码蛋白。

2. 核酸疫苗的优点

（1）质粒 DNA 疫苗　质粒 DNA 疫苗作为第三代疫苗技术与第一代灭活疫苗及活疫苗、第二代亚单位疫苗相比具有如下优点：①诱导机体产生全面的免疫应答，其保护性免疫应答对不同亚型的病原体具有交叉抵御作用；②无灭活疫苗、减毒疫苗可能引起的致病作用，具有可靠的安全性；③能表达经修饰的天然抗原，具有与天然抗原相同的构象和抗原性；④与亚单位疫苗一样可大量制备；⑤可将编码不同抗原的基因构建在同一个质粒中，或将不同抗原基因的多种重组质粒联合应用，制备多价核酸疫苗；⑥核酸疫苗既有预防作用，也有治疗作用；⑦生产简便，成本低廉，稳定性好，储运方便。

（2）mRNA 疫苗　mRNA 疫苗与传统疫苗相比具有如下优点：抗原选择范围广；外源 mRNA 可激活模式识别受体（pattern recognition receptor，PRR），刺激非特异性免疫反应，进而激发 T、B 细胞免疫反应，具有“自我佐剂”的特点，表现更强的免疫原性；与质粒 DNA 疫苗相比不进入细胞核内部，只在细胞质内表达抗原，整合机体基因上的风险较小；不依赖细胞培养技术，可快速构建疫苗，外源因子传播风险较低。但 mRNA 疫苗体内稳定性差、低免疫原性限制了其使用。研究显示 mRNA 可激活Ⅰ型干扰素介导的先天性免疫反应，引起真核翻译起始因子 2（eiF2）的磷酸化，导致蛋白翻译减缓并最终抑制。另外，裸 mRNA 无法被有效递呈至细胞内并成功从溶酶体逃逸，体内体液和细胞免疫较低，因此需要脂质体增强细胞摄取并改善向细胞质转移机制的传递，从而提高mRNA疫苗的作用。

3. 核酸疫苗研制免疫机理 当含有病原体抗原基因的表达载体被导入机体后，可被机体细胞所摄取并表达病原体的抗原蛋白，从而诱发机体对该蛋白的免疫反应。随着导入途径和部位的不同可引发全身或局部的免疫反应。在全身性的免疫应答反应中，既可激活体液免疫，也可诱发细胞免疫。

（1）MHC Ⅰ类途径 接种核酸疫苗后，部分外源基因进入宿主细胞内，并结合mRNA表达抗原性蛋白，通过泛肽结合被蛋白酶降解成多个短肽，与MHC Ⅰ类分子形成聚合体，再通过细胞内膜系统进入高尔基体，最后促使在细胞膜上的$CD8^+$细胞毒性T细胞增殖，从而引发细胞免疫。

（2）MHC Ⅱ类途径 一些表达的、具有良好抗原性的蛋白进入溶酶体，生成的抗原短肽与MHC Ⅱ分子相互作用，并转移到细胞膜系统的表层与$CD4^+$ T细胞反应，引发机体的特异性体液免疫。

（3）受体激活途径 部分小分子抗原性蛋白通过受体激活B细胞增殖，从而引发体液免疫。

二、核酸疫苗的制备

1. 质粒DNA疫苗的制备

（1）获取目的基因 免疫保护性抗原基因的获取可通过3种方法实现：通过构建cDNA表达文库筛选目的基因、通过PCR法获得目的基因、人工合成目的基因。

（2）重组载体的构建 常见的哺乳动物表达载体有pVAX1、pcDNA3.1等。通过重组DNA技术，将免疫保护性抗原基因定向插入哺乳动物细胞表达载体，可分为4步，具体包括目的基因和载体的双酶切、目的基因与载体的体外连接、连接产物转化大肠杆菌感受态细胞、重组子的筛选与鉴定。

（3）重组载体在体外哺乳动物细胞中的表达与检测 用于试验的核酸疫苗在进行体内试验前必须首先证明其能在体外哺乳动物细胞中表达，且表达产物为目的基因的蛋白产物，具备相应的活性，可从蛋白水平（Western blot、ELISA或免疫沉淀法）和基因水平（荧光定量PCR技术）进行检测。

（4）重组质粒的大量制备 在体外试验中已证实真核表达质粒能有效表达目的基因之后，可进一步检测该真核表达质粒（DNA疫苗）在动物免疫接种后能否被体内细胞摄取并表达目的基因，能否有效地诱发机体的免疫应答反应，并对病原体的攻击产生保护效果。因此，需要通过试验确定核酸疫苗免疫接种程序，以便正确评价该核酸疫苗的免疫保护效果。在免疫接种前，需要通过培养含有表达质粒的工程菌对质粒进行扩增，再利用一系列的纯化方法获得大量的、纯度较高的、超螺旋结构的质粒DNA。

2. mRNA疫苗的制备

（1）构建含目的基因序列的载体 获得mRNA疫苗相关的病原体基因序列并把它插入质粒DNA中，构建含有目的基因的重组质粒。将重组质粒转化宿主菌得到含有该基因的工程菌，大量培养该工程菌，利用质粒提取及纯化方法获得纯度较高的质粒DNA，并通过质粒DNA的测序方法确保目的基因序列的准确无误。

（2）mRNA原液的制备　将携带目的基因的质粒DNA线性化，并通过体外转录（IVT）方法得到mRNA，并将前mRNA 5′端加帽子。后续需要经过纯化、除菌等过程除去酶、游离核苷酸、残留DNA、外源RNA片段及反应体系中的免疫原性杂质，以满足GMP生产的质量需求。

（3）mRNA脂质微粒的包封　外源mRNA在进入细胞的过程中很容易降解。为了减少mRNA的降解，需要一种递送载体包裹mRNA，促使mRNA顺利地进入细胞，并帮助mRNA顺利进入核糖体，最终转译为蛋白质。目前，常将脂质体、脂质胶团或者某些聚合物与纯化好的mRNA在微流体混合器中混合，使mRNA包封于纳米脂质颗粒中，再除去未包封好的mRNA及与免疫无关的成分，经过滤后保存于无菌的玻璃瓶中。

三、核酸疫苗的检验

1. 纯度测定

（1）分光光度计法　由于蛋白质、细胞碎片、酚等杂质在280nm处有最大吸收峰，因此，可根据待检样品在260mm和280nm读数的比值（OD_{260}/OD_{280}）估计核酸疫苗的纯度，一般认为纯DNA样品的比值应为1.8～2.0。

（2）电泳法　琼脂糖凝胶或聚丙烯酰胺凝胶组成的介质中以一定的缓冲液和电场强度下使DNA向阳极迁移，DNA分子质量、构型、带电荷程度不同会导致其迁移率不同，从而将DNA样品中的各类分子分开，再利用一定的染色方法（如EB、银染等）使处于凝胶中的分子显现出来，根据超螺旋闭合环状DNA占总组分的百分比判断核酸疫苗的纯度。此外，还可了解质粒DNA样品中是否有其他杂质（如RNA、染色体DNA、蛋白质）的污染。

2. 分子质量测定　质粒DNA在扩增过程中目的基因可能会发生突变，影响质粒DNA限制性内切酶的识别切割位点或酶切片段的长度。据此，可以选用适当的限制性内切酶对扩增纯化后的质粒DNA进行酶切，通过DNA电泳，比较两者之间酶切片段是否一致，也可以通过DNA测序来判断核酸疫苗中抗原基因有无突变。

3. 内毒素检测　核酸疫苗制备中，常用的工具菌株绝大多数为革兰氏阴性菌，这些细菌的细胞壁上有一种成分称为LPS，也称为内毒素或内热源，可诱发机体产生寒战、高热等症状，并诱导多种细胞因子的表达，致使机体非特异性免疫应答反应增强。核酸疫苗可接受的内毒素水平应小于10EU/mL。

4. 脂质微粒大小的检测　对于使用脂质微粒纳米化的核酸疫苗，为确保最佳的递送效果，需要确保纳米脂质微粒的直径及均一性，可通过动态光散射技术（LDS）来测定。

》第六节　诊断试剂《

传统兽用诊断试剂是指采用免疫学、微生物学、分子生物学等原理或方法制备的用于对动物疾病的诊断、病原检测及流行病学调查等的试剂，包括用于体外检测的各种试剂、试剂盒、标准品、质控品等。实际应用中，以诊断抗原、诊断血清、免疫标记类诊断试剂及分子诊断试剂居多。

一、诊断抗原

1. 血清反应抗原 血清反应抗原是由培养的微生物、寄生虫或其组分、浸出物、代谢产物等制成，用以检测血清中相应抗体的一类诊断制剂。此类制剂可与血清中的相应抗体发生特异性结合，形成肉眼可见的免疫复合物，以确诊动物是否受微生物感染或接触过某种抗原。常用的血清反应抗原有凝集反应抗原、沉淀反应抗原及补体结合反应抗原等。

（1）凝集反应抗原 颗粒性抗原，如细菌和红细胞，在有电解质存在条件下，能与特异性抗体结合，形成肉眼可见的凝集现象。兽用凝集反应抗原主要有布鲁氏菌凝集反应抗原（试管、虎红平板和全乳环状凝集反应抗原）、马流产凝集反应抗原、鸡白痢全血凝集反应抗原、鸡毒支原体平板凝集反应抗原等。

凝集抗原制备的基本程序首先是选择符合要求的菌株，接种于固体培养基上进行培养，用含福尔马林的生理盐水洗下培养基上的细菌，经灭活后离心除去上清，沉淀用1%福尔马林生理盐水或0.5%石炭酸生理盐水稀释，使其满足每毫升含规定菌数。经无菌检验、特异性检验和标化合格者即为浓菌液。间接凝集抗原制备使用的载体多为红细胞，将可溶性抗原定量吸附于双醛化的载体红细胞上，使红细胞致敏，即为间接凝集抗原。

（2）沉淀反应抗原 沉淀反应抗原为胶体状态的可溶性抗原，如细菌和寄生虫的浸出液、培养滤液、组织浸出液、动物血清和动物蛋白等，与相应抗体相遇，在二者比例合适并有电解质存在时，抗原抗体相互交联形成的免疫复合物达到一定程度时，即出现肉眼可见的沉淀。沉淀抗原是细胞浸出成分，为细微的胶体溶液，单个抗原的体积小而总面积大，出现反应需要的抗体最多，试验时常稀释抗原，并以抗原的稀释度作为沉淀反应的效价。由于使用方法不同，沉淀反应抗原又分为环状反应抗原、絮状反应抗原、琼脂扩散反应抗原和免疫电泳抗原等。畜禽沉淀反应抗原常见的有传染性法氏囊病琼脂扩散反应抗原、马立克氏病琼脂扩散反应抗原和标准炭疽抗原等。

①细菌沉淀抗原制备 选择适宜的菌种接种于合适的培养基上培养，培养结束后收获细菌，经灭活后制成菌粉，加适当体积的0.5%石炭酸生理盐水浸泡，过滤后的滤液即为细菌沉淀抗原。

②病毒沉淀抗原制备 细胞培养类病毒和胚毒经灭活、纯化后可获得优质的全病毒抗原。动物组织毒经匀浆、浸毒、浓缩、灭活、纯化后也可制成沉淀抗原。

（3）补体结合反应抗原 补体是动物血清中的一种不耐热物质，在一定条件下能与抗原抗体复合物相结合。补体结合试验中有两个不同的抗原抗体系统，第一个系统是被检测的抗原抗体系统（反应系统），第二个是绵羊红细胞与其抗体即兔抗羊溶血素（指示系统）。当补体存在时，如果第一系统中的抗原和抗体同源，则补体被结合形成抗原抗体与补体复合物，就不再有补体为第二系统红细胞-溶血素复合物所结合，因而红细胞不溶血，为阳性反应。相反，如果红细胞溶血，说明补体被结合于第二个系统中，说明第一个系统中抗原与抗体不同源，是阴性反应。我国生产使用的兽用补体结合反应抗原有鼻疽补体结合反应抗原、牛肺疫补体结合反应抗原、布鲁氏菌补体结合反应抗原、马传染性贫血补体结合反应抗原、钩端螺旋体补体结合反应抗原及锥虫补体结合反应抗原等。

补体结合反应抗原的制备：若是细菌性的，可将菌种在固体平面上大量培养，然后用0.5%石炭酸生理盐水冲下，收集菌液，高压灭菌或加福尔马林灭活，离心后收集菌体并悬浮于0.5%石炭酸生理盐水中，置冷暗处浸泡一段时间，收集上清即为抗原。若是病毒性的，就先将病毒在细胞中大量增殖后，收获病毒液，冻融3次，30 000r/min离心30min，收集上清，经适当处理即为抗原。

2. 变态反应抗原 细胞内寄生菌（如鼻疽菌、结核分枝杆菌、布鲁氏菌等）在传染过程中引起以细胞免疫为主的变态反应，即感染机体再次遇到同种病原菌或其代谢产物时出现一种具有高度特异性和敏感性的异常反应，引起变态反应的抗原物质称为变应原（变态反应抗原），如鼻疽菌素、布鲁氏菌水解素和结核菌素等。

（1）常见变态反应抗原

①鼻疽菌素 动物在感染鼻疽菌后2～3周，即出现对变应原的变态反应，而且持续时间较长，一般可保持10年以上，有的可持续发生，鼻疽的变应原称为鼻疽菌素，有粗鼻疽菌素和提纯鼻疽菌素两种。

②布鲁氏菌水解素 变态反应原性良好的布鲁氏菌水解物专用于绵羊和山羊布鲁氏菌病的变态反应诊断，对污染羊群检出率高于血清学方法。

③结核菌素 结核菌素是由Koch于1890年首创的一种用于诊断结核病的生物制品，至今仍被广泛应用，此后许多学者采用不同方法又制备了50多种结核菌素，其中仅Koch氏的旧结核菌素（old tuberculin，OT）及Seibert制备的纯蛋白衍生物（purified protein derivative，PPD）诊断价值高。

（2）变态反应抗原的制备

①粗变态反应抗原制备 将合格的菌种接种于规定的培养基上培养一定时间，收获培养物，然后高压灭菌、过滤，滤液即为粗变态反应抗原。结核菌素还可用合成培养基制备，此培养基不含蛋白质，可减少非特异性反应。

②提纯变态反应抗原制备 将选好的菌种接种于不含蛋白质的合成培养基上进行培养，培养结束后收获细菌，高压灭菌、过滤，在滤液中加入4%三氯醋酸沉淀抗原，离心洗涤沉淀物并溶于pH7.4的磷酸盐缓冲液，测定蛋白含量，分装备用或冻干保存。

二、诊断血清

诊断血清是利用血清反应来鉴别微生物或诊断传染病的一种诊断制品，通常将高免血清中的非特异性抗体成分除去后制成。含有多种血清型抗体的血清称为多价诊断血清，只有一个型的称为单价诊断血清，此外还有针对鞭毛抗原的H血清、针对菌体抗原的O血清、针对菌毛和荚膜抗原的K血清、针对毒素蛋白的抗毒素血清和抗病毒血清等。血清中的抗体一般是由多个抗原决定簇刺激不同B细胞而产生，故称为多克隆抗体。诊断血清的制备流程相对简单，主要包括免疫原的制备、动物免疫、免疫血清的收集及诊断血清的检验与标化。

1. 免疫原的制备 在制备诊断血清的过程中，合格抗体的制备取决于诸多因素，而合格的抗原则是制备高质量抗体的决定因素。

（1）细菌性抗原的制备 细菌经培养后，可通过离心收集菌体，经无菌生理盐水洗涤后制成一定浓度的菌体悬液，可直接用作免疫原，或经灭活后作为基础免疫原。

（2）病毒性抗原的制备 细胞培养毒可经浓缩和层析纯化后获得纯度较高的全病毒抗原。对以组织培养获得的材料或病理组织材料，须先将其匀浆，然后经反复冻融、超声裂解等方法破裂细胞，释放病毒，经浓缩、纯化后的病毒液即可用作免疫原。

（3）亚单位抗原的制备　可通过裂解微生物，再经一定方法对目的抗原进行提取纯化，随着分子生物学的发展，现在多通过基因工程或者直接人工合成获得高纯度的蛋白。

2. 动物免疫

（1）动物的选择　制备诊断血清的动物多用健康、无特定病原体的家兔、豚鼠、马、牛、羊及猪等，且以青壮年、雄性、未接种疫苗的动物为佳。

（2）免疫方式与程序　免疫方式通常有肌内、静脉、腹腔、皮下及淋巴结注射等，应根据实际情况选择最佳的免疫方式，制备诊断血清的免疫程序无统一标准，一般通过大剂量、加佐剂、长程多次免疫可获得高效价的抗体。

3. 免疫血清的收集　采血量可按动物来计算，采血前一天下午禁食精料，只给饲草和饮水，夜间禁食，第二天上午空腹时采血，动物禁食一夜，可避免血液中出现乳糜颗粒，从而获得澄清的血清，3～4d 后进行第二次采血。

4. 诊断血清的检验与标化

（1）诊断血清的检验　诊断血清的检验包括物理性状、特异性及效价检验。不同的诊断血清有不同的检查方法和判定标准，一般作为沉淀反应用的阳性血清，其琼脂扩散试验的效价应达到 1∶(16～32) 以上才能应用。

（2）诊断血清的标化　诊断用阳性血清，特别是分群血清和分型血清等，均需标化成为标准品或参考标准品，有些还需用国际标准品进行标化，定出国际单位（IU），如沙门氏菌因子血清、梭菌类抗毒素分型血清的标准品等，均需要以国际标准品标化成国家级参考血清来标化内部标准品，作为制品发放前的最终检定。

三、免疫标记类诊断试剂

具有示踪效应的化学物质（荧光素、放射性同位素、酶、胶体金以及生物化学发光剂等）与抗体或抗原结合后，仍保持其示踪活性和与相应抗原或抗体特异结合的能力，此种结合物称为标记抗体或标记抗原。标记抗体或抗原和与之对应的抗原或抗体经一系列反应后，可凭借肉眼或者借助于精密仪器对反应物进行观察和测定，以该技术或者与其他技术相结合而制备的诊断制品称为免疫标记类诊断试剂，可对样本进行定性、定量或者半定量检测，根据标记物种类的不同，可将免疫标记技术分为荧光标记免疫分析、胶体金标记免疫分析技术、酶标记免疫分析、放射免疫分析、化学发光标记免疫分析等。

1. 荧光标记免疫分析　荧光标记免疫分析（fluorescence immunoassay，FIA）是将免疫反应的特异性与荧光物质检测的敏感性和直观性相结合。荧光素标记抗原或抗体与检测物发生免疫反应后，引起荧光强度变化，通过检测荧光强度的变化可定量检测出物质的浓度。荧光标记免疫分析多应用于荧光免疫组化，微生物、药物测定和临床诊断等领域。

2. 胶体金标记免疫分析技术　免疫胶体金技术有效地将抗原抗体特异性反应和胶体金作为示踪标志物结合在一起，是一种新型、独特的免疫标记技术。该技术可对蛋白质、激素、受体、细胞因子、药物分子等物质进行定量或半定量测定。该技术诊断简便快速，无需昂贵的仪器设备和专业人员操控，已广泛应用于疾病检测、食品安全等领域。常见的胶体金标记免疫分析技术有免疫电镜技术、斑点免疫金渗滤法、胶体金免疫层析技术及胶体金免疫比浊法。

3. 酶标记免疫分析 酶标记免疫分析（EIA）是一类以酶标抗体或抗原作为主要试剂，将抗原抗体反应的特异性与酶促反应的专一性和敏感性相结合的免疫分析技术，属于非放射性标记免疫分析技术的一种。此技术中用于标记的酶有辣根过氧化物酶（HRP）、碱性磷酸酶（AP）、β-半乳糖苷酶等。酶联免疫吸附试验（ELISA）是酶标记免疫分析中应用最广的技术，其主要技术类型有双抗体夹心法、间接法、竞争法及捕获法等。

4. 放射免疫分析 免疫放射分析（RIA）是以放射性核素为示踪物，将放射性核素测量的高灵敏度与抗原抗体反应的高特异性结合，用来检测超微量物质的检测技术，提供的检测信号是不断发出的放射线。RIA 特异性强、灵敏度高、技术成熟，常用于激素、药物、微量蛋白和肿瘤标志物等分析与定量测定。

5. 化学发光标记免疫分析 化学发光标记免疫分析（CLIA）是将具有高度特异性抗原抗体反应和高灵敏度的化学发光测定技术相结合的一种新型检测分析技术，可用于各种抗原、半抗原、抗体、激素、酶、脂肪酸、维生素和药物等的检测分析。化学发光标记免疫分析根据其标记物的不同可分为化学发光酶免疫测定（CLEIA）、电化学发光免疫分析（ECLIA）、微粒体发光免疫分析（MLEIA）等。

四、分子诊断试剂

分子诊断主要是指对与疾病或者病原微生物相关的结构蛋白、各种免疫活性分子，以及编码这些分子的基因进行检测的试剂。分子诊断试剂主要指核酸扩增类诊断试剂和基因芯片产品。

1. 核酸扩增类诊断试剂 核酸扩增类诊断试剂灵敏度高、特异性强，可进行定性、定量检测，已广泛用于动物传染病的诊断、流行病学调查、遗传病基因和肿瘤检测等方面。核酸扩增类诊断试剂主要基于以下技术。

（1）普通 PCR 技术 PCR 技术的特异性取决于引物和模板结合的特异性，反应分为高温变性、低温退火、中温延伸三步，经过一定数量的循环，介于两个引物之间的特异 DNA 片段得到大量扩增。

（2）实时荧光定量 PCR 技术 实时荧光定量 PCR 与常规 PCR 相比，主要体现在荧光、实时与定量 3 个关键词上。荧光是指在标准 PCR 体系中加入了荧光标记物质；实时是指通过荧光信号的积累能够实时监测每次循环后 PCR 产物的变化，并生成荧光扩增曲线；定量是指该技术能够实现对初始模板的定量分析。

（3）等温扩增技术 等温扩增技术是一种核酸体外扩增技术，反应过程始终维持在恒定的温度下，通过添加不同活性的酶和各自特异性引物来达到快速扩增核酸的目的。常见的等温扩增技术有环介导核酸等温扩增技术（LAMP）、滚环扩增技术（RCA）、交叉引物扩增技术（CPA）、链置换扩增技术（SDA）和解旋酶依赖性扩增技术（HDA）等。

2. 基因芯片 基因芯片是分子生物学、微电子、计算机等多学科结合的结晶，综合了多种现代高精尖技术，可用于基因表达检测、基因突变检测、基因组多态性分析等方面，在疾病诊断和治疗、药物筛选、司法鉴定、环境检测等领域发挥了重要作用。

》第七节 单克隆抗体的制备技术《

一、单克隆抗体的概念及基本原理

1. 概念 1975年德国学者Kohler和英国学者Milstein首次将小鼠骨髓瘤细胞和经过绵羊红细胞免疫的小鼠脾B淋巴细胞在体外进行细胞融合，形成杂交瘤细胞，该细胞既具有骨髓瘤细胞体外大量增殖的特性，又具有浆细胞合成和分泌特异性抗体的能力。其产生的均一性抗体仅识别一种抗原决定簇，即为单克隆抗体（monoclonal antibody，mAb），简称单抗，又称细胞工程抗体。单克隆抗体具有质地均一、纯度高、特异性强等优点，可用于疾病的诊断和治疗，杂交瘤技术的诞生带来了免疫学领域的一次革命，是现代生物技术发展的一个里程碑，基于该项杰出贡献，他们于1984年获得了诺贝尔医学及生理奖。

2. 基本原理 单克隆抗体技术是基于动物细胞融合技术得以实现的，骨髓瘤是一种恶性肿瘤，其细胞可以在体外进行培养并无限增殖，但不能产生抗体。免疫淋巴细胞可以产生抗体，却不能在体外长期培养并无限增殖。将上述两种各具功能的细胞进行融合形成的杂交瘤细胞，继承了两个亲代细胞的特性。

在两类细胞的融合混合物中存在着未融合的单核亲本细胞、同型融合多核细胞（如脾-脾、瘤-瘤的融合细胞）、异型融合的双核细胞（脾-瘤融合细胞）和多核杂交瘤细胞等多种细胞，从中筛选纯化出异型融合的双核杂交瘤细胞是该技术的目的和关键。未融合的淋巴细胞在培养6～10d会自行死亡，异型融合的多核细胞由于其核分裂不正常，在培养过程中也会死亡，但未融合的骨髓瘤细胞因其生长快而不利于杂交瘤细胞生长，因此融合后的混合物必须立即移入选择性培养基中进行选择培养。通常使用HAT选择性培养基筛选杂交瘤细胞，即在基本培养基中添加次黄嘌呤（H）、氨基蝶呤（A）和胸腺嘧啶核苷（T）。核苷酸的合成途径有两条：从头合成途径，该途径被叶酸拮抗剂氨基蝶呤阻断；补救合成途径，即利用培养基中次黄嘌呤和胸腺嘧啶核苷合成核苷酸，这一途径需要次黄嘌呤-鸟嘌呤磷酸核糖转移酶（HGPRT）或胸腺嘧啶核苷激酶（TK），而试验所用的骨髓瘤细胞是HGPRT缺陷型（$HGPRT^-$），因此骨髓瘤细胞不能在HAT培养基上生长；融合的杂交瘤细胞由于从脾细胞获得了HGPRT，因此能在HAT培养基上存活和增殖，经克隆化，可筛选出分泌大量特异性单抗的杂交瘤细胞，在体内或体外培养，即可大量制备单抗。

二、单克隆抗体的制备技术

1. 抗原的制备与动物免疫

（1）抗原制备 制备特定抗原的单克隆抗体，首先要制备用于免疫的特异性抗原，再用抗原进行动物免疫。免疫抗原虽然在纯度上要求不是很高，但高纯度的抗原会使筛选到所需单抗的机会增加，同时可以减轻筛选的工作量，因此，免疫抗原越纯越好。检测用抗原可以是与免疫抗原纯度相同，也可是不同的纯度，这主要取决于所用筛检方法的种类及其特异性和敏感性。

（2）免疫动物的选择 根据所用的骨髓瘤细胞可选用小鼠和大鼠作为免疫动物。因为，所有供杂交瘤技术用的小鼠骨髓瘤细胞系均来源于Balb/c小鼠，所有的大鼠骨髓瘤细胞都来源于 Lou/c 大鼠，一般的杂交瘤生产都是用这两种纯系动物作为免疫动物。但是，有时为了特殊目的而需进行种间杂交，则可免疫其他动物，但是种间杂交瘤染色体容易丢失，一般分泌抗体的能力不稳定。就小鼠而言，一般选择 8～12 周龄的雌性鼠用于初次免疫。

（3）免疫程序的确定　免疫是单抗制备过程中的重要环节之一，其目的在于使 B 淋巴细胞在特异性抗原刺激下分化、增殖，以便细胞融合后可提高获得分泌特异性抗体杂交瘤细胞的概率。因此在设计免疫程序时，应考虑抗原的性质和纯度、抗原量、免疫途径、免疫佐剂、免疫次数、免疫间隔时间及动物对该抗原的应答能力等，没有一个免疫程序能适用于各种抗原。

通常将抗原与佐剂按一定比例混合或乳化后，采用皮下注射、肌内注射、腹腔注射等方法进行免疫，间隔 2～3 周重复免疫 1～2 次，检查抗体滴度，如符合要求，可在细胞融合前 3d 用加倍甚至数倍剂量腹腔或静脉注射加强免疫 1 次。

2. 抗体产生细胞与骨髓瘤细胞的融合

（1）脾细胞制备　将免疫小鼠放血处死后在无菌条件下取出其脾脏，去包膜，清洗，将脾细胞挤压至培养液中，计数后将脾淋巴细胞装入加盖的离心管中冷藏备用。

（2）骨髓瘤细胞　用于细胞融合的骨髓瘤细胞应具备融合率高、自身不分泌抗体、所产生的杂交瘤细胞分泌抗体能力强且长期稳定等特点。另外为了能将杂交瘤细胞从淋巴细胞和骨髓瘤细胞中筛选出来，所选用的骨髓瘤细胞应该是次黄嘌呤-鸟嘌呤磷酸核糖转移酶缺陷型（$HGPRT^-$）或者胸腺嘧啶核苷激酶缺陷型（TK^-）。在实验室中处于对数生长期的骨髓瘤细胞维持在含 10%小牛血清的培养基中，方法是用 6 个装 5mL 培养基的培养瓶，接种 10 倍系列稀释的骨髓瘤细胞，1 周后制备骨髓瘤细胞悬液。

（3）饲养细胞的制备　在制备单克隆抗体过程中，许多环节需要加入饲养细胞，如杂交瘤细胞的筛选、克隆化和扩大培养过程，细胞培养时单个或少数分散的细胞不易生长繁殖，若加入其他活细胞则可以促进这些细胞生长繁殖，所加入的细胞即为饲养细胞。一般认为饲养细胞能释放某些生长刺激因子，还能清除死亡细胞和满足杂交瘤细胞对细胞密度的依赖，常用的饲养细胞有小鼠腹腔巨噬细胞、脾细胞和胸腺细胞。

（4）细胞融合　取适量脾细胞（约 1×10^8 个）与骨髓瘤细胞（$HGPRT^-$ 或 TK^-，2×10^7～3×10^7 个）进行混合，采用聚乙二醇（PEG）诱导细胞融合。一般来说，PEG 的相对分子质量和浓度越高，其促融率越高，但其黏度和对细胞的毒性也随之增大，目前常用的 PEG 的浓度为 40%～50%，相对分子质量以 4 000 为佳。为了提高融合率，在 PEG 溶液中加入二甲基亚砜（DMSO），以提高细胞接触的紧密性，增加融合率，但 PEG 和 DMSO 都对细胞有毒性，必须严格限制它们和细胞的接触时间，可通过低速离心使细胞接触更为紧密，然后用新配制的培养液来稀释药物并洗涤细胞。

（5）杂交瘤细胞的选择性培养　一般在细胞融合 24h 后，加入 HAT 选择性培养基。次日即可观察到骨髓瘤细胞开始死亡，3～4d 后可观察到分裂增殖的细胞和克隆的形成。培养 7～10d 后骨髓瘤细胞相继死亡，而杂交瘤细胞逐渐长成细胞集落，在 HAT 培养液维持培养两周后，改用 HT 培养基，再维持培养两周，改用一般培养液。

3. 杂交瘤细胞的筛选与克隆化

（1）杂交瘤细胞的筛选　在 HAT 培养液中生长的杂交瘤细胞仅少数可以分泌目标单

抗，且多数培养孔中混有多个克隆。由于分泌抗体的杂交瘤细胞比不分泌抗体的杂交瘤细胞生长慢，长期混合培养会使分泌抗体的细胞被不分泌抗体的细胞淘汰，因此，必须尽快筛选阳性克隆，并将其单克隆化。检测抗体的方法必须高度灵敏、快速、特异并易于进行大规模筛选，常用的筛选方法：酶联免疫吸附试验，可用于可溶性抗原（蛋白质）、细胞和病毒的单抗检测，放射免疫测定可用于可溶性抗原、细胞单抗的检测，荧光激活细胞分选仪适用于细胞表面抗原的单抗检测，间接免疫荧光法用于细胞和病毒的单抗检测。

（2）杂交瘤细胞的克隆化　杂交瘤细胞的克隆化是指将抗体阳性孔的细胞进行分离获得产生所需单抗的杂交瘤细胞株的过程，是确保杂交瘤细胞所分泌的抗体具有单克隆性以及从细胞群中筛选出具有稳定表型的关键一步。最常用克隆化的方法是有限稀释法和软琼脂平板法。

①有限稀释法　从阳性分泌孔中收集细胞，经逐步稀释，使每孔只有一个细胞；具体的操作是将含有不同数量的细胞悬液接种至含饲养细胞的培养板中进行培养，倒置显微镜观察，选择只有一个集落的培养孔，并检测上清中抗体分泌的情况。一般需要做3次以上的有限稀释培养，才能获得比较稳定的单克隆细胞株。

②软琼脂平板法　用含有饲养细胞的0.5%琼脂液作为基底层，将含有不同数量的细胞悬液与0.5%琼脂液混合后立即倾注于琼脂基底层上，凝固，孵育，7～10d后，挑选单个细胞克隆移种至含饲养细胞的培养板中进行培养。检测抗体，扩大培养，必要时再克隆化，并及时冻存原始孔的杂交瘤细胞。

（3）杂交瘤细胞的冻存与复苏　杂交瘤细胞、骨髓瘤细胞或其他细胞在液氮中保存，若无意外情况，可保存数年至数十年。复苏时融解细胞速度要快，使之迅速通过最易受损的－5～0℃，以防细胞内形成冰晶引起细胞死亡。

（4）单抗特性的鉴定　获得产生单抗的杂交瘤细胞株后，需要对其及产生的单克隆抗体进行系统的鉴定和检测。

①杂交瘤细胞的染色体分析　杂交瘤细胞的染色体分析对了解杂交瘤细胞分泌单抗的能力有一定的意义，一般来说，杂交瘤细胞染色体数目较多且较集中，其分泌单抗能力就高；反之，其分泌单抗能力低。杂交瘤细胞染色体分析常用秋水仙素法，其原理是应用秋水仙素特异地破坏纺锤丝而获得中期分裂象细胞，再用0.075mol/L KCl溶液等低渗处理，使细胞膨胀，染色体松散，经甲醇-冰醋酸溶液固定，即可观察。

②抗体特异性鉴定　可用ELISA、IFA法鉴定抗体特异性。除用免疫原（抗原）进行抗体的检测外，还应与其抗原成分相关的其他抗原进行交叉试验，例如，在制备抗猪瘟病毒单抗时，除需要跟猪瘟病毒反应外，还应与其他多种猪源病毒、正常细胞及组织进行交叉反应，以便挑选针对猪瘟病毒或猪瘟病毒相关抗原的特异性单抗。

③单抗的抗体类与亚类的鉴定　由于不同类和亚类的免疫球蛋白生物学特性差异较大，因此要对制备的单克隆抗体进行抗体类和亚类的鉴定。一般用酶标或荧光素标记的二抗进行筛选，就可基本上确定抗体的抗体类型，如果用的是酶标或荧光素标记的兔抗鼠IgG或IgM，则检测出来的抗体一般是IgG类或IgM类。至于亚类则需要用标准抗亚类血清系统做双扩或夹心ELISA来鉴定。

④单抗中和活性的鉴定　常用动物或细胞保护试验来确定中和活性，即生物学活性。若要确定抗病毒单抗的中和活性，则可用抗体和病毒同时接种于易感动物或敏感细胞，观

察易感动物或敏感细胞是否得到抗体的保护。

⑤单抗亲和力鉴定　抗体的亲和力是指抗体和抗原结合的牢固程度，用ELISA或RIA竞争结合试验来确定单克隆抗体与相应抗原结合的亲和力，通常以平均内在结合常数（K）表示。在建立各种检测方法时，应选用高亲和力的单抗，以提高敏感性和特异性。在亲和层析时，应选用亲和力适中的单抗作为免疫吸附剂，因为亲和力过低不易吸附，亲和力过高不易洗脱。

4. 单克隆抗体的生产　获得稳定的杂交瘤细胞系后，即可根据需要大量生产单抗，以用于不同目的。目前单抗的生产包括体内诱生和体外培养两种。

（1）体内诱生　小鼠腹腔内接种杂交瘤细胞制备腹水，为了使杂交瘤细胞在腹腔内增殖良好，可于注入细胞的几周前，预先将具有刺激性的无菌有机溶剂降植烷注入腹腔内，以破坏腹腔内膜并造成无菌性腹膜炎，建立杂交瘤细胞易于增殖的环境。然后注射杂交瘤细胞，接种细胞7～10d后可产生腹水，密切观察动物的健康状况与腹水征象，待腹水尽可能多，而小鼠濒死之前，处死小鼠，收集腹水，一般一只小鼠可获1～10mL腹水；也可不处死小鼠，用特制的注射器针头收集腹水，可反复收集数次，腹水中单抗含量可达5～20mg/mL，还可将腹水中细胞冻存，复苏后接种小鼠腹腔产生的腹水快且量多。

（2）体外培养　总体上讲，杂交瘤细胞系并不是严格的贴壁依赖细胞，既可以进行单层细胞培养，又可以进行悬浮培养，单层细胞培养法是各个实验室最常用的手段，细胞培养上清中单抗含量10～50μg/mL，这种方法制备的单抗含量低，不适用于单抗的大规模生产。在杂交瘤细胞的大量培养中，主要有两种类型的培养系统，一是悬浮培养系统，采用转瓶或发酵罐式的生物反应器，其中包括使用微载体；二是细胞固定化培养系统，包括中空纤维细胞培养系统和微囊化细胞培养系统。

①悬浮培养系统　目前小规模悬浮培养多采用转瓶培养，通过搅拌使细胞呈悬浮状态，而大规模悬浮培养多采用发酵式的生物反应器，其培养方式可分为纯批式、流加式、半连续式和连续式。微载体是以小的固体颗粒（主要以交联琼脂糖或葡聚糖、聚苯乙烯、玻璃等制成）作为细胞生长的载体，在搅拌作用下微载体悬浮于培养液中，细胞则在微载体表面生长成单层。微载体培养的基本方法与悬浮培养相同，该法是杂交瘤细胞大量培养的一种较好途径。

②细胞固定化培养系统

A. 中空纤维细胞培养系统　该系统由中空纤维生物反应器、培养基容器、供氧器和蠕动泵等组成。用于细胞培养的中空纤维由特殊材料制成，外径一般为100～500μm，壁厚25～75μm，壁呈海绵状，上面有许多微孔。中空纤维的内腔表面是一层半透明性的超滤膜，其孔径只允许营养物质和代谢废物出入，而对细胞和大分子物质有滞留作用。用该培养系统在大规模生产单抗时成本较低，并可获得高产量高纯度的抗体。

B. 微囊化细胞培养系统　该系统是先将杂交瘤细胞微囊化，然后将此具有半透膜的微囊置于培养液中进行悬浮培养，一定时间后，从培养液中分离出微囊，冲洗后打开囊膜，离心后即可获得高浓度的单抗。

5. 单抗的纯化　单抗的分离纯化需要借助一系列的离心技术、膜分离技术和层析技术。其中离心技术和膜分离技术通常用于培养液的固液分离、样品的浓缩、纯化中间产物的缓冲液置换及无菌过滤等，而层析技术则凭借高分辨率去除特定杂质。因此，将膜分离技术和层析技术有效地结合成为下游分离纯化工艺开发的关键。

（1）腹水的预处理　腹水单抗在纯化前，需对其进行预处理，目的是进一步除去细胞碎片、小颗粒物质及脂肪滴等，可用二氧化硅吸附法和过滤离心法来对腹水进行预处理，经预处理后的腹水可更方便地用于后面的纯化。

（2）细胞培养液的预处理　细胞培养类单抗在纯化前需去除培养液中的细胞和细胞碎片，最常用的方法是离心，细胞液离心后还需采用深层过滤去除残留的细胞碎片，以避免纯化时堵塞色谱柱。除了传统的离心方法，目前最常用的是中空纤维滤膜过滤技术，这是一种切向流膜分离技术，可以直接处理高固含量和高黏度的粗料液，具有容尘量高、速度快、剪切力小、成本低等优点，已广泛用于生物制药的各个领域。

（3）盐析法　盐析法是利用抗体与杂质蛋白之间对盐浓度敏感程度的差异对其进行分离，一般通过选择某一特定的盐浓度，令大部分杂质呈现“盐析”状态，而抗体蛋白则处于“盐溶”状态。目前用于盐析的盐类主要是硫酸铵，因为它的溶解度大，对温度不敏感，分级沉淀效果好，价格低廉，可处理大量样品。

（4）正辛酸-饱和硫酸铵法　正辛酸-饱和硫酸铵可以在偏酸的条件下沉淀血清或者腹水中除 IgG 外的蛋白质，上清液中只含有 IgG，因此该法一般用来纯化 IgG1 和 IgG2b，不能用于 IgM、IgA 的纯化，对 IgG3 的纯化效果也不佳。

（5）亲和层析　目前，70%～80%的抗体纯化使用 Protein A、Protein G 亲和层析纯化。Protein A、Protein G 作为亲和配基被偶联到琼脂糖基质上，可与样品中的抗体分子特异性结合，而使其他杂蛋白流过，具有极高的选择性，一次亲和层析就可达到 95%以上的纯度。

（6）凝胶过滤层析法　又称空间排阻层析，选择适宜孔径的凝胶可对单抗的二聚体或者多聚体及其他残留的小分子蛋白进行有效的分离。

第十章 兽医微生物菌(毒、虫)种保藏技术

第一节 微生物菌种资源保藏总论

微生物菌种资源泛指所有的微生物。《微生物菌种资源描述规范汇编》中按微生物的属性分类，将微生物菌种描述为古菌、细菌、放线菌、酵母菌、小型丝状真菌、大型真菌、病毒、原虫8个类群。微生物菌种保藏原理是：根据微生物不同的理化性质，人为创造不同的条件，如缺氧、低温或干燥环境，降低微生物代谢，使其生命活动基本停滞或处于休眠状态。

一、国内外微生物安全分级

微生物的生物安全在国外和我国依据不同的方法和体系进行分级，见表10-1。

表10-1 微生物的生物安全分类

微生物的生物安全分类		微生物对人、动物的致病程度
国际分级	一级	与健康成年人的疾病没有关系，如腮腺炎病毒
	二级	与人类疾病有关，但很少引起严重问题，且通常有预防或治疗干预措施，如流感病毒
	三级	引起严重或致命的人类疾病，可能有预防或治疗干预措施（个体风险高，社区风险较低），如狂犬病病毒
	四级	能导致严重或致命的人类疾病，且通常无预防或治疗干预（个体风险和社区风险高），如埃博拉病毒
中国分类	一类	指能够引起人类或者动物非常严重疾病的微生物以及我国尚未发现或者已经宣布消灭的微生物，如天花病毒
	二类	指能够引起人类或者动物严重疾病的微生物，比较容易直接或间接在人与人、动物与人、动物与动物间传播的微生物，如布鲁氏菌
	三类	是指能够引起人类或者动物疾病，但一般情况下对人、动物或者环境不构成严重危害，传播风险有限，实验室感染后很少引起严重疾病，并且具备有效治疗和预防措施的微生物，如流感病毒
	四类	指在通常情况下不会引起人类或者动物疾病的微生物

二、临床病原微生物样品采集技术

1. 基本要求 采样过程要注意无菌操作，同时，避免污染环境。采样人员要按《病

原微生物实验室生物安全管理条例》要求进行，加强个人防护。

2. 器具 保温箱或保温瓶，解剖刀，剪刀，镊子，酒精灯，酒精棉，碘酒棉，注射器及针头，样品容器（如西林瓶、平皿、塑料离心管、无菌试管及易封口样品袋、塑料包装袋等），试管架，塑料盒（1.5mL 小塑料离心管专用），铝饭盒，瓶塞，无菌棉拭子，胶布，封口膜，封条，冰袋等。

3. 记录和防护材料 不干胶标签、签字笔、圆珠笔、记号笔、采样单、记录本等，口罩、一次性手套、乳胶手套、防护服、防护帽等。

4. 采集方法

（1）血液及骨髓样品　一般可采静脉血。对周围血培养阴性或病程后期的伤寒或布鲁氏菌病患畜，可抽取骨髓样品做培养。采血量通常为培养基量的 1/20～1/10。

（2）咽拭及鼻咽拭样品　根据所需检验的细菌种类不同，方式也各不相同。检查一般细菌时，以无菌棉拭涂擦咽部和扁桃体，取出时应避免接触舌及口腔黏膜等处。

（3）痰液及支气管分泌物样品　气管镜下采集法：用气管镜在肺内病灶附近用导管吸引，或者使用支气管刷直接取样品。气管穿刺法：通过气管穿刺取得痰液，主要用于厌氧菌培养。

（4）尿液样品

①中段尿采集法　适合一般细菌检验，其采集方法是先用肥皂水或无菌生理盐水洗涤外阴部，消毒，由内向外直至尿道口和外阴部，干后再用无菌盐水棉球拭净。留取中段尿盛于无菌试管中。

②膀胱导尿法　按上述方法处理消毒后，以无菌操作将导尿管插入膀胱内，先吸出数毫升弃去，再吸 5～10mL，盛于无菌试管中。

（5）粪便样品　粪便样品宜在急性期以及用药之前采集。自然排便采集法是在患畜自然排便后，挑取有脓血、黏液部分的粪便 2～3g，液体粪便取絮状物 1～2mL，盛于灭菌的广口瓶或蜡纸盒中，或置于保存液、增菌液中。直肠拭子法是将无菌棉拭用无菌甘油、盐水或增菌液润湿，然后插入肛门 4～5cm 处，轻轻在直肠内转动，拭取直肠表面黏膜后取出，盛入无菌试管或保存液或运送培养基中。所采取的粪便标本应在 2h 内送检进行病原微生物分离，否则标本应放入运送培养基中，运送时间超过 2h 者，应在冰浴条件下送检。

5. 采样单及标签等的填写 采样单（表 10-2）应用钢笔或签字笔逐项填写（一式三份），样品标签和封条应用圆珠笔填写，保温容器外封条应用钢笔或签字笔填写，小塑料离心管上可用记号笔做标记。应将采样单和病史资料装在塑料包装袋中，随样品一起送到实验室。

6. 包装要求

（1）每个组织样品应仔细分别包装，在样品袋或平皿外面贴上标签，标签注明样品名、样品编号、采样日期等，再将各个样品放到塑料包装袋中。

（2）拭子样品的小塑料离心管应放在特定的塑料盒内。

（3）血样品装于西林瓶时应用铝盒盛放，盒内加填塞物避免小瓶晃动；若装于小塑料离心管中，则应置于塑料盒内。

（4）包装袋外、塑料盒及铝盒应贴封条，封条上应有采样人签章，并注明贴封日期，标注放置方向，切勿倒置。

7. 样本的运送 采样后必须立即送检，进行病原微生物培养。

表 10-2 临床病原微生物采样单

畜禽		年龄		性别	□雄 □雌
畜主通信地址				邮编	
联系人		电话		传真	
编号	样品名称		存样量	采样数量	
既往病例及免疫情况					
临床症状和病理变化					
采样单位			联系电话		
畜主盖章或签名 年 月 日			采样单位盖章或签名 年 月 日		

注：此单一式三份，第一联采样单位保存，第二联随样品，第三联由被采样者保存。“编号”统一用阿拉伯数字 1、2、3 表示

三、微生物菌种纯度检测技术

微生物纯度检测是指通过适当的方法检测菌种是否为纯培养物。纯培养通常是挑取单个菌落或利用单细胞分离技术，移种繁殖获得的培养物。保藏的微生物菌种必须是纯培养物，否则失去了保藏的意义。

1. 细菌的纯度检测

（1）菌落形态 将待检测培养物稀释涂布或划线在合适的培养基上，置于适宜的温度、O_2、光照等条件下培养，观察平板上的单菌落的大小、形状、颜色、质地、光泽等是否相似；对于两种或两种以上形态的菌株，应再分别挑取单菌落划线或稀释涂布培养，检测是否重复出现相同特征。

（2）细胞形态 对数生长期培养物的革兰氏染色呈现一致性，细胞的形状、大小应相似，荚膜、鞭毛的数量及其着生位置、运动性等特征应一致。

（3）芽孢大小、位置、形状 检测培养物是否形成芽孢，如形成芽孢，其芽孢大小、位置、形状应相似。

2. 放线菌菌种纯度检测

（1）菌落形态 在合适的培养基上，将待检测培养物稀释涂布或平板划线，挑取单菌落，适宜培养后，在同一平板上单菌落形状、大小、表面状况、质地、光泽、颜色等应相似。如怀疑为细菌污染，则 30℃液体培养 24h，培养液不应混浊，如混浊则视为细菌污染。

（2）培养特征 分别接种 3 种以上培养基，在 3 种以上培养基上气生菌丝、基内菌丝、可溶性色素的颜色等培养特征应相同。

（3）孢子丝及孢囊 在适宜的培养基、培养温度及培养时间等条件下，孢子着生方

式、孢子丝形态及其颜色或孢囊着生位置（气丝或基丝）、孢囊的形状、大小应一致。

3. 酵母菌菌种纯度检测

（1）菌落形态　应对菌落形态相似性进行检测。通过对待检测菌株进行稀释涂布或划线培养，获取单菌落，在适宜的培养条件下，比较同一平板内菌落的大小、形状、颜色、隆起、表面状况、质地、光泽等。

（2）个体形态　应对检测样品的个体形态进行检测。在指定的培养基及培养条件下，细胞形状、大小应一致。

（3）繁殖方式　繁殖方式应一致，如是芽殖，则看它是不是较一致的一端芽殖、两端芽殖、三端芽殖或多边芽殖。

4. 丝状真菌菌种纯度检测

（1）菌落特征　在适宜的培养基上接种3点（或接3皿），置于合适的温度下，培养4d、7d或14d等，观察菌落形态，3个菌落形态应一致，并且同一菌落的菌丝或产孢结构、颜色、形态应一致。

（2）菌丝特征　在特定的培养基和培养条件下，菌丝分隔、菌丝形态等应一致。

（3）检测是否有细菌污染　在适宜的培养基上接种3点（或接3皿），置于合适的温度下，培养24h，检测菌落接种处是否有细菌菌落出现。

5. 病毒的纯度检测

（1）纯粹检查　将待检病毒液直接接种含硫乙醇酸盐培养基（TG）、酪蛋白胨琼脂培养基（GA）、葡萄糖蛋白胨汤。通过适宜的培养后，检查结果若为无细菌生长，则为纯粹。

（2）支原体检查　检测由禽胚组织或其细胞所培养的病毒应用改良Frey氏培养基。检测其他培养方法所得病毒应用支原体培养基。任何一次琼脂平板上出现支原体菌落，判为阳性。阳性对照中至少有一个平板长菌落，而阴性对照中无菌落生长，则检验有效。

（3）外源病毒检查　病毒类制品在毒种选育和生产过程中，经常使用动物或细胞基质培养，因此，有可能造成外源因子（特别是外源病毒因子）的污染。为了保证制品质量，需要对毒种和细胞进行外源因子检测。①病毒种子批外源因子检查：对病毒主种子批或工作种子批，应抽取足够检测试验需要量的供试品进行病毒外源因子检测。在试验前应用特异性抗体（血清）中和本病毒，所用的抗体应采用与生产疫苗（或制品）不同种而且无外源因子污染的细胞（或动物）制品。如果病毒曾在禽类组织或细胞中繁殖过，则抗体不能用禽类来制备。若用鸡胚，应选SPF鸡群。②生产用细胞外源因子检查：细胞直接观察，每批生产用细胞应留取5%（或不少于500mL），细胞悬液不接种病毒，作为对照细胞加入与疫苗生产相同的细胞维持液，置于与疫苗生产相同的条件下培养，观察14d，在显微镜下观察是否有细胞病变出现，无细胞病变出现者为阴性，符合要求。在观察期末至少有80%的对照细胞培养物存活，试验有效。

四、菌种资源的保藏要求和原则

1. 要求

（1）保藏机构所保藏菌种的生物危害程度应与其实验室生物防护水平相适应，实验室的装备和管理应符合 GB19489 和《病原微生物实验室生物安全管理条例》的相关规定。

（2）保藏机构应具备菌种长期保藏、复核鉴定、数据库管理和网络共享的完备设施。

（3）保藏机构应制定严格的保藏管理制度和标准化操作规程。

（4）保藏机构工作人员应经过专业培训，具备从事菌种保藏、复核、鉴定、管理维护能力。

2. 原则

（1）应针对保藏菌株确定适宜的保藏方法。

（2）同一菌株应选用两种或两种以上方法进行保藏。

（3）只能采用一种保藏方法的菌株或细胞株必须备份并存放于两个以上的保藏设备中。

（4）菌种保藏方法参照相应的标准操作规程。

（5）菌种的入库和出库应记录入档，实行双人负责制管理。

（6）高致病性病原微生物和专利菌种应由国家指定的保藏机构保藏。

（7）菌种保藏设施应确保正常运行，设专人负责管理，定期检修维护。

（8）菌种保藏设施应有备用电源，防止断电事故发生。

（9）要定期检查菌种保藏效果，有污染或退化迹象时，要及时分离纯化复壮，每次检查要有详细记录。

》第二节　微生物菌（毒）种保藏技术《

一、定期移植保藏法

定期移植保藏法包括斜面培养、穿刺培养、液体培养等，是将菌种接种于适宜的培养基中在最适条件下培养，待生长充分后，放置在低温处（多为 4～6℃）保存，间隔一定时间后，将它重新移植到新鲜培养基上培养，如此一代一代的传代，故又称传代培养保藏法。本法适用于大多数细菌和真菌，是最基本的保藏方法。

1. 培养基制备

（1）器皿　所用的玻璃器皿，如三角瓶、试管、培养皿、烧杯、吸管等，经洗涤、干燥、包装、灭菌后备用。

（2）培养基　烧杯中放适量水，按培养基配方称取后依次将缓冲化合物、主要元素、微量元素、维生素等加入水中溶解，最后加足水量，搅拌均匀。

（3）调 pH　配料溶解后将培养基冷却至室温，根据要求加稀酸（0.1mol/L 盐酸）或稀碱（10%氢氧化钠）调 pH。

（4）加凝固剂　配制固体培养基时需加凝固剂琼脂、明胶等。将凝固剂加入液体培养基中，加热并不断搅拌至溶解，再补足所蒸发水分。

（5）过滤分装　在两层纱布中间夹入脱脂棉，将配好的培养基趁热过滤并分装。斜面培养基分装量约为试管高度的 1/4，穿刺培养基分装量以试管高度的 1/2 为宜。分装过程中勿使培养基玷污管口，以免弄湿棉塞造成污染。

（6）包扎标记 试管加棉塞，外面包扎一层牛皮纸或铝箔。注明培养基名称及配制日期。

（7）灭菌 根据要求将培养基灭菌，通常蒸汽灭菌为121℃、15～20min。

（8）斜面摆放 灭菌后及时摆放斜面，斜面长度不超过试管管长的1/2为宜。

（9）无菌检查 将灭菌的培养基放入培养箱中做无菌检查，通常30℃培养1～3d。无菌检查合格后将其保存于4℃备用。

2. 接种

（1）斜面接种

①点接法 把菌种点接在斜面中部偏下方处。此方法适用于扩散型生长及绒毛状气生菌丝类霉菌（如毛霉、根霉等）。

②中央划线法 从斜面中央自下而上划一直线。此方法适用于细菌和酵母菌等。

③稀波状蜿蜒划线法 从斜面底部自下而上划“之”字形线。此方法适用于易扩散的细菌，也适用于部分真菌。

④密波状蜿蜒划线法 从斜面底部自下而上划细密的“之”字形线。能充分利用斜面获得大量菌体细胞，此方法适用于细菌和酵母菌等。

⑤挖块接种法 挖取菌丝体连同少量培养基，转接到空白斜面上。此方法适用于担子菌类真菌。

（2）穿刺接种 用接种针从原菌种斜面上挑取少量菌体，从柱状培养基中心自上而下刺入，直到接近管底（勿穿到管底），然后沿原穿刺路径缓慢抽出接种针。此方法适用于细菌和酵母菌等。

（3）液体接种 挑取少量固体斜面菌种或用无菌滴管等吸取原菌液接种于空白液体培养基中。

3. 培养 将接种后的培养基放入培养箱中，在适宜的条件下培养至细胞稳定期或得到成熟孢子。细菌培养温度一般为30～37℃，真菌培养温度一般为25～28℃。

4. 保藏

（1）培养好的菌种于4～6℃保藏，根据要求每3～6个月移植一次。某些菌种需1～3个月移植一次。

（2）保藏相对湿度为50%～70%。

（3）斜面菌种应保藏相继三代培养物以便对照，防止因意外和污染造成损失。

二、液状石蜡法

液状石蜡法也称矿物油保藏法，是定期移植保藏法的一种辅助方法，是将菌种接种在适宜的斜面培养基上，在最适条件下培养至菌种长出健壮菌落后注入灭菌的液状石蜡，使其覆盖整个斜面，再直立放置于低温（4～6℃）干燥处进行保藏的一种方法。液状石蜡的作用是防止培养基内水分蒸发，隔绝培养物与氧的接触，抑制细菌的代谢活动，使培养物能够在较长的时间内保持存活力。此法操作简单，不需特殊设备，保存期也较长。

1. 液状石蜡的准备

（1）灭菌 选用医用液状石蜡或化学纯液状石蜡，将其分装到试管中加塞，用牛皮纸包好，121℃湿热灭菌30min，置40℃恒温箱中干燥1～2h蒸发水分。

（2）培养　将灭菌的液状石蜡冷却至室温，随机选取几管，无菌条件下用无菌吸管吸取少量液状石蜡滴入空白麦芽汁平板上，涂布后于30℃条件下培养1～3d，检查无菌落长出后方可使用，如有杂菌长出则需重新灭菌。

2. 灌注石蜡　无菌条件下将无菌的液状石蜡注入刚培养好的新鲜斜面培养物上，液面高出斜面顶部1cm左右，使菌体与空气隔绝。

3. 保藏　注入液状石蜡的菌种斜面以直立状态置低温（4～6℃）干燥处保藏，保藏时间为2～10年。保藏期间应定期检查，如培养基露出液面，应及时补充无菌的液状石蜡。如发现异常，应重新培养后补上空缺。本法适于多数菌种的保藏。

4. 恢复培养　挑取少量菌体转接在适宜的空白培养基上，生长繁殖后，再重新转接一次。

三、沙土管法

沙土管法是将培养好的微生物细胞或孢子用无菌水制成悬浮液，注入灭菌的沙土管中混合均匀，或直接将成熟孢子刮下接种于灭菌的沙土管中，使微生物细胞或孢子吸附在沙土载体上，抽干管中水分后熔封管口或置干燥器中，放置于4～6℃或室温下进行保藏的一种方法。

1. 制备沙土管

（1）将河沙用60目过筛，弃去大颗粒及杂质，再用80目过筛，去掉细沙。用吸铁石吸去铁质，放入容器中用10%盐酸浸泡，如河沙中有机物较多可用20%盐酸浸泡。24h后倒去盐酸，用水洗泡数次至中性，将沙子烘干或晒干。

（2）另取地面下40～60cm非耕作层贫瘠且黏性较小的土，研碎，100目过筛，水洗至中性，烘干。

（3）将处理后的沙、土按质量比2∶1混合。混匀的沙土分装安瓿管或小试管中，高度为1cm左右，塞好棉塞，121℃湿热灭菌30min。

（4）随机选取几支灭菌后的沙土管，无菌条件下取少许沙土至营养肉汁培养基中，30℃培养24h，检查无微生物生长后方可使用。

2. 斜面培养物的制备　参照定期移植保藏法。

3. 沙土管菌种

（1）向培养好的斜面培养物中注入3～5mL无菌水，洗下细胞或孢子制成菌悬液，离心后弃去部分上清液，留取下部菌体及少量上清液制成菌悬液。

（2）用无菌吸管吸取菌悬液，均匀滴入沙土管中，每管0.2～0.5mL。放线菌和霉菌可直接挑取孢子拌入沙土管中。

4. 干燥　真空抽去沙土管中水分。

5. 保藏　沙土管用火焰熔封后存放于低温（4～6℃）干燥处保藏，每隔半年检查一次菌种存活性及纯度；或将沙土管直接用牛皮纸或塑料纸包好，置干燥器内保存。保藏时间为2～10年。

6. 恢复培养　无菌条件下打开沙土管，取部分沙土于适宜的斜面培养基上，长出菌落后再转接一次，或取沙土于适宜的液体培养基中，增殖培养后再转接斜面。

四、冷冻干燥法

冷冻干燥法又称冷冻真空干燥法，是将欲保藏的微生物细胞或孢子悬浮液，在真空和冻结条件下使冰升华，最后达到干燥，简称为冻干法。低温、干燥和隔绝空气是该法的3个重要因素，微生物在此条件下的生命活动将处于休眠状态，它们的代谢是相对静止的，故可以保存较长时间。适用于大多数细菌、放线菌、病毒、立克次氏体、部分丝状真菌和酵母等的保藏，但不适用于藻类和原虫等的保藏。该法的优点是保藏时间长，避免或减少变异和保藏期内污染；缺点是操作复杂，需要一定的设备。

1. 冻存管 采用耐温度骤变、耐压冷冻干燥管，管壁厚度均匀的中性玻璃安瓿管。管的内径为8mm，长度≥110mm。清洗安瓿管时，先用2%盐酸浸泡过夜，再用自来水冲洗3次以上，最后用蒸馏水冲洗、浸泡至pH中性，然后干燥。

2. 标签的准备 菌种的标记一般分为管外侧标记和管内标记两种。

（1）管外侧标记 在宽1cm、长3～4cm的胶布上用碳素铅笔填写菌种编号、保藏日期，贴在安瓿管外。

（2）管内标记 用铅笔在1cm×3cm的滤纸上填写菌种的编号、保藏日期，灭菌后装入冷冻干燥后的安瓿管内。

3. 保护剂的选择 保护剂多为蛋白质、氨基酸、糖类或高分子化合物。

（1）脱脂乳

①直接采用牛奶作为保护剂。将牛奶离心去除上层油脂，分装后高压灭菌，121℃灭菌20min；取出后置于37℃保温箱中培养24h，检验无菌后置4℃冰箱中备用。

②将脱脂奶粉溶于蒸馏水，浓度为20%（*W/V*），121℃灭菌15min。取出后置于37℃保温箱中培养24h，检验无菌后置4℃冰箱中备用。脱脂乳不适于做毒性较高的病原的保护剂。

（2）10%～20%甘油 121℃高温灭菌15min，备用。

（3）7.5%葡萄糖马血清 400mL马血清中加30g葡萄糖，过滤灭菌，备用。

4. 菌种制备与分装 在最适培养条件下将要保藏的菌种培养至稳定期，与保护剂混合均匀，分装，每管分装量0.1～0.2mL，分装时不要溅到上部管壁。用脱脂棉堵住冻存管管口。常有两种方法。

（1）用斜面培养物制备菌液 将2mL保护剂加到试管斜面培养物上，用接种环涂擦斜面，制备均匀的悬液，分装到冻存管中。

（2）用液体培养物制备菌液 离心收集液体培养物中的菌体，弃上清，按1∶1比例加入保护剂，混匀，分装到冻存管中。

5. 预冻 不同保护剂的共熔点温度不同，一般在达到共熔点温度后保持1h即可。常用降温方法有：

（1）程序控温降温法 可以很好地稳定连续降温。

（2）将菌种放入－80℃冰箱预冻 预冻速度控制在每分钟下降1℃，使样品冻结到－40～－35℃。

6. 冷冻干燥 采用冷冻干燥机进行冷冻干燥。将预冻后的样品迅速置于已充分预冷的冷冻干燥机样品舱内，关闭放气阀，打开真空泵开始冷冻干燥，确认冷冻干燥完毕后，缓慢打开放气阀，取出冻存管置于干燥器内。

7. 冻存管封口及真空检验 从干燥器中取出冻存管，喷灯的火焰在距管口 5cm 处，拉细冻存管，后将管口连接到与真空安瓿管泵相连的橡皮管上，打开真空泵，在真空条件下用喷射火焰对准安瓿管细颈部加热熔封。熔封后的干燥管可采用高频电火花真空测定仪检测真空度，如电火花通过冻存管呈现淡紫色或白炽色，证明真空度合格；如呈蓝紫色，证明失去真空度。

8. 保藏 封口完全的冷冻干燥管低温（4～6℃）避光保藏。保存 1 周后，随机取出菌株中任一冻存管，检查是否存活。经检查冻干后仍保持着生活力，则该批冻干菌种可长期保存在 4～6℃的低温。不同微生物的保藏时间不同，一般在 10 年左右。

9. 复苏 将冻存管顶部烧热，用无菌棉签蘸灭菌水，在顶部擦一圈，顶部即出现裂纹，用镊子颈部轻敲一下，即可敲下已开裂的管的顶端，用灭菌生理盐水或培养该菌株所适宜的液体培养基溶解菌块，使其重新悬浮后，用无菌吸管将其移入新鲜培养基，进行培养。

五、液氮超低温保藏法

液氮超低温保藏法是将微生物菌种保藏在－196℃的液氮中。该法适用于各类微生物的保藏。

1. 冻存管与标签的准备 对玻璃冻存管的要求参见冷冻干燥法。塑料冻存管用蒸馏水浸泡、冲洗干净、干燥、121℃高压灭菌 15min 备用。对标签的要求参见冷冻干燥法。

使用标签机在耐低温标签纸上打印菌种编号、保藏日期，大小为 1cm×3cm 左右，然后贴在安瓿管上；或采用专用非水溶性记号笔，记录菌种编号、保藏日期。

2. 保护剂的选择、菌种的制备与分装、预冻 参见冷冻干燥法。

3. 保藏 将冻存管置于液氮罐中保藏。一般气相温度为－150℃，液相温度为－196℃。保藏期一般为 10 年。

六、－80℃低温保藏法

－80℃低温保藏法是将微生物菌种保藏在－80℃冰箱中。该法适用于各类微生物的保藏。

冻存管的准备、标签的准备、保护剂的选择、菌种的制备与分装参见冷冻干燥法，将冻存管置于－80℃冰箱内保藏。保藏周期一般为 1～2 年。

》第三节 厌氧菌样品采集、分离、培养与保藏技术《

厌氧菌对 O_2 敏感，不容易培养分离。厌氧菌的培养和保藏是要使该类微生物处于无氧或氧化还原势低的环境中。

一、样品采集

采集厌氧菌样品时，应尽可能避免将样品较长时间暴露于空气中，尽快将样品带回实验室。样品采集方法有厌氧试管法、厌氧罐或厌氧袋法、棉拭子法。

1. 厌氧试管法

（1）厌氧试管（带丁基胶塞的可密封的试管）可通入 N_2、CO_2 或 CO_2、N_2 和 H_2 的混合气体，以置换管内空气，创造厌氧条件。

（2）取样　从动物肠道、口腔等部位采集的少量样品，迅速将样品装入灭菌的、盛有预还原稀释液的厌氧试管内，立即塞上胶塞，拧紧螺口胶盖。如是液体样品，则用无菌注射器抽取，取样后立即排除多余空气，将样品注射进灭菌的厌氧试管中。

2. 厌氧罐或厌氧袋法

（1）厌氧罐或厌氧袋　利用化学方法，去除容器中的 O_2，创造厌氧环境。

（2）取样　将采集的样品尽快装入灭菌的平皿、三角瓶或试管中，放入厌氧罐或厌氧袋内。

3. 棉拭子法　采取临床样品时常用此法。

（1）器械　装在厌氧试管中的无菌棉拭子，分装在厌氧试管中的去除 O_2 的半固体培养基。

（2）取样　用棉拭子采样后，直接插入装有半固体培养基的厌氧试管内。

二、样品分离与培养

厌氧菌的分离通常采用滚管法或平皿涂布法。如果样品中微生物含量很少可先用富集培养基对其进行富集培养，再利用选择性培养基进行分离。

1. 厌氧菌的分离

（1）滚管法

①样品稀释　取 1g 或 1mL 样品，置于装有 9mL 预还原稀释液的厌氧管内，振荡均匀，取 1mL 样品稀释液于另一装 9mL 稀释液的厌氧管内。依此操作制备成 10^{-9}～10^{-1} 的样品稀释液，备用。

②滚管　将无氧无菌琼脂培养基的试管加热至 100℃使琼脂熔化后，置于试管架上并保温在 50℃左右的温水浴中，取经过稀释的样品 0.1mL 加入厌氧管中，每个稀释度做 3 个重复，混匀后，将试管放于冰水浴中冷却，使其迅速凝固，适温培养后，如有厌氧菌，在琼脂层内或表面形成菌落。

③分离培养　选取疑似单菌落做纯培养：插入灭菌的注射器针头，通入高纯 N_2。用无菌弯头毛细管小心吸取疑似单菌落，转移至盛有厌氧培养基的试管内，塞上胶塞，拧紧螺口胶木盖，室温培养。形成的菌落需及时进行单菌落的挑取和移植，镜检其形态及纯度。如尚未获得纯培养物，需再重复稀释、滚管等步骤，直至获得纯培养物。

（2）平皿涂布法　同通用的分离菌平皿涂布法，但应置厌氧环境中培养。

2. 厌氧环境的创造

（1）化学吸氧法　是利用化学反应吸收小环境中的 O_2，造成无氧环境，以利厌氧菌生长繁殖。

①低亚硫酸钠与碳酸钠法　在一块干净纸上把 30g 低亚硫酸钠和等量碳酸钠充分混合，放入平皿盖中。然后把欲培养的试管和平皿放进厌氧装置内，再放入装药的平皿盖，滴加少许自来水后，立刻加盖密封。最后把密封好的厌氧装置放入温箱即可。

②碱性焦性没食子酸法　先把干燥器的底一分为二，一侧放 10g 焦性没食子酸，一侧放 100mL 10%氢氧化钠液。后放上干燥器的隔板，并把分离培养的平板或试管、发酵管放好，加盖密封后，将装有氢氧化钠液侧向上倾斜，就可以把两种化学药品混合反应，最后，把干燥器放入 37℃温箱内培养。

（2）生物学排除氧气法　原理是利用好氧菌的呼吸作用，消耗掉培养环境中的 O_2，造成厌氧环境。将厌氧菌与需氧菌共同培养在一个平皿内，由于需氧菌的生长而消耗掉 O_2，厌氧菌即可随之生长。用灭菌的手术刀将培养基切成两半，分界线宽约 0.5cm，在一半培养基表面培养需氧菌（如大肠杆菌、枯草杆菌等），另一半培养厌氧菌。划线接种后，可将培养皿边缘用胶泥密封；也可将培养皿倒扣在玻璃板上，边缘用胶泥密封，置 37℃温箱内培养。

（3）物理方法　利用加热、抽气等物理方法，以驱除或隔绝环境中或培养基中的 O_2，造成厌氧状态，以利于厌氧菌的生长。

①厌氧罐法　用抽气机抽去罐中的空气，而以 H_2、N_2 及 CO_2 混合气体代之，同时在罐中放有催化剂，可使残存的 O_2 与 H_2 化合生成水，从而获得严格的厌氧环境，后将整个厌氧罐放在温箱中培养。此法适用于大量的厌氧培养。

②厌氧手套箱　利用预置在箱内的钯催化剂，催化 H_2 与 O_2 结合生成水，从而达到除去箱内 O_2 的目的。包括操作室和交换室两部分，操作室用于厌氧分离、培养，交换室用于操作室内外物品的传递。其优点是可以随时检查厌氧菌的生长状况，无需暴露于空气中；缺点是成本高，占地面积大。

3. 厌氧菌的培养　厌氧菌培养的温度一般为 35～37℃。用固体培养基从临床标本中初代分离厌氧菌，一般要 48h 才能长出菌落，生长较缓慢的厌氧菌需要 5～7d。用液体培养基从临床标本中初代分离厌氧菌，至少要培养 1 周，才能确定其结果，个别厌氧菌培养时间还应延长。经分纯后反复培养的厌氧菌，所需培养时间明显缩短。

三、厌氧菌种保藏技术

保藏严格厌氧菌如产甲烷菌种时，须在培养基中加入指示剂刃天青，每升培养基加 0.2%刃天青 1mL，刃天青在氧化态时为紫色或粉红色，在还原态时为无色。在培养基中通入无氧 N_2 并煮沸，当培养基没有刃天青紫色时，表明培养基中无氧。培养基的分装在厌氧操作箱中进行。将厌氧试管塞好胶塞，盖好螺口盖，根据要求将培养基灭菌。灭菌后摆放成斜面，斜面长度不超过试管管长的 1/2 为宜。将灭菌的培养基放入培养箱中做无菌检验，同时，检出因漏气而变红的培养基。

1. 接种　在厌氧和无菌条件下，有 3 种接种方法。

（1）斜面接种

①中央划线法　从斜面中部自下而上划一直线。

②稀波状或密波状蜿蜒划线法　从斜面底部自下而上划“之”字形线。

（2）穿刺接种　接种针从原菌种斜面上挑取少量菌种，从柱状培养基中心自上而下刺入至接近管底（勿穿到管底），然后沿原穿刺路径缓慢抽出接种针。

（3）液体接种　挑取少量固体斜面菌种接种于新鲜液体培养基中。

2. 培养　适宜条件下将细胞培养至稳定期，进行纯度检查。培养物浓度以细胞或孢子以 10^8～10^{10} 个/mL 为宜。

3. 保藏　根据不同的目的可以采用不同的保藏方法，如定期移植保藏法、冷冻干燥法、液氮超低温保藏法、－80℃低温保藏法，上述保藏方法的操作过程需要在无菌厌氧条件下进行，其相应的操作步骤参见第二节内容。

》第四节 弓形虫虫种保藏技术《

弓形虫只能在有核细胞内生长繁殖，一旦离开宿主细胞，在 4℃条件下经 2 周即会死亡。现有的保藏方法有小鼠传代保藏法、细胞培养保藏法、鸡胚培养保藏法、液氮冷冻保藏法，下面介绍实验室常用的小鼠传代保藏法、液氮冷冻保藏法。

一、小鼠传代保藏法

实验动物通常选用昆明系小鼠，因为小鼠比其他动物更易感弓形虫，选择体重为 18～20g 的健康小鼠。

1. 接种途径和接种剂量 主要是腹腔内接种，接种量为 0.2～1.0mL，发病时间与接种虫体数量密切相关。

2. 收虫 当小鼠出现典型症状（萎靡不振、被毛逆立、闭目、腹部膨大、腹水增多、厌食、呼吸急促、颤抖等）时，脱颈致死发病鼠，固定于木板，先用 75%酒精做体表消毒，后剥掉腹部皮肤，以无菌操作向腹腔注入 pH7.2 的 Hank's 液 2～3mL（注意不要拔出针头，也忌针头刺破肠管或肝脏），轻轻按摩腹部，使注入的液体和腹腔液混匀，最后抽出少量腹腔液检查。

3. 虫体传代 虫体经检查证实后，取 0.2mL 腹腔液再接种健康小鼠。如此循环传代保藏虫体。

二、液氮冷冻保藏法

液氮冻存的虫体稳定，冻存 1 年后活虫数仍在 80%以上。与小鼠传代保藏法相比，可简化程序，避免浪费人力物力。

1. 冷冻保存 无菌条件下进行以下操作。

（1）收集虫体 将已感染弓形虫 3～4d 的小鼠断颈处死。用 2mL Hank's 液冲洗腹腔后吸出，滴片镜检，以高倍镜下每一视野布满虫体为好。如虫数较少，离心浓缩。典型虫体呈新月形，一端较尖、一端钝圆，胞质呈蓝色、胞核呈紫红色。将虫悬液直接移至冷冻管内。

（2）加冷冻保护剂 每毫升虫悬液加入 10%的 DMSO 0.08mL，摇匀。

（3）冻存 将待保种的冷冻管悬吊在液氮罐口至液面 1/2 处预冷 15min，后迅速沉入液氮中保藏。

2. 弓形虫的复苏 从液氮中取出虫体冷冻管，放入 37℃温水，轻摇使之快速解冻；用 Hank's 液洗去保护剂；接种实验动物或组织培养。

3. 虫体信息 记录虫种的来源、采集时间、虫种名称、保藏地点、保藏方式、传代方式（动物或细胞）、传代次数与时间以及遗传特性、毒力等。

》第五节 梨形虫虫种保藏技术《

绝大多数梨形虫目前尚不能在人工培养基上培养。梨形虫具有很强的宿主特异性，其繁殖主要依靠寄生的自然宿主。目前主要的保藏虫种的方法是液氮超低温保藏法和动物传代法。

一、环形泰勒虫虫种保藏技术

1. 环形泰勒虫人工培养裂殖体的保藏

（1）冻存液的准备　冻存液是在77%“乳叶”营养液中加15%犊牛血清、8%二甲基亚砜，然后调pH7.1～7.4。

①“乳叶”营养液配制　称取6g乳白蛋白水解物，于760mL温无离子水中溶解，115℃ 15min高压灭菌。称取10mg叶酸溶解在100mL无离子水中，滴加少量8%碳酸氢钠溶液以促使溶解，经蔡氏滤器除菌。将以上两种液体混合，再加20倍浓缩盐液甲液和乙液各50mL，放4℃保存备用。

②20倍浓缩盐液甲液的配制　取136g NaCl、8g KCl、3g $NaH_2PO_4 \cdot H_2O$，依次溶解于1 000mL无离子水中，加80mL 0.5%酚红，过滤，115℃ 15min高压灭菌，4℃保存备用。

③20倍浓缩盐液乙的配制　取4g $CaCl_2$、4g $MgCl_2 \cdot 6H_2O$、20g葡萄糖，依次溶解于1 000mL无离子水中，过滤，115℃ 15min高压灭菌，4℃保存备用。

（2）冻存　取培养的环形泰勒虫裂殖体细胞，按1 200r/min 5min离心弃上清，将冻存液加入沉淀细胞，调整细胞数为350万个/mL，分装安瓿，4℃放置4h，在液氮面上冷冻2h，放入液氮保藏。一般保藏2年以上。

（3）复苏　将细胞由液氮中取出，立即放入40℃水内轻轻摇动，使其很快溶解，离心弃去冻存液，加入37℃复苏液（“乳叶”营养液加20%犊牛血清），调整细胞数为100万个/mL，置37℃温箱内培养，贴壁生长繁殖后按时传代，传代培养时改用培养液（“乳叶”营养液加10%犊牛血清）。

2. 肝、脾和淋巴结内环形泰勒虫裂殖体的保藏　取含有裂殖体的病牛肝、脾或淋巴结，剪碎，在乳钵内研磨，加适量生理盐水，用纱布过滤，加入10%犊牛血清、8%二甲基亚砜，分装安瓿，放4℃冰箱2h，在液氮面上放置0.5h，再放入液氮保藏。

3. 血液中环形泰勒虫的保藏　将虫血与等量的20%～30%甘油或二甲基亚砜的Hank's液混合，再加入15%犊牛血清，分装安瓿，将安瓿装入金属盒中，放在干冰乙醇内，待温度降到－70℃以下时，即可放入液氮中。

二、巴贝斯虫虫种保藏技术

1. 驽巴贝斯虫的保藏　取含有虫体的病马血，按4∶1加入0.5%的肝素生理盐水，离心取血细胞，用肝素生理盐水将血细胞离心洗涤两次，然后加入冷冻保存液达原血量，分装安瓿，在4℃放置2.5h，在液氮面上停放3min后放入液氮保藏。

2. 马巴贝斯虫的保藏　虫血用乙二胺四乙酸二钠抗凝，10%甘油作保护剂，以每分钟降温1℃的速度降至－75℃，维持2h，放入液氮保藏。

3. 双芽巴贝斯虫的保藏　取感染牛的血液，加入少量20%枸橼酸钠和10%乙二胺四乙酸二钠抗凝，加等量的20%甘油阿氏液，分装后置入干冰乙醇速冻15～60min，然后放入液氮保藏。使用时由液氮中取出，在37～40℃水中解冻，常温下放6h后给牛进行皮下接种。

参 考 文 献

蔡俊杰，丁彦青，张彦，等，2004. SARS 病毒合胞病毒巨细胞病毒包涵体显示法的比较［J］. 中国组织化学与细胞化学杂志（2）：255－258.

陈懿，刘洪胜，2018. 基础医学影像学［M］. 武汉：武汉大学出版社.

陈永军，王权，龚朋飞，等，2007. 弓形虫两种保种方法的试验［J］. 中国兽医寄生虫病，15（5）：22－24.

丛玉隆，2013. 实用检验医学［M］. 北京：机械工业出版社.

崔言顺，2012. 动物医学专业综合实验技术［M］. 北京：高等教育出版社.

邓朝晖，2010. 医用数字化 X 射线设备原理构造和维修［M］. 北京：中国医药科技出版社.

邓杰伦，王远芳，王婷婷，等，2020. 胶体金免疫层析法检测 SARS－CoV－2 血清抗体的临床价值探讨［J］. 国际检验医学杂志，41（8）：964－966.

邓宇，2014. 动物疫病分子诊断技术［M］. 成都：四川大学出版社.

丁军颖，崔澂，2018. 医学免疫学检测技术及临床应用［M］. 北京：化学工业出版社.

丁明孝，梁凤霞，洪健，等，2021. 生命科学中的电子显微镜技术［M］. 北京：高等教育出版社.

杜爱芳，2018. 兽医寄生虫病学实验指导［M］. 杭州：浙江大学出版社.

樊绮诗，2018. 免疫测定［M］. 北京：人民卫生出版社.

冯美卿，2016. 生物技术制药［M］. 北京：中国医药科技出版社.

弗林特，刘文军，许崇凤，2015. 病毒学原理：分子生物学［M］. 北京：化学工业出版社.

龚志锦，詹镕洲，1994. 病理组织制片和染色技术［M］. 上海：上海科学技术出版社.

顾金刚，姜瑞波，2011. 微生物菌种资源收集、整理、保藏技术规程汇编［M］. 北京：中国农业科学技术出版社.

郭素枝，2006. 扫描电镜技术及其应用［M］. 厦门：厦门大学出版社.

郭元元，2020. 6 种国产新型冠状病毒核酸检测试剂检测性能比较与分析［J］. 重庆医学，49（15）：2435－2439.

国家自然科技资源平台“微生物菌种资源”项目组，2009. 微生物菌种资源描述规范汇编［M］. 北京：中国农业科学技术出版社.

何晓华，刘斌，郭付振，2019. 生物样品超薄切片染色方法的改进［J］. 教育教学论坛（47）：74－75.

洪涛，王健伟，宋敬东，2016. 医学病毒图谱［M］. 北京：科学出版社.

扈荣良，2014. 现代动物病毒学［M］. 北京：中国农业出版社.

扈荣良，2015. 现代动物病毒学［M］. 北京：中国农业出版社.

姜余梅，2017. 生物化学实验指导［M］. 北京：中国轻工业出版社.

将烈夫，2006. 影像诊断学［M］. 郑州：河南科学技术出版社.

康友敏，张永亮，2014. 病毒与免疫学实验教程［M］. 北京：科学出版社.

孔维丽，袁瑞奇，孔维威，等，2015. 食用菌菌种保藏历史、现状及研究进展概述［J］. 中国食用菌，34（5）：1－5.

李晨希，赵呈雪，2020. 新型冠状病毒实验室检测技术及其进展［J］. 临床检验杂志，38（4）：276－279.

李和，周德山，2021. 组织化学与细胞化学技术［M］. 北京：人民卫生出版社.
李全福，2008. 腹腔镜技术与操作［M］. 西安：第四军医大学出版社.
李文涛，王俊东，杨利峰，等，2006. 实时荧光定量 PCR 技术及其应用［J］. 生物技术通讯，17（1）：112－114.
李烨，董妥，2017. 人腺病毒分子生物学常用检测技术［J］. 微生物前沿，6（2）：11－16.
李钟庆，1989. 微生物菌种保藏技术［M］. 北京：科学出版社.
梁宁利，2012. 微生物菌种保藏方法概述［J］. 农产品加工（4）：117－118.
梁晓俐，2004. 病理学基础与实验技术［M］. 北京：军事医学科学出版社.
梁智辉，朱慧芬，陈九武，2008. 流式细胞术基本原理与实用技术［M］. 武汉：华中科技大学出版社.
刘俊峰，杨贺，刘伟亮，2018. 超声波影像学［M］. 长春：吉林科学技术出版社.
刘柳，马俊才，2018. 国际微生物大数据平台的应用与启示［J］. 中国科学院院刊，33（8）：846－852.
刘艳芳，2009. 临床病毒学检验［M］. 北京：军事医学科学出版社.
刘玉琴，2009. 细胞培养实验手册［M］. 北京：人民军医出版社.
陆承平，2007. 兽医微生物学［M］. 4 版. 北京：中国农业出版社.
吕厚东，吾爱武，2020. 临床微生物学检验技术［M］. 武汉：华中科技大学出版社.
马海霞，梁慧刚，黄翠，等，2018. 我国菌种保藏机构的现状与未来［J］. 军事医学，42（4）：304－308.
孟运莲，2004. 现代组织学与细胞学技术［M］. 武汉：武汉大学出版社.
缪文捷，2019. 医学影像学基础与诊断实践［M］. 长春：吉林科学技术出版社.
南文龙，李林，巩明霞，等，2020. 非洲猪瘟病原学检测方法研究进展［J］. 中国动物检疫，37（1）：46－51.
倪语星，王金良，徐英春，2009. 抗微生物药物敏感性试验规范［M］. 上海：上海科学技术出版社.
裴晓方，于学杰，2015. 病毒学检验［M］. 北京：人民卫生出版社.
彭瑞云，王德文，2008. 实验细胞学［M］. 北京：军事医学科学出版社.
彭银祥，李勃，陈红星，2007. 基因工程［M］. 武汉：华中科技大学出版社.
乔宏兴，2016. 动物免疫学技术［M］. 郑州：郑州大学出版社.
乔宏兴，马辉，2017. 动物生物制品安全应用关键技术［M］. 郑州：中原农民出版社.
秦建华，李国清，2019. 动物寄生虫病学实验教程［M］. 北京：中国农业大学出版社.
任平，2007. 兽用生物制品技术［M］. 北京：中国农业出版社.
沙莎，宋振辉，2011. 动物微生物实验教程［M］. 重庆：西南师范大学出版社.
邵淑娟，杨佩萍，许广沅，等，2007. 实用电子显微镜技术［M］. 长春：吉林人民出版社.
沈关心，周汝麟，1998. 现代免疫学实验技术［M］. 湖北：湖北科学技术出版社.
司徒镇强，吴军正，2007. 细胞培养［M］. 北京：世界图书出版公司.
宋广来，巢志复，2004. 腹腔镜手术学［M］. 上海：复旦大学出版社.
孙立新，2016. 临床 CT 与 MRI 诊断［M］. 长春：吉林科学技术出版社.
孙树汉，2000. 核酸疫苗［M］. 上海：第二军医大学出版社.
孙亚妮，2011. 免疫组织化学技术在鸡三种病毒性肿瘤病鉴别诊断中的应用［D］. 泰安：山东农业大学.
索勋，2022. 兽医寄生虫病学［M］. 4 版. 北京：中国农业出版社.
谭玉珍，2010. 实用细胞培养技术［M］. 北京：高等教育出版社.
唐秋艳，王云龙，陈兴业，2009. 免疫诊断试剂实用技术［M］. 北京：海洋出版社.
汪千力，居丽雯，蒋露芳，等，2012. MDCK、HEp－2、Vero 细胞混合冻存适用于分离培养常见病毒研究［J］. 中华疾病控制杂志，16（10）：827－832.
王成，2017. 生物医学光学［M］. 南京：东南大学出版社.

王春梅，黄晓峰，杨家骥，2004. 细胞超微结构与超微结构病理基础［M］. 西安：第四军医大学出版社.
王鹏，2006. 生物实验室常用仪器的使用［M］. 北京：中国环境科学出版社.
王社光，2001. 动物微生物及检验［M］. 北京：高等教育出版社.
王潇，2014. DNA疫苗技术基础及应用［M］. 北京：中国农业出版社.
王旭，张青，2016. 腹腔镜器械构造与标准操作程序［M］. 上海：上海交通大学出版社.
王雪燕，2016. 蛋白质化学及其应用［M］. 北京：中国纺织出版社.
王雅华，邢钊，2009. 兽用生物制品技术［M］. 北京：中国农业大学出版社.
王雅轩，朱晓雁，苏建荣，2021. CRISPR/Cas系统在病原体检测方面的研究进展［J］. 中国人兽共患病学报，37（9）：839－844.
王燕蓉，何仲义，2010. 形态学实用技术［M］. 上海：第二军医大学出版社.
王真，王继彤，2016. 动物病原菌检测技术指南［M］. 北京：中国农业大学出版社.
魏霖，程焰红，李颜，2019. 免疫细胞化学技术和免疫组织化学技术在甲状腺乳头状癌中的比较研究［J］. 福建医药杂志，41（6）：26－29.
魏群，2015. 分子生物学实验指导［M］. 3版. 北京：高等教育出版社.
温海深，张沛东，张雅萍，2009. 现代动物生理学实验技术［M］. 青岛：中国海洋大学出版社.
吴俊英，陈育民，2014. 临床免疫学检验［M］. 武汉：华中科技大学出版社.
吴梧桐，2015. 生物制药工艺学［M］. 北京：中国医药科技出版社.
吴信法，1996. 兽医细菌学［M］. 北京：中国农业出版社.
武建国，顾可梁，童明庆，2000. 医学实验诊断学进展［M］. 南京：东南大学出版社.
谢富强，2004. 兽医影像学［M］. 北京：中国农业大学出版社.
邢钊等，2000. 兽医生物制品实用技术［M］. 北京：中国农业大学出版社.
徐柏森，杨静，2008. 实用电镜技术［M］. 南京：东南大学出版社.
徐小静，2018. 分子生物学与基因工程技术和实验［M］. 北京：中央民族大学出版社.
许晓风，2018. 大学实验室基础训练教程化学与生物专业［M］. 南京：东南大学出版社.
颜世敢，2017. 免疫学原理与技术［M］. 北京：化学工业出版社.
杨汉春，2010. 动物免疫学［M］. 北京：中国农业大学出版社.
杨汝，李刚，吴梦莹，等，2019. 病原菌菌种保藏数字化系统建设与实践研究［J］. 国际检验医学杂志，40（1）：119－121.
杨新建，2013. 动物细胞培养技术［M］. 北京：中国农业大学出版社.
姚旭峰，李占峰，2018. 医用CT技术及设备［M］. 上海：复旦大学出版社.
余凌竹，鲁建，2019. 扫描电镜的基本原理及应用［J］. 实验科学与技术，17（5）：85－93.
袁兰，2004. 激光扫描共聚焦显微镜技术教程［M］. 北京：北京大学医学出版社.
岳学旺，2017. 实用医学影像学［M］. 长春：吉林科学技术出版社.
占萍，刘维达，2014. 真菌菌种保藏机构的历史、现状及展望［J］. 中国真菌学杂志，9（6）：355－358.
张惠展，2005. 基因工程［M］. 上海：华东理工大学出版社.
张宽朝，2019. 生物化学实验指导［M］. 2版. 北京：中国农业大学出版社.
张淑华，2017. 现代生物仪器设备分析技术［M］. 北京：北京理工大学出版社.
张顺三，王晖，楚瑞琦，2009. 临床细菌学检验［M］. 北京：军事医学科学出版社.
张惟材，2013. 实时荧光定量PCR［M］. 北京：化学工业出版社.
郑培明，崔发财，张福明，等，2020. 新型冠状病毒IgM和IgG抗体不同检测方法在新型冠状病毒感染中的临床应用评价［J］. 检验医学（4）：291－294.
郑世军，2015. 动物分子免疫学［M］. 北京：中国农业出版社.

中国生物制品标准化委员会，2000. 中国生物制品主要原辅材料质控标准［M］. 北京：化学工业出版社.

朱善元，2006. 兽医生物制品生产与检验［M］. 北京：中国环境科学出版社.

ARTIMO P，JONNALAGEDDA M，ARNOLD K，et al，2012. ExPASy：SIB bioinformatics resource portal［J］. Nucleic Acids Res，40：W597 - 603.

CALDAS L A，CARNEIRO F A，HIGA L M，et al，2020. Ultrastructural analysis of SARS - CoV - 2 interactions with the host cell via high resolution scanning electron microscopy［J］. Scientific Reports，10：16099.

CHEN X，TAN Y，WANG S，et al，2021. A CRISPR - Cas12b - Based Platform for Ultrasensitive，Rapid and Highly Specific Detection of Hepatitis B Virus Genotypes B and C in Clinical Application［J］. Front Bioeng Biotechnol，9：743322.

CHIU M L，GILLILAND G L，2016. Engineering antibody therapeutics［J］. Curr Opin Struct Biol，38：163 - 173.

COLE M B，SYKES S M，1974. Glycol methacrylate in light microscopy：a routine method for embedding and sectioning animal tissues［J］. Stain Technol，49（6）：387 - 400.

CONG L，ZHANG F，2015. Genome engineering using CRISPR - Cas9 system［J］. Methods Mol Biol，1239：197 - 217.

DA CRUZ I，RODRIGUEZ - CASURIAGA R，SANTINAQUE F F，et al，2016. Transcriptome analysis of highly purified mouse spermatogenic cell populations：gene expression signatures switch from meiotic - to postmeiotic - related processes at pachytene stage［J］. BMC Genomics，17：294 - 313.

DE SILVA LADS，MVKS W，HEO G J，2021. Virulence and antimicrobial resistance potential of Aeromonas spp. associated with shellfish［J］. Lett Appl Microbiol，73（2）：176 - 186.

DEERING R P，KOMMAREDDY S，ULMER J B，et al，2014. Nucleic acid vaccines：prospects for non - viral delivery of mRNA vaccines［J］. Expert Opin Drug Deliv，11（6）：885 - 899.

DING W，ZHANG Y，SHI S，2020. Development and Application of CRISPR/Cas in Microbial Biotechnology［J］. Front Bioeng Biotechnol，8：711.

DUBEY A K，KUMAR G V，KUJAWSKA M，et al，2022. Exploring nano - enabled CRISPR - Cas - powered strategies for efficient diagnostics and treatment of infectious diseases［J］. J Nanostructure Chem，14：1 - 32.

DUVAUD S，GABELLA C，LISACEK F，et al，2021. Expasy，the Swiss Bioinformatics Resource Portal，as designed by its users［J］. Nucleic Acids Res，49（W1）：W216 - W227.

FELDMAN AT，WOLFE D，2014. Tissue processing and hematoxylin and eosin staining［J］. Methods Mol Biol，1180：31 - 43.

FRANCIS M J，2018. Recent Advances in Vaccine Technologies［J］. Vet Clin North Am Small Anim Pract，48（2）：231 - 241.

GASTEIGER E，GATTIKER A，HOOGLAND C，et al，2003. ExPASy：The proteomics server for in - depth protein knowledge and analysis［J］. Nucleic Acids Res，31（13）：3784 - 3788.

GEISINGER A，RODRIGUEZ - CASURIAGA R，2017. Flow cytometry for the isolation and characterization of rodent meiocytes［J］. Methods Mol Biol，1471：217 - 230.

GERALD D S，LARRY S R，2008. Foundations of Parasitology［M］. 8th ed. New York：McGraw - Hill.

GOLDSMITH C S，MILLER S E，2009. Modern uses of electron microscopy for detection of viruses［J］. Clin Microbiol Rev，22：552 - 563.

GOLOB J L，RAO K，2021. Signal Versus Noise：How to Analyze the Microbiome and Make Progress on

Antimicrobial Resistance [J]. J Infect Dis, 223 (12 Suppl 2): S214 - S221.

GOULET D R, ATKINS W M, 2020. Considerations for the Design of Antibody - Based Therapeutics [J]. J Pharm Sci, 109 (1): 74 - 103.

GULATI N M, TORIAN U, GALLAGHER J R, et al, 2019. Immunoelectron Microscopy of Viral Antigens [J]. Current Protocols in Microbiology, 53 (1) .

HINDSON C M, CHEVILLET J R, BRIGGS H A, et al, 2013. Absolute quantification by droplet digital PCR versus analog real - time PCR [J]. Nat Methods, 10: 1003 - 1005.

IM K, MARENINOV S, DIAZ M F P, et al, 2019. An Introduction to Performing Immunofluorescence Staining [J]. Methods Mol Biol, 1897: 299 - 311.

KIM S, JI S, KOH H R, 2021. CRISPR as a Diagnostic Tool [J]. Biomolecules, 11 (8): 1162.

KOSTYUSHEVA A, BREZGIN S, BABIN Y, et al, 2022. CRISPR - Cas systems for diagnosing infectious diseases [J]. Methods, 203: 431 - 446.

LAAKMAN J M, CHEN S J, LAKE K S, 2021. Frozen Section Quality Assurance [J]. Am J Clin Pathol, 156 (3): 461 - 470.

LI L, PETROVSKY N, 2016. Molecular mechanisms for enhanced DNA vaccine immunogenicity [J]. Expert Rev Vaccines, 15 (3): 313 - 329.

LIN Y, YAN X Y, CAO W C, et al, 2004. Probing the structure of the SARS coronavirus using scanning electron microscopy [J]. Antivir Ther, 9: 287 - 289.

LUCIE V, RIGORT A, BAUMEISTER W, et al, 2013. Cryo - electron tomography: The challenge of doing structural biology in situ [J]. J Cell Biol, 202 (3): 407 - 419.

MA TAYLOR, COOP R L, WALL R L, 2007. Veterinary Parasitology [M]. 3rd ed. New Jersey: Wiley - Blackwell.

MAJCZYNA D, BIALASIEWICZ D, 2006. Characteristic of Listeria spp. bacteria isolated from food products [J]. Med Dosw Mikrobiol, 58 (2): 119 - 126.

MEYER J, UNTIET V, FAHLKE C, et al, 2019. Quantitative determination of cellular [Na^+] by fuorescence lifetime imaging with CoroNaGreen [J]. J Gen Physiol, 151 (11): 1319 - 1331.

MILNE J L, BORGNIA M J, BARTESAGHI A, et al, 2013. Cryo - electron microscopy—a primer for the non - microscopist [J]. FEBS J, 280 (1): 28 - 45.

NORA LC, WESTMANN CA, MARTINS - SANTANA L, et al, 2019. The art of vector engineering: towards the construction of next - generation genetic tools [J]. Microb Biotechnol, 12 (1): 125 - 147.

OSBORN M J, BHARDWAJ A, BINGEA S P, et al, 2021. CRISPR/Cas9 - Based Lateral Flow and Fluorescence Diagnostics [J]. Bioengineering (Basel), 8 (2): 23.

PORTER K R, RAVIPRAKASH K, 2017. DNA Vaccine Delivery and Improved Immunogenicity [J]. Curr Issues Mol Biol, 22: 129 - 138.

ROHMAH E, ASTUTI FEBRIA F, HON TJONG D, 2021. Isolatio, Screening and Characterization of Ureolytic Bacteria from Cave Ornament [J]. Pak J Biol Sci, 24 (9): 939 - 943.

ROY S, NANDI A, DAS I, 2015. Comparative study of cytology and immunocytochemistry with tru - cut biopsy and immunohistochemistry in diagnosis of localized lung lesions: A prospective study [J]. J Cytol, 32 (2): 90 - 95.

SALAVERIA I, SIEBERT R, 2011. Follicular lymphoma grade 3B [J]. Best Pract Res Clin Haematol, 24 (2): 111 - 119.

SCHMID A S, NERI D, 2019. Advances in antibody engineering for rheumatic diseases [J]. Nat Rev Rheumatol, 15 (4): 197 - 207.

SERAJIAN S, AHMADPOUR E, OLIVERIRA S M R, et al, 2021. CRISPR - Cas Technology: Emerging Applications in Clinical Microbiology and Infectious Diseases [J]. Pharmaceuticals (Basel), 14 (11): 1171.

SHAH K, MAGHSOUDLOU P, 2016. Enzyme - linked immunosorbent assay (ELISA): the basics [J]. Br J Hosp Med (Lond), 77 (7): C98 - C101.

SHARAN S K, THOMASON L C, KUZNETSOV S G, et al, 2009. Recombineering: a homologous recombination - based method of genetic engineering [J]. Nat Protoc, 4 (2): 206 - 223.

SIB Swiss Institute of Bioinformatics Members, 2016. The SIB Swiss Institute of Bioinformatics' resources: focus on curated databases [J]. Nucleic Acids Res, 44 (D1): D27 - 37.

SUO T, LIU X J, FENG J P, et al, 2020. ddPCR: a more accurate tool for SARS - CoV - 2 detection in low viral load specimens [J]. Emerg Microbes Infect, 9: 1259 - 1268.

TERPE K, 2003. Overview of tag protein fusions: from molecular and biochemical fundamentals to commercial systems [J]. Appl Microbiol Biotechnol, 60 (5): 523 - 533.

TSIEH S, 2012. Flow cytometry, immunohistochemistry and molecular genetics for hematologic neoplasms [M]. Philadelphia: Lippincott Williams & Wilkins.

URQHART, 1987. Veterinary Parasitology [M]. New York: Churchill Livingstone Inc..

WU X, ZHAI X W, LAI Y, et al, 2019. Construction and Immunogenicity of Novel Chimeric Virus - Like Particles Bearing Antigens of Infectious Bronchitis Virus and Newcastle Disease Virus [J]. Viruses, 11 (3): 254.

XU S, YANG K, LI R, et al, 2020. mRNA Vaccine Era - Mechanisms, Drug Platform and Clinical Prospection [J]. Int J Mol Sci, 21 (18): 6582.

YAO H P, SONG Y T, CHEN Y, et al, 2020. Molecular Architecture of the SARS - CoV - 2 Virus [J]. Cell, 183: 730 - 738.

YU I M, ZHANG W, HOLDAWAY H A, et al, 2008. Structure of the Immature Dengue Virus at Low pH Primes Proteolytic Maturation [J]. Science, 319 (5871): 1834 - 1837.

附　录

扫描下面二维码可获取本书附录内容，包括中华人民共和国动物防疫法、我国动物疫病病种名录、三类动物疫病防治规范、国家动物疫情测报体系管理规范、我国重要动物传染病诊断及防控方法现行标准名录、病死畜禽和病害畜禽产品无害化处理管理办法、动物病原微生物菌（毒）种保藏管理办法。

图书在版编目（CIP）数据

兽医学综合实验技术 / 孟庆玲，乔军主编. —北京：中国农业出版社，2023.7
ISBN 978-7-109-30830-5

Ⅰ.①兽… Ⅱ.①孟… ②乔… Ⅲ.①兽医学—实验医学—高等学校—教材 Ⅳ.①S85-33

中国国家版本馆 CIP 数据核字（2023）第 115649 号

中国农业出版社出版
地址：北京市朝阳区麦子店街 18 号楼
邮编：100125
责任编辑：武旭峰 弓建芳
版式设计：杨 婧 责任校对：刘丽香
印刷：中农印务有限公司
版次：2023 年 7 月第 1 版
印次：2023 年 7 月北京第 1 次印刷
发行：新华书店北京发行所
开本：787mm×1092mm 1/16
印张：18
字数：438 千字
定价：80.00 元
